中国食品药品检验
年　鉴

STATE FOOD AND DRUG TESTING YEARBOOK 2015

中国食品药品检定研究院　组织编写

中国医药科技出版社

内容提要

《中国食品药品检验年鉴 2015》是一部反映中国食品药品检定研究院及各地方食品药品检验检测机构 2015 年在药品、生物制品、医疗器械、食品、化妆品等方面的监督检验工作及科研成就的年度资料性工具书，由中国食品药品检定研究院组织编纂。书中包括特载及 1 ~ 14 部分，主要分为检验检测、标准物质与标准化研究、食品药品技术监督、质量管理、科研管理、系统指导、国际交流与合作、信息化建设、党的工作、综合保障、部门建设、中国食品药品检定研究院大事记、地方食品药品检验检测及全国食品药品检验检测机构数据统计等。本书可供关心关注中国食品药品检验检测事业发展的人士、各级食品药品监管部门的管理者参阅。

图书在版编目（CIP）数据

中国食品药品检验年鉴. 2015 / 中国食品药品检定研究院组织编写 .—北京：中国医药科技出版社，2017. 3

ISBN 978 – 7 – 5067 – 8830 – 4

Ⅰ. ①中… Ⅱ. ①中… Ⅲ. ①食品—质量管理—中国—2016—年鉴 ②药品管理—中国—2016—年鉴 Ⅳ. ①TS207. 7 – 54 ②R954 – 54

中国版本图书馆 CIP 数据核字（2016）第 263156 号

美术编辑 陈君杞

版式设计 张 璐

出版 中国医药科技出版社

地址 北京市海淀区文慧园北路甲 22 号

邮编 100082

电话 发行：010 – 62227427 邮购：010 – 62236938

网址 www. cmstp. com

规格 889 × 1194mm 1/16

印张 25 1/4

字数 562 千字

版次 2017 年 3 月第 1 版

印次 2017 年 3 月第 1 次印刷

印刷 三河市万龙印装有限公司

经销 全国各地新华书店

书号 ISBN 978 – 7 – 5067 – 8830 – 4

定价 298. 00 元

编辑委员会

编纂说明

《中国食品药品检验年鉴》是由中国食品药品检定研究院编纂出版的一部综合反映中国药检系统对食品、药品、保健食品、化妆品、医疗器械等监督检验、科研成就的大型年度资料性工具书。

《中国食品药品检验年鉴》编委会主任、副主任由中国食品药品检定研究院院领导担任，编委会委员由中国食品药品检定研究院各所、处（室）、中心主要负责人担任，执行委员由中国食品药品检定研究院院长办公室主要负责同志担任。

《中国食品药品检验年鉴2015》框架设置稍作调整。原“党群工作”章节更名为“党的工作”，并前置至第九部分，其他章节顺序后置。调整后框架设置包括特载、第一至第十四部分及附录，分别为：检验检测、标准物质与标准化研究、食品药品技术监督、质量管理、科研管理、系统指导、国际交流与合作、信息化建设、党的工作、综合保障、部门建设、中国食品药品检定研究院大事记、地方食品药品检验检测、全国食品药品检验检测机构数据统计。地方食品药品检验检测章节，收载各省级（食品）药品检验所（院）、通过国家食品药品监督管理总局资格认可的有关医疗器械检验机构及总后、武警药检所共47个单位2015年工作内容。收载范围包括：重要会议、领导讲话、报告、政策法规等；机构调整改革及重要人事变动相关信息；检验检测中的重要活动、举措和成果；食品药品安全突发事件应急检验；具有统计意义、反映现状的基本数据和专业性信息资料。

▲ 9月26日，中国食品药品检定研究院在大兴生物医药基地举办科技周大会报告暨新址启用仪式。国家食品药品监督管理总局副局长孙咸泽，中国药品监督管理研究会会长、原国家食品药品监督管理局局长邵明立，北京市大兴区区委书记、北京经济开发区工委书记李长友，世界卫生组织基本药物和健康产品司官员 Dr.Ivana Knezevic，英国国家生物制品检定所所长 Dr.Stephen Inglis，中国药品监督管理研究会执行副会长、原中国食品药品检定研究院院长李云龙，中国食品药品检定研究院党委书记、副院长李波和俞永新院士共同为新址启用揭幕。

▲ 1月16日，全国食品药品医疗器械检验工作电视电话会议在北京市召开，国家食品药品监督管理总局党组成员、药品安全总监孙咸泽出席会议并讲话。中国食品药品检定研究院党委书记、副院长李波作工作报告。会议总结2014年食品药品医疗器械检验检测工作，强调全系统要深入贯彻党的十八届三中、四中全会精神，按照全国食品药品监督管理暨党风廉政建设工作会议的部署要求，努力开创检验检测事业新局面。

▲ 3月15日，中国食品药品检定研究院通过中国合格评定认可委员会的能力验证提供者（Proficiency Testing Provider）现场评审。

▲ 3月，中国食品药品检定研究院麻醉药品室主任南楠同志获得“全国三八红旗手”荣誉称号。

◀ 4月28日，在“五一”国际劳动节暨表彰全国劳动模范和先进工作者大会上，中国食品药品检定研究院李长贵同志获得“全国先进工作者”荣誉称号。

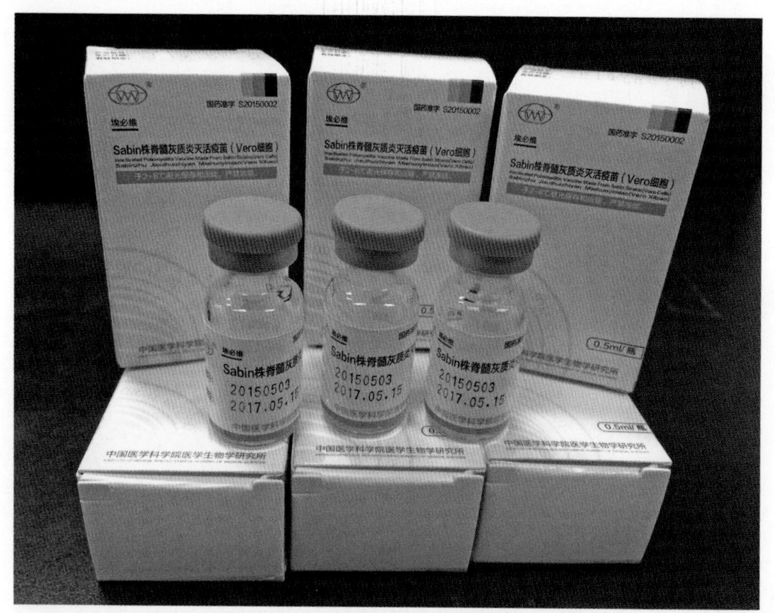

▲ 6月25日，中国食品药品检定研究院完成 Sabin 株脊髓灰质炎灭活疫苗批签发资料审核和检验，标志着我国自主研发的创新性 Sabin 株脊髓灰质炎灭活疫苗将正式投入市场。

▲ 7月13日至14日，全国食品药品医疗器械检验工作座谈会在辽宁省丹东市召开。国家食品药品监督管理总局副局长、党组成员、药品安全总监孙咸泽出席会议并讲话。各省级（含副省级）食品、药品、医疗器械、药用包材及辅料检验所（院），总后、武警药检所，以及通过国家食品药品监督管理总局资格认可的各有关医疗器械检验机构负责人参加会议。

▲ 3月17日至18日，全国食品药品检验系统食品检验工作座谈会在重庆市召开。国家食品药品监督管理总局党组成员、药品安全总监孙咸泽出席会议并讲话。

◄ 4月2日，中国食品药品检定研究院与沈阳药科大学签订合作协议，中国食品药品检定研究院副院长王军志、沈阳药科大学校长毕开顺分别代表双方单位签约。

▲ 4月23日，2015年医疗器械检测机构比对试验工作会议在云南省昆明市召开，研究推动能力验证和比对试验工作，利用好比对结果，努力提升检验能力。

◀ 5月11日至13日，中国食品药品检定研究院副院长王云鹤赴四川大学同张兴栋院士商谈产学研合作事项并调研四川省药包材生产企业。

▲ 5 月 22 日至 23 日，中国食品药品检定研究院邀请 NIBSC 专家举办生物制品标准物质研究和质量控制培训班。

▲ 5 月 25 日至 26 日，全国食品药品检验机构信息化工作研讨会在济南市召开。会议总结全系统信息化建设的现状和取得的成绩，并从全国统筹、资源共享、基础建设、完善标准、加强保障、培养人才等方面对信息化建设工作进行部署。

▲　6月6日，中国食品药品检定研究院在湖北省武汉市组织召开同种异体骨修复材料系列标准复审研讨会，通过对同种异体骨修复材料3个系列标准进行修订的建议。

▲　6月8日至9日，中国食品药品检定研究院纪委书记姚雪良一行分别赴吉林省梅河口市和长春市调研药品生产企业的检验技术培训需求。

▲ 6月9日至13日，全国中药材及饮片性状鉴别培训班在安徽省亳州市召开，全国各省市级药检机构及药品生产企业约800名专业技术人员参加培训。

▲ 6月11日至12日，中国食品药品检定研究院在湖南省长沙市召开2015年全国系统业务管理工作研讨会，分析业务管理所面临的主要问题，研究加强系统检验检测能力和提升业务管理水平。

▲ 7 月 21 日，中国食品药品检定研究院孙会敏研究员获聘美国药典会委员，与美国药典委员会 CEO Dr.Piervincenzi 合影。

▲ 7 月 23 日至 24 日，中国食品药品检定研究院在黑龙江省哈尔滨市召开 2015 年中央补助地方药品快检技术应用工作会议，对 2015 年中央补助地方监管任务“药品快检技术应用”工作进行部署。

► 8月11日，CNAS实验室技术委员会药品专业委员会在北京市召开专题会，研究探讨《中国药典》（2015年版）颁布实施后的标准转换。

▲ 8月13日至14日，第四届药检系统大型分析仪器高级培训班在云南省昆明市举办，来自2个省（自治区）和18个地市的药检机构共52名学员参加培训。

▲ 8 月 14 日，受国家实验动物专家委员会委托，中国食品药品检定研究院实验动物资源研究所在北京市组织召开 2015 年度国家实验动物种子中心发展研讨会，研究加强国家实验动物种子中心的建设，提升实验动物中心的支撑保障能力。

▲ 8 月 17 日至 18 日，由中国食品药品检定研究院主办、新疆维吾尔自治区食品药品检验所承办的中药检验技术培训班在新疆维吾尔自治区乌鲁木齐市举办，对新疆各级食品药品检验所中药检验人员进行培训。

▲ 9月10日，中国食品药品检定研究院副院长张志军一行调研新疆克拉玛依检验检测机构建设情况。

▲ 10月12日至13日，国家食品药品监督管理总局医疗器械标准管理中心在北京市举办2015年医疗器械标准化综合知识培训班。

▲ 10 月 13 日至 14 日，由中国食品药品检定研究院主办、上海食品药品包装材料测试所承办的第二届全国药包材与药用辅料检验检测技术研讨会在上海市召开。会议期间，由中国食品药品检定研究院组织编写、国家药典委员会审定的《国家药包材标准》举行新书发行仪式。

▲ 10 月 13 日至 15 日，由中国食品药品检定研究院主办、甘肃省药品检验研究院承办的第二届全国药检系统民族药检验与研究学术研讨会在甘肃省张掖市召开。会议评选出论文一等奖 3 名，二等奖 6 名，三等奖 9 名，优秀论文 43 篇。

▲ 10月13日至15日，国家食品药品监督管理总局医疗器械标准管理中心在北京组织召开2015年医疗器械分类界定管理工作培训会。

◀ 10月13日至15日，世界卫生组织与中国食品药品检定研究院合作举办的体外诊断试剂预认证培训研讨会在北京市举行。世界卫生组织和中国食品药品检定研究院专家就中国体外诊断试剂监管体系、产品性能评价和研究、产品稳定性研究、产品质量评价用参考盘的研制和作用等做专题技术报告。

◀ 10月16日，中国食品药品检定研究院在北京市组织召开全国药品检验机构仿制药质量一致性评价工作会议，介绍工作总体思路，提出具体要求，对仿制药质量一致性评价各项工作进行部署。

► 10月20日，由中国食品药品检定研究院主办、四川省食品药品检验检测院承办、德阳市食品药品检验所协办的“第十一期全国地市药检系统模块化培训班”在四川省德阳市开班，来自四川省21个食品药品检验检测机构的180余位业务骨干参加培训。

► 10月26日至29日，中国食品药品检定研究院承担的部分港标品种通过《香港中药材标准》第9次国际专家委员会审议。

◄ 11月13日，由中国食品药品检定研究院主办、陕西省食品药品检验所和陕西省西药产品质量监督检验站共同承办的《药包材检验报告书格式及书写细则实施规范》定稿会在陕西省西安市召开。会议原则上通过征求意见稿。

◄ 11月15日至17日，2015年医疗器械能力验证和比对试验结果分析研讨会在辽宁省沈阳市召开，介绍2015年医疗器械能力验证和比对试验的结果汇总、统计、分析情况。

► 11月16日，中国食品药品检定研究院和中国医疗器械行业协会联合在北京市组织召开国家体外诊断试剂标准物质企业座谈会，调研了解体企业对外诊断试剂标准物质的需求。50多家企业的90多名企业高管代表参加会议。

▲ 11 月 19 日，以“保障药品安全，维护公众健康”为主题的 2015 年中国药品质量安全年会在广东省广州市召开，国家食品药品监督管理总局副局长、药品安全总监孙咸泽出席会议并讲话。会议对国家药品医疗器械监管战略、仿制药质量一致性评价技术要求进行解读，并围绕发现的药品医疗器械质量问题和检验检测新技术、新方法进行交流探讨。来自各级药品、医疗器械、药包材与辅料检验检测机构、药品生产企业、药品研发单位及大专院校和科研院所专业技术人员等近 1500 人参加会议。

◀ 11 月 19 日至 22 日，中国食品药品检定研究院主办的第四届生物材料和组织工程产品质量控制研讨会与 2015 年中国生物材料大会在海南省海口市合并举行，医疗器械监管系统、科研院所及生产企业代表 140 余人参加会议。

◄ 11 月 22 日至 26 日，由中国食品药品检定研究院主办、广东省药品检验所和广东省药学会承办的第八期全国中药材鉴定和标本管理人员培训班在广东省广州市举办。中药材检验机构及相关卫生部门和科研院校 170 余名代表参加培训。

► 11 月 24 日，中国食品药品检定研究院邀请中国合格评定国家认可委员会和各相关单位组成 CNAS 标准物质 / 标准样品生产者（RMP）评审专家组，开展 RMP 模拟评审。

► 12月2日至3日，CNAS实验室专门委员会药品专业委员会在海南省海口市举办《中国药典》（2015年版）技术能力转换培训班，培训相关食品药品检验所质量管理人员、通过认可的药品生产企业质量管理人员、其他从事药品检验检测的机构人员400余人。

◄ 12月29日，中国食品药品检定研究院在北京市组织召开2015年度药用辅料与药包材检验机构能力验证和实验室比对工作总结会。全国49个省地市药用辅料和药包材检验机构以及部分企业的70余位代表参加会议。

▲ 4月26日至5月1日，应世界卫生组织（WHO）邀请，中国食品药品检定研究院副院长王军志带队参加在瑞士日内瓦召开的“WHO生物类似药（单克隆抗体产品）指南修订和生物治疗药物监管风险评估非正式咨询会”。

► 5月11日，香港特别行政区政府卫生署署长陈汉仪一行3人访问中国食品药品检定研究院。中国食品药品检定研究院副院长张志军与陈汉仪署长就中药安全及品质标准方面的合作进行座谈。

► 5月27日，德国磷脂中心主任Jürgen Zirkel博士一行应邀访问中国食品药品检定研究院并作专题报告，介绍欧洲辅料和活性成分的注册法规制度，以及德国磷脂中心在磷脂的制备工艺、质量控制和相关药物制剂的应用研究。

◄ 6月16日，瑞士全球卫生事务大使、瑞士内政部公共卫生局副局长兼国际司司长塔妮娅女士一行访问中国食品药品检定研究院并参观中药标本馆，推动双方在技术人员交流、药品快检、中药质量控制与检验方法等领域中的实质性合作与交流。

▲ 7月22日，中国食品药品检定研究院举办世界卫生组织（WHO）药品质量保证相关工作规范培训研讨会。WHO药品质量保证行动计划负责人Dr.Sabine KOPP、专家Dr.Herbert SCHMIDT以及中国食品药品检定研究院金少鸿研究员作报告。

► 9月24日至26日，英国国家生物制品检定所所长Stephen Charles Inglis一行访问中国食品药品检定研究院。双方回顾十年来的合作历程与成果，并签署合作备忘录，加强生物制品标准物质研制交流合作。

▲ 9月27日至29日，由国家食品药品监督管理总局主办，中国食品药品检定研究院承办的国际植物药监管合作组织第二工作组研讨会在北京市召开。会议交流中药质量控制新技术、新方法。中国、古巴、沙特、坦桑尼亚、马来西亚和中国香港从事植物药监管的官员及专家共10余人参加会议。

▲ 9月28日，世界卫生组织(WHO)基本药物和健康产品司技术标准处生物制品技术标准负责人Ivana Knezevic博士访问中国食品药品检定研究院，并就WHO生物制品标准化和评价合作中心（WHO CC）工作进行回顾和磋商。

▲ 11月2日，中国食品药品检定研究院副院长王佑春代表中国食品药品检定研究院与英国内政部、欧洲化妆品协会、中国欧盟商会共同签署《化妆品法规技术合作框架协议》和《化妆品安全评估项目合作协议》。

► 11月8日至14日，中国食品药品检定研究院副院长张志军等3人随国家食品药品监督管理总局团组赴英国LGC、法国EDQM和GE Healthcare进行食品药品检验检测体系建设与管理以及标准物质研发交流。

▲ 2月6日，中国食品药品检定研究院举办2015年离退休老同志春节联欢会。离退休老同志共聚一堂，欢庆新春佳节的到来。

◀ 3月5日，中国食品药品检定研究院举办“元宵节”猜谜活动。活动准备了100多条关于专业知识、历史典故、生活常识以及廉政文化等方面内容的谜语竞猜。

◄ 4月17日，中国食品药品检定研究院召开2015年党的工作暨廉政建设工作会议。会议传达国家食品药品监督管理总局第三次党风廉政建设工作会议精神，部署2016年党风廉政工作。

► 4月29日，中国食品药品检定研究院团委举办“迎五四·传承·创新”主题团日活动。50多名团员青年参加团队素质拓展训练。

► 5月20日，中国食品药品检定研究院邀请中央纪委廉政理论研究中心副主任谢光辉为全院党员职工作党风廉政教育专题讲座，院党委委员、纪委委员，各支部纪检委员，院中层干部和职工代表160余人参加。

◄ 6月12日，中国食品药品检定研究院召开“三严三实”专题党课暨动员部署会议。党委书记、副院长李波讲授专题党课，并对“三严三实”专题教育活动进行动员部署。

▲ 7月27日至31日、8月24日至28日，中国食品药品检定研究院在革命摇篮井冈山分两批举办领导干部教育培训班。国家食品药品监督管理总局机关党委、中国食品药品检定研究院和药品评价中心党员领导干部共157人参加培训。

▲ 9月16日，中国食品药品检定研究院党委理论中心组召开“三严三实”专题教育第二次集体学习研讨会。国家食品药品监督管理总局副局长、党组成员、药品安全总监孙咸泽同志出席会议并讲话。

► 10月22日，中国食品药品检定研究院2015年首届职工秋季运动会在天坛体育中心举行。驻京药检系统的20支代表队、950余名运动员和观众参加运动会。

◄ 10月27日，中国食品药品检定研究院举办“三严三实”专题教育廉政党课。纪委书记姚雪良讲授专题廉政党课。

▲ 1月，为感谢中国食品药品检定研究院在冬季野营拉练活动提供的技术支持，中国人民武警警察部队药品仪器检验所向中国食品药品检定研究院赠送“融合助发展，携手保健康”锦旗。

▲ 2月5日，河北省药品检验研究院举办首次“全省药检系统检验技术知识竞赛”。竞赛内容以中药检验、化学检验及综合检验管理知识为主，采取现场问答形式进行。全省各市（食品）药品检验所（中心）33名代表参加竞赛。

► 3月22日，甘肃省药品检验研究院专家应邀走进甘肃农村广播《食品药品话安全》节目，向全省广大农村广播听众介绍药品、保健食品基本常识，提倡理性购买使用药品、保健品，合理使用抗生素。

▲ 4月22日，陕西省食品药品检验所–第四军医大学联合实验室、药学教学实践基地揭牌。双方将推进研发互动平台建设，实现硬件、信息和人员优势互补、资源共享。

▲ 5月16日，辽宁省医疗器械检验检测院、上海市医疗器械检测所和国药励展展览有限责任公司承办的首届“IEC国际医疗器械标准论坛”在上海第73届“中国国际医疗器械博览会”期间召开。论坛促进国内外医疗器械标准化技术交流，推动扩大中国在IEC领域的国际影响力。

▲ 5月21日，以“标准、检验、安全”为主题的“体外诊断试剂检验机构开放日”活动在北京市医疗器械检验所举行。新华社、中央电视台、中国医药报等近20余家媒体记者，以及高校、医院、社区和社会团体等消费者代表参加活动。

► 5月23日至25日，陕西省质量技术监督局委派评审专家组，依据《实验室资质认定评审准则》相关要求对陕西省医疗器械检测中心进行计量认证复评审现场评审。经过审评，检测中心申请的539个项目符合相关标准要求。

◄ 5月24日，广东省药品检验所举办食品药品安全科技活动周检验检测机构开放日活动。

▲ 6月24日，由中国食品药品检定研究院主办，广西壮族自治区食品药品检验所协办的国家科技重大专项任务“重金属及真菌毒素多残留检测平台”首次科研技术交流研讨会在广西壮族自治区南宁市召开。

▲ 9月1日，甘肃省药品检验研究院组织药学技术人员20余人参加“2015年全国安全用药月”甘肃启动及宣传活动，对药食两用及常用中药材真伪对比标本进行现场展示。

► 9月11日至12月20日，为保障食品检验、药品化妆品检验、口岸药检所申报、东区实验室搬迁等“四大任务”，河南省食品药品检验所会同河南省口岸食品检验检测所开展“百日会战”活动。

◄ 10月18日，中国医学装备协会超声装备质量与标准专业委员会日前落户武汉光谷生物城，中国医学装备协会超声装备技术分会向生物城内的湖北医疗器械质量监督检验中心授予会牌。专业委员会将整合国内超声装备行业资源，助力超声产业（产、学、研、监、用）质量与标准体系链建设。

▲ 10月20日至23日，浙江省食品药品检验研究院在浙江省杭州市举办全国化妆品动物替代试验培训班（第三期）。

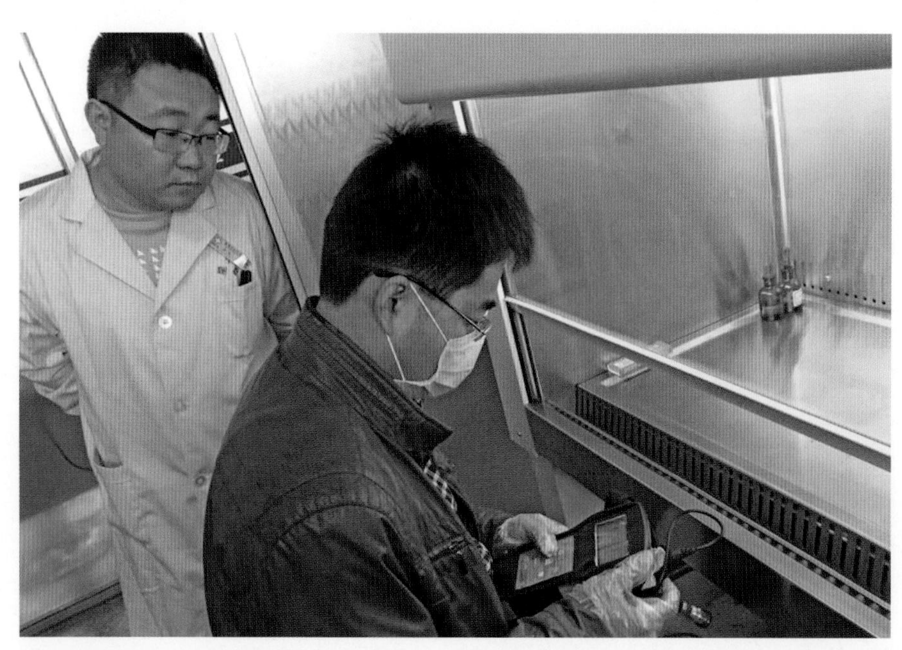

▲ 10月中旬，陕西省医疗器械检测中心组织检测员赴陕西省内多家医院进行在用医疗器械现场检验和调研工作。

► 11月7日，天津市药品检验所无缺项通过了化妆品行政许可检验机构资格认定现场核查。

◄ 11月中旬，河南省医疗器械检验所技术人员赴海南对医用分子筛制氧设备现场检验。

▲ 12月4日至6日，“诚信做食品 理性看安全”为主题的“2015年大型食品安全知识展览活动”在浙江省杭州市举行。国务院食品安全办副主任、国家食品药品监督管理总局副局长滕佳材参加活动。浙江省食品药品检验研究院、浙江省医疗器械检验院以文字、图片、音像、实物等形式宣传展示食品药品安全监管成果和科普知识。

► 12月26日至27日，中国合格评定国家认可委员会（CNAS）专家评审组一行四人对云南省医疗器械检验所进行了现场评审。

目　录

特　载

第一部分　检验检测

第二部分　标准物质与标准化研究

第三部分 食品药品技术监督

第四部分 质量管理

第五部分 科研管理

第六部分 系统指导

第七部分 国际交流与合作

国际交流

第八部分 信息化建设

第九部分　党的工作

第十部分 综合保障

第十一部分 部门建设

第十二部分　大事记

第十三部分　地方食品药品检验检测

第十四部分 全国食品药品检验检测机构数据统计

附 录

Contents

Feature Articles

Part One Testing and Examination

Part Two Refernce Standard and Standardization Research

Part Three Food and Drug Technology Supervision

Part Four Quality Management

Part Five Research Management

Part Six System Instruction

Part Seven International Exchange and Cooperation

Part Eight Informationalization Construction

Part Nine Party Work

Part Eleven Construction of Inner Institutes

Part Twelve Memorabilia

Part Thirteen Provincial Food and Drug Testing and Examination

Part Fourteen Data from Nationwide Food and Drug Testing Institutes

Appendix

重要会议与讲话

国家食品药品监督管理总局党组成员、药品安全总监孙咸泽在全国食品药品医疗器械检验工作电视电话会议上的讲话

同志们：

这次全国食品药品医疗器械检验工作电视电话会议是在深入贯彻党的十八届三中、四中全会和中央经济工作会议精神，全面深化改革，扎实推进依法治国方略新形势下召开的一次重要会议。会议的主要任务是，落实全国食品药品监督管理暨党风廉政建设工作会议的部署要求，回顾总结2014年检验检测工作情况，分析新形势，把握新要求，部署2015年工作任务。

过去的一年是食品药品监管深化改革的重要一年。全国食品药品医疗器械检验检测系统，处于体制改革的过渡期、机构运行的磨合期。全系统各级党组织和广大干部职工，认真贯彻落实党中央、国务院以及总局的决策部署和要求，一手抓机构改革和体系建设，完善职能，理顺关系，做好检验检测工作，发挥技术支撑作用；一手抓检验检测能力建设，改进管理方式，认真履行职能，克服许多矛盾和困难，各项工作均取得明显成效。一是体系建设初见成效。随着食品职能划转，检验检测系统对食品检验检测资源进行了有效整合，全国共增加省级、市级食品检验检测机构22家，检验检测职能得到进一步拓展，以国家级检验检测机构为龙头，省级检验检测机构为骨干，市、县级检验检测机构为基础，第三方检验检测机构为补充的食品药品检验检测体系初步成型。二是专项工作扎实有效。各级检验检测机构积极配合药品“两打两建”、保健食品“打四非”、农村食品市场“四打击四规范”、医疗器械“五整治”等专项整治行动，尤其是在防控埃博拉出血热、H7N9禽流感等工作上，我们和军队系统齐心协力，团结一致，成绩显著。防控埃博拉出血热疫情，在无法获得病毒标本的情况下，中国食品药品检定研究院完成了应急参考品的制备和验证工作，对保证埃博拉病毒核酸诊断试剂的产品质量，起到了至关重要的作用。全系统与总后各级药检所共同承担的仿制药质量一致性评价工作已取得初步进展，对确保药品质量安全，促进医药经济结构调整和产业升级，进一步增强我国医药产业国际竞争能力意义重大。三是能力建设有了新的进展。通过地市级药检所模块化培训、高级进修班和各级各类专项培训，全系统的业务能力有了较大提高。信息技术的有效利用已经常态化，国抽项目使用药品电子监管码进行样品确认，保健食品采取快检方法，有效提高了抽验效率。建立了国家药品抽验数据库、检验检测标准管理系统等信息共享平台，增强了系统交流和协作的能力。在全系统的共同努力下，我国以高分通过WHO疫苗监管体系的再评估，中国食品药品检定研究院承担的两个项目再次获得满分。我国还首次作为组织方，与英国国家生物制品检定所（NIBSC）共同研制EV71疫苗中和抗体国际标准品，为我国食品药品监管赢得了国际话语权。四是服务产业发展迈出新步伐。各级检验机构对国抽数据进行分析汇总，形成《国家药品监督抽验基本药物（2009版）质量状况研究报告》和《2013年国家药品计划抽验质量状况报告》，通过挖掘抽验数据价值，创新了风险预测模式。去年11月在厦门首次举办全国药品质量安全管理年会，通过对国抽药品质量与安全状况分析，

交流了药品安全风险，搭建了检验机构与企业沟通交流的平台，督促企业关口前移，从源头上把控质量，从而增强企业的主体责任意识，提高企业维护质量安全的自觉性。

成绩虽然可喜，但绝不能盲目乐观，放松警惕。我们应该清醒地认识到，我们面临的形势还很严峻，任务繁重而艰巨。刚刚召开的全国食品药品监督管理暨党风廉政建设工作会议，张勇局长对当前形势作了深刻分析：一是我国食品药品产业体量巨大，而质量不高，安全管理水平正在提升，但仍相对薄弱的基本面没有改变。产业素质不高、法治意识淡薄、市场秩序不规范、企业主体责任不落实等引发食品药品安全问题的风险仍然存在。二是我国食品药品产业链条环节多、过程长，是一个长期以来受市场驱动而自发形成的松散的利益链条。风险点源难以定位、隐患排查费时费力，而且极易在生产经营者中形成从众心理、破窗效应，极易产生食品药品安全风险。三是今后一个时期，由于经济社会发展大环境等外部因素影响，激烈的市场竞争、生存的压力会影响企业的诚信守法意识、质量安全意识，食品药品安全还将出现更多风险挑战。四是对部分食品药品产业的发展趋势我们要有个预判。我们监管的“四品一械”将出现更多的新技术、新产品、新业态、新商业模式，产业组织方式也将出现重大变化，对传统监管手段和方式方法带来极大的挑战。五是全国食品药品和医疗器械检验检测系统能力建设不足，技术手段落后，体系建设不完善，区域发展不协调的问题还比较突出，特别是在机构改革还不到位，体制机制还没完全理顺，部分检验检测机构能力还很薄弱的情况下，第三方检验机构已经逐渐进入，并可预期地承担更多政府服务，这对我们系统内各级检验检测机构都将带来严峻挑战。所以，我们不能躺在功劳簿上，要改变惯性思维，顺应改革需求，上承监管、加强支撑，下接企业、促进发展，内强素质、整体提升，外迎挑战、走出国门。

当前和今后一个时期，全国食品药品和医疗器械检验检测工作抓什么，怎么抓，李波同志的工作报告将做具体部署，我都赞成。下面，我先强调几点。

一、以编制十三五规划为契机，理清当前和今后一个时期的工作思路

今年是十二五规划的收官之年，也是十三五规划的编制之年。编制好十三五规划，对全国食品药品和医疗器械检验检测系统把准未来发展方向，理顺发展思路，冲破发展瓶颈，切实履行技术支撑、技术监督、技术服务职能，具有重要意义。各级检验检测机构一定要高度重视，周密规划，努力为今后五年谋好篇，布好局。要认真梳理十二五规划实施情况，深刻领会总局关于检验机构体系建设的一系列文件精神，例如科技标准司《关于加强食品药品检验检测体系建设的指导意见》（食药监办科〔2015〕号）、规划财务司《关于做好首批县级食品安全检验检测资源整合试点项目实施工作的通知》（食药监财〔2014〕251号）和检验机构办公用房及检验设备标准等文件，结合实际，按照“方向准确、思路可行、措施得力”的要求，在充分调研论证的基础上，做实做透规划编制工作。一要制定清晰的发展目标。用3~5年时间，建设职能定位明确、设备设施先进、能力水平一流，能够承担起中央、省、市级职能，具有较强的公信力和影响力的食品药品检验机构。二要明确具体任务。着力推进业务管理法治化工程、能力建设现代化工程、人才队伍科学化工程和管理手段信息化工程，确保中央、省、市三级检验机构能力水平有个质的飞跃。三要制定切实可行的保障措施。既解决好眼前工作中的燃眉之急，又要考虑好中长期的规划安排，争取将一些重大项目，纳入总局和地方政府规划之中，确保十三五目标任务落到实处。

二、以深化体制机制改革为动力，切实加强检验检测体系建设

新一轮机构改革实施以来，各地按照党中

央、国务院的部署要求，陆续开展了食品职能划转，食品、药品和医疗器械检验检测资源的整合工作。根据国办《关于整合检验检测认证机构实施意见的通知》（国办发〔2014〕8号），总局制定了《关于加强食品药品检验检测体系建设的指导意见》，对各级检验机构的功能定位、体系建设提出要求。当前和今后一个时期，各级食品药品和医疗器械检验检测机构，要把贯彻落实这个意见，作为完善体系建设的重点，积极主动作为，扎实推进工作。一是要完善机构体系。按照“432”的层级要求，设置食品、药品和医疗器械检验机构，确保各级各类检验机构的全覆盖。二是要完善职能体系。中央级检验机构，要重点突出法定检验、仲裁检验、重大突发事件应对、重大基础性科研、产品质量安全数据分析，以及对全国相关检验机构的业务指导工作。省级以下检验机构要着重开展法定检验、监督抽验、快速检验、突发事件应对等工作。三是要完善业务体系。中央级检验机构要按照“能够全面提供食品药品监管技术支撑服务，具有较强的技术引领和指导能力，能够开展食品药品医疗器械检验检测新技术、新方法、新标准研究，能够在相关领域开展国际交流与合作，在参与国际标准制修订中发挥积极作用，具有较强的国内外公信力和影响力”的思路，充实人员、提升素质、加强条件建设，完善运行机制，更好地承担起各项职责。省级以下检验机构，可根据各地食品药品医疗器械产业布局、发展状况，整合资源，建立健全能力认证机制、应急处置机制、监督评价机制，促进业务水平不断提高。四是要完善服务体系。既要为行政监管服务，通过监督抽验、数据分析、风险评估等工作，发挥技术支撑作用；又要为产业服务，通过业务培训、督促提醒等工作，指导帮助企业抓好质量管理；也要为公众服务，通过科普宣传、风险提醒等工作，帮助人民群众提高饮食用药安全知识水平。五是要充分发挥总后系统药检机构和社会第三方检验机构的作用，通过能力互补、资源共享、结果互认，形成监管合力。

三、以依法检验、照章办事为抓手，切实加强检验检测工作的业务管理

依法检验、照章办事，是贯彻落实党的十八届四中全会精神的必然要求，是依法治国、依法执政、依法行政在我们食品药品检验系统的具体体现。当前，各级食品、药品和医疗器械检验检测机构在依法检验、照章办事，有效服务人民群众上，总体是好的。但也应该清醒地认识到，我们现在工作中遇到大量的矛盾和问题，与有章不循、有规不依，不按规章制度办事有直接的关系。近几年一些企业诉我们行政监管部门的事情，就暴露出这方面的问题。比如，审批、审评、检验超时的问题，法规规章有时限规定，你完不成，就违法；程序问题，要求书面通知，就得以正规的公文通知他，该出不合格报告或不予批签发通知的，你只打个电话，出了问题，就是违法。又如，实验室管理问题。虽然我们制定了大量的质量规范，但有的章法观念差，不按规矩办事，有了问题，一查一个准。还比如，抽验问题，最近总局颁布了《食品安全抽样检验管理办法》，对抽样、检验、处理及责任都做出了明确规定，如果还是想怎么做就怎么做，是要承担责任的。因此，我们要把全面推进依法检验、照章办事作为重点，切实加强业务管理工作。一方面，要对制度进行梳理，找出漏洞，找出问题，按照“依法、可行”的要求及时完善规章制度，完善质量管理规范；另一方面，要严格执行规章制度，加强宣贯，加强监督，加强落实，切实用法治思维提升业务管理能力。

四、以服务监管、服务公众为目标，切实加强检验检测能力建设

一要加强人才队伍建设。加强人才队伍建设，除了引进来，扩大增量以外，工作的重心要放在盘活存量上，要大力加强对现有人才队伍的培训工作。这几年，中国食品药品检定研究院开办了两个类型的培训班，一个是面向系统的高级

研修班（2期共培训72人），再一个是面向各省地市级药检所的模块化培训班（9期共培训了1603人），效果很好，要坚持。各地也要根据实际情况，加强对本地区检验检测队伍的培训工作。但光有培训是不够的，培训是手段，提升才是目的。为此，大家要在加大培训的同时，摸索建立一套科学、合理、可操作性强的培训考核评价体系，确保培训效果。二要加强科学研究。要按照“检验依托科研，科研提升检验”的目标，落实创新驱动发展战略，强化检验检测技术储备和科技支撑能力。要紧密结合食品药品监管现状和发展需求，在食品药品检验检测技术、风险评估、监测预警、应急检验、快检技术等重点领域，开展基础性、关键性、公益性技术研发和成果应用，提升食品药品安全技术保障水平。三要大力开展能力验证工作。要在运行ISO 17043的基础上，申请符合国际标准的能力验证提供者（PTP）认可，争取获得该资质，保证在中国，乃至在亚太地区，能力验证的结果能够被广泛地承认。要广泛地邀请药品质量控制机构、药品生产企业参加，要将能力验证的触角延伸到第三方检验机构。四要大力加强信息化建设。目前检验检测系统的信息化建设相对比较滞后，基本上还是各自为政，发展不均衡。有的已经完成了第一轮建设，从单纯的“数据化”阶段走向“大数据”阶段；但大部分还停留在“数据化”阶段，对数据的分析、整合、利用程度不高。信息化不光是办公自动化，而是利用信息技术带来工作模式和效率的创新，各级领导一定要高度重视。总局和中国食品药品检定研究院要做好顶层设计和基础性工作，支持各地参与全系统的网络建设，大力推进互联互通、信息共享，尤其是要注意做好数据汇总、整理、上报分析和风险分析工作，今年要实现全国药品抽验信息平台开放与共享，充分发挥信息化、云计算在食品药品监管中的作用。各地一定要尽快实现系统对接，数据如实上报。如不对接上报，我们就担心是不是存在什么问题，也可能成为下一步重点检验和能力考核的对象。

五、以落实两个责任为龙头，切实加强党风廉政建设

做好检验检测工作，离不开党风廉政建设这个根本保障。我们必须清醒地认识到，当前反腐倡廉的严峻形势，要以对党负责、对同志负责的态度，高度重视党风廉政建设工作。要认真落实好党委主体责任和纪委监督责任这“两个责任”。领导班子落实主体责任，关键是一把手要亲自抓，作表率；分管领导具体抓，形成合力。一要切实改进作风，严格执行中央八项规定等一系列配套制度要求。作风建设没有过去时，只有进行时。广大干部职工要严格遵守，切不可应付、回避。总局机关和中国食品药品检定研究院到地方调研、开会或检查，严格按照标准接待，不得提出与工作无关的要求，严禁接受各种礼品、纪念品和土特产。系统各级干部也要按规定办，大家要认识到严是爱宽是害，出了问题，没有后悔药。二要完善制度，扎实推进预防工作。要组织党员干部认真学习廉政理论、廉政法规和典型案例，强化廉政意识、法纪意识和忧患意识，不断增强廉洁从检、廉洁自律自觉性。要完善制度机制，进一步建立健全检验检测、招标采购、工程建设和干部人事等制度，严格按照程序办事，确保权力正确行使。三是要抓早抓小，敢于较真，敢于碰硬，坚决纠正各种不良行为，严肃查处各种违规违法问题，防止小错酿成大错。要敢于揭短亮丑，主动查处问题，整纲肃纪，形成威慑，确保权力、队伍和检验检测“三个安全”。

同志们，食品药品医疗器械检验检测工作岗位重要，任务艰巨。我们要增强责任感、使命感，在新的一年里，振奋精神，坚定信心，再接再厉，不断推动检验检测事业新发展，为保障公众饮食用药安全做出更大的贡献！

春节快到了，在此，祝大家新年快乐，身体健康，工作顺利，谢谢大家！（2015年1月16日）

凝心聚力　开拓进取
努力开创检验检测事业新局面

——中国食品药品检定研究院党委书记、副院长李波在全国食品药品医疗器械检验工作电视电话会议上的讲话

同志们：

今天，我们召开2015年全国食品药品医疗器械检验工作电视电话会议。主要任务是：深入贯彻党的十八届三中、四中全会精神，按照全国食品药品监督管理暨党风廉政建设工作会议的部署要求，总结全系统2014年工作，明确2015年工作重点，努力开创检验检测事业新局面。

下面，我主要讲两个方面的内容。

一、2014年主要工作回顾

2014年，是食品药品监管体制改革后的开局之年。回顾全年，一方面，食品药品安全形势严峻，作为技术支撑机构，面对监管的新形势、新要求、新任务，全系统任务繁重、责任重大。另一方面，系统的整合重组工作还在进行中，尚未建立起完备的检验检测体系，目前来看，检验机构划转整合难度远远大于行政机构改革，一定程度上制约了食品药品检验工作的开展。

上述客观情况对我们履行职能、开展工作提出了严峻挑战。面对复杂形势，全系统围绕确保公众饮食用药安全这一中心任务，在各级监管部门的坚强领导下，紧跟体制改革的步伐，以全面提升检验检测能力为核心，齐心协力抓检验，锐意进取谋发展，各项工作均取得了明显成效。

（一）服务监管需要，技术支撑发挥了明显的作用

一年来，全国副省级以上政府设置的检验机构共受理各类产品检验检测任务64万批，发出检验报告62万份。中央支付地方和总局本级合计，分别完成食品抽验11.7万批、保健食品抽验13323批、化妆品抽验13950批、药品抽验16527批、医疗器械抽验2314批。全年完成进口药品检验4.2万批，生物制品批签发检验8309批。通过监督抽验监测，发现假劣药520批次、不合格/问题产品8578批次，出具质量风险警示380份，调查处理企业826家。此外，总后所、武警所也努力完成各类检验检测任务，为军队武警部队加强药品监督提供了保证。

除常规检验外，全系统积极为各类专项整治和应急检验提供技术支撑。在国家医疗器械“五整治”、农村食品市场“四打击四规范”及各省专项整治、综合治理行动中充分发挥了检验检测的打假治劣作用。在H7N9、“呋喃丹”大米、虫草、无创产筛、埃博拉出血疫情等应急检验和APEC峰会、青奥会、东盟博览会、世界体操锦标赛等保障工作中，各相关地方机构经受考验，应对有力。特别是埃博拉出血热疫情防控应急中，在无法获得病毒标本的情况下，完成了埃博拉病毒核酸诊断试剂应急参考品的制备和验证工作，并通过先期介入产品质量标准研制，快速完成我国首个埃博拉疫苗和单克隆抗体检验任务，保证了我国埃博拉病毒疫苗继美国和加拿大之后全球第三个进入临床试验。

此外，在中国食品药品检定研究院技术储备的支持下，近日，全球首个Sabin株脊灰灭活疫苗成功获得CFDA批准。仿制药质量一致性评价有序推进，完成2个指导原则的起草并上报总局审核，首批5个品种的评价方法已上网公示。国家药品标准物质供应稳定性得到提升，1005个标准物质的稳定性得到核查，2012年新版基本药物目录中1022个品种的标准物质供应率达到98.9%，其他标准物质的保障供应率达到98.2%。各地还因地制宜，深入开展了“安全宣传周”、“公众开放日”等安全宣传工作，积极参与和推动食品药品安全共治格局的形成。

（二）坚持创新驱动，检验检测能力得到了有效地加强

据统计，2014年全国副省级以上政府设置的检验机构承担课题数量796项，总经费1.76亿

元；完成药典标准提高1894项，医疗器械标准制修订108项，其他标准起草复核1160项；获得专利42个，发表论文1238篇；1人获得全国五一劳动奖章，1人获得吴阶平－保罗·杨森医学药学奖，2人享受国务院政府特殊津贴；科研成果荣获省部级奖励36项，其他27项。科研数量与水平同步提升，一些地方取得了可喜成绩。中国食品药品检定研究院“中药质量与安全标准研究创新团队”被评为科技部2013年创新人才推进计划重点领域创新团队。河北省食品检验研究院、浙江省医疗器械检验院分别荣获标准化领域的最高奖项“中国标准创新贡献奖”二、三等奖。

同时，全系统广泛开展各种培训和能力验证，促进检验检测能力水平不断提升。全年举办1期高级进修班、6期地市药检系统模块化培训班，培训业务骨干1145人；组织全国性能力验证计划13个，参加单位达到356家，其中包括系统首次GLP机构室间能力评比和药用辅料与药包材能力验证。在世界卫生组织对中国疫苗监管体系再评估中，中国食品药品检定研究院承担的实验室准入和批签发两项职能再次以满分通过评估，全方位展示了我国生物制品检测实验室的技术能力和管理水平。

另外值得注意的是，快检技术研究和应用得到了长足发展。全国保健食品监督抽验中首次应用快检技术。广东省所新增5项快筛专利，启动全系统首个快筛快检研究平台。陕西省所联合35家单位建设食品药品快速检测公共服务平台。吉林在全省建立60个食品安全快速检测站和1300个快速检测室。通过应用快检技术，仅山东一个省，完成的食品快检达到65万批。这个量在过去是不可想象的，它所对应的基层风险状况正是我们所希望掌握的。前不久，国家药品快检数据库网络平台建设项目已顺利通过初步验收，快检技术将得到进一步的发展。

（三）紧跟改革步伐，体系建设取得了初步的进展

与监管体制改革相适应，检验检测体系建设逐步推进，各地陆续划入职能，构建起检验检测系统的基本架构。据统计，18个省完成原属质检、卫生、工商系统省级食品检验机构的划转，其中9个省份划转后成为独立的食品检验机构。31个省级辖区内均设有具备食品、药品、医疗器械检验职能的省级检验检测机构以及具备药品检验职能的市级机构。27个省级辖区内已有地市级检验检测机构具备承接食品、保健食品、化妆品等检验的能力。截至目前，全系统机构总数近一千家，其中具备药品检验能力的777家，食品的598家，保健食品的499家，化妆品的478家，医疗器械的295家，药包材与药用辅料的192家。

为加速体系建设步伐，多个省级所先行先试、示范带动，积极推动区域内检验资源整合。浙江省院提出构建“省级强龙头、市级创特色、县级大整合、基层重快检、社会为补充”的检验体系。云南省所大胆探索建设发展模式，主动研究起草《云南省食品药品检验检测机构业务建设指导意见》，配合体制改革推进全省技术支撑体系科学化、标准化建设。并且，系统内还通过区域合作，充分发挥各自的技术优势及特点，形成更好的整合资源。湖北医疗器械检验中心与北京、湖南搭建共同发展平台，粤甘医疗器械区域合作中心实现技术支持、业务合作、课题共研。组建全国检验检测机构的联盟，将有助于发挥全系统的优势和实现系统联动。

值得一提的是，随着检验职能持续增加，系统这些年发展提速，包括中国食品药品检定研究院在内，都面临着新址建设与搬迁的问题。全系统在建和拟建实验室面积达到93万m^2，超过了在用实验室面积之和。中国食品药品检定研究院正在组织编写食品、药品、医疗器械3个检验检测工程项目建设标准，为新址建设中争取政府投资提供依据。

同志们，过去的一年，全系统开拓思路、主动作为，通过一系列措施推动了检验检测工作的新发展。成绩来之不易，靠的是总局和各级监管

部门的正确领导，靠的是全系统敢于担当、奋发进取，靠的是广大干部职工迎难而上、真抓实干。在此，我代表中国食品药品检定研究院向全系统的干部职工表示衷心的感谢！成绩值得肯定，但是我们还不能盲目乐观，我们仍面临诸多挑战。

第一，新技术、新产品带来的挑战。现在科技日新月异，如转基因食品、组织工程产品、3D打印产品等新技术、新产品层出不穷，我们怎么检，我们的检验检测技术、方法、手段是否准备好了？这样的挑战会随着时间的推移，变得越来越多、越来越紧迫。

第二，法制化带来的挑战。十八届四中全会确立了依法治国的方略，国家将进入法制化的快车道，全社会的法律意识都在增强，尤其是行政相对人更懂得使用法律手段维护自身利益，虽然我们现在的规章制度不少，覆盖也比较全面，但有些还不完善，修订不及时。同时，我们法律教育、法规培训跟不上，一些检验人员法律意识薄弱，在检验检测程序中出现未能依法检验的现象。因此，我们在检验检测法制化的道路上还有很长的路要走。

第三，信息化带来的挑战。信息化扩展了资讯的传播速度与影响范围，在我们不能及时主动发现问题、解决问题的同时，媒体先于我们发现问题，借着信息化带来的信息媒体资讯快速流动，把我们推向风口浪尖，致使我们全面被动，疲于应付。另外，面对这么多年积累的抽验、检测数据，我们却没有自己的大数据中心。就系统的现状来看，我们有LIMS系统、云计算、数据分析的应用，以及其他先进的软硬件的配备等等，然而，这种先进仅限于个别的，我们当中的大多数还处于落后状态，软件在建设中，硬件还没到位。

第四，一体化带来的挑战。2014年3月国办转发中央编办、质检总局《关于整合检验检测认证机构实施意见的通知》，质检总局已经开始组建“中检集团”。整个检验检测行业的整合，直接把我们推向市场，我们的竞争力在哪里。其次，政府购买服务、市场配置资源已成国家策略，第三方检验检测机构如雨后春笋，国内、外先进的检验检测机构，尤其是食品方面的检验检测，冲击着我们习以为常的思维和工作模式，我们的合力在哪里。市场化拿走了我们“唯一”的标签，带来了“第三方”，并给检验检测行业贴上了“多元化”的标签，带来了雄厚的资金、先进的技术、高效的管理，甚至投资主体自身品牌的影响力。我们如何在这“市场化”的改革浪潮中脱颖而出呢？

第五，特色化带来的挑战。全系统各级机构在检验能力、机构设置、工作机制、优势领域等存在差异，发展不平衡。在这种情况下，既不能一刀切，统一按照一个模子雕刻我们检验检测机构，又不能五花八门，任其发展。唯有共性生存，特色发展，在整个系统的大环境下，根据区域、对象发展自己，针对所在地区的食品药品产业走特色化发展之路。

总之，新的一年，需要我们突破束缚，创新思维，在2015年努力开创检验检测事业新局面。

二、2015年重点工作

按照总局部署，2015年全国食品药品医疗器械检验检测工作的总体要求是，以党的十八届三中、四中全会精神为指导，紧紧围绕确保食品药品安全，以发现产品质量风险为导向，以信息化建设和数据利用为抓手，以思想文化和党风廉政建设为保障，落实依法检验，强化风险防控，进一步促进检验检测综合实力的提升。

（一）以规划为载体，围绕风险防控构建技术支撑能力

今年是“十二五”的收官之年，也是“十三五”的谋划之年，全系统应该抓住编制规划的契机，从自身实际出发，进一步明确目标，为下一个五年谋好篇、开好局。“十三五”期间，检验检测要把能力建设放在对风险的有效防控基础上，围绕风险防控构建技术支撑能力。

张勇局长在刚刚结束的食品药品监管工作会上指出，“我们在监管中往往是总局、省局、市县乡从上往下层层部署，上下一般粗，既容易造成重复监管、费时费力、浪费资源的问题，也往往导致对本地的重点问题投入精力不够、监管力度不够的问题。”我们的抽验也是存在同样的问题，中央、省、市、县层层抽验，品种重复造成资源浪费，并且60%～70%的抽验是针对的流通环节，而非当地企业生产的产品。因此，围绕风险防控，要突出检验检测工作的重点，找准当地的主要对象，要从监管实际出发，紧跟监管的步伐，监管的重点放在哪里，检验的能力就延伸到哪里，把检验检测建成来之能战，战之能胜的技术支撑队伍。围绕风险防控，要从地区实际出发，找准地区的重点问题，对症下药，要盯住食药产业集中地区，盯住安全问题多发的环节。辖区的食药产业分布在哪里，安全问题出现在哪里，检验的重心就应该在哪里，要针对辖区企业状况、行业形态、人文社会等因素，规划设计检验能力。围绕风险防控，要以风险为导向，以问题为导向，主动查找风险隐患，潜在的风险在哪里，漏洞部位和薄弱环节在哪里，检验的重点倾向就在哪里，技术发展的方向就在哪里。通过检验识别风险、发现风险，通过检验控制住风险，通过检验消灭风险。

此外，我们要积极争取各级政府和监管部门的支持，推动“十三五”期间基础设施、重点工程、重点项目的建设立项。还要积极配合监管部门完成对检验检测机构的整合和对下级检验机构的设置。做好规划是一项非常复杂的工作，但意义重大，请全系统各级领导高度重视，布局好“十三五”的检验检测工作，为将来发展做好铺垫。

（二）坚持依法检验，强化对业务技术的管理

依法监督、依法检验，是贯彻落实党的十八届四中全会精神的具体要求。当前我们检验检测系统还存在质量管理体系不完善、技术规范不健全、检验超时时有发生，甚至出现在检验中用错标准等严重问题，暴露了我们在依法办事上存在的薄弱环节。据不完全统计，2014 年总局收到190 份行政复议申请，应诉数量也快速增长。按照总局加强依法行政的要求，我们要把依法检验、依规检验作为当前和今后的重点，逐步完善检验检测程序、质量体系、操作规程，推动检验检测始终在法治的轨道上运行。

依法检验，首先要完善制度规定，在系统的顶层设计方面，总局已将《检验检测机构整合工作方案》上报整合检验检测机构认证工作组，并准备发布《检验检测体系建设的指导意见》，也正在编制《检验系统仪器设备核查规程》，全系统要严格抓好落实，并做好实施的准备工作。对于单位内部来讲，重点是完善检验检测工作流程和相关管理制度，健全内部操作规范和办事流程，落实检验检测的规范化，增强制度的可执行性和可操作性。

依法检验，要严格按程序要求办事，该法定时限完成的要按时完成，该归档的资料要及时归档，该出具书面通知的一定要书面通知。以总局刚刚发布的《食品安全抽样检验管理办法》为例，对检验时限有明确的规定，要做到依法检验，即是严格按照规定的程序、时限、步骤完成检验。

依法检验，要加强实验室质量管理，强化检验检测工作的规范性和科学性，以良好的质量保证体系保证各项技术工作顺利进行。加强法律法规与质量体系的培训，深入强化全员质量意识和法律意识。加强环境设施和仪器设备的更新改造，确保检验数据的准确可靠。

依法检验，要强化认证认可和能力验证工作。全系统要主动参与国家有关部门组织的认证认可工作，规范和加强自身质量管理体系。在总局科标司的领导下，目前中国食品药品检定研究院在加强对全系统的能力验证和实验室比对组织工作，正在规划系统内、系统外、第三方实验室、生产企业的能力验证和实验室比对数据库的

建设，在应急状态下实验室可以全国范围统筹协调。为发现和查找在检验检测技术和实验室质量管理中的薄弱环节，为提升实验室管理水平和检验检测能力，为监管机构购买第三方检验检测服务奠定基础。

（三）加快信息化建设，着力提升检验效率和水平

信息化已经成为我们日常工作的一部分，它也是提高管理水平的最佳途径。目前，全系统已经建成或正在建设药品标准数据库、药品计划抽验数据库、食品国家抽验数据库、进口药品检验数据库、生物制品批签发数据库、快检数据库等。2015 年，我们将重点加强对信息化基础设施和基础应用的投入，打牢信息化的根基。通过标准统一和资源整合，实现检验检测工作网络化和数据共享。强化信息化顶层设计，筹备并召开食品药品检验检测机构信息化工作会议，编制《全国食品药品检验系统信息化发展规划（2014 - 2020 年）》，推动《国家食品检验信息化网络建设》项目的实施。

做好药品快检数据库的试运行和推广，初步实现覆盖全国的药品快检网络，推进数据各来源单位的共建共享、互联互通。整合已有信息资源，进一步提升数据资源的管理和挖掘能力，为国家、省两级数据中心的建设打好基础。健全食品药品检验检测信息化专业队伍和人才培养机制，为信息化事业发展奠定坚实的人才基础。

（四）加强数据利用，提升技术支撑的产出效能

为保障食品药品的质量安全，各级政府和监管部门投入大量精力开展抽验工作。“十二五”以来，全国累计完成食品监督抽验与风险监测 55.6 万批；2008 年以来，国家药品计划抽验累计完成 16.7 万批。如果将省以下组织的各种抽验合并计算，数量将非常之巨大。检验数据真实反映了食品药品的实际质量，通过对检验数据的分析，可以有效判断食品药品的质量安全状况，为监管提供决策支持，为企业提供指导。但是，坐拥如此庞大的数据，一方面我们还存在一些问题，另一方面，这些数据无法集中共享，缺少有效的挖掘和利用。例如各省对流通环节的抽检，有很多品种是重叠的，人财物资源造成了浪费。2015 年，我们要把数据的利用作为一个重点，围绕数据平台建设，统一检验数据的汇总、共享、分析、利用，以此促进技术支撑效能的发挥。

第一步是建立起一个全系统的数据采集和上报系统，统一汇总、共享国家、省、市、县各级检验机构的抽验数据，以此提高抽验信息化管理及共享利用水平，为开展质量问题研究和风险分析做好基础准备。第二步是建立全系统的食品药品质量安全风险分析研判机制，通过对抽验数据的分析，全面掌握“四品一械”的质量情况，具体的组织形式还需要进一步的探讨和论证。

在食品药品质量分析研判的基础上，我们可以编制《食品药品医疗器械质量状况报告》（白皮书），为各级监管部门更有针对性地制定监管政策提供支撑；也有助于检验检测发现问题，进而找准重点领域和技术发展的方向；此外，必要时可面向公众发布有关食品、基本药物、疫苗、仿制药的质量可靠性信息，引导舆论和公众饮食用药安全；还可以通过每年召开质量安全年会，将产品质量状况反馈给企业，有效地指导企业提高质量控制水平；可以更有针对性地开展对生产企业质量控制技术人员的培训，开展对公众及消费者的科普宣传。

（五）加强软实力建设，抓好思想文化和党风廉政工作

事业要发展，队伍是关键。去年，我们在宁波召开了思想政治工作会，与会同志一致认为，做好检验检测工作关键在人，要通过抓好思想文化建设和党风廉政建设，打造一支过硬的检验检测队伍。

坚持以人为本，把握技术人员特点开展思想政治工作。注重检验实践，不断提高应对应急检

验和重大检验任务的能力水平。注重创新改革，不断建立完善检验技术人员的激励和约束机制。重视文化育人，不断增强机构的凝聚力和向心力。注重思想引导，不断提高技术队伍的政治素质和职业道德素质。

廉洁从检是确保安全和队伍纯洁的重要保证，要坚持不懈抓好党风廉政建设。近两年，检验检测系统出现了一些违反“八项规定”的问题，我们一定要引以为戒、警钟长鸣。各单位要认真落实党委主体责任和纪委监督责任，领导班子主要成员要亲自抓、作表率。要把廉政工作融入业务工作中，做到一起部署、一起推进、一起落实。

最后，有几项需要全系统 2015 年共同参与的工作，在此强调一下。

一是“四品一械”的国家抽验工作；二是仿制药一致性评价工作今年要加快速度；三是开展进口药品注册检验质量复核相关工作以及口岸检验有关工作；四是做好《中国药典》新增标准物质品种的研制工作和稳定性考核。五是医疗器械标准制修订工作；六是协助总局完善生物制品批签发法规，推动审批权下放；七是做好快检技术研究应用工作。

以上这些工作任务需要全系统共同参与来完成，恳请大家与中国食品药品检定研究院一道，做好这些工作。

同志们，在新的一年里，让我们同心协力、奋发有为，推进各项工作落实，为公众饮食用药安全提供更加坚强的技术保障！

春节快到了，在此祝全系统干部职工和家属们春节快乐！（2015 年 1 月 16 日）

中国食品药品检定研究院党委书记、副院长李波在中国食品药品检定研究院“三严三实”专题党课暨动员部署会上的讲话

最近，中共中央办公厅印发了《关于在县处级以上领导干部中开展“三严三实”专题教育方案》，要求从今年 4 月底开始，在县处级以上党员领导干部中开展“三严三实”专题教育。5 月 28 日，总局也已召开了“三严三实”专题党课暨动员部署会议。党组书记、局长毕井泉同志为总局机关党员干部讲授了专题教育党课，并对总局机关开展“三严三实”专题教育进行动员部署。今天，机关党委常务副书记丁逸方同志专程到会指导，也体现了总局机关党委对我们的重视和关怀。下面，根据中央和总局要求，结合我院实际，就践行“三严三实”要求，从三个方面谈一下自己的认识和体会。

一、深刻认识“三严三实”专题教育的重大意义

党的十八大以来，习近平总书记围绕党要管党、从严治党发表了一系列重要讲话，提出了许多新思想、新观点、新论断，为新时期全面推进党的建设指明了方向。2014 年 3 月，习近平总书记在十二届全国人大二次会议参加安徽代表团审议时提出“三严三实”的重要论述，要求“各级领导干部都要树立和发扬好的作风，既严以修身、严以用权、严以律己，又谋事要实、创业要实、做人要实”。习总书记提出的“三严三实”要求，言简意赅、内涵深刻，贯穿着马克思主义政党建设的基本原则和内在要求，为加强党员干部党性修养、把全面从严治党要求落到实处提供了重要遵循。

现在，我们党站在新的历史起点上，正在协调推进“四个全面”战略布局，改革发展稳定任务之重前所未有，矛盾风险挑战之多前所未有，对我们党治国理政的考验之大前所未有。在这样大的形势下，中央决定开展“三严三实”专题教育，是非常必要和非常及时的，这既是对党的群众路线教育实践活动的延展深化，也是持续深入推进党的思想政治建设和作风建设的重要举措，同时也是严肃党的政治纪律和政治规矩的重要途径。

（一）开展“三严三实”专题教育，是加强党的思想政治建设的重要举措。党的十八大以来，习近平总书记准确把握时代和实践的新要

求，围绕改革发展稳定、治党治国治军、内政外交国防等发表了一系列重要讲话为加强党的思想建设提供了重要遵循。扎实开展“三严三实”专题教育为加强理论武装提供了载体，我们全体党员干部要更加全面深入地学习领会习近平总书记系列重要讲话精神，更加准确透彻地把握习近平总书记重要讲话的核心要义和精神实质，切实做到对党忠诚、个人干净、敢于担当。扎实开展“三严三实”专题教育是提高党内政治生活质量的有力途径。提高党内政治生活质量是提高党组织战斗力的保证，是提高党组织解决自身问题能力、发挥党组织功能的重要途径，关系党组织的团结统一意志和核心领导作用。当前，我们一些党员干部纪律意识、规矩意识不强的现象还依然存在、一些支部组织生活制度坚持不严、党员模范作用不好的问题还比较明显，甚至出现了随意化、庸俗化倾向。分析这些问题和现象，一个重要原因就是组织功能弱化、个人言行不注意、党纪党规过宽过软。践行“三严三实”，就是要加强思想政治建设，严肃党内政治生活，进一步明规矩、严纪律、强约束，使全体党员干部都按照组织生活制度和各项规定办事，形成从严从实的氛围，营造风清气正的生态环境。

（二）开展“三严三实”专题教育，是持续推进党的作风建设的迫切要求。抓作风、改作风，是十八大以来我们党从严管党治党的重要突破口。对于中央八项规定取得的显著成效，对于群众路线教育实践活动带来的崭新气象，广大党员群众有目共睹、衷心拥护，社会各界给予充分的认可和肯定。同时，我们还必须清醒地认识到，“四风”积弊由来已久，不可能在短时间内根除，反对“四风”工作必须要持之以恒，常抓不懈。在“三严三实”专题教育方案中，中央提出了“三个见实效”的目标要求。一是要努力在深化“四风”整治，巩固和拓展党的群众路线教育实践活动成果上见实效，二是要在守纪律、讲规矩、营造良好政治生态上见实效，三是要在真抓实干、推动改革发展稳定上见实效。我们要认真贯彻落实“三个见实效”的要求，不断巩固和拓展党的群众路线教育实践活动成果把目前作风转变的好势头保持下去，使作风建设的要求真正落地生根，把党的思想政治建设不断引向深入。

（三）开展“三严三实”专题教育，是做好食品药品检验检测工作的重要保证。我们所承担的食品药品安全，事关人民的身体健康和生命安全，是基本的民生问题，也是重大经济问题、社会问题和政治问题。因而，中央高度重视，社会广泛关注。党的十八届三中全会把食品药品监管领域的改革作为全面深化改革的重点领域，做出了全面部署，新组建了食品药品监管总局，并对检验检测机构进行整合。5月29日，习近平总书记在中央政治局第二十三次集体学习时又对食品药品安全工作提出了“四个最严”的新要求。总书记强调，要切实加强食品药品安全监管，用最严谨的标准、最严格的监管、最严厉的处罚、最严肃的问责，加快建立科学完善的食品药品安全治理体系，坚持产管并重，严把从农田到餐桌、从实验室到医院的每一道防线。深入开展“三严三实”专题教育，对于我们贯彻落实“四个最严”要求，激发各级党组织的创造力、凝聚力和战斗力，教育引导各级党员干部特别是领导干部，始终保持实事求是、真抓实干的务实作风和严于律己、清正廉洁的政治本色，为推动食品药品检验检测事业科学健康发展提供强有力的思想和作风保障。

二、准确把握“三严三实”的丰富内涵

“三严三实”是党员干部的修身之本、为政之道、成事之要，是一个完整的思想体系，具有丰富的科学内涵。对此，总书记作了深刻阐述，总局毕井泉局长也作了深入解读。

1. 严以修身。这是三严三实的第一内容，也是三严三实的基础。我理解：第一是要加强个人道德修养。道德修养是中华民族优秀的文化传统，有道德有素养，也是社会对一个正直善良个体的最基本要求。源自宋代著名思想家朱熹名句，“修身齐家治国平天下”，几乎尽人皆知，但大多数不知道其前面还有四个字“诚意心正”。十分清楚地表明只有诚意心正才能修身，只有修身才有能力管理家国天下，可见修身的重要。回首千百年来中华民族的历史，对中华民族产生极大影响文化巨匠，民族英雄，领袖人物，哪一位不具备优秀的个人品质？道德品质是做人最基本的行为准则和规范，做人必先立德，有道德的人才称其为好人。当然，为官要有能力，但有能无德不会是好官，还很可能危害一方。党章第六章党的干部一章，明确按照德才兼备，以德为先的原则选拔干部，可见我党对干部人选德行品行重要性的认识。品德修养高尚的人，才会克制私心杂念，才能想问题不会仅从自身利益出发，才能着眼大局。一个人只有具备崇高的理想信念，才能执着追求，保持定力，才能自觉抵制歪风邪气，坚持不懈地为事业而奋斗，才能做到习近平总书记在第一届县委书记培训班上提出的“四有”，才能做到心中有党，心中有民，心中有责，心中有戒。

第二就是要加强党性修养，每一名共产党员都应该遵守的党章第二条“必须全心全意的为人民服务，不惜牺牲个人的一切，为共产主义奋斗终身”的理想信念。中共党员是中国工人阶级的有共产主义觉悟的先锋战士，除了法律和政策规定的个人利益和工作职权以外，所有党员都应该严格遵守党章党规党纪，不得谋求任何私利和特权。加强党性修养，最基本要求就是党员干部要认真履行党章第三条规定的党员义务，贯彻执行党的基本路线和各项方针政策，讲政治、讲纪律、讲规矩，在工作和社会生活中起先锋模范作用。一个组织观念淡薄、组织纪律涣散的党员，就不会有坚强的意志，就不会关心党组织的形象，更谈不上攻坚克难、成就事业。不注意党性品德修养的现象，在反对四风之前，还是很多，一些党员领导干部与企业老板交往密切，甚至勾肩搭背，心不正，玩世不恭，低级趣味，甚至以讲黄段子为乐趣，在小圈子里面，什么话都敢说，什么事都敢做。前一段，网上流传的央视前主持人毕福剑的视频，就是典型的丢掉党性修养的实例，把个人和小圈子的快乐建立在嘲弄调侃领袖人物之上，建立在损毁党的形象之上，不以为耻、反以为荣。这种现象是十分可怕的。

具体到我们院内工作，或多或少的也有一些表现，有的领导干部不研究文件，不调查研究，一门心思做自己感兴趣的事情，不从政治上考虑问题，不顾全大局，对总局下达的任务和院内的决策，合意的执行，不合意的就不执行，有些事明明已经三令五申，他在那里却充耳不闻，我行我素。近几年，随着法制进程的加快，院内涉及社会的纠纷、诉讼越来越多，需要领导干部挺身而出，需要部门间协调配合的事情越来越多，有的干部遇到问题绕着走，部门之间不沟通，不支持，相互推诿塞责的苗头也不断上升，问题，纠纷，甚至诉讼都不可怕，可怕的是这种风气不可助长，领导干部危难时刻挺身而出，上前一步，这就是党员干部。兄弟部门需要帮助，我们及时伸出援手，这就是高风亮节，这就是修养。

2. 严以用权。用权就是行使权力，是对党员干部用权的要求。严于用权，就是要坚持用权为民，按规则、按制度行使，切实把权力关进制度的笼子里，任何时候都不搞特权、不以权谋私。

一要坚持依法用权。要增强法治观念，依法依规检验在当下的形势下愈发显得更加重要和必要。做到“法无授权不可为”、“法定职责必须为”，这方面我们近两年有不少的案例，有深刻的教训，雪良同志牵头组织相关部门已梳理成册，会择时召开一次专题会议，让大家真正的重视起来，深刻的吸取教训。

二要坚持秉公用权。坚持公权姓公，公权公用。有权不任性，不公权私用，不以权谋私。决不允许存有“有权不用，过期作废”的邪念，利用公共权力和资源，为个人、为子女和亲属谋取非法利益。前不久，院纪委牵头梳理了院里的权力清单，共梳理出检验权、批签发权等21项权力。老实说，我们院大的权力不多，但可影响行业发展的权力还是存在的。例如，标准的制定，限度的制定，产品注册分类，不合格产品的公告，检验时限，检验顺序，标准品的提供等都是或大或小的权力，都不能任性，都要严格用权，不能寻租。

3. 严以律己。这是党员干部对自己的要求，习近平总书记指出“严于律己，就是要心存敬畏、手握戒尺，慎独慎微、勤于自省，遵守党纪国法，做到为政清廉”。

一要遵守法律。坚持用法律来约束自己，工作、办事、说话都要考虑合不合法，不合法的事坚决不做不办不说。

二要服从纪律。党纪严于国法。体现党员干部党性的一个重要方面，就是严格遵守党规党纪，用党规党纪来要求自己的言行，加强自律，经常自我警醒、自我约束、自我克制，做到心有所畏、言有所戒、行有所止。我们总局，包括院里都有刻骨铭心的教训，这些人大家也都很熟悉，惨痛啊！我们一定要自觉遵守党纪国法，做到为政清廉。

三要管住私欲，把个人欲望关进笼子。正确处理好专业技术人员业务与管理的关系，尤其是位于处长、所长和室主任管理岗位上，又具有很强专业技术背景的党员领导干部。

4. 谋事要实。就是要从实际出发谋划事业和工作，使点子、政策、方案符合实际情况、符合客观规律、符合科学精神，不好高骛远，不脱离实际。核心是要树立正确的政绩观。一要弄清楚为谁谋。为党分忧、为国尽责、为民奉献，这是谋事的出发点。二要弄清谋什么。要坚持长中短期结合，既立足当前，着眼长远，多做打基础、管长远的事，多为群众办好事、实事，把好事办好、实事办实。三要弄清怎样谋。坚持实事求是，尊重客观规律，找准科学有效的谋事路径。

总之，要着力解决群众反应强烈的问题，维护群众利益。让群众看得到，体会到，享受到。这也是我们院内党办牵头建立管理层和基层交流管道的初衷，目前已经完成了思想动态 4 期，正在研究解决其中群众关心的问题。比如：5 万平方米周转房问题，既要符合政策，又要促进中国食品药品检定研究院事业的长远发展，还要让群众感觉到我们在努力前行。再比如，干部值班制度的调整问题。

5. 创业要实。创业是党员干部的义不容辞的责任和义务。习总书记指出，“创业要实，就是要脚踏实地、真抓实干，敢于担当责任，勇于直面矛盾，善于解决问题，努力创造经得起实践、人民、历史检验的实绩。”

我理解，最重要的是两点，一是要敢于担当。当领导就是要担当，敢于担当是领导干部最重要的品质。有多大担当才有多大作为。要敢于面对问题和矛盾，以真担当推动真发展。比如，去年院里出现奖金闹访和张洪祥遗留问题闹访事件，一度严重干扰院内的正常工作、严重影响了正常的办公秩序、严重分散了领导干部的工作精力。但我们勇于正视、敢于面对，直接接触、表明态度、解读政策规定。通过院领导和职能部门领导的共同努力，较好地解决了大家都认为比较棘手的闹访事件。因此说明，对于正常工作和生活中出现的问题并不可怕，可怕的是对出现的问题不敢面对、不敢担当，可怕的是对出现的问题绕道走、躲着过，可怕的是部门之间互相推诿、互相塞责。

二是要真抓实干。一个领导干部在一个部门干几年，总得留下点什么，不能干了几年还是涛声依旧。要真抓实干，抓就抓出一个样子，干就干出一番实实在在的业绩。人的本性是逐利和趋名的，只有通过提高自身修养和合理的管理机制才能确实保障做老实人，干老实事，做到公道正派。所以，也想借此机会分享一下对院内管理的思考。

其一，如何按照国家食品药品监督管理总局的要求，以问题为导向，以发现四品一械质量风险隐患为目标，处理国家整体利益和院集体利益的关系，答案是清楚的，毫无疑问，国家利益，人民群众的饮食用药安全是第一位的，国家拿出10个亿为中国食品药品检定研究院建造新址，每年拿出2个亿的局本级项目经费，我们一定让国家食品药品监督管理总局感觉到来自中国食品药品检定研究院的强大的技术支撑作用，要因作用而重要，因作用而不可或缺，而不是因地位，因独一无二的中央政府实验室地位而存在。所以，我们必须思考改变我们现在被动接受检验，被动完成任务的状况，要主动的发现问题，发现四品一械风险隐患。

其二，技术检验的能力和水平是以科研水平为支撑的，我们如何在我院一代一代科研人员积累的深厚的科研基础上，适应快速发展的社会需求，在新开辟的技术领域创造中国食品药品检定研究院新一代的辉煌，如：食品检验、器械检验、化妆品检验等。这就需要我们认真思考，周密规划，真抓实干，才有可能实现。

其三，中国食品药品检定研究院人员越来越多，管理体系越来越复杂，我们必须考虑以法治化的思维，推进以责权利为核心的院所室三级完善的管理体系，定岗定编定责，竞争上岗，优胜劣汰。对技术人员，尤其是中层管理人员，要建立和完善考核评价机制，公开考核结果，开放群众监督，实行末位淘汰。

6. 做人要实。是为人处世的基本价值取向和行为准则。习总书记要求“要对党、对组织、对人民、对同志忠诚老实，做老实人、说老实话、干老实事，襟怀坦白，公道正派”。说的更接地气更通俗一些就是做人要厚道。社会上做人不实的现象比比皆是。如：开会、汇报工作讲大话、空话、套话、车轮子话、恭维讨好的话，就是不讲实话、真心话、得罪人的话。对上级察言观色，八面玲珑，花言巧语。对组织对同志，从不推心置腹说真心话，虚于逶迤，当面一套背后一套，表面上热情洋溢，内心里却十分阴暗。老于世故，你好、我好、他好，明哲保身，置党、国家的利益于不顾，以牺牲国家利益求和谐。具体到院里，我们大部分属于技术人员，求是、真诚还是我们的主流，但同样需要时刻注意官场上的陋习和学术市场庸俗的侵袭。

总之，“三严三实”是一个有机的整体。严以修身是基础，严以用权是关键，严以律己是保证，谋事要实是前提，创业要实是目的，做人要实是根本。唯有做到“三严”，才能结出“三实”之果；只有把“三实”落到实处，“三严”才能得到更好体现。对于各位领导干部而言，就是要做到忠诚、干净、担当。总之，三严三实，告诉我们什么可以做，什么不可以做，什么必须做。为我们制定了一个做人做领导干部的最基本的规矩。也就是要把主体责任扛在肩上，把国家利益和职工利益放在心上，把具体工作抓在手上。

三、加强组织领导，确保“三严三实”专题教育工作取得实效

中央和总局都明确指出，开展“三严三实”专题教育，是加强党的思想政治建设和作风建设的重要举措，要融入领导干部经常性学习教育，不分批次、不划阶段、不设环节，并特别强调专题教育不是一次活动。我们在“三严三实”专题教育中，要认真落实这些要求，不能务虚、做表面文章，要在抓常抓细抓长上下功夫，确保专题教育取得实效。

1. 要强化领导责任。“三严三实”专题教育在院党委领导下进行，由党委办公室牵头组织实施。各总支、支部要切实负起责任，全面负责组织好所在部门的专题教育。各总支、支部书记要承担起第一责任人责任，率先垂范，靠前指挥，自始至终把责任扛在肩上。各支部要把开展专题教育情况作为履行党建主体责任的重要任务，纳入党建工作述职评议考核的重要内容。

2. 要坚持问题导向。开展专题教育，必须强化问题意识、坚持问题导向，奔着问题去、抓住问题改。针对“不严不实”的突出问题，要做到“三个着力”。着力解决理想信念动摇、宗旨意识淡薄、忽视群众利益、党性修养缺失等问题；着

力解决滥用权力、以权谋私，不直面问题、不敢担当，渎职失职、不负责任以及工作中还存在违规违纪还在搞“四风”等问题；着力解决无视党的政治纪律和政治规矩，对党不够忠诚、做人不够老实，阳奉阴违、自行其是等问题。要坚持边学边听边查边改，有什么问题就解决什么问题，什么问题突出就重点解决什么问题。要坚持思想问题和实际问题一起改，大问题和小问题都不放过。

3. 要贯彻从严要求。要以从严从实的作风开展好专题教育，标准不能降、要求不能松，更不能搞形式主义、走过场。要坚持高标准、严要求，立足于解决问题，着眼于常态长效，特别是要把专题调研、专题党课、专题研学、专题交流、专题民主生活会和组织生活会、整改落实和立规执纪等八个“关键动作”做扎实、做细致、做到位。要加强督促检查，及时了解掌握情况，有效传导压力，坚决防止和杜绝形式主义，对搞形式、走过场的要严肃问责。

4. 要加强统筹推进。要把开展“三严三实”专题教育作为动力，坚持统筹兼顾、科学谋划，做到“三个结合”。把“三严三实”教育与深化教育实践活动整改落实相结合，与“检验不超时，岗位无差错”活动相结合，与各部门业务工作相结合，确保活动成效，真正做到两手抓、两不误、两促进、两检验。(2015 年 6 月 12 日)

国家食品药品监督管理总局副局长、党组成员、药品安全总监孙咸泽在2015年全国食品药品医疗器械检验工作座谈会上的讲话

同志们：

今天，我们召开全国食品药品医疗器械检验检测工作座谈会。主要是以李长贵同志等先进人物为榜样，认真践行“三严三实”，以“四个最严”为主线，分析改革形式，厘清工作思路，交流工作经验，落实“四有两责”，开创食品药品检验检测工作新局面。

总局组建2年多来，党组坚决贯彻落实中央全面从严治党的系列决策部署，采取严格的标准、严格的措施持续加强党员干部的教育监督管理，认真落实党风廉政建设主体责任和监督责任，组织开展廉政风险防控工作，党组织的凝聚力、战斗力和党员的先锋模范作用进一步增强，党员干部思想政治素养进一步提高，一批先进集体和个人荣获中央国家机关“文明单位”、“创建文明机关、争做人民满意公务员”先进集体、“五一劳动奖状”、“全国三八红旗集体”、“全国先进工作者”等荣誉称号，这些充分体现了总局各级党组织和广大党员干部恪尽职守、奋发图强、勤勉敬业、无私奉献的精神面貌。

李长贵同志就是其中一员，刚才听了他的先进事迹报告，很受感动。李长贵同志是中国食品药品检定研究院科技工作者的优秀代表，也是全系统科技工作者的优秀代表。多年来，李长贵同志兢兢业业，任劳任怨，每年主持签发疫苗超过一亿人份，在病毒性疫苗的研究和检定工作中取得了优异的成绩。特别是在 H1N1 流感疫苗等重大应急事件的检验研究工作中表现出色，为保障食品药品科学监管做出了突出贡献，为维护人民群众生命健康发挥了重要作用。2014 年获中央国家机关“五一劳动奖章”，2015 年被国务院授予“全国先进工作者”称号。为树立典型、弘扬正气，总局党组研究决定，在全系统开展向李长贵同志学习的活动。我们食品药品检验检测系统要带头学习，学习他忠诚于党、心系人民的政治品格，学习他恪尽职守、精业笃行的优良作风，学习他攻坚克难、争创一流的进取精神，学习他忘我工作、爱岗敬业的高尚情操，在全系统营造爱岗敬业、勇于创新、敢于担当、清正廉洁的新风正气，努力把全系统的思想作风建设和反腐倡廉建设提升到一个新的水平，为保障人民饮食用药安全做出新的、更大的贡献。

习近平总书记5·29讲话中对食品药品监管工作提出了“四个最严”的要求，这“四个最

严”是“四个全面”在食品药品监管工作上的具体体现，井泉同志提出的“四有两责”又是我们贯彻落实“四个最严”的具体化。三者一脉相承，贯穿其中的正是“三严三实”精神。我们要结合实际，按“三严三实”的要求将“四个最严”贯彻落实到食品药品监管工作当中。

下面，我讲几点意见：

一、大力发扬改革创新精神，扎实推进食品药品检验科学发展

改革创新是践行“三严三实”的本质要求，是破解食品药品监管难题、推动食品药品检验科学发展的根本出路。改革开放30多年来，我国已走过了求温饱、缺医少药的阶段，人民群众的饮食用药基本需求得到了满足，并成为全球第一大食品消费市场、第二大医药消费市场。目前，全国食品生产经营企业有1100多万家，80%为10人以下的小企业；化学制药厂5000家，近一半的年销售收入不到5000万元；医疗器械生产企业1.6万家，80%以上是年收入在一两千万以内的中小企业。17万个批准文号，国产占97.83%，但在产率不足30%，产能严重过剩，多小散低现象没有根本改变。再加上产销秩序不够规范、诚信体系建设缺失、企业主体责任意识滞后等问题，对食品药品监管造成了很大挑战。

对此总局党组提出了药品审评审批改革方案，并将按照习近平总书记“四个最严”的要求来制定每一项改革措施。一要建立最严谨的标准。一要把住药品审评关，控制增量。从药品分类入手，到界定审评对象、明确审评要素、落实审评责任、理顺审评流程、整合审评资源、提高审评效能，切实解决审评积压问题，确保“中国新=全球新”。二要在优化存量上下功夫。一方面通过标准提高计划，逐步提高药品质量，我们每5年发布一次的《中国药典》，就是要使在产药品质量可控、方法科学，特别是中药、民族药；另一方面通过仿制药质量一致性评价，对我国仿制药质量进行全面检验，淘汰一批质量与疗效不稳定的药品，大幅提高国产仿制药质量。

二要做到最严格的监管。食品药品监管是国家安全战略的重要组成部分，我们要把全面依法治国的各项要求贯穿食品药品监管工作的始终，要以零容忍的态度，建立从农田到餐桌、从实验室到医院的全过程监管制度。一是加强实验室和临床试验数据的监管，落实GLP、GCP要求。二是加强生产过程的监管，落实GMP要求。三是加强流通过程的监管，落实GSP、产品可追溯、产品召回等要求。四是加强上市后临床使用、合理用药、不良反应监测。五是对重点产品、重点领域、重点地区、重点企业，列出专项监督计划，分步骤一项一项整治，务求实效。六是加强质量抽验、投诉举报、舆情监测、现场检查、不良反应监测的力度，整合数据共享平台，进行风险分析与管理，加大有因检查的力度。

三要开展最严厉的处罚。一是加大监督检查、抽验结果的曝光力度。二是加大打击制假造假的力度，对违法违规案件要及时曝光。三是加强行刑衔接、及时移送处置。四是加大新闻宣传力度，建立与12331衔接机制，倡导社会监督、舆论监督，形成社会共治。五是对食品药品安全状况及时进行评估，争取定期发布食品、药品、医疗器械、化妆品、保健食品质量与安全状况报告。

四要落实最严肃的问责。必须将“四有两责”纳入监管体制改革中统筹考虑。一是科学界定监管对象、划分监管事权，合理设置监管岗位、落实监管责任。二是督促企业认真履行主体责任，打造诚信社会。药品安全是研发出来的，也是生产出来的，企业是第一责任人。三是督促检查地方局落实监管责任。四是发挥示范工程的引导作用，把好的经验、做法向全国推广。五是加强地方政府、地方局履职履责的综合评价，加大督促检查和问责的力度。

二、以执行2015版药典为契机，充分发挥检验检测体系技术支撑和服务保障作用

“四个最严”中首当其冲的就是最严谨的标

准。很多时候，标准缺失或标准不严谨往往就是系统性风险的诱因。《中国药典》是为保证药品质量所制定的质量指标、检验方法以及生产工艺的技术要求，是药品研制、生产、经营、使用和监督管理部门遵循的法定依据。结合新版药典的实施，要做好以下几点工作。

一是学习、宣传、执行好新版药典。今年12月1日，2015版药典就要实施了，这是我们医药行业的一件大事。这一版药典收载品种总数达到5608个，比2010版药典新增1082个。新版药典在品种收载、检验方法完善、检测限度设定以及质量、安全控制水平上都有了较大提升。如何将新版药典宣传好、实施好，是我们今明两年的工作重点。一要认真学习、深入领会新版药典的科学内涵。新版药典发布后，总局将重点开展新版药典的宣传培训工作，按照新版药典的培训工作计划，药典委将有计划、有针对性地组织药典委员会专家，对新版药典在技术要求、质量控制理念等多个方面展开培训，使药品检验机构、药品生产经营企业以及其他药典使用单位和人员及时充分了解和掌握新版药典的主要变化和技术要求。二要确保新版药典顺利实施。为做好相关的实施工作，总局也作了相应配套文件发布的准备，这些文件强调中国药典的技术地位和其权威性。自实施之日起，已上市的药品的质量标准就应当符合2015版《中国药典》收载的品种项下的质量标准。三要做好服务。各级检验机构要在药品标准提高工作上加强研究，做好标准研制，中国食品药品检定研究院还要做好标准物质的研究、制备和供应工作。四要在检验工作中贯彻执行新版药典。特别是在注册检验、监督抽验工作中，要严格按照新版药典的要求执行检验标准。

二要尽快开展国家药品抽验工作。井泉局长高度重视国家药品抽验工作，他强调药品抽验工作一要服务于监管。药品抽验是药品监管工作的重要手段，要不断加大抽验工作力度，改进抽验工作方法，规范抽验工作行为，为做好药品监管工作发挥积极作用。二要合理分工。要统筹各省分工，做到品种、企业全覆盖，特别是高风险药品，一定要都抽到。三要注重问题导向。抽验的任务要立足于发现问题，着力点放在对风险的控制，提高标准，有因检验。四要注意有效衔接。要建立检验、检查、监测的联动机制，实现药品抽验与现场检查、不良反应监测等工作有效衔接。五要注重时效性。抽样人员要及时寄送承检机构；承检机构要随到随检，边检边出报告；中国食品药品检定研究院要对抽验结果及时收集、汇总、分类后报总局；总局将及时公开，发布通告。

总局上周已下发了《关于进一步加强国家药品抽验管理工作的通知》（食药监办药化监〔2015〕92号），并召开会议部署了今年的国家药品抽验工作，中国食品药品检定研究院和各个承检机构要严格按照总局要求，做好今年的抽验工作。

三要继续加强检验检测体系建设。今年总局科标司印发了《关于加强食品药品检验检测体系建设的指导意见》，提出了食品药品检验检测体系的建设要求。各地认真落实《指导意见》，合理布局检验检测资源，积极争取各方面支持，加大检验检测队伍建设和能力建设，取得了明显成效。全国通过职能划转等方式，共增加省、市级食品检验机构22家。以国家级检验机构为龙头，省级检验机构为骨干，市、县级检验机构为基础，第三方检验机构为补充的食品药品检验体系初步成型。这就为科学监管打好了基础，创造了条件。各级检验检测机构要明确自己的职能定位，认清自己肩负的责任，切实履行工作职责，充分发挥技术支撑和服务保障作用。

三、积极参与、勇于担当，切实做好仿制药质量一致性评价工作

我们将分期分批推进已上市的仿制药与原研药质量进行一致性评价，使我国仿制药真正达到国际先进水平。通过实施审评审批制度改革，从源头上解决审评审批积压、低水平重复、药品质量不高等问题。

这项工作前面已经有了一定的基础，总局成立了专项工作办公室，配备了专职人员。初步组建了来自监管部门、检验机构、医疗机构、高校及协会等单位的专家委员会。首先从2007年10月1日《药品注册管理办法》实施前，基本药物中的化药口服固体制剂入手，进行第一批一致性评价。借鉴美日等国的研究方法并结合我国的国情，选择了75个品种，探索开展评价方法研究，基本确定了评价方法和路径。

在参比制剂选择上，首选国外原研发企业的产品为参比制剂。鉴于部分国外药品没有在我国上市，部分早已停止生产，对这类品种，以国际公认的质量可靠的药品为参比制剂。以上工作由中国食品药品检定研究院牵头制定技术指导原则，指导企业和省级药品检验机构开展相关工作。到2018年，完成第一批仿制药的质量一致性评价工作。在评价过程中及结束后，由我局对社会发布部分仿制药一致性评价报告和基本药物化学口服固体制剂一致性评价总体报告，初步建立我国仿制药的参比制剂目录。各省药检机构要在总局和中国食品药品检定研究院的带领下，积极作为，勇于承担仿制药质量一致性评价的研究和复核工作，发挥技术主力军的支撑作用。

四、进一步加强科技研究工作，努力在解决监管工作重点难点问题上有所作为

检验依托于科研，科研可以提升检验，这是加强检验检测机构能力建设的必然途径，也是各级检验机构多年工作的经验总结。检验机构要适应监管形势任务需求，切实加强科技研究工作，向外要与国际先进水平接轨，向内要与监管实际紧密结合，特别是对食品药品监管的重点、难点问题，要有切实可行的技术手段，在检验检测新技术、新方法上有所突破。

一是要加快快检技术的研究。从监管形势任务看，食品药品监管的重点在基层，难点也在基层。加强基层监管能力建设，要着力提升快检技术水平。近年来，广东等地建立食品药品质量快检快筛实验室的实践证明，快检是强化基层技术力量、提高一线执法水平和快速反应能力的现实需要，是完善市县两级技术支撑体系、提高抽验靶向命中率的重要步骤，也是树立食品药品监管部门科学、高效监管形象的重要途径，要着力推进这项工作。总局每年都积极争取国家专项资金，多渠道增加快检技术的投入，统筹建立完善快检技术管理体系、研发体系、培训体系和应用体系。今年的快检技术应用工作通知已经印发，又下达了2043个品种建模研发任务。中国食品药品检定研究院要带领各省所充分发挥技术优势，加快研发适合基层运用的、风险高发领域的快检方法，开展快检技术相关培训和指导，做好快检技术的研究与推广。各省级以下检验机构，要加强快检技术的应用，充分发挥快检技术的快速筛查功能，提高违法违规线索的发现能力和排查效率，严厉打击食品药品违法犯罪行为。

二是要加大补充检验方法的研究。随着科技发展，食品药品领域高科技造假等现象逐步升级，更多的出现了像“银杏叶”事件这样的“符合”标准的“潜规则”，给食品药品安全带来了系统性风险。这就使加强对药典等标准规定以外的补充检验方法研究，显得极为迫切。多年来，我们药检系统敢于冲锋陷阵，积极研究了大量的补充检验方法，最近将对社会公开，支持社会打假工作。前期开展的保健食品“打四非”和药品“两打两建”专项行动中，补充检验方法同样都对事件的处置发挥了重要的作用。在此，要对中国食品药品检定研究院和我们药检系统提出表扬。全系统要进一步加强补充检验方法的研究，尤其是中国食品药品检定研究院和各省所，把它作为提升能力、发挥作用的一项措施，周密安排，认真组织，扎实推进。要结合专项治理重点和抽验监测、投诉举报、日常监管中发现的问题，有针对性提前开展补充检验方法的研究，做好技术储备，在即将到来的专项治理等硬仗中能够站得出，冲得上，打得赢，做好监管的技术保障。

三是要着力破除生产、流通领域的潜规则。所谓潜规则，是相对于明规则而言的，是指暗地通行而上不了台面的“游戏规则”。比如，这些年出现的“三聚氰胺”、“瘦肉精”、“铬超标胶囊”等事件，影响范围大，社会关注度高，极易引起系统性风险。潜规则，要害在潜，具有违法性、隐蔽性、欺骗性特点，是我们监管工作中的重点、难点。各级检验机构要努力适应监管需求，不断完善自身的技术能力，主动发现问题、处理问题。要有选择、有针对、有重点地加强技术研究，努力实现关键技术突破。要结合日常检验、抽验监测中掌握的情况，进行针对性研究，同时要做好技术储备，主动扎牢技术支撑的防线。

五、加强数据平台建设，重视检验成果转化

当前，信息技术飞速发展，信息化在经济建设中的作用越来越突出。7 月 4 日，国务院发布了《关于积极推进“互联网 +”行动的指导意见》，“互联网 +”将成为影响中国经济社会未来十年乃至更长远的重要驱动力量。我们食品药品的信息化建设，这些年虽然取得了不小的成绩，但相比科学监管、效能监管的需求，层次仍然不够深、范围仍然不够广，信息化建设的“孤岛”现象尤为突出，左右不能共享、上下不能贯通的状况还没有得到根本改善。井泉局长高度重视数据使用工作，他强调要重视对抽验数据的积累、分析和加工，定期发布抽验结果，在数据结果全都公开的基础上，要发挥我们的专业优势，对数据进行深入加工和分析，产出研究报告，对社会提供服务。下一步，总局要构建统一的抽验监测信息平台，全面推进数据共用共享、提高抽验工作智能化、自动化水平。我们一要积极参与平台建设。在总局的统一部署下，运用信息化手段，研发数据、处理、分析的工具和平台，尽快实现数据汇总、处理、分析的电子化，逐步实现抽验信息与行政许可和检验报告系统自动链接导入，以及检验报告系统电子签发、下载、打印等功能。二要加强数据汇总分析和风险评估。整合国家计划抽验和省级抽验资源，充分利用这些数据，科学分析风险发生发展规律，加强食品药品问题趋势性研判，形成风险评估意见，用于协助监管部门发现问题、防控风险。三要加快信息公开的步伐，建立起统一的信息公开渠道，与社会和公众有效互动。我们要充分利用药品质量年会的平台，向全社会发布药品质量安全状况，促进企业药品质量控制工作，切实从源头加强药品质量防控工作。

最后，我强调一下检验检测队伍的思想作风建设和反腐倡廉建设。

践行“三严三实”、抓好党风廉政建设是落实全面从严治党的重要举措。业务能力再强的干部，如果在廉政方面出了问题，那就一切都谈不上了。近年来，系统内出现的数起腐败案件，例如，总局机关的童敏，药审中心的尹红章，以及地方局发生的一系列腐败案件，说明现在我们食品药品监管系统廉政形势依然严峻，需要把党风廉政建设摆在更突出的位置上。全系统各级党委要严格抓好主体和监督责任，始终保持高压态势，做到发现一起、惩处一起、曝光一起，加强惩戒警示，使其“不敢腐”；严格落实廉政制度建设，特别是严格执行中央八项规定，加强监督检查，尤其是要落实政务公开，使其“不能腐”；深入开展“三严三实”专题教育活动，不断提高党员领导干部的思想境界、监督意识和纪律观念，通过增强自身“免疫力”促其“不想腐”。要把“三严三实”的要求，贯穿于思想作风建设和反腐倡廉的全过程，以食品药品监管体制改革制度改革为切入点，筑牢廉政防线。

同志们，2015 年是食品药品监管机构改革基本到位后全系统整体运行的第一年，食品药品监管事业已经站在一个新的起点上，我们一定要以习近平总书记“三严三实”重要论述精神为指导，以李长贵同志为榜样，扎实工作，勇于创新，敢于担当，积极投入到改革之中，充分发挥技术支撑和服务保障作用，为食品药品安全大局

做出新的贡献！（2015 年 7 月 13 日）

全面提升技术能力
以创新支撑食品药品深化改革

——中国食品药品检定研究院党委书记、副院长李波在 2015 年全国食品药品医疗器械检验工作座谈会上的讲话

同志们：

此次会议是在食品药品深化改革大背景下召开的一次全系统工作研讨会议。今年 4 月，《食品安全法》修订草案经全国人大常委会审议通过，10 月 1 日将正式实施。总局今年 5 月启动了《药品注册管理办法》修订工作。2015 版《中国药典》将在今年 12 月 1 日正式实施。同时，国家食品药品监督管理总局也正在向国务院提交送审有关药品审评审批改革工作方案。这些政策的发布和深化改革措施的出台，充分说明我国食品药品监管工作越来越深入细致，触及行业转型、结构调整，也将面临更多挑战。

上半年全系统齐心协力，取得了不错的成绩。在此非常感谢全国食品药品检验系统的技术人员，为食品药品质量监管做出的贡献。

我们召开这么大规模的中期工作会议，总是要讨论、解决问题。我想，会议的主题很明确。第一，就是如何进行顶层设计、全国联动、共下一盘棋；第二，就是问题导向，科技引领，发现食品药品潜在质量风险，为食品药品监管提供坚强的技术支撑。

关于第一个主题，顶层设计，全国联动，已经讲了多年，每次会议都会谈到，这就足以说明，我们的工作具有共同的特性和共同的目标。虽然隶属于不同的地方政府，但我们都是政府实验室，监管的是同一个大市场，要么是区域流通、要么是全国流通，甚至是全球流通的产品。我们在顶层设计、全国联动方面做得够不够呢？答案是肯定的，我们在全国联动从上到下层面上，做得还是很好。首先，在传达国家局工作思路、要求上，我们有年初电视电话会、中期工作交流会，甚至专项工作会。其次，我们在四品一械的国抽检验工作任务上，全国统一计划，统一标准，统一抽样，通过多年的实践，已经形成了基本完善的工作机制和技术体系，为全国食品药品质量监管提供了大量重要信息，在一定程度上起到了千里眼、顺风耳和指挥棒的作用。第三，在应急检验方面也很成功。每一次应急任务，大家都会齐心协力，全国联动，出色完成任务。第四，我们自去年开始，每年一次固定时间的食品药品质量安全年会制度也已形成共识，为抽验结果的总结发布、生产企业质量控制能力的提高和全系统检验人员的技术交流提供了技术平台。第五，近三年我们也在紧锣密鼓地讨论试行全国统一的技术培训和能力验证工作，并且取得了一些经验，也正在完善推进。

总之，上述五个方面，大致梳理了我们在上下联动、全国一盘棋机制做得比较好的方面，但似乎总是觉得效果不够好，似乎只有在办案定性时，或应急检验时，才会出现检验工作的身影，总是扮演最后一根稻草的角色，总是像流星一样，划过天际，让人眼前一亮，但很快又无影无踪。一种十分强烈的感觉就是：检验检测技术力量没有得到充分地发挥，没有在监管中充分展示我们技术检验强大的科技力量。

细细想来，究其原因，就是我们上下联动、全国一盘棋做得还不够好，还有许多需要我们深入思考、深入讨论、不断完善的地方。

第一，我们在四品一械的产品质量抽验方面，有国家抽验，有省级抽验，有地市级抽验，全国每年至少有近百万批检验，财政支出至少有十几个亿。尽管国家计划抽验有规划、有设计，基本做到了全国一盘棋，但国家抽验、省级抽验和地市级抽验间，并没有很好地进行关联，计划没有协调，数据没有共享。三者间如何划分抽样全国流通食品和地域流通食品，如何划分抽样流通环节的药品和生产环节的药品，如何定位三者

之间的作用，需要我们认真思考。

第二，我们在被监管产品质量信息交流上，还没有形成完善的上下沟通，全国共享机制。产品质量问题的信息分布是不均衡的，信息来源多集中在基层，集中在产业聚集区。如：奶制品多集中在内蒙古、黑龙江，药品原料和辅料又多集中在江浙一带，化妆品多集中在珠三角等。如果能够通过每一个地市级食品药品检验机构，了解熟悉掌握辖区内四品一械生产企业存在的风险，并通过基层检验机构、省级检验机构逐步汇集上来，通过专家委员会梳理出具有重大意义的、可能危及全系统的风险，就会形成我们全系统的研究课题任务，通过组织全系统技术人员集体攻关，发现系统问题，就会节约成本，形成合力。

关于第二个主题，问题导向，科技引领，发现食品药品潜在质量风险，为食品药品监管提供坚强的技术支撑。问题导向，风险评估，一直是检验工作的大方向，我们也一直在努力成为四品一械质量监管工作的千里眼、顺风耳和指挥棒。但我们感觉似乎没有做得那么到位。一方面，这些年来，我们确实人手少，任务重，大部分检验机构的日常工作处于被动的、被安排的接受检验任务的状态，不但没有成为合格的千里眼、顺风耳和指挥棒，反而成了检验匠、机器人和灭火器。另一方面，我们检验人员注重了检验，丢掉了传统的调查研究。地市检验机构忙于完成日常检验任务，很少了解、熟悉辖区内产品生产企业的产品生产情况、产品特点，重点监管产品。试想一下，如果我们每一个地市检验机构都十分了解辖区内高风险产品的质量情况，对辖区内的企业产品质量情况都了如指掌，有目的的、有计划地进行抽样监管，我们不一定要投入那么多的人力和财力，就会节约监管成本。

在科技创新方面，大家十分清楚，技术创新是技术检验的核心驱动力和竞争力，是科学监管的重要内容。没有科技创新，就不会有科学监管。表现最为突出的就是在高精尖新产品的注册检验技术的研究和打击假冒伪劣产品的技术研究方面。如：生物技术产品，组织工程产品，各种新技术组合类医疗器械等。但我们在全国新技术研究和创新方面，还没有形成完备的顶层设计和上下参与的机制，没有调动起全系统的力量，基本处于各自为战、分散研究的局面。

归纳起来，两个主题方向，就是我们要通过讨论形成一套以问题为导向，上下联动，对潜在风险信息收集机制，全国一盘棋，定期交流，通过专家会商、评价机制，确定研究方向，发布研究课题，明确牵头单位，向国家局申请立项支持，最后形成风险评估成果，支持行政监管。

上面介绍的是这次会议的主题，接下来，我想谈一谈几个方面的具体问题，供大家思考和讨论。

一、统筹食品药品抽验资源，提高抽验结果的利用效率

目前，食品、药品和医疗器械抽验都不同程度存在一些问题，有的是共性问题，有的是个性问题。主要问题有：

1. 提高抽验时效性的问题

现行的抽样及检验工作流程，过长的复验与申诉周期，检验报告传递送达延迟，复杂补充检验项目及检验方法申请审批流程等因素，严重影响了假劣食品、药品和器械的查处与质量公告的速度。国家食品药品监督管理总局“快速抽验”的要求越来越明确，即快速抽样、快速检验、快速处置、快速汇总分析、快速公告。

这就要求各抽验参与单位，调整工作方式，做到抽样工作随抽样，随检查，随录入，随寄出；检验工作随收样，随检验，随报告。抽样和检验过程中发现质量问题及风险信息分类及时报告。抽验数据及时向社会公开，力争做到天天315。在总局网站搭建对公众开放的抽验公告信息库，方便公众查询使用。

2. 国抽、省抽和地市抽验的统筹问题

三级抽验虽然经费和任务来源不同，但总体目标一致。目前三级抽验基本各自为战。各省间

各地市间抽验类型、抽验方式、抽样目的、数据规范、信息化要求等方面不尽相同。抽验品种，抽验对象（流通领域或生产企业）均不衔接，交叉、重复严重，国家级和省市级抽验发现的药品质量风险无法实现实时共享。同时也浪费了我们本不充裕的检验资源。

需要我们考虑的是，如何明确各级各类监督抽验目的、范围和要求，统筹安排，实现国家、省（市）抽验品种及地域和环节互补，做到品种全覆盖、生产企业全覆盖。如何统筹全国监督抽验资源，实现国家、省（市）抽验互补，数据的共享利用，实现全国监督抽验一盘棋，充分发挥抽验在监管中的作用。

3. 坚持以问题为导向，加强抽验数据分析应用

以问题为导向，牢固树立抽验为食药械监管服务的意识。加强对抽验数据的精细化管理和分析利用，通过风险信号挖掘和综合分析，将发现问题、研判风险、消除隐患的意识贯穿于整个抽验过程中。建立发现质量风险问题有功、创新检验技术、方法有奖的引导机制。提高发现系统性、全局性问题的能力，提升科学监管水平。

4. 医疗器械抽验存在的问题

（1）检验能力不均衡的问题

经过“十一五”和“十二五”国家的大力支持，十大器械检验中心，已经从最开始的“捉襟见肘”逐渐走向“羽翼丰满”，已经成为器械质量检验的主力军。但相比之下，其他器械检验机构则面临资源不足，能力偏弱的困难局面，尤其是欠发达地区则难于实现对属地器械监管的技术支撑。普遍存在有源医疗器械产品的检验能力不足的问题。

（2）注册信息和标准可获得性差的问题

医疗器械在国家、省、市三级注册和备案，注册信息分散在不同平台，查询困难，影响方案制订和各省抽样任务分解。注册标准，由于缺少统一的数据信息系统，抽验所需的注册标准查询困难，主要从企业获得，索取难度大、过程长，标准的合法性无法保障，抽验效率受到很大影响。由于标准现状的制约，医疗器械抽验经常发生企业与检验机构、检验机构之间对标准条款理解不一致的情况，严重影响检验结果的一致性，损害国家医疗器械抽验工作的权威。

（3）研究实力积累不够的问题

医疗器械产品涉及众多学科，随着各学科的快速发展，越来越多地涌现出前沿交叉学科或边缘学科的产品，融入了大量现代科学技术的最新成就，对我们承担检验任务的技术人员提出了越来越高的能力要求。尽管产品研发技术永远领先于检验技术的发展，是一个不争的事实，但是我们的检验人员，也一定要具备跟随研发技术发展步伐的能力。这种能力的积累，不是一朝一夕之事，需要我们长远规划，立足前沿，未雨绸缪，以能力建设为核心，创新检验科研，不懈坚持，才能保持科技创新能力。

二、仿制药质量一致性评价

仿制药质量一致性评价是药品审评审批深化改革的核心目标之一，也是持续提高药品质量的有效手段，对推动制药行业加快结构调整和产业升级步伐、保障公众用药安全都具有重要意义。

2013 年 7 月，总局部署了 75 个品种（含 2012 年试点品种 16 个）的评价方法研究工作。其中，中国食品药品检定研究院承担 6 个，其他 35 个所承担 69 个。两年来主要进展有：一是制定了《普通口服固体制剂溶出曲线测定与比较指导原则》和《口服固体制剂参比制剂确立的指导原则》两个指导原则，等待总局审核发布；二是组织开展 75 个品种的评价方法的研究工作。目前已有 57 个品种已完成阶段性研究，提交了报告。中国食品药品检定研究院已组织对其中 31 个品种的方法进行了审核，11 个方法成熟可行，5 个品种的方法已完成上网公示；三是开展参比制剂的研究工作。目前共获得了 7 家原研发企业提供的 9 个品种、12 个品规的样品，并已进行了

研究和实验复核。其中6个品种的样品满足要求，可用为参比制剂；四是组织专家对下一步开展品种评价的工作流程进行研究，确定了申报资料内容，配套了申请表、检验抽样记录单、检验通知书和审查意见表等文件。下阶段准备选择3个品种开展先行评价试点工作。

仿制药一致性评价工作取得了一定的进展，但总体感觉还不够快，不够顺利，工作的推进遇到了相当大的困难。这里有政策法规等监管层面的问题，同时在技术上也面临了许多难题。当前技术上主要的问题是如何获得参比制剂和如何确定评价方法。

作为参与该项工作的重要技术力量之一，药品检验系统一定充分认识到该项工作的重要性、复杂性和长期性，特别是当前承担各品种研究任务的机构，不但是方法研究任务的承担单位，也是将来各品种开展评价时，产品检验复核和质量评价的承担单位，需要各单位领导高度重视，加强组织领导，加强技术力量的投入，加大工作力度，有效推进此项工作不断深入。同时，也要加大对辖区内的药品生产企业的指导力度。

三、中药材市场监管已经成为中药监管的前沿阵地

从2012年开始，中国食品药品检定研究院牵头组织全系统相关药品检验机构，配合国家食品药品监督管理总局开展了药材专业市场的专项整治活动。2013年启动了“两打两建”专项工作。2015年年初，中国食品药品检定研究院在部分省院（所）的积极配合下，重点开展了对我国药材市场质量状况和经营秩序的抽查和明察暗访，发现了不少掺伪造假和违法经营的问题，一些典型的问题如红参掺糖、柴胡造假等问题在中央媒体上曝了光，有效打击了掺伪造假等违法行为，在一定程度上规范了市场秩序。2015年首次扩展到全国15家省级药检院所，同时开展专项抽验，目前正在集中抽样阶段。作为中药质量检验的重要内容，对中药材和饮片的检验，需要我们认真考虑如下：

1. 加强信息和资源共享，提高监管效率

以17家药材市场所在省级药检院所和地市药品检验所为依托，建立常态化的联动机制和信息沟通平台，如：建立电子通讯，定期会商等，随时掌握市场上新出现的质量问题动态，这样在一个市场发现的问题马上能在其他16个市场引起重视，防患于未然，必然会提高监管效率，降低监管成本。

2. 推动并开展全国范围内的中药材及饮片专项抽验

围绕产业链条的重点环节，从医院药房、零售药店、中药饮片生产企业、经营企业、中成药生产企业等中药材及饮片的使用环节开展全国抽样。近两年中国食品药品检定研究院在各省所的协助下，组织各省汇总中药材及饮片质量问题，撰写了《全国中药材及饮片质量报告》（白皮书），取得了良好反响。

3. 有针对性地开展培训

今年6月，中国食品药品检定研究院联合安徽省院、亳州市所成功举办了专门的“全国中药材及饮片性状鉴别培训班”，近800名学员报名参加培训，并到全国最大的药材交易市场“亳州药材市场”进行了现场实习，收到良好的效果。

四、进口药品质量标准复核的问题

自2003年原国家局发布《药品注册管理办法》、2004年发布《进口药品注册检验指导原则》10年来，各口岸药检所共同完成了进口药品注册检验接近5000件。各口岸药检所秉持拟定标准“就高不就低”原则，从质量标准的角度保证了进口药品的质量。通过与国家标准、国外通用药典、同类品种的技术指标的对比，选取严格的标准，把部分质量不可控、不合格的药品拒于国门之外。我国进口药品的质量复核制度，让口岸药检所检验人员在工作实践中学习外国先进检验经验，成为了解国外先进技术、提升国内检验水平的重要方法。

近年来随着申请进口药品注册检验逐年增多，进口药品注册检验工作出现的问题逐渐暴露出来。有由于修订检验方法导致超时限的，有由于修订标准导致与审评中心意见不统一的。2014年底越南 Vellpharm 公司胜诉，总局被责令重新做出进口药品审批行政行为一案，暴露出审评程序上的瑕疵。

按照2014年10月《总局食品药品审评审批流程优化工作建议》以及“研究规范药品审评审批流程及时限要求等有关工作的会议纪要”的要求，“要严格按照企业提交的质量标准草案进行注册检验，并对质量标准的可行性、完整性及适用性提出复核意见。检验机构不再为企业拟定进口药品注册标准及复核说明……”，在这样的背景下，中国食品药品检定研究院组织口岸药检所对2004年颁布的《进口药品注册检验指导原则》进行了修订，并已上报总局，可能会在下半年发布实施。新的指导原则，明确国内与进口注册检验标准统一，落实主体责任，严格时限等管理。按照严格时限管理的要求，中国食品药品检定研究院今年共发出两期进口药品质量标准符合工作时限简报，督办超时品种201件。希望各承担进口药品注册检验的机构，能够充分重视该项工作，严格按照检验时限出具报告，避免再次出现类似的法律纠纷。

五、快检技术问题

对食品药品进行快速地甄别和真伪检测，是提高监管效率、打击假劣食品药品最直接也是最有效的方法，如何对食品药品进行快速检测和识别是全世界食品药品监管部门面临的崭新课题，也是难题。

国家药品安全“十二五”规划，明确提出“开展药品快速检验技术研究，搭建检验技术共享平台”、“加快推进药品快速检验技术在基层的应用，配置快速检验设备”、“加强县级机构快速检验能力建设”的要求。食品与药品发展规划一样，也同样存在明确而重大的快检技术发展需求，在某种程度上比药品对快检的需求，有过之而无不及。

食品快速检测技术的研究，参与的主体有政府实验室和第三方实验室。而药品快速检测技术的研究，主要以各级政府实验室的研究开发为主。我们国家的快检技术研究和应用，走在了世界的前列。多年的发展使我国在药品快速检测技术方面积累了许多经验，建立了一整套药品快速检测技术规范和分析方法。目前在全国各药品检测车上配备的药品快检方法工作手册包含化学药品、中成药和中药材快检方法共916个品种方法，其中中成药182个品种，中药材229个品种；化学药品505个品种。近红外药品鉴别系统中，通用模型定性包括441多个国内常用药品种。110多种易被仿冒药品的包装外观鉴别网络数据库，可以在计算机终端和安卓手机上使用。18类73种非法添加化学药品也已经建立快速筛查方法。

经过十几年的研究和应用，快检技术提高了监督抽验的针对性和科学性。借助药品检测车，基层药品监管人员能对上市的所有药品进行质量信息数据查询，对常用的基本药物能够进行无损伤近红外快速检测，对两百余种中药材进行现场快速筛查，基本满足了基层常用药品的日常监管需要。快检技术显著提高了基层药品监督抽验的覆盖面和靶向性。监检资源得到整合，监管成本大大降低，显著提高了基层药品监管效能。

目前存在的问题是：在全国范围内药品快检研究、应用和推广发展不均衡。有的地方高度重视，投入大量人力、物力；有的地方则相反，没有给予足够的重视，发展比较缓慢。快检技术研发在技术部门，使用在行政监管部门。因此，各位同志，不但要充分认识到，快速检验能力是药品质量安全监管能力的重要组成部分，应给予足够重视，加大技术方法研发力度，切实加强加快建设。同时，也要利用各种适当时机向主管领导大力呼吁，加强快检技术的应用。

六、技术支撑力，取决于技术创新能力

作为技术支撑机构，我们的职能就是用实验

数据为行政监管提供无可辩驳的科学依据，对监管的技术支撑力，最终还是要取决于我们这支队伍的技术创新能力。

我举两个很鲜活的实例，去年底国际埃博拉疫情严重肆虐，在产品研发早期，中国食品药品检定研究院技术人员密切关注埃博拉疫情防控所需的治疗血清、疫苗和单抗等产品的研发，通过主动接触、提前介入等多种方式，在埃博拉疫苗研发中，建立了动物模型效力评价方法和病毒滴度方法，解决了关键的质量控制技术，为该疫苗及时在非洲进行临床试验提供了技术保障。在埃博拉抗体研发中，建立了糖型、结合活性、假病毒中和活性等关键质量属性评价方法，保质保量地完成了3批埃博拉抗体应急检验工作，及时发出了检验报告，该报告翻译成英文后被作为国际组织进行埃博拉抗体临床应用的质量保证。

最近，银杏叶提取物及相关制剂的专项整治中，新的补充检验方法的研究，也是技术创新能力支撑监管的很好例证。按药典标准方法检验，发现不了银杏叶提取物存在的违反提取工艺和非法添加的质量问题，我院中药所通过研究制订“银杏叶提取物、银杏叶片、银杏叶胶囊中游离槲皮素、山柰素、异鼠李素检查项补充检验方法”，很容易发现银杏叶提取物存在的质量问题，在全国范围内清查银杏叶相关品种的质量问题发挥了积极作用。

我们本次会议中一个重要的议题就是科技创新支撑检验，没有长远的合理的科技规划，就不会有科技创新能力的积累。今年又是十二五的最后一年，如何做好全系统的十三五科技规划，为全系统打造一支技术过硬的科技人才队伍，应该是我们的头等大事。

七、扎实做好信息化建设

经过多年的建设和发展，全国各级食品药品检验检测机构的信息化工作已经初见成效，建立起了一批全国性的信息化系统，同时基础设施建设也在逐步推进。“基本药物质量信息平台”实现了全国市级以上机构网络层面“互联互通”；进口药品信息、生物制品批签发、国家抽验管理平台实现了以上业务的全国协同；检验标准库、快检数据库等平台实现了系统的部分信息共享。在此基础上，我们得以深入进行抽验数据的分析和挖掘，将其应用于风险评估和抽验计划的制定，并通过质量年会等方式向社会公布。此外，部分地方检验机构先后建设实施实验室信息管理系统，将信息化水平提升到一个新的高度，对检验业务、检验能力的发展起到良好的支撑作用。

目前，信息化建设中存在的问题主要有：系统内信息化建设缺乏统筹规划，各级检验检测机构在建设中“各自为政”，系统间相对独立、互不关联，没有实现业务数据的纵向交换和横向共享，信息资源分散，成为信息共享与整合的瓶颈。其次，保障实验室质量管理的信息化水平与国外先进实验室的差距较大。再次，各级检验检测机构信息化发展不均衡，部分地区信息化投入较低，软硬件环境还不足以支撑信息化发展的需求。正如咸泽同志所指出的那样，相比科学监管、效能监管的需求，信息化建设的“孤岛”现象尤为突出，同时数据的整合不够全面、分析不够深入。

进一步加强信息化工作是我们的共识。因为大家都能切身体会到信息化在检验检测工作中的作用越来越突出。往往是工作中信息化程度较高的领域，工作的效率较高，规范性较强，质量更有保证。前不久，中国食品药品检定研究院牵头研究起草了《全国食品药品检验检测机构信息化建设与发展指导意见（2014－2020年）》，在发改委立项“食品药品安全检验信息化网络建设项目”，并组织召开了全国食品药品检验机构信息化工作研讨会。在今后一段时间的工作中，全系统各检验机构要按照研讨会的要求，一是认真研究修订全系统信息化建设指导意见，使系统信息化建设具备整体框架和顶层设计；二是协同推进“食品药品安全检验信息化网络建设项目”；三是建立信息化建设常态化的人才培养及学术交流机制，把信息化作为检验检测领域的重要学科纳入技术体系。同时，要加强组织领导及工作保障，持续地投入关注和精力，将信息化作为检验检测能力的核心要素加以重视。

八、加强党风廉政建设

在做好业务工作的同时，我们还要强调必须坚持不懈抓好党风廉政建设。廉洁从检是党和国家对检验检测系统的基本要求，也是我们确保食品药品和干部队伍“两个安全”的重要保证。全系统要充分认识到党风廉政建设和反腐败工作的重要性，切实把思想和行动统一到中央的决策部署上来，紧密结合检验检测工作实际，突出重点，狠抓落实。要严格履行“一岗双责”，落实好党风廉政责任制，坚持用制度管人、管事、管权，看好自己的门、管住自己的人。要全面梳理各岗位的廉政风险，强化重点岗位和大额经费、检验程序、信息公布等权力运行关键部位的监督和制约，加快建立健全风险防控管理长效机制。要着力加强廉政教育，巩固党的群众路线教育实践成果，深入开展“三严三实”教育实践活动，筑牢思想防线道德底线。要严格执行中央八项规定和总局八条禁令，坚持反“四风”，脚踏实地、恪尽职守、务实高效、依法合规，坚决杜绝腐败行为，树立为民务实清廉的检验检测队伍形象。

同志们，食品药品监管改革的步伐正在加快，检验检测体系建设正趋于完善，我们要认真贯彻总局决策部署，齐心协力，扎实工作，全面提升技术能力，以创新支撑食品药品深化改革，为食品药品安全大局和社会长治久安做出新的贡献！（2015 年 7 月 13 日）

记 事

完成首次申报的 Sabin 株脊髓灰质炎灭活疫苗批签发

2015 年 6 月 25 日，中国食品药品检定研究院完成全球首个 Sabin 株脊髓灰质炎灭活疫苗的首批批签发资料审核和检验工作。在该疫苗研制过程中，中国食品药品检定研究院在毒种评价、参考品制备、质量标准制定和临床试验血清测定中发挥了重要作用。为保证该创新疫苗批签发顺利进行，中国食品药品检定研究院采取先期介入的方式，派出骨干技术人员，到企业进行现场指导，就关键检测方法等与企业质控人员进行充分沟通。

bOPV 疫苗注册检验

自 2016 年 5 月 1 日起，我国实施新的脊髓灰质炎疫苗免疫策略，停用三价脊灰减毒活疫苗（tOPV），用二价脊灰减毒活疫苗（bOPV）替代 tOPV，并将脊灰灭活疫苗（IPV）纳入国家免疫规划。这次脊灰疫苗免疫策略的调整是全球消灭脊灰的统一行动，也是我国脊灰防控工作的实际需要。为达成消灭脊灰目标，按照 WHO 要求，我国在 2016 年 4 月份开始接种 Ⅰ + Ⅲ 型脊灰减毒活疫苗（bOPV）。为保证此项工作，国家食品药品监督管理总局启动疫苗的特殊审评程序，中国食品药品检定研究院于 2015 年 9 月 5 日接到天坛生物制品有限责任公司 Ⅲ 期临床试验血清后，第一时间开展检测，以国际上公认的微量中和试验法，对其中针对 Ⅰ、Ⅱ、Ⅲ 型病毒的中和抗体进行检测，至 9 月 28 日完成全部 1152 份临床试验血清的检测工作，证明 bOPV 中 Ⅰ + Ⅲ 型的免疫原性不低于传统的三价疫苗，为该疫苗顺利上市提供关键免疫原性依据。同时，中国食品药品检定研究院在 10 月 14 日接收现场核查 6 批疫苗样品（1.0ml 和 2.0ml 规格各三批），立即开展全部项目的检测，至 11 月 6 日完成并发出合格报告，从而完成特殊审评程序中中国食品药品检定研究院承担的所有工作，为国家食品药品监督管理总局在 12 月初批准该疫苗发挥关键作用。bOPV 疫苗的批准为我国成功进行脊灰疫苗免疫策略转换奠定坚实的基础。

EV71 抗体国际标准品的研制

由中国食品药品检定研究院和英国国家生物制品检定所（NIBSC）共同主导研制的 EV71 抗体国际标准品在 2015 年 10 月 12 日至 10 月 16 日在 WHO 总部（瑞士日内瓦）召开的第 66 届 WHO 生物制品标准化专家委员会（ECBS）年会上获批。中国食品药品检定院和英国国家生物制品检定所从 2012 年开始共同讨论该项国际标准品研制，同年 10 月获得 WHO 生物制品标准化专家委员会立项批准启动该标准物质的研制。随后，双方密切合作，共同完成标准物质候选材料的筛选、质控、分装制备、全球协作标定和统计分析等所有过程。最终经英国、美国、中国等 5 个国家 17 个实验室的协作标定，结果证明该候选标准品交叉中和能力良好，稳定性优。经过 WHO 生物制品标准化专家委员会大会审议：高效价 EV71 抗体候选标准品被推荐为第一代 EV71 抗体国际标准品，赋值为 1000IU/ampoule，同时，低效价 EV71 抗体候选标准品被推荐为 EV71 抗体国际参考品。这是我国首次主导生物制品国际标准品研制。在当前生物制品产业发展对生物制品国际标准物质需求日益增加的环境下，中国食品药品检定研究院以 WHO CC 为平台，积极参与，主导部分中国优势品种的国际标准物质研究，无论对生物制品产业界、监管机构和世界卫生组织，都具有重要意义。

第一部分　检验检测

概　况

中国食品药品检定研究院 2015 年度受理 17199 批检验检测工作（以批/检样量计），较 2014 年同比减少 769 批，降幅为 4.3%。2015 年度完成 15925 份报告，较 2014 年同比增长 181 份，增幅为 1.1%。

注：2015 年度统计时间 2014 年 12 月 1 日至 2015 年 11 月 30 日。进口检验包括常规进口制品和进口生物制品批签发。样品受理，指受理检验的样品批数（进口检验按检样数计），包括退撤检批次。报告书完成，指授权签字人签发报告书的样品批数（检样数），不包括其他函复结果或出具研究性报告的检验批数。

检验检测样品受理情况

2015 年度受理样品 17199 批，同比下降 4.3%。

以检品分类计，2015 年度受理药品 4003 批（占总受理量的 23.3%，包括化学药品 1445 批，中药、天然药物 2480 批，药用辅料 78 批），生物制品 8275 批（48.1%），医疗器械 2919 批（17.0%），药包材 343 批（2.0%），食品及食品接触材料 318 批（1.8%），保健食品 218 批（1.3%），化妆品 199 批（1.2%），实验动物 338 批（2.0%），其他类别 586 批（3.4%）。（图 1－1）

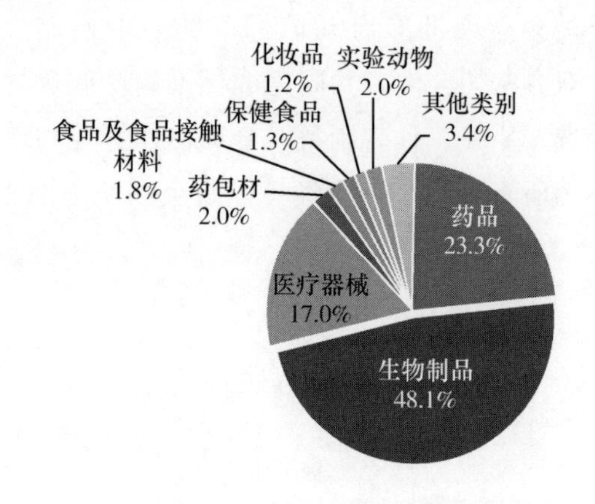

图 1－1　2015 年度各类检品受理情况

2015 年度样品受理同比增长情况：药品增长 27.3%，生物制品下降 0.8%，医疗器械增长 21.5%，药包材增长 30.9%，食品及食品接触材料下降 82.9%，保健食品下降 14.5%，化妆品下降 68.0%，实验动物增长 42.0%，其他类别下降 30.4%。（图 1－2）

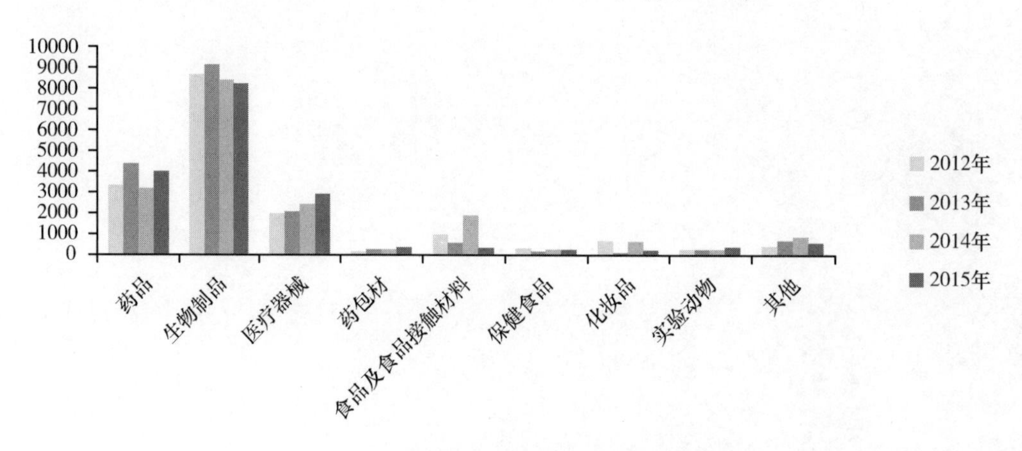

图 1－2　2012～2015 年度各类检品受理情况

以检验类型计，2015 年度受理监督检验 3195 批（占总受理量的 18.6%，包括国家级计划抽验 2812 批，国家级监督抽验/监测 383 批），注册/许可检验 4545 批（26.4%），进口检验 949 批（5.5%，其中进口批签发制品 185 批），国产生物制品批签发 4764 批（27.7%），委托检验 999 批（5.8%），合同检验 2500 批（14.5%），复验 67 批（0.4%），认证认可及能力考核检验 180 批（1.0%）。（图 1－3）

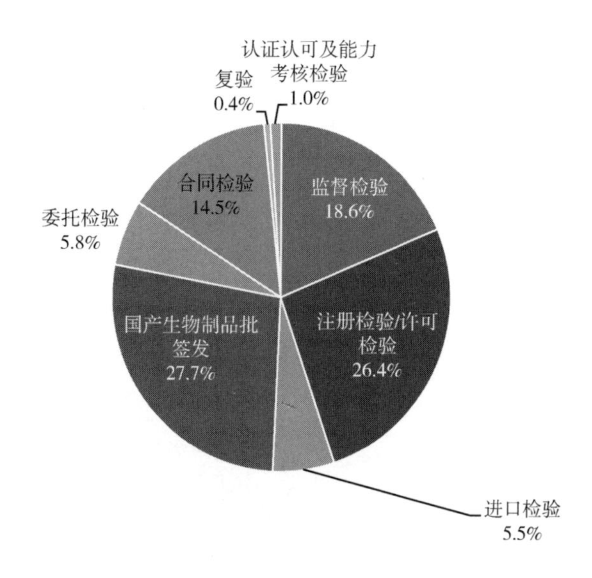

图 1－3　2015 年度各类检品受理情况

2015 年度样品受理同比增长情况：监督检验下降 8.8%，注册/许可检验增长 10.7%，进口检验下降 2.6%，国产生物制品批签发下降 2.1%，委托检验下降 39.4%，合同检验下降 7.3%，复验下降 45.1%，认证认可及能力考核检验增长 227.3%。（图 1－4）

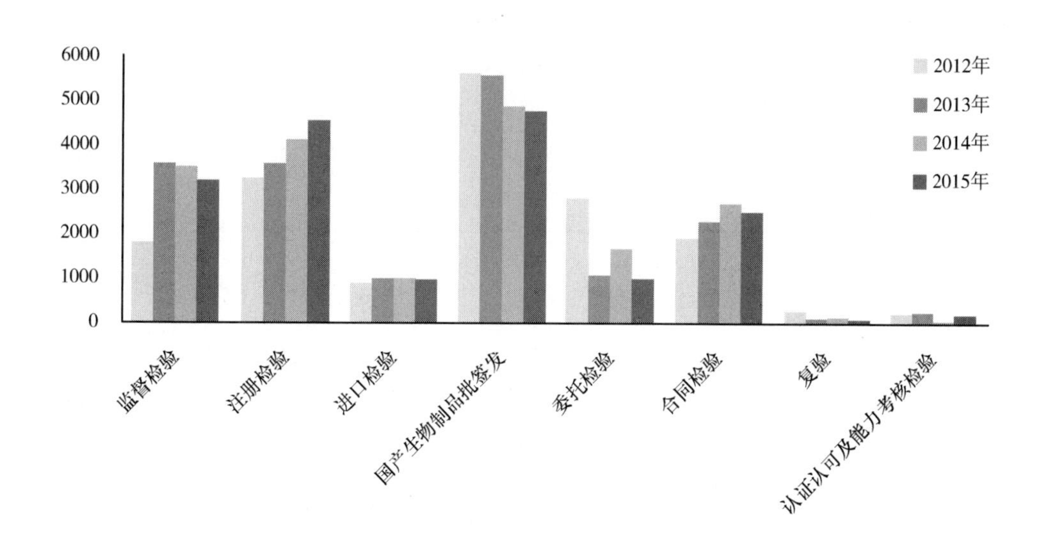

图 1－4　2012～2015 年度各类检定业务样品受理情况

检验检测报告书完成情况

2015 年度完成 15925 万份报告，同比增长 1.1%。

以检品分类计，2015 年度完成药品检验报告 3733 份（占总签发量的 23.4%，包括化学药品 1266 份，中药、天然药物 2386 份，药用辅料 81 份），生物制品 8324 份（52.3%），医疗器械 2474 份（15.5%），药包材 206 份（1.3%），食品及食品接触材料 346 份（2.2%），保健食品 51 份（0.3%），化妆品 27 份（0.2%），实验动物 335 份（2.1%），其他类别 429 份（2.7%）。（图 1－5）

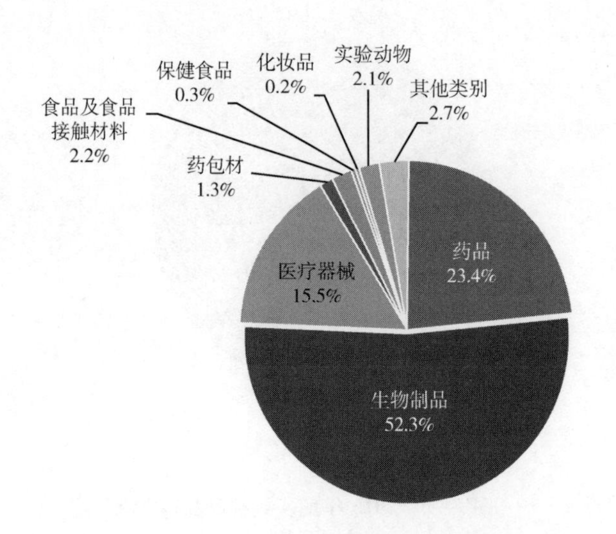

图 1－5　2015 年度各类检品报告书完成情况

2015 年度完成报告同比增长情况：药品增长 26.4%，生物制品下降 0.4%，医疗器械增长 16.7%，药包材增长 10.2%，食品及食品接触材料增长 81.2%，保健食品下降 79.7%，化妆品下降 95.6%，实验动物增长 41.4%，其他类别下降 48.4%。（图 1－6）

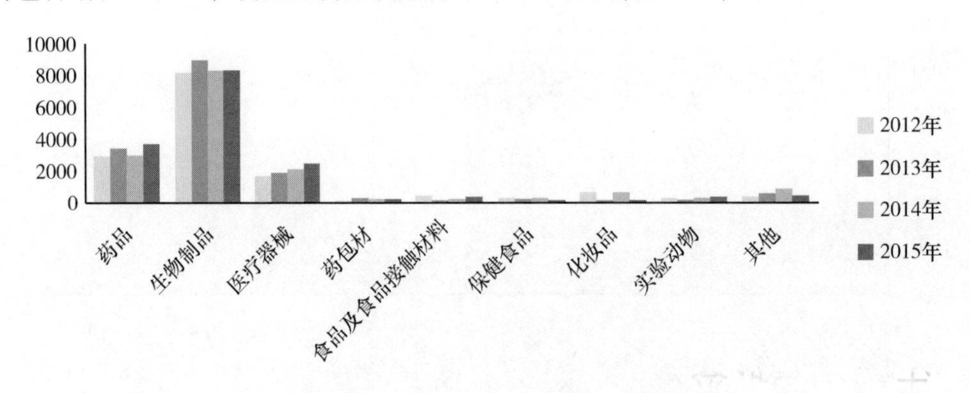

图 1－6　2012～2015 年度各类检品报告签发情况

以检验类型计，2015 年度完成监督检验报告 2836 份（占总签发量的 17.8%，包括国家级计划抽验 2498 份，国家级监督抽验/监测 338 份），注册/许可检验 4358 份（27.4%），进口检验 958 份（6.0%，其中进口批签发制品 203 批），国产生物制品批签发 4762 份（29.9%），委托检验 748 份（4.7%），合同检验 2086 份（13.1%），复验 76 份（0.5%），认证认可及能力考核检验 101 份（0.6%）。（图 1－7）

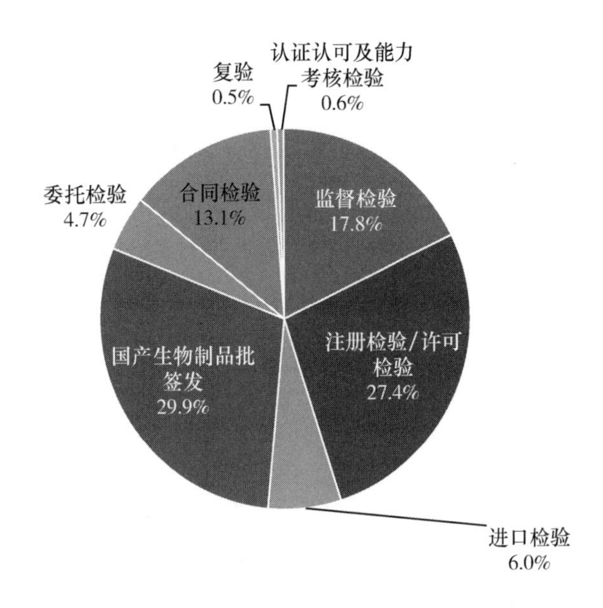

图1－7　2015年度各类检定业务报告书完成情况

2015年度完成报告同比增长情况：监督检验同比增长7.1%，注册/许可检验增长8.4%，进口检验下降8.2%，国产生物制品批签发下降2.2%，委托检验增长12.1%，合同检验下降11.3%，复验下降29.6%，认证认可及能力考核检验增长180.6%。（图1－8）

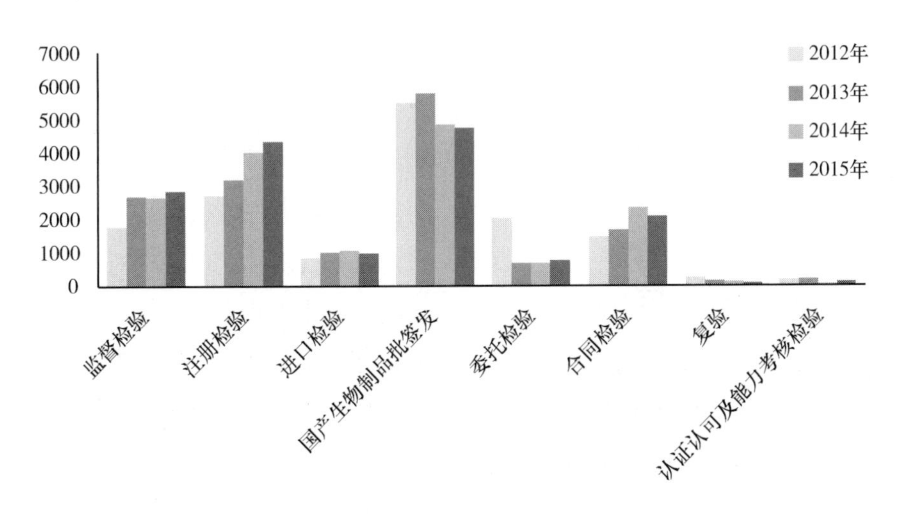

图1－8　2012～2015年度各类检品报告书签发情况

生物制品批签发

批签发受理情况

2015年度受理4949批，同比下降3.4%，包括国内制品4764批，下降2.1%，进口制品185批，下降28.3%；疫苗4021批，下降4.6%，血液制品148批，增长52.6%，诊断试剂780批，下降3.7%。（图1－9）

批签发报告书签发情况

2015年度完成4965份报告，同比下降3.8%。包括国内制品4762批（不合格制品3批），下降2.2%，进口制品203批，下降30.5%；疫苗4055批（不合格制品1批），下降4.3%，血液制品124批（不合格制品2批），增长1.6%，诊断试剂786

批，下降2.0%。(图1－10)

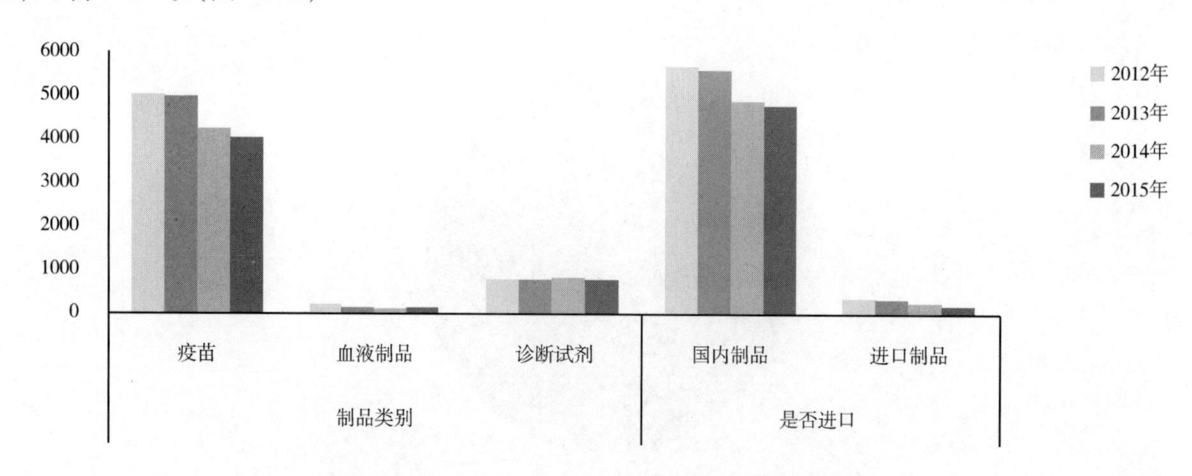

图1－9 2012～2015年度生物制品批签发样品受理情况

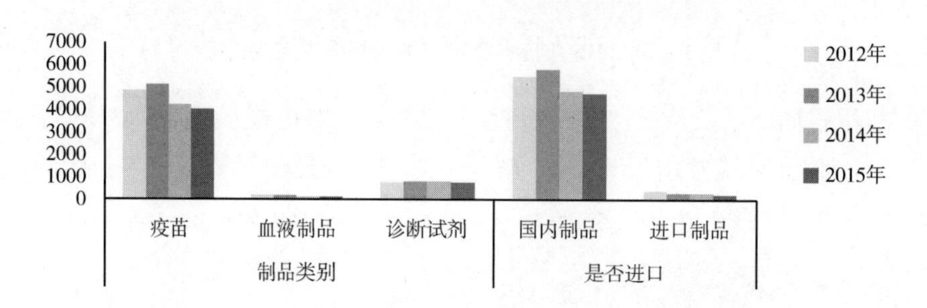

图1－10 2012～2015年度生物制品批签发报告签发情况

专项工作

银杏叶药品专项整治

2015年5月，国家食品药品监督管理总局开展银杏叶药品专项治理工作。中国食品药品检定研究院接受任务后，首先对北京市场基本情况进行摸底调查，显示异常样品达到接近一半。通过实验室检验，初步掌握违规样品的特点等基本情况，并拟定飞行检查现场检测方案。与北京市药检所、总后药检所等单位协作，在短期内先后完成银杏叶提取物及其制剂游离槲皮素、山柰素、异鼠李素检测补充检验方法和槐角苷检测补充检验方法的起草、复核、审核、申报工作。此次专项工作体现出3个明显特点。

(1) 重点打击行业潜规则和系统性风险。银杏叶类药品涉及企业众多，地域广泛，作为常用药品，剂型多产量大。无论改变工艺或者非法添加，目前都没有发现对安全性有明显危害，但国家食品药品监督管理总局对该项整顿工作高度重视。银杏叶药品改变工艺、非法添加、贴牌走票都具有明显的行业潜规则特点，并反映了中药提取物监管中的系统性风险，具有代表性。

(2) 监管模式有较大创新。高度重视行业内部举报，在监管初期大力依靠飞行检查发现问题，掌握一定证据后对媒体主动公开全部事实。补充检验方法向社会公开，给企业以主动召回的机会和时间，以达到净化市场的目的。整个监管过程中，不断发布公告，公开涉事企业、检验结果、下一步的目标及时限与要求。上述监管模式的创新，不但是对药品产品从严的治理，同时也对药品监管体系和监管能力提出更高的要求。

(3) 药检系统的技术支撑起了关键作用。中国食品药品检定研究院接到问题报告后用不到2

天的时间在北京市场收集20余批样品，建立检测方法并发现游离黄酮苷元含量异常的特点，锁定重点怀疑的企业和样品批次，拟定现场快速试验方法，并在随后的飞行检查中广泛使用。所建立的补充检验方法并没有采用复杂的检测技术，而是依照监督检查获得的证据，以及对可能的非法添加情况的分析，以现有药典方法的成熟技术为依托，检测游离槲皮素、山柰素、异鼠李素。当采用一定浓度的盐酸提取工艺时，黄酮醇苷会部分水解造成游离黄酮醇苷元增加，若不法企业直接添加槲皮素、山柰素，该法同样可以检测出样品的异常。该法操作简单、适用性好。补充检验方法发布后，全国生产企业、药检单位都广泛应用，部分省所抽检复核结果与企业自检结果一致，也说明该法的可靠性。此次专项整顿工作中，无论是飞行检查还是补充检验方法研究、监督检验，药检单位都起到关键的技术支撑作用。

医疗器械定向追踪抽验

为配合国家食品药品监督管理总局医疗器械监管司五整治工作检查企业整改情况，中国食品药品检定研究院承担了包括天然胶乳橡胶避孕套等5个医疗器械品种的定向追踪抽验工作。2015年，共接收上述各类检品31批次，按要求完成检验工作并撰写情况汇报书。

体外诊断试剂专项抽验

2015年，中国食品药品检定研究院共承担“游离前列腺特异性抗原（f－PSA）定量测定试剂（酶联免疫法、化学发光法）”等4项产品的专项抽验任务，同时完成所有检测项目并将检测结果上报，针对不合格产品的复验工作也做好了标准物质、调样、复验流程的宣贯学习等相关准备工作，完成质量分析报告和风险分析报告的撰写、上报。

快检专项工作

2015年，在中央补助地方监管任务“药品快检技术应用”项目方面，中国食品药品检定研究院调查并整理上报各省中央转移支付项目2015年药品快检技术应用工作申报的近红外光谱建模和拉曼光谱建模品种数量，完成2015年申请工作方案草案和工作进度要求草案，提交工作申报，获得批准。同时提交2014年工作总结报告，组织举办2015年中央补助地方快检技术与应用工作会议，布置2015年该项工作。此外，受国家食品药品监督管理总局科标司委托，完成并上报《2016～2018年中央专项转移支付药品快检技术研究项目工作申请》编制。

应急检验工作

应急检验受理完成情况

2015年，中国食品药品检定研究院完成5次应急检验受理任务，分别为40批化妆品面膜委托检验（3月），10批凉茶委托检验（7月），214批银杏叶相关制剂专项监督抽验（7月至8月），4批眼用全氟丙烷气体监督抽验（7月），56批银杏叶胶囊、片提取物飞行检查（9月）。

2015年面膜类化妆品专项应急检验工作

2015年，中国食品药品检定研究院组织召开专家研讨会，对面膜中防腐剂的安全性问题进行研讨，并形成专家意见，上报国家食品药品监督管理总局药化监管司。组织院食品化妆品检定所、山西省食品药品检验所，以及上海市食品药品检验所完成200批面膜类化妆品的专项应急检验工作，共发现140批问题样品，其中发现检出激素的17批，136批存在防腐剂检出结果与标签标示不一致的问题。完成《面膜类化妆品专项应急检验工作总结报告》，上报国家食品药品监督管理总局药化监管司。

小牛血类药品应急专项任务

2015年，按照国家食品药品监督管理总局药化监管司“关于配合做好小牛血类药品监管工作的函”的工作部署，由中国食品药品检定研究院和上海市食品药品检验所在三个月的时间内完成小牛血类制剂的病毒检测、生物胺、原料新鲜度测定、其他动物血源替代和混淆的鉴别的4类检测8种特异检测方法的研究和建立工作，按建立的方法对11家小牛血类药品生产企业抽取的小牛全血、小牛血清、小牛血清去蛋白提取液、小牛血清去蛋白注射液及去纤维蛋白小牛血，共计27批进行检测。检验的结果与国家食品药品监督管理总局飞行检查结果相互印证，为国家食品药品监督管理总局下一阶段部署提供有力的技术支撑。

埃博拉疫苗和埃博拉抗体应急检验

中国食品药品检定研究院高度重视埃博拉疫情防控工作，全力支持埃博拉相关产品研发所涉及的检验工作，多次召集技术骨干开会，于2015年2月26日完成埃博拉疫苗的注册检验工作。该批疫苗用于我国埃博拉疫苗在泰州的Ⅰ期临床和在华非洲人的Ⅰ期临床试验。同时，中国食品药品检定研究院承担并完成埃博拉疫苗的临床血清的细胞免疫、体液免疫的检测工作，为抗击西非埃博拉出血热疫情的控制起到重要作用，也为中国在全球抗击埃博拉疫情的战斗中赢得极大声誉。

此外，中国食品药品检定研究院承担我国首个重组抗埃博拉单抗MIL77应急检验，在10个工作日内完成MIL77－1、MIL77－2、MIL77－3三种不同单抗关键质量属性各14个项目的方法学验证和质量评价工作，保证了三种MIL77单抗的安全有效，中国食品药品检定研究院的评价报告提供给国际组织，为MIL77在埃博拉疫区的临床应用提供质量保障。MIL77单抗成功治愈6名埃博拉感染者。2015年10月，国家主席习近平在英国议会发表讲话中提到，英国女护士克罗斯在非洲不幸感染埃博拉病毒，使用中国提供的药品，得以战胜病毒。习主席提到的这种药品，正是经中国食品药品检定研究院应急检验合格的MIL77单抗。

第二部分　标准物质与标准化研究

概　况

2015 年，中国食品药品检定研究院全年登记验收 693 个品种的标准物质原料；分装 677 个品种，205 万支，包装 563 个品种，168 万支（表 2－1）。实现标准物质对外发放供应 135 万支。2012 年新版基本药物目录中所需的 1022 个品种的供应率为 100%；全院 2737 个必供品种的全年保障供应率大于 98.0%，满足全院质量目标的指标要求。

表 2－1　2012～2015 年度国家药品标准物质分装及包装量

年度	分装		包装	
	品种数（个）	分装量（万支）	品种数（个）	包装量（万支）
2012	519	117.68	568	129.9
2013	680	195	655	208
2014	685	204	580	191
2015	677	205	563	168
同比	－1.2%	0.5%	－2.9%	－12.0%

2015 年，共审批 572 份国家药品标准物质报告，其中，首批标准物质报告 298 份，换批标准物质报告 274 份。与 2014 年相比，首批标准物质报告增长 166.1%，换批标准物质报告下降 11.9%（表 2－2 及图 2－1）。受理企业新药标准物质原料备案 11 个品种。

表 2－2　2012～2015 年度国家药品标准物质报告审核数

（单位：份）

年度	首批标准物质数	换批标准物质数	合计
2012	78	335	413
2013	140	551	691
2014	112	311	423
2015	298	274	572
同比	166.10%	－11.90%	35.20%

截止 2015 年底，中国食品药品检定研究院提供各类标准物质 3680 种，其中生物制品标准物质 204 种，化学对照品 2520 种，对照药材 762 种，医疗器械及体外诊断试剂标准物质 64 种，药用辅料对照品及药包材对照物质 130 种。（表 2－3 及图 2－2）

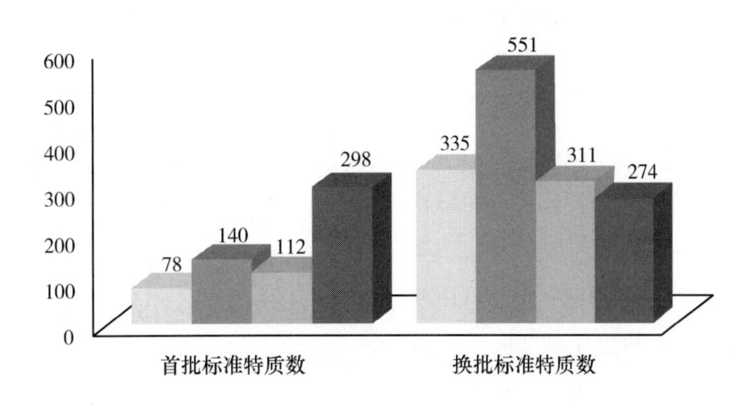

图 2－1　2012～2015 年度首批和换批国家药品标准物质报告受理情况

表 2－3 2012～2015 年度国家药品标准物质分类品种数 （单位：个）

年度	生物制品标准物质	化学对照品	对照药材	医疗器械及体外诊断试剂标准物质	药用辅料对照品及药包材对照物质	合计
2012	139	1971	670	22	47	2849
2013	189	2181	740	52	55	3217
2014	196	2221	746	56	55	3274
2015	204	2520	762	64	130	3680
同比	4.1%	13.5%	2.1%	14.3%	136.4%	12.4%

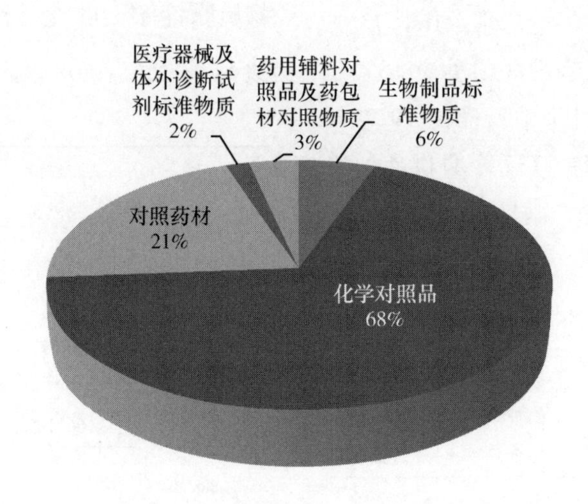

图 2－2 2015 年度国家药品标准物质品种分类情况

首批专项研究工作

为鼓励中国食品药品检定研究院各业务所积极开展国家药品标准物质研制工作，保障新版药典的顺利实施，同时，提升扩大全院标准物质的研制能力和品种数量，结合工作实际，中国食品药品检定研究院对 2015 年计划首批研制的标准物质必供品种给予专项经费支持，从而既解决了应急研制的经费问题又调动了研制部门的积极性。2015 年全年首批研制品种数达到 298 个，同比 2014 年增长 184%，有力地促进了 2015 版中国药典新增标准物质的研制及供应保障工作。

质量体系建设工作

完善质量体系文件

2015 年，中国食品药品检定研究院进一步完善与标准物质生产（RMP）质量体系有关的所有文件，建立《标准物质生产质量手册》，并根据 CNAS－CL04 标准物质/标准样品生产者能力认可准则中的 33 个要素，建立有关程序文件 39 个，SOP 137 个（含记录表格 322 个）；同时组织对全院 7 类标准物质进一步分类与梳理，使管理类和技术类质量文件与 CNAS－CL04 条款要素一一对应，实现了全要素的质量控制。

规范 RMP 从业人员管理

2015 年，中国食品药品检定研究院首次对全院 RMP 从业人员进行登记，建立岗位说明书档案，并完成 RMP 人员的聘任。登记在册人员 380 人，其中技术人员 344 人（关键技术人员 323 人），管理人员 36 人（含中国食品药品检定研究院标准物质与标准化研究所综合办公室 8 人，供应室 6 人，质量管理处 8 人）。同时，对除中国食品药品检定研究院实验室认可获得的能力外，标准物质研制尚有的 12 个独有项目，一一进行确认登记。同时收集统计 2001 年至 2015 年全院各所开展或参加的标准物质有关能力验证/实验室间比对情况，增加 RMP 能力验证和实验室比对 65 例，全院总计达 140 例，填补了 RMP 在检测能力和能力验证与实验室比对方面无系统数据资料的空白。

质量监测

自 2013 年起，经过与各委托单位的共同努力，中国食品药品检定研究院已连续三年对 1505 个国家药品标准物质的必供品种进行质量监测工作。其中，2015 年度质量监测工作涉及品种共计 273 个，分属中药、化药 2 个业务所的 9 个科室。与 25 家省市级药检所签署项目委托书，受托完成其中 250 个品种，其余 23 个品种由中国食品药品检定研究院业务科室自核。

改善标准物质运输条件

为确保标准物质分发运输过程中对温度的要求，中国食品药品检定研究院在标准物质运输的外包装内添加冰排，并增加温控显示，保证用户收到后，不用打开包裹就对运输温度一目了然。同时，还采取按照用户需求量身定制运输方式及运输途径，尽力缩短包裹运输时间等措施。通过以上努力，实现了贮藏温度为阴凉条件的产品，全程运输温度低于 25 度；对保贮藏温度为 4 度条件的产品，全程运输温度低于 10 度，从而改善了标准物质运输条件，保证了质量。

标准物质包装容器密封性测试方法的研究与建立

为提高国家药品标准物质包装的整体质量，中国食品药品检定研究院开展关于标准物质包装容器密封性测试方法的研究。通过研究并比较 3 种不同的密封性测试方法，即微生物法、近红外光谱法及色水法，初步建立适合科室常规的包装容器密封性测试方法，即色水法，此方法已应用于标准物质包装容器密封性的日常检查。

规范体外诊断试剂标准物质管理

为了解体外诊断试剂标准物质行业需求，中国食品药品检定研究院与中国医疗器械行业协会共同组织召开体外诊断试剂标准物质企业座谈会，约 53 家企业的 90 多名代表参会。在此基础上，为了更好地落实国家食品药品监督管理总局《体外诊断试剂注册管理办法》精神，反复研究探讨，起草《体外诊断试剂国家标准物质管理规定（试行）》及起草说明。同时为摸清中国食品药品检定研究院体外诊断试剂国家标准物质品种，进行全院调查，首次形成《体外诊断试剂国家标准物质品种目录》，并在中国食品药品检定研究院官方网站公布，将梳理情况上报国家食品药品监督管理总局，为进一步规范体外诊断试剂标准物质的管理奠定基础。

开展前瞻性和储备性标准物质研制工作

2015 年，中国食品药品检定研究院开展前瞻性和储备性标准物质研制工作，主要有以下四个方面：一是国家食品药品监督管理总局批复的补充检验方法中非法添加类成分相应的新增标准物质；二是食品化妆品领域检验检测相关的标准物质；三是国外药典收载的或原研药物杂质对照品；

四是保健食品及药品地标升国标中遗漏的新增标准物质品种等。截止2015年底，在2015年新研制17个品种中，有100多个相关品种发行供应。从而不断推动中国食品药品检定研究院药品标准物质品种数量的增加，增强药品标准物质的竞争力。

快检工作

快检技术研究

2015年，中国食品药品检定研究院在梳理近年来的拉曼光谱工作的基础上，开展拉曼光谱快速筛查非法添加化学物质的探索性研究工作，建立了减肥类非法添加酚酞、西布曲明、芬氟拉明、咖啡因、麻黄碱的定性和定量模型，同时建立了壮阳类非法添加枸橼酸西地那非的定性和定量模型。此外，召开了“液体制剂拉曼光谱无损快速筛查技术和方法专家论证会”，在沈阳市所和江苏省所开展“液体制剂拉曼光谱无损快速筛查应用”试运行。通过中国食品药品检定研究院综合业务处向药典会提出了“关于液体制剂采用拉曼光谱技术作鉴别项开展研究的建议”。

标准物质条件保障工作

2015年，中国食品药品检定研究院开展支原体培养基检验方法的研究和中国药典支原体检查培养基支持微量支原体数的研究，并加强建设微生物培养基质量管理体系。2015年全年向全院提供新鲜培养基1322升；提供干净玻璃器皿13.2万件；灭菌医疗废弃物、实验用品、培养基664锅；生产并提供实验用水9.0万升，制备标准滴定液18种，向院内和院外提供滴定液182.8升。

第三部分　食品药品技术监督

制度建设

受国家食品药品监督管理总局相关部门委托，起草《国家药品抽验数据平台管理规定（试行）》；修订《国家药品抽验数据平台使用说明书》；组织建立重大药品质量风险信息报送机制；药品医疗器械保健食品广告审查管理办法；药品医疗器械保健食品广告发布标准。

药品技术监督

国家药品计划抽验工作

2015年国家药品计划抽验分为三部分。一是中央补助地方经费项目，品种113个，包括化学药品66个、中成药41个、药包材3个、药用辅料3个；其中国家基本药物品种32个。二是中国食品药品检定研究院预算项目计划抽验项目，21个品种和3组中药材及饮片，分为评价抽验和专项抽验两部分，其中5个品种属于国家基本药物。评价抽验14个品种（化学药品7个、中成药2个、生物制品2个、药用包材2个、药用辅料1个）；专项抽验包括化学药品品种5个、生物制品2个、中药材及饮片3组（3个品种/组）。三是局本级项目，分为独家品种专项抽验、中药材及饮片专项抽验、疫苗专项抽验和跟踪抽验四部分。独家品种专项抽验品种为化学药品1个和中成药34个，均为独家生产企业的品种；中药材及饮片专项抽验共15组18个品种；总局本级项目，共1个品种；跟踪抽验品种为68个，包括化学药品41个、中成药25个、生物制品2个，均为2013年国家药品抽验检验不符合标准规定品种。在全国范围内组织采用电子监管码确认样品来源。

2015年国家药品抽验共抽到236个品种，完成检验20863批次，并出具检验报告、上传数据至国家药品抽验信息系统。按国家药品质量标准进行法定检验，按国家食品药品监督管理总局药品补充检验方法和检验项目批件筛查非法成分。经财政部委托的《中央部门预算支出绩效评价》专家组评议，中国食品药品检定研究院承担的中国食品药品检定研究院预算安排项目通过考核。

根据国家食品药品监督管理总局以问题为导向的工作要求，组织完成2014年国产眼用制剂抑菌剂现状评价、2014年抽验品种β－内酰胺抗生素类药物水分限度的合理性控制、2014年中成药国家抽验品种中掺伪染色物的专项检测研究、2014年含金银花中药制剂中检测山银花的方法研究、2014年抽验品种中缓释制剂专项研究、多组分生化药注射剂质量状况分析专项研究、头孢菌素类制剂的质量分析与评价等7个专题研究；向国家食品药品监督管理总局稽查局上报针对松香酸掺伪建立的朱砂安神丸等7个品种的补充检验方法和检验项目。在2015年国家药品抽验工作中，有针对性地开展7个专题（注射剂、价格成本倒挂、完善标准、中药材及饮片、基本药物、中成药、药包材和药用辅料）和独家品种专项、疫苗专项和跟踪抽验专项抽验工作，力求从深层次挖掘药品市场中的系统性风险，从生产工艺、药品标准、检验方法等多方面查找问题，以达到推动药品质量水平不断提高的最终目的。

此外，中国食品药品检定研究院加强抽验成果的转化利用，组织对2014年国家药品抽验探索性研究内容进行汇总整理，报送国家食品药品监督管理总局。国家食品药品监督管理总局根据发现的问题，向29个省（区、市）的313家药品生产企业发出352份药品质量提示函，要求企业对相关问题进行排查、分析和验证，并采取必要的质量提升或改进措施。

药包材药用辅料监督抽验

2015年，全国药包材药用辅料评价性抽验品种为药用辅料活性炭（供注射用）、药包材含聚氯乙烯药用硬片、含纸药用包装复合膜项目专项抽验，本次抽验共收到含聚氯乙烯药用硬片样品158批、含纸药用包装复合膜样品9批、活性炭（供注射用）样品54批，现221批抽验样品已经按照抽验时限发出检验报告，同时我们对药用辅料注射用活性炭（药用炭）品种开展细菌内毒素吸附力、微生物限度、比表面积、粒径、荧光物质、乙醇中溶解物、氰化物等项目的非标检验，并建立ICP－MS法对活性炭中的重金属进行考察。对于含聚氯乙烯药用硬片，本次主要考察PVDC涂布量、残留溶剂、增塑剂、阻隔性能（透氧透湿）等性能指标，并建立非标方法。按照法定标准检验：药用辅料大豆磷脂品种的不合格率为22%，项目为溶血磷脂酰乙醇胺（LPE），蛋黄卵磷脂品种的不合格率为11%，项目为磷脂酰肌醇（PI），在检测中发现卵磷脂质量参差不齐，执行标准众多，许多企业执行注册标准，而不执行2010药典标准，还发现有些注射剂生产企业卵磷脂口服和注射混用，这有可能会造成注射或者输液给药时溶血卵磷脂超标，带来如溶血反应的安全隐患。

在对药包材液体药用塑料瓶进行法定检验中，合格率为52.8%，抽样发现六批违规样品，及时上报国家食品药品监督管理总局，并建议改进和优化生产工艺参数、加强质量监管；通过七个项目的探索性研究，建议在标准中增加有色瓶透光率的检查，建议增加对瓶身透氧量和瓶身厚度的测定，以完善此类药包材质量体系。

此外，在对120批玻璃安瓿折断力样品进行专项抽验中，发现折断力不合格率为44.2%，认为造成折断力不合格的原因主要有刻痕工艺控制不好、规格尺寸不规范、玻璃材质、易折方式对折断力的影响及制药罐装工艺落后的影响。

《2014年国家药品计划抽验质量状况报告》（白皮书）

为进一步促进药品抽验成果转化，发挥药品抽验在上市药品质量监管工作中的技术支撑作用，根据2014年国家药品计划抽验结果，中国食品药品检定研究院组织院内各业务所在分析研究167个抽验品种质量分析报告的基础上，从中成药、中药材及饮片、化学药、生物制品、包材及辅料五个部分，深入分析十五个类别药品的基本情况、质量状况、问题及建议，撰写完成并向国家食品药品监督管理总局上报《2014年国家药品计划抽验质量状况报告》。

医疗器械技术监督

国家医疗器械计划抽验工作

2015年国家医疗器械抽验工作分为中央补助地方项目（42个品种）、局本级项目（7个品种）两部分。在2015年度抽验工作管理中，实现抽验方案拟订的信息化，组织完成网上抽验方案拟订、任务书填报和专家评议，完成抽样培训视频的制作。完成抽样3143批次，完成检验并录入检验结果2983批次。

2015年度完成2014年国家医疗器械抽验数据核对（共78个品种，2316批次）；完成2014年国家医疗器械抽验产品质量报告评议工作，并将2014年国家医疗器械抽验产品质量评估报告内容进行校对编排，制作成有源、无源、体外诊断试剂3册；通过国家医疗器械抽验异议申诉专家评审会（3次），对11批次产品的情况进行具体分析讨论并形成专家意见报送国家食品药品监督管理总局。

根据2014年国家医疗器械五整治专项抽验不合格企业名单，开展2015年国家医疗器械五整治跟踪抽验工作，共抽验29批次，有关结果上报国家食品药品监督管理总局。

此外，开展2015年国家体外诊断试剂产品质量评估和综合治理抽验工作。2015年国家体外诊断试剂产品抽验分为监督抽验和风险监测，各省对本行政区域内涉及品种的其他单位补充开展省抽，共涉及16种体外诊断试剂产品和2种原材料，共抽验506批次；省级体外诊断试剂监督抽验完成抽样1019批次，检验1012批次，有关结果上报国家食品药品监督管理总局。组织撰写生产环节质量风险监测、使用环节质量风险监测、国内外同类产品质量风险监测、近效期产品质量风险监测四份质量评估报告。

为完善国家医疗器械抽验组织工作，立足于医疗器械自身特点，2015年组织相关单位成立课题组对以下5个课题进行研究：《医疗器械抽验模式创新研究》《国家医疗器械抽验项目规模研究》《国家医疗器械抽验工作程序优化和考评机制研究》《国家和省级医疗器械抽验定位和数据共享研究》《医疗器械抽验到样及复验问题研究》。

《2014年国家医疗器械抽验产品质量安全风险点汇总分析报告》

2015年，中国食品药品检定研究院为深入发掘抽验数据，为医疗器械全过程质量监管提供技术支撑，在82个抽验产品质量评估报告的基础上，组织34家检验机构，综合法定标准检验和探索性研究，归纳医疗器械质量管理体系、注册审评审批、国行标管理等方面的12个主要问题，发现并分析可能的质量安全风险点489个，撰写完成并上报《2014年国家医疗器械抽验产品质量安全风险点汇总分析报告》。

保健食品技术监督

全国保健食品监督抽检和风险监测工作（中央转移地方支付项目）

根据国家食品药品监督管理总局《2015年食品安全监督抽检和风险监测计划的通知》（食药监办食监三〔2015〕3号），组织开展保健食品监督监测工作。工作任务分为规定任务和自选任务；规定任务要求缓解体力疲劳、减肥等16类功能保健食品和营养素补充剂寄送至指定承检机构进行集中检验；自选任务由各省根据辖区内保健食品生产经营实际状况及历年来的监督抽检和风险监测结果自行制定。2015年，打破以往保健食品监督抽检监测工作中“属地抽、属地检”的工作模式，改为相同功能类别保健食品进行集中检验，便于深入研究和提高效率。计划抽取减肥、改善睡眠、通便、辅助降血糖等27个功能类别和营养素补充剂保健食品共13640批，实际完成检验共13424批次。其中快检检验6092批，其余样品用于监督抽检、风险监测、探索性研究等工作。监督抽检8240批，风险监测4122批，同时出具检验报告并将数据上传至国家保健食品抽验信息系统。

由于机构改革、任务下发较晚、报告书传递等原因，2014年国家保健食品监督抽检和风险监测的抽样和检验工作，很多省份出现延误，2015年上半年协助国家食品药品监督管理总局继续完成2014年的保健食品监督抽检和风险监测工作；包括不合格产品公布信息的核对（中央转移地方和专项共计14000余批次产品信息），制定数据核对工作程序，完成2014年国家保健食品监督抽检和风险监测工作（中央转移地方支付项目）总结。经统计，2014年监督抽检和风险监测工作共抽取样品13374批次，其中涉及快检5796批次，其余样品用于监督抽检、风险监测、探索性研究等工作，有关结果上报至国家食品药品监督管理总局。

保健食品专项监督抽检和风险监测工作

2014年开展的胶囊剂等保健食品专项监督抽检监测工作分为胶囊剂保健食品监督抽检、非法添加监督抽检和酒类保健食品监督抽检监测三部分，委托辽宁、江西、广西、四川、宁夏、贵州省（区）6个省局进行抽样，总后所和深圳所负责检验；共计检验样品525批次，其中胶囊剂保健食品监督抽检任务共检验样品310批次，保健食品非法添加监督抽检任务共检验样品122批次，酒类保健食品监督抽检监测任务共检验样品96批次，并出具检验报告，将数据上传至国家保健食品抽验信息系统。

2015年共开展元旦、春节、端午、中秋4个节日期间保健食品专项监督抽检监测工作，由全国31个省份抽取改善睡眠、辅助降血糖、减肥、缓解体力疲劳、增强免疫力、辅助降血压、辅助降血脂等功能类别保健食品，交承检单位检验非法添加和胶囊壳中的铬元素。其中元旦节日专项抽检144批次，春节节日专项检验样品144批次，端午节日专项检验样品118批次，中秋节日专项检验样品288批次，有关结果上报至国家食品药品监督管理总局。

虫草类产品专项监督抽检和风险监测工作委托北京、广东、江苏、山东、四川5个省局对虫草类保健食品进行抽样，由总后所进行检验，共计检验样品111批次，并出具检验报告，将数据上传至国家保健食品抽验信息系统。

玛咖类保健食品专项抽检监测工作委托北京、山西、黑龙江、上海、浙江、山东、河南、湖北、四川、云南10个省（市）对玛咖类保健食品进行抽样，由湖南省食品药品检验研究院检验。本次专项工作计划抽样25批次，实际完成抽样16批，其中包括1批玛咖糖果食品及湖南院网购的6批保健食品，并出具检验报告并将数据上传至国家保健食品抽验信息系统。

起草《银杏叶提取物及银杏叶提取物制剂专项监督抽检和风险监测工作方案》草案，汇总银杏叶提取物专项数据，起草报送《关于报送银杏类保健食品监抽检监测情况的函》，多次汇总分析相关的企业自检情况表和省局抽检情况表。

广告技术监督

概　况

2015年，全国审批广告共计19296个（药品广告9774个、医疗器械广告4028个、保健食品广告5494个），全年抽查广告3931个，占审批总数的20%，对发现存在问题的广告在审批系统中予以提示；接受药品、医疗器械、保健食品广告文案咨询350个。

2015年度汇总全国“二品一械”严重违法广告公告数据共计214420条次，其中严重违法药品广告169623条次、医疗器械广告9059条次，保健食品35738条次。各省级局食品药品监督管理部门，对因发布严重违法广告，撤销药品广告批准文号176个；医疗器械广告批准文号25个；收回保健食品广告批准文号102个，共计303个。全年因发布严重违法广告而被采取暂停销售的行政强制措施263次。根据违法广告的情节和次数，上报《药品、医疗器械、保健食品违法广告公告汇总》8期；编辑并印发《药品医疗器械保健食品广告审查监管工作动态》4期。

2015年度通过网络搜索和投诉举报信息等，发现并查处违法互联网站。同时发布7期《互联网购药安全警示公告》，对54个严重违法网站进行曝光，上报多期互联网研判结果、网站核查结果的函，以及互联网购药安全警示公告名单。

2015年度通过“在线违法广告监测管理系统”对全国所覆盖的1403家电视台，1128家广播电台和1506家报纸，共计4037家媒体进行24

小时不间断的严重违法广告监测。2015 年度监测到“二品一械”和非“二品一械”冒充“二品一械”进行功效宣传（以下简称：其他类）的严重违法广告监测数据共计 517493 条次；其中，药品严重违法广告药品类广告 156776 条次，医疗器械类广告 6933 条次，保健食品类广告 27671 条次，其他类广告 326113 条次。

指导各级广告监测部门完成广告监测数据的处理工作；分类收集、整理违法药品、医疗器械、保健食品（以下简称：二品一械）广告及“性药品”、“名人代言”、非药品冒充药品进行宣传的广告信息；逐月发送至省级药监部门和其他相关部门进行处理。

第四部分　质量管理

检验检测质量管理体系的运行与维护

管理体系文件平台二期建设

2015年，在一期管理体系文件电子化控制平台基础上，启动系统功能的二期开发，实现文件的起草、审批、培训、发布、定期审核、作废等控制流程全面电子化在线完成，并于2015年6月3日对全院各部门文件管理员进行新系统功能的操作培训。二期系统于6月8日起正式上线试运行，测试阶段结束后，于7月1日全面取消受控文件纸质运转管理的工作模式。组织协调院内各部门对管理体系文件进行维护并不断完善。2015年全院新制定文件616个，修订文件100个，截至2015年底，中国食品药品检定研究院6003个内部质量体系文件均已实施电子发布与管理。

实验室认可和资质认定扩项复评审

2015年1月29日至30日，来自CNAS的15名专家对中国食品药品检定研究院进行CMA、CMAF、CNAS三合一评审。评审组通过常规实验、留样再测、现场演示、人员比对、仪器比对等方式，结合核查参加能力验证和比对实验以及核查检验经历报告以及仪器设备等方式对中国食品药品检定研究院申请的药品、生物制品、实验动物、药品包装材料、医疗器械、诊断试剂、光机电、保健食品、食品、食品接触材料、化妆品等11个检测领域的技术能力进行确认，共确认中国食品药品检定研究院资质认定能力3127项，CNAS认可能力2035项。针对评审组开具的不符合项，中国食品药品检定研究院组织有关部门进行整改，于2月10日提交整改报告，并于3月分别获得新的CMA、CMAF及CNAS证书，有效期至2018年3月。

CNAS实验室认可及食品检验机构资质认定扩项评审

2015年8月13日至14日，来自CNAS的2名专家对中国食品药品检定研究院进行CNAS实验室认可及食品检验机构资质认定扩项“二合一”评审。通过现场评审，共确认中国食品药品检定研究院能力项目增加参数21个、2类产品、标准16个，项目变更17项。截止2015年底，中国食品药品检定研究院通过认证（资质认定）的项目数达到3166项，其中，药品158项，生物制品222项，动物实验150项，包装材料83个品种45项，医疗器械381项，诊断试剂760项，光机电529项，保健食品265项，食品338项，食品接触材料61项，化妆品92项。

检验检测质量管理体系管理评审

2015年7月2日，党委书记、副院长李波主持召开2014年度管理评审会议。会上技术负责人王军志副院长作了关于中国食品药品检定研究院2014年度技术能力的变化情况、检验检测能力的保持情况及政策适用性情况的报告；质量负责人邹健副院长报告了实验室质量管理体系的运行情况；质量管理处、综合业务处、人事教育处、后勤服务中心、仪器设备管理处及安全保卫处等部门分别就各自承担的工作任务完成情况进行汇报。会议还对全院质量方针、质量目标的完成情况及管理体系运行的适用性、符合性、有效性进行分析评价。管理评审结果表明，中国食品药品检定研究院质量方针切合工作实际，质量目标得到有效实现，未发生检验事故，高质量完成检验任务，客户满意度进一步提高，受到国家食品药品监督管理总局和客户的好评。管理评审会议输出以下决议：各业务所要进一步加强管理；管理部门要加强服务和监管；要进一步加强培训工作力度；下阶段要保证搬迁前后质量体系的平稳过渡；为配合三定方案和院新址搬迁工作的落实，要做好管理体系文件的修订转换工作。

检验检测质量管理体系内部审核

2015 年，组织针对全院涉及质量管理体系所有部门的质量管理全要素进行内审，内审分成 7 个小组，依据实验室认可准则及认可准则在化学、微生物、医疗器械、动物检疫及电器领域的应用说明，实验室资质认定评审准则，食品检验机构资质认定评审准则，WHO 药品质量控制实验室良好操作规范和中国食品药品检定研究院《质量手册》《实验室安全手册》《程序文件》技术规范及相关操作规范，分别对化学药品检定所、生物制品检定所、医疗器械检定所、包装材料与药用辅料检定所、食品化妆品检定所、标准物质与标准化研究所、食品药品安全评价药检所、实验动物资源研究所、领导层及相关职能部门进行内审。本次内审除了要求覆盖全部管理要素及技术要素外，将质量管理处 2015 年开展的记录及仪器设备专项监督检查发现的问题、2014 年内审、2015 年三合一复评审发现的不符合项整改完成情况、2015 年质量控制计划完成情况等列为审核中关注重点。内审共发现不符合项 83 项，被审核部门均按照要求在规定的时限内完成整改。

质量管理专项监督审核

2015 年 5 月，中国食品药品检定研究院组织开展检验记录专项监督审核。5 月 7 日，为配合记录审核工作的实施，化学药品检定所麻醉与精神药品室副主任对近三年新入职的检验人员、院内审员和监督员、各业务科室质量负责人、各业务所报告审签人等相关岗位人员进行有关记录填写的原始性、完整性、记录要求、记录复核及软件验证等内容的培训。检查员对从各业务所分别调取的自 2014 年 7 月至 2015 年 4 月期间的检验报告档案各 50 份进行审查，范围覆盖 30 个检验科室，报告涉及委托检验、监督检验、合同检验、注册检验、复验及进口检验等多个类别。从检查总体情况看，中国食品药品检定研究院检验记录基本符合要求，但在记录文件受控、记录完整性、原始性及记录填写规范性等方面仍存在一些问题。经过本次审核，各部门均对检验记录提高重视，针对不符合项开展原因剖析，采取纠正措施，完成整改。

2015 年 9 月 15 日，中国食品药品检定研究院开展全院范围内的实验室仪器设备管理专项监督审核。本次核查按照中国食品药品检定研究院《质量手册》、《程序文件》及仪器设备管理的相关 SOP 规定开展。检查覆盖包括仪器设备的计量管理、期间核查、使用维护记录、档案管理、标识管理、借/试用设备管理、设备报废管理、功能仪器设备管理、内务管理等十个要点，检查中调取抽查 113 份仪器设备档案。本次检查发现的问题主要集中在仪器设备维护保养计划的制定与实施、期间核查计划的执行、计量仪器设备校准结果的确认、设备性能确认记录以及仪器设备档案管理五个方面。针对检查发现的不符合项，各相关部门均分析问题根本原因，举一反三，合理制定纠正预防措施并有效执行，对整改完整情况进行确认。

参加外部能力验证计划

2015 年，中国食品药品检定研究院参加外部能力验证 10 项，其中 7 项为中国检验检疫科学研究院测试评价中心（有资质的 PTP）组织的食品及化妆品领域的能力验证；3 项为国际能力验证计划，分别为：APLAC 的微生物检测能力验证计划、世界卫生组织（WHO）的 External Quality Assurance Assessment Scheme Phase 6（EQAAS）

以及 FAPAS 组织的辣椒中总砷、镉、铅的测定。

能力验证提供者体系的运行及认可资质的获得

取得 CNAS 能力验证提供者（PTP）资质

2015 年 3 月 14 日至 15 日，中国食品药品检定研究院接受来自 CNAS 的 8 名专家进行 PTP 现场评审，并顺利通过。此次评审共有 24 个产品 59 个参数获得 CNAS 认可，中国食品药品检定研究院获得药检系统首张 PTP 证书，表明中国食品药品检定研究院在检验检测机构 ISO/IEC 17025 质量体系的基础上，具备满足国际要求的 ISO/IEC 17043 能力验证实施体系，对于中国食品药品检定研究院规范运作能力验证，乃至通过能力验证考察药检系统实验室的技术能力，为国家食品药品监督管理总局提供管理数据支持都将发挥重要作用。

构建能力验证服务平台

为适应能力验证组织工作快速发展的需要，保证能力验证组织工作的高效性和规范性，2014 年 12 月，中国食品药品检定研究院启动能力验证工作服务平台的建设开发项目，并于 2015 年 4 月正式上线运行，实现了能力验证工作从方案设计、在线报名、提交结果到评价结果的发布等一系列工作环节的在线运转，很大程度上减少了人工接听电话及收发资料所造成的人力物力成本，并且通过平台的数据收集，形成中国食品药品检定研究院能力验证参加者的数据库，为实验室能力的评价分析提供支持。截至 2015 年 12 月，服务平台共接收到 462 家机构的注册报名，2015 年全年共有 27 个能力验证计划，1200 项/次的项目在平台上运行完成。

组织开展能力验证与测量审核

2015 年，中国食品药品检定研究院组织开展 27 个能力验证计划，包括：食品 4 个、保健食品 2 个、食品微生物 1 个、化妆品 1 个、化药 2 个、中药 1 个、医疗器械 1 个、药包材 2 个、实验动物 3 个，生物制品 3 个和食品药品安全评价 1 个，相比 2014 年新增 14 个项目。包装材料与药用辅料检定所和食品药品安全评价所为 2015 年首次组织能力验证计划的部门。2015 年度参加能力验证的单位共计 462 家，相比 2014 年的 165 家有大幅增长。除药检系统的单位外，部分疾控中心、药品安全评价中心、医疗器械检验所，以及药品生产企业等系统外的实验室也报名参加 2015 年度中国食品药品检定研究院组织的能力验证活动，共计报名 1200 项/次，相比 2014 年的 394 项/次也有显著增加。此外，质量管理处协助化学药品检定所、食品化妆品检定所、包装材料与药用辅料检定所完成其专业领域系统内的实验室间比对工作共计 8 次。

获得 PTP 资质后，中国食品药品检定研究院恢复对外提供测量审核服务，2015 年共受理来自全国 40 家单位的测量审核申请 40 份。测量审核服务项目覆盖化药、中药、食品、化妆品及实验动物等检测领域的 11 个项目。

能力验证提供者（PTP）体系管理评审

2015 年 7 月 2 日，中国食品药品检定研究院召开 2014 年度管理评审会。会议除进行 2014 年度检验检测质量体系的管理评审之外，还进行了能力验证提供者（PTP）体系的管理评审，评审后认为：中国食品药品检定研究院在 ISO/IEC 17025 基础上，按照 ISO/IEC 17043：2010《合格评定能力验证的通用要求》建立了 PTP 质量管理体系，PTP 质量管理体系的运行和 2014 年度组织开展的能力验证计划项目均满足 CNAS/CL03 能力验证提供者认可准则的要求。下一阶段各相关部门应进一步提高重视，切实增加人员及相关资源投入，建立一支稳定的能力验证团队，组建一支专家技术队伍，为 PTP 工作开展提供技术支持；建议出台《能力验证管理办法》，规范全院能力验证工作，创新体制机制，探索激励奖惩制度；加强 ISO/IEC 17043 的研究，与国际水平看齐；要探讨如何建立测量审核工作的常态化机制；在国家食品药品监督管理总局支持下，要进一步扩大 PTP 的结果应用。

标准物质生产者（RMP）质量管理体系建设

2015 年度标准物质生产者质量管理体系内审

2015 年 10 月 30 日至 11 月 6 日，中国食品药品检定研究院进行全院与标准物质生产体系涉及的各部门的内审，内审目标是要检查评估全院标准物质质量和相关技术活动是否满足 CNAS CL04《标准物质生产者认可准则》的准则要求。本次内审分 3 组，第一组为 RMP - QMS 体系核查组，负责对标准物质与标准化研究所的分析测试室、标准化研究室、培养基室、标准物质研发室、标准物质制备室、标准物质供应室、质量管理处及人事教育处进行检查。第二组为技术核查组，负责审核化药、中药、生检、器械、包材等 5 个部门的 RM 报告及其所有材料，查阅 5 个部门提供的 27 份标准物质报告档案。第三组负责档案资料的整理。内审组依据 CNAS CL04，逐条对 15 个管理要素，18 个技术要素进行检查。内审组通过听取标准物质体系运行情况介绍、现场检查、提问等方式收集 QMS 运行和标准物质技术运转的有效证据，重点对 RMP 体系的组织、质量管理体系文件、分包方、不符合标准物质处置、申投诉、改进、服务和供应品的采购、记录控制、人员管理、标准物质生产策划、生产控制、标准物质均匀性和稳定性、数据、证书、不确定度、测量溯源性、分发等通用要求进行审核。本次内审表明，从 2014 年 3 月 7 日实施 RMP 体系以来，制订并发布 82 个 RMP 相关管理文件及 175 个记录表格，中国食品药品检定研究院已经初步按照 CNAS - CL04 准则的要求建立了标准物质提供者质量管理体系。内审发现的问题主要集中在文件内容不够完善且文件间接口不明确、体系运行中应形成的相关工作记录不够规范完整、管理和技术文件有效执行情况不够好、人员培训不够充分且岗位说明未及时更新，以及标准物质生产原始记录信息不够充分完整等几个方面。经过审核，各部门开展全面整改，进一步完善中国食品药品检定研究院 RMP 质量管理体系的建设。

标准物质生产者质量管理体系管理评审

2015 年 11 月 17 日，党委书记李波主持召开 2015 年度标准物质管理评审会议。院技术负责人、质量负责人、标准物质与标准化研究所、中药民族药检定所、化学药品检定所、生物制品检定所、医疗器械检定所、包装材料与药用辅料检定所及质量管理处等部门负责人参加会议。本次管理评审对全院 2015 年度标准物质的研制、生产、供应、质量管理等方面的情况进行分析评价。会上，标准物质与标准化研究所所长就 2015 年度标准物质研制、生产、质量监测以及 RMP 质量体系建设与认可准备情况进行报告，质量管理处副处长汇报了 2015 年 RMP 内审情况。通过评审认为，中国食品药品检定研究院按照 CNAS 先进管理理念要求建立的 RMP 质量体系，在一定程度上使得原体系得到了完善和加强，目前标准物质生产体系运行基本有效，达到中国食品药品检定研究院质量方针和质量目标的要求。但对照先进的质量管理要求，仍有较大的上升和提高的空间。会议经过讨论，对以下几个问题达成初步意见：一是要切实重视和加强标准物质工作；二是要进一步理顺标准物质的质量管理体系；三是要认真研究解决标准物质管理中重要技术问题。

质量管理相关工作会议

全院质量负责人会议

2015 年 6 月 9 日，中国食品药品检定研究院召开2015年全院各部门质量负责人会议，布置质量管理工作，通报近期检验记录专项监督审核的相关情况。院质量负责人邹健副院长出席会议并讲话。全院各所、处（室）、中心的质量负责人、各业务所报告审核人以及质量管理处全体人员共计63人参加此次会议。

会上质量管理处处长从记录受控情况、记录完整性、记录原始性和真实性、责任人签名情况、记录修改规范性等五个方面结合实例，针对记录审核过程中所发现的问题进行总结和汇报。他强调要从依法检验的角度重视原始记录的重要性，以认真负责的态度重视原始记录的规范性，按文件控制的要求执行原始记录的强制性。院质量负责人邹健副院长作会议总结发言，强调三点要求，一是要高度重视质量安全工作，严格遵守国家的法律法规以及中国食品药品检定研究院各项规章制度和质量体系文件，真正做到全面依法检验。二是要进一步重视和加强能力验证工作，国家食品药品监督管理总局和全院都已把能力验证工作上升到作为管理和评价食药检系统实验室检测水平的重要高度，全院各部门，特别是各业务所要全面重视并完成好此项工作。三是要及早谋划，做好搬家前后的质量体系平稳过渡，争取最大限度地降低搬迁对检验工作的影响。

2014年能力验证经验交流
暨2015年能力验证计划方案讨论会

2015年1月22日，中国食品药品检定研究院召开2014年能力验证经验交流暨2015年能力验证计划方案讨论会。邹健副院长及2014与2015年能力验证计划负责人、协调人等相关人员参加会议。质量管理处处长主持会议。6位能力验证计划协调人、能力验证负责人分别结合自身工作就《2014年能力验证工作总体概况》《盐酸伪麻黄碱液相纯度项目的统计设计》《食品微生物能力验证样品制备及方案设计》《水杨酸片溶出度的测定项目经验总结》《医疗器械检测机构实验室间比对经验》《PTP基本要求及2015年PT方案设计的几个基本问题》与大家进行分享和交流。最后，邹健副院长对2014年的能力验证工作表示了肯定，同时提出六点要求。一是要将全院比对工作全部纳入PT范围内。二是要将能力验证活动与全院实际需求相结合，在协作标定、方法学验证、样品赋值、结果仲裁等工作中发挥领导作用。三是各科室应做好仪器配备、收费、标准品等能力验证准备工作。四是要全面考虑方案完整性，保证能力验证样品的均匀性和稳定性。对结果不合格单位进行适当纠正或培训。五是要将能力验证参加者范围从系统内检验机构扩大到管理相对人。六是要加强与国内各兄弟单位以及国际间的协作交流。

质量管理相关业务培训

数据完整性学术报告

2015年4月17日，中国食品药品检定研究院邀请美国礼来公司全球质量实验室高级总监Jeffrey T. Gelwicks博士到院，作题为“数据完整性——信任的基石”的学术报告，报告由质量管理处处长主持，全院50余人参加此次报告会。Jeff Gelwicks博士结合FDA警告信，就目前制药行业中在数据完整性方面出现的问题、数据完整性的主要内容、纠正预防措施等方面进行讲授，强调了数据和信息完整性是确保药品质量的关键。本次学术报告进一步加深全院对数据完整性的理解，促进全院日常检验检测数据准确行和可靠性的保障。

质量体系文件管理系统使用操作培训

为保证质量体系文件管理系统二期开发的流程控制功能的实施效果，2015年6月3日，中国食品药品检定研究院举办质量体系文件管理系统使用操作培训，全院各有关部门的文件管理员40余人参加培训。信息中心相关人员向参加培训人员介绍文件管理系统的功能和使用方法，并进行操作演示；质量管理处相关人员补充介绍系统使用时的相关注意事项以及系统正式上线运行的工作安排。更新的文件管理系统于2015年6月8日正式上线运行，线上测试运行过程3周，7月1日起系统正式运行后全面取消纸质文档的流转审签模式。至此，中国食品药品检定研究院文件控制全面采取线上操作。

CNAS－CL09：2013培训

2015年11月13日，中国食品药品检定研究院举办CNAS－CL09：2013《检测和校准实验室能力认可准则在微生物检测领域的应用说明》相关内容培训。此次培训邀请国家食品安全风险评估中心质控办研究员来院授课。全院从事微生物领域检测工作的实验室人员以及其他相关人员共计60余人参加此次培训。新版CNAS－CL09于2014年1月1日发布，并于2016年1月1日起全面实施。授课老师针对CNAS－CL09：2013的改版背景、核心变更内容等进行介绍分析，并对文件转换后相关政策在实验室的落实提出建议。此次培训对于加强全院人员对CNAS－CL09：2013相关要求的理解，更好地开展微生物领域检测工作起到促进作用。

承担CNAS实验室技术委员会药品专业委员会工作

CNAS药品专业委员会2015年第一次会议

2015年4月23日，CNAS实验室技术委员会药品专业委员会在北京市召开专题会，研究探讨检测实验室认可能力中诊断试剂的类别划分，拟定诊断试剂领域检测能力划分原则。专委会主任、中国食品药品检定研究院副院长邹健、副主任袁松宏、张河战、王志斌及相关领域委员、国家食品药品监督管理总局医疗器械标准管理中心相关专家以及其他相关专家共计20人出席会议。张河战副主任主持会议。专委会副主任、CNAS秘书处综合处处长袁松宏介绍了CNAS法规及认可规则最新变化情况，国家食品药品监督管理总局医疗器械标准管理中心体外诊断标准室负责人就国家诊断试剂分类及标准管理情况做相应的汇报。针对我国诊断试剂品种多、标准繁杂、分类规则相对不清的现状，与会专家围绕着技术要求如何认可、通用方法标准如何使用、分类原则、检验标准及依据等方面展开讨论，并最终达成初步共识。会议结束时，邹健主任作总结发言。他强调，一是成立诊断试剂类别划分工作小组，抓紧落实此次会议确定的任务。二是在类别划分上以技术参数为主，列出所涉及的方法学及对应的相应标准，以国标、行标为基准；对于没有国标行标的，能否考虑制定技术指南进行补充，力争年底前出台相关文件。三是力争向国家食品药品监督管理总局科标司和认可委申请立项，争取课题经费支持，以利于此项工作顺利进行。

《中国药典》（2015年版）标准转换工作启动会议

2015年8月11日，CNAS实验室技术委员会药品专业委员会在北京市召开专题会，研究探讨《中国药典》（2015年版）颁布实施后的标准转换问题。专委会主任、中国食品药品检定研究院副院长邹健及相关领域委员、药品领域相关专家共计25人出席会议。会议由张河战副主任主持。专委会副主任、CNAS秘书处综合处处长袁松宏介绍了CNAS近期的工作进展及最新变化情况，专委会邹健主任对《中国药典》（2015年版）标准转换工作提出明确要求。王志斌、罗卓雅、江英桥、陆敏仪、李振国、张玫等几位药典委员介绍《中国药典》（2015年版）主要情况。专委会副主任张河战介绍《中国药典》（2010年版）转版的基本情况及本次转版的基本原则。会议经过讨论确定《中国药典》（2015年版）转版的评估原则为“总体识别、分类处理”；并进行工作分工，明确工作进度。

CNAS药品专业委员会2015年第三次会议

2015年11月29日至12月1日，CNAS实验室专业委员会药品专业委员会（以下简称专委会）在海南省召开第三次会议。专委会主任、中国食品药品检定研究院（以下简称中国食品药品检定研究院）副院长邹健、副主任袁松宏、王志斌、专委会委员、参与有关专项工作的相关单位人员等共计50余人出席会议。

会议主要议题为讨论专委会2015年工作总结及2016年工作设想、研究相关专题。专委会副主任、CNAS综合处处长袁松宏向与会委员介绍了CNAS近期工作进展以及相关政策。专委会副主任王志斌报告了专委会2015年工作总结及2016年工作设想。会议分为药品组和器械组分别对相关专题进行研究讨论。其中药品组主要讨论《中国药典》（2015年版）转版工作，对现有能力参数逐项进行研究，最终确定不涉及检验能力25项，首次颁布12项，直接确认242项，文审确认22项，现场确认73项，形成的决议报送CNAS批准；器械组讨论CL-12修订与诊断试剂分类原则两项议题。在CL-12修订方面，对会前征集到的38个问题进行讨论，基本达成共识。同时对正文进行梳理，最终形成CL-12讨论稿，进行文字整理后，将上报CNAS。在诊断试剂分类原则方面，各参与单位通过对相关法律法规进行的研究，从人、机、料、法、环各方面提出要求。但由于各实验室提出的材料不统一，整理过程中目的不明确，2015年并未形成公认的原则，拟于2016年继续完成相关研究工作。

受中国食品药品检定研究院科研管理处委托，会议还组织对中国食品药品检定研究院中青年基金资助的质量管理课题进行验收，四项课题分别为“中国药典常用指示剂和指示液有效期示范性研究”“药品检验领域测量不确定度评估指南及实例”“药品检验机构实验室管理体系文件控制通用要求的研究”“食药系统仪器设备性能验证体系的建立和应用”。经评审，各课题如期完成。

专委会邹健主任对2016年专委会工作进行部署。他强调，一是加强专委会的管理。在中国食品药品检定研究院外网建立论坛，收集各方建议、意见，强化沟通交流；汇编相关规章制度与程序，制成委员手册；逐步建立由专委会委员、相关评审员、技术专家组成的专家库。二是加强培训，CNAS与中国食品药品检定研究院共同开展1~2次专项培训，重点以监督员为培训主体。三是进一步加强能力验证工作。四是继续加强研究工作，延续2015年开展的工作，包括质量管理课题成果转化；汇总诊断试剂方法，建立技术指南；完善CL12并上报CNAS审批。同时2016年还要开展检验能力评估及包材标准样品与质控样品的研制等相关研究工作。

承担中国药学会药物检测质量管理专业委员会工作

中国药学会药物检测质量管理专业委员会第2届药物检测质量管理学术研讨会

2015年10月12日至13日，中国食品药品检定研究院协办的中国药学会第2届药物检测质量管理学术研讨会在陕西省召开。本次会议共有来自全国各级药品检验机构、大专院校、科研机构及药品生产企业从事药物检测质量管理的工作者提交论文近90篇。经过专家筛选评出24篇优秀论文参加大会交流，最后再经专家现场投票评出，一等奖2篇，二等奖4片，三等奖8篇。中国食品药品检定研究院质量管理处、食品化妆品检定所、化学药品检定所、实验动物资源研究所、食品药品安全评价研究所、信息中心等部门共提交16篇论文，其中5篇作为优秀论文进行大会交流，并最终取得一等奖2名、二等奖1名，三等奖1名。中国食品药品检定研究院质量管理处处长和化学药品检定所抗肿瘤与放射性药品室主任应会议邀请分别就“检验检测机构的实验室安全”和“仿制药一致性评价工作介绍”作大会特邀报告。

第五部分　科研管理

概　述

2015年，中国食品药品检定研究院“中青年发展研究基金”给予立项课题15项，专项经费104.04万元；学科带头人培养基金课题给予立项课题8项，专项经费232.36万元。2015年中国食品药品检定研究院在研课题161个，科研经费到账9224.3851万元，其中2015年立项课题51个（表5－1），获得专利授权20项（表5－2），获得科学技术奖3项（表5－3），主编出版论著18部，译著1部，公开发表论文488篇，其中SCI论文66篇，影响因子最高为45.217（附录）。

表5－1　2015年立项课题

序号	项目（课题）名称	负责人	经费总额（万元）	起止日期	经费来源	备注
1	化学新药质量标准研究与评价技术平台	杨化新	1054.1	2015.1～2018.12	国家科技重大专项	主持
2	乙脑减毒活疫苗国际标准品及蛋白合作研究	李玉华	318	2015～2018	国际科技合作专项	主持
3	基于电子溯源的食品安全监测预警关键技术研究与应用	丁宏	780	2015.4～2017.12	国家科技支撑计划	主持
4	化药制剂质量评价关键技术研究	杨化新	210	2015.1～2019.6	北京市科技计划	主持
5	基于新型固定化金属亲和材料的有机磷农药多残留CE分析方法的研究	董亚蕾	25	2015.1～2017.12	国家自然科学基金	主持
6	MNU诱导p53＋/－小鼠模型中T细胞淋巴瘤早期发生关键基因筛查	吴曦	21.6	2016.1～2018.12	国家自然科学基金	主持
7	氧化应激通过TRPC受体介导心律失常作用机制的研究	文海若	21.48	2016.1～2018.12	国家自然科学基金	主持
8	基于体内外代谢产物及UGT1A1抑制作用探索何首乌肝毒性机制及毒效物质基础	汪祺	21.6	2016.1～2018.12	国家自然科学基金	主持
9	我国试验动物资源现状调查与发展趋势研究	贺争鸣	49	2015.7～2016.6	国家科技基础条件平台	主持
10	兴奋剂蛋白同化制剂和肽类激素非法生产销售及其对策的调查研究	杨化新	16	2015.11～2016.6	国家体育总局	主持
11	cxdl在黑色素瘤生长和转移中的调控作用机理研究	郭立方	5	2015.1～2016.6	博士后	主持
12	中药中重金属及毒性无机元素筛查检测平台的建立	左甜甜	3	2015～2017	回国人员资金	主持
13	化妆品消费者暴露量调查和安全性风险物质的安全风险评估	王钢力	45	2015～2016	国家食品药品监督管理总局	主持

续表

序号	项目（课题）名称	负责人	经费总额（万元）	起止日期	经费来源	备注
14	食品安全技术支撑法律制度国际比较研究	李波	10	2015～2016	国家食品药品监督管理总局	主持
15	液质联用法测定保健食品中维生素	王钢力	20	2015～2016	国家食品药品监督管理总局	主持
16	医用LED设备光辐射危害评价与检测方法的研究	李宁	7.70	2015.8～2017.8	中青年发展研究基金	主持
17	百日咳微量杀菌力方法的建立和应用	卫辰	8.00	2015.8～2017.8	中青年发展研究基金	主持
18	尘螨变应原制品主要有效组分质量控制标准化研究	李喆	7.84	2015.8～2017.8	中青年发展研究基金	主持
19	可穿戴式光电医疗器械的有效性检验研究	王浩	7.40	2015.8～2017.8	中青年发展研究基金	主持
20	^{19}F－核磁共振定量技术在含氟化学药品制剂含量测定中的应用研究	袁松	5.50	2015.8～2017.8	中青年发展研究基金	主持
21	不同企业生产的同一重组蛋白一级结构比对研究	陶磊	8.00	2015.8～2017.8	中青年发展研究基金	主持
22	酶类药物纯度分析及与活性关系的研究	刘莉莎	6.80	2015.8～2017.8	中青年发展研究基金	主持
23	基于生药学及分子生物学技术的两面针真伪鉴别方法研究	余坤子	6.50	2015.8～2017.8	中青年发展研究基金	主持
24	贵重药品拉曼光谱无损检测方法的研究	赵瑜	8.00	2015.8～2017.8	中青年发展研究基金	主持
25	多糖类大分子药用辅料分子量测定方法比较	张朝阳	5.50	2015.8～2017.8	中青年发展研究基金	主持
26	开发一种实验动物设施环境便捷检测平台的研究	刘巍	7.36	2015.8～2017.8	中青年发展研究基金	主持
27	化学药品图谱的应用模式研究	李婕	5.50	2015.8～2017.8	中青年发展研究基金	主持
28	中国食品药品检定研究院财务信息共享平台构建研究	李宁	7.38	2015.8～2017.8	中青年发展研究基金	主持
29	药品补充检验方法有关机制研究	杨青云	7.36	2015.8～2017.8	中青年发展研究基金	主持
30	仪器设备共享管理研究	王建宇	5.20	2015.8～2017.8	中青年发展研究基金	主持
31	三维打印体内全降解血管支架的质量控制和支架材料的血管内皮化机理研究	韩倩倩		2015.8～2017.8	学科带头人培养基金	主持
32	细胞治疗产品临床前安全性评价关键技术的建立	霍艳		2015.8～2017.8	学科带头人培养基金	主持
33	化学药品的热分析应用性研究	刘毅		2015.8～2017.8	学科带头人培养基金	主持
34	化学药品领域中以质量含量替代生物效价的量效统一化研究	常艳		2015.8～2017.8	学科带头人培养基金	主持
35	单克隆抗体生物类似药的质量可比性研究	于传飞		2015.8～2017.8	学科带头人培养基金	主持
36	牛源生物制品外源病毒检测技术研究	王吉		2015.8～2017.8	学科带头人培养基金	主持
37	流感减毒活疫苗质量评价相关技术的建立	赵慧		2015.8～2017.8	学科带头人培养基金	主持
38	鹿茸及相关产品真伪鉴别系统研究	程显隆		2015.8～2017.8	学科带头人培养基金	主持
39	流感疫苗应急研发体系能力建设及产品开发	王军志 李长贵	441.95	2015.1～2018.12	国家科技重大专项	参加

续表

序号	项目（课题）名称	负责人	经费总额（万元）	起止日期	经费来源	备注
40	功能生物材料转化和人工组织器官构建研究	袁宝珠	127	2015.1～2015.12	国家科技重大专项	参加
41	医学微生物子平台运行与服务	叶强、王军志	173	2015.1～2015.12	国家科技基础条件平台建设专项	参加
42	医学微生物子平台运行与服务	叶强、王军志	180	2015.1～2015.12	国家科技基础条件平台建设专项	参加
43	国家实验细胞资源共享平台	孟淑芳	35	2015.12～2016.11	国家科技基础条件平台专项	参加
44	科研用试剂产业链创新体系的构建	胡昌勤	180	2015.7～2017.12	国家科技支撑计划	参加
45	常用实验动物检测新技术的研究与应用	李保文	215	2015.1～2017.12	国家科技支撑计划	参加
46	普通级封闭群裸鼹鼠种群的建立及耐低氧机制的初步研究	王吉	112.5	2015.4～2018.4	国家科技支撑计划	参加
47	经皮肾镜手术系统及质控系统的研发	任海萍	46.2	2015.1～2016.12	国家科技支撑计划	参加
48	间质干细胞治疗移植物抗宿主病的临床研究	袁宝珠	50	2015.1～2017.12	广东省科技计划	参加
49	冬虫夏草、肉苁蓉和滇重楼3种中药材野生与人工繁育品种的药用品质比较研究	马双成	168	2015～2018	中医药行业科研专项	参加
50	择瘤繁殖并表达绿色荧光蛋白的重组单纯疱疹病毒检测循环肿瘤细胞	张春涛	4	2015.1～2018.12	国家自然科学基金	参加
51	名贵中药资源可持续利用能力建设－丹参、女贞子、药材质量基本状态数据探索研究	马双成	30	2015	中央本级重大增减支项目	参加

表5－2 2015年获得专利授权项目

序号	专利名称	授权专利号	公告号	授权日期	专利类型	专利权人	发明人
1	一种实验动物饲养笼具	CN201420425761	CN203968904U	20141203	实用新型	中国食品药品检定研究院	齐卫红；张琳；李欣；汪巨峰；李左刚
2	颗粒状药品光谱测样装置	CN201420432976	CN203981566U	20141203	实用新型	中国食品药品检定研究院	尹利辉；张学博；胡昌勤；冯艳春；朱俐；金少鸿；杨眉
3	糖衣片药品打磨装置	CN201420472078	CN204036209U	20141224	实用新型	中国食品药品检定研究院	张学博；尹利辉；胡昌勤；冯艳春；刘绪平；朱俐；金少鸿

续表

序号	专利名称	授权专利号	公告号	授权日期	专利类型	专利权人	发明人
4	小型片剂和丸剂药品光谱测样装置	CN201420471760	CN204044059U	20141224	实用新型	中国食品药品检定研究院	张学博；尹利辉；胡昌勤；冯艳春；刘绪平；朱俐；金少鸿
5	胶囊剂药品光谱测样装置	CN201420548647	CN204101447U	20150114	实用新型	中国食品药品检定研究院	尹利辉；张学博；胡昌勤；冯艳春；朱俐；金少鸿
6	一种皮上划痕用布氏菌活疫苗冻干保护剂	CN201310219595	CN103285399B	20150128	发明	中国食品药品检定研究院	魏东；王国治
7	一种重组人谷丙转氨酶蛋白标准品和重组人谷草转氨酶蛋白标准品及其制备方法	CN201310247159	CN103320408B	20150401	发明	中国食品药品检定研究院	徐超；王玉梅；黄杰；高尚先
8	1，6-O-二咖啡酰山梨醇酯及其衍生物、和用途	CN201310121476	CN103214370B	20150422	发明	中国食品药品检定研究院	何兰；王彩芳；梁国兴；宁保明；黄海伟
9	1，4-二氢吡啶衍生物作为NO荧光探针的用途	CN201210592781	CN103073538B	20150520	发明	中国食品药品检定研究院	黄海伟；龚兵；李敏峰；何兰；宁保明
10	一种皮内注射用布氏菌活疫苗冻干保护剂	CN201310219733	CN103301451B	20150520	发明	中国食品药品检定研究院	魏东；王国治
11	利用拉曼光谱检测液体制剂的方法	CN201210593760	CN103063648B	20150527	发明	中国食品药品检定研究院	尹利辉；赵瑜；纪南；王军；高延甲；朱俐；张学博
12	HPV假病毒和其试剂盒以及检测HPV中和抗体的方法	CN201310218341	CN103333865B	20150610	发明	中国食品药品检定研究院	王佑春；聂建辉；黄维金；吴雪伶
13	含有鼠神经生长因子的表达载体及细胞	CN201310544508	CN103740754B	20150624	发明	中国食品药品检定研究院	饶春明；徐莉；李永红；韩春梅；史新昌；陶磊

续表

序号	专利名称	授权专利号	公告号	授权日期	专利类型	专利权人	发明人
14	一种皮上划痕用鼠疫活疫苗冻干保护剂	CN201310219234	CN103301450B	20150701	发明	中国食品药品检定研究院	魏东；王国治
15	一种用于猴的保定装置	CN201520075969	CN204446171U	20150708	实用新型	中国食品药品检定研究院	齐卫红；张琳；李欣；汪巨峰；王书元；王超；王三龙；李佐刚
16	消除拉曼光谱仪台间差的方法	CN201310048251	CN103175822B	20150805	发明	中国食品药品检定研究院	赵瑜；尹利辉；纪南；高延甲；王军；张学博；朱俐
17	一种高效液相色谱峰保留时间预测方法	CN201310291229	CN103439440B	20150826	发明	中国食品药品检定研究院	孙磊；金红宇；马双成
18	DL－告依春中表告依春与告依春的分离方法	CN201410293677	CN104030999B	20150902	发明	中国食品药品检定研究院	聂黎行；戴忠；马双成
19	GLP－1受体激动剂生物学活性测定方法	CN200910265928	CN101798588B	20150909	发明	上海仁会生物制药股份有限公司；中国食品药品检定研究院	蔡永青；陈霞；梁成罡；李克坚
20	一种细胞冲洗装置	CN201520620324	CN204824860U	20151202	实用新型	中国食品药品检定研究院	许慧雯；李军；杨晓芳；王越

表5－3 2015年获得科技奖励项目

序号	项目名称	获奖等级	主要完成人（获奖人）	完成单位
1	新型体外热原检测技术平台的建立与应用	中国药学会科学技术二等奖奖	高华，贺庆，刘倩，张横，张媛，蔡彤，何开勇*，秦媛媛*，李冠民，芮菁*，王秀英*，程春雷*，吴彦霖，王冲，樊华。	中国食品药品检定研究院，湖北省食品药品监督检验研究院，天津市药品检验所，辽宁省食品药品检验所，山东省食品药品检验研究院
2	同位素比质谱法检测新型兴奋剂	中国分析测试协会科学技术二等奖	王静竹*，吴侔天*，何轶，刘欣*，郭建军*，杨瑞*，张娟*，邓静*，董颖*，徐友宣*	国家体育总局反兴奋剂中心检测实验室，中国食品药品检定研究院中药民族药检定所，国家体育总局体育科学研究所科研处
3	战创伤和灾难救援时食源性病原微生物的快速检测及感染控制研究	中国人民解放军科学技术进步二等奖	罗燕萍*，崔生辉，杨继勇*，李景云，张樱*，周光*，张有江*，肖征*，马越	解放军总医院，中国食品药品检定研究院

2014年度中国食品药品检定研究院科技评优活动

根据《科研工作管理办法》和《关于进一步促进学术发展与进步的若干意见》要求，中国食品药品检定研究院2014年度科技评优活动采取院、所两级进行。截至2015年1月16日，10个业务所分别在本所范围内组织各科室进行广泛的学术报告、交流与评优活动，在114项参与评优的学术报告中通过选评，优选出22项，推荐参加院科技评优活动。1月20日，中国食品药品检定研究院第八届学术委员会组织召开2014年度院科技评优活动，院领导、院学术委员会委员共28位专家担任评委。22名报告人汇报相关的研究成果及创新思路，专家根据汇报人的PPT制作、语言表达、汇报内容（科学、实用、先进等）进行无记名打分，收回评分表28份，其中有效评分表26份，根据评选和统计结果，经1月28日第2次院长办公会讨论决定，给予院级一等奖2人、二等奖5人、三等奖8人以表彰和奖励（详见附表）。

附表：2014年度院科技评优结果

序号	报告题目	报告人	推荐单位	奖励等级
1	杂核核磁共振定量技术在化学药品及对照品检测中的应用	刘 阳	化药所	一等奖
2	肠道病毒71型（EV71）中和表位的研究	姚 昕	生检所	
3	细菌性疫苗菌种分子遗传质量控制研究	徐颖华	生检所	二等奖
4	多手段联合有效筛查假药——抗生素室公益性行业双打课题成果汇报	冯艳春	化药所	
5	HPV疫苗效力评价方法的建立和标准化	聂建辉	生检所	
6	羚羊角及相关药品专属性鉴别方法研究	程显隆	中药所	
7	埃博拉病毒核酸检测试剂国家参考品的研制	石大伟	械标所	
8	人用狂犬病疫苗糖蛋白检测方法的建立、验证及应用	曹守春	生检所	三等奖
9	小鼠细胞株鉴别STR图谱法的研究	樊金萍	生检所	
10	地中海贫血基因分型国家标准品的研制	王玉梅	械标所	
11	肝肠体外共培养模型的建立及其在中药毒性和保护作用评价中的应用	淡 墨	安评所	
12	金银花的本草考证与其生药学鉴别研究	康 帅	中药所	
13	甲基安非他明检测试剂盒行业标准的研究与建立	左 宁	化药所	
14	药物源性自身免疫反应在不同品系大鼠间以及不同药物间的差异性研究	黄 瑛	安评所	
15	保健食品中违禁药物添加快筛及其确证研究	钮正睿	食化所	

课题研究

“双打”中药品检验检测技术方法研究项目通过验收

2015年11月26日，“双打”中药品检验检测技术方法研究项目（项目编号：2012104008）通过项目组织单位国家质量监督检验检疫总局科技司组织的专家组验收。该项目是中国食品药品检定研究院承担的国家公益性行业“双打”研究专项项目，项目负责人李波，专项经费1145万元。项目结合目前我国药品质量监管工作的重点、热点和难点问题，选择存在掺杂使假等安全隐患的中药、化学药品和生物药品为研究对象，采用现代色谱、光谱、生物技术、信息技术等手段，开展收集整理、方法研究、验证确认、标准建立等方面的工作，建立一系列科学、实用、快速的检验检测技术方法、质量标准和技术规范。项目收集整理检测标准225个，检测方法320个，起草检验标准56个，规范性文件32个，研制化学对照品 44 个，超额完成项目预期目标。项目完善现有的药品标准和技术规范，逐步形成开放共享、持续完善的药品检验鉴定标准和信息平台，并在国家药品抽验工作中得到应用，为国家药品监督管理提供技术支撑。

2015 年度中青年发展研究基金课题验收工作

2015 年，中国食品药品检定研究院共有 41 个“中青年发展研究基金”课题要结题验收，院内课题 27 项，院外课题 16 项（表 5－4）。验收工作于 8 月 31 日启动。为保证每个课题都能够得到专业的评审和避开应回避的专家，此次验收工作分三步进行：对按时提交验收材料的课题先进行材料评审；未通过材料评审的课题根据专家意见整改后与过期提交材料的课题参加答辩验收评审；质量管理类的 4 个课题借助“CNAS 第三届第三次专业委员会会议”专家进行答辩验收评审。35 个课题参加材料结题验收评审，评审专家为 41 位熟悉专业技术、有课题研究经验的科技骨干和中国食品药品检定研究院财务处的两名专家，22 个课题通过结题验收、2 个课题延期申请专家予以确认。未通过结题验收评审的 11 个课题，按照专家意见整改、完善后，重新提交验收材料参加答辩评审验收。11 月 11 日至 12 日，中国食品药品检定研究院学术委员会秘书处按照中药、化药、食品、化妆品和生物制品、安评、医疗器械领域，组织两场答辩评审验收，评审专家为以院学术委员会委员为主的 16 位技术专家和财务处的 1 位专家，13 个课题通过结题验收，2 个课题延期申请专家予以确认。11 月 30 日，质量管理类的 4 个课题，借参加 CNAS 第三届第三次专业委员会会议的 7 位专家担任技术评审专家，进行答辩评审验收，4 个课题均通过结题验收。

表 5－4 2015 年度中青年发展研究基金结题验收课题

序号	课题名称	课题负责人	验收得分
1	裸花紫珠活性成分检测方法研究	陈伟康	96.33
2	基于 UGT1A1 介导胆红素代谢抑制的中药肝毒性成分筛选模型的建立	汪 祺	94.33
3	建立手足口病相关的人类 PSGL－1 基因敲入小鼠模型	周舒雅	93.33
4	DNA 疫苗的不同构象形式对表达及免疫效力的影响	赵晨燕	93.00
5	药品微生物检查双滤膜过滤技术	丁 勃	93.00
6	“Various” 质量标准体系的构建及在大黄质量标准中的应用	陈安珍	90.33
7	疫苗致神经毒性体外评价生物标志物的研究	屈 哲	92.33
8	EB 病毒基因多态性及其对诊断试剂性能的影响	石大伟	92.00
9	化妆品安全性评价中皮肤致敏性替代实验方法的研究	胡培丽	91.00
10	博来霉素族抗肿瘤抗生素杂质谱及质量标准研究	杨 倩	90.67
11	β－内酰胺类抗生素药品杂质控制关键技术的研究	裘 亚	90.33
12	蒙药专用药材外观性状及显微特征彩色图谱研究	王 栋	90.00
13	治疗性单抗寡糖毛细管电泳分析方法的建立	王文波	89.33
14	原料药呋布西林钠中同分异构体杂质的研究	田 冶	89.00
15	流感病毒裂解疫苗检定中外源性禽病毒荧光定量 PCR 方法的建立	王淑菁	89.00
16	普伐他汀钠的多晶型研究与生物学评价	张 娜	88.67
17	毒品检测试剂盒用系列质控参考品的研究	左 宁	88.67
18	西红花总苷对照提取物的研究	何风艳	87.67
19	定量用白芍对照提取物候选物的制备及其在中药中应用的研究	冉海琳	87.67

续表

序号	课题名称	课题负责人	验收得分
20	抗流感病毒类药物细胞筛选方法—假病毒模型的构建	吴彦霖	87.33
21	抗绿原酸单克隆抗体的制备及鉴定	秦美蓉	86.33
22	构建 HPLC - DAD - MS/pHPLC 技术分离青阳参中 C21 甾体苷类对照品	昝 珂	85.67
23	肺炎链球菌疫苗功能抗体检测方法的建立	李江姣	83.20
24	肝毒性蛋白生物标志物研究	苗玉发	77.0
25	SRB 法在化妆品细胞毒性检测中的应用研究	吕冰峰	76.40
26	多重 PCR 鉴定多种血清型福氏志贺菌试剂盒的研制	张凤兰	76.20
27	《医疗器械分类规则》的修订研究工作	王 越	80.6
28	RTCA 技术在医疗器械体外细胞毒性试验中的应用研究	李伟甲	75.00
29	分子生物学分析方法在中药微生物控制中的应用	杨美琴	79.86
30	绒促性素（HCG）及其制剂生物测定新方法的研究	扆雪涛	76.29
31	表面增强拉曼光谱法对β受体激动剂在生猪体内代谢与蓄积情况的跟踪研究	甘 盛	80.43
32	气相色谱 - 串联四极杆质谱法测定染发剂中多种禁限用染料成分	胡 磊	79.43
33	11C 标记类正电子放射性药物质控技术研究	贾娟娟	80.86
34	保健食品中非法添加二氧丙嗪检测方法的研究	吴 景	80.86
35	大理白族传统药材青阳参、紫金龙和阴地蕨的品种整理和质量研究	苏小军	79.71
36	《中国药典》常用指示液（剂）有效期考察示范性研究	罗卓雅	87.80
37	制订《药品检验领域测量不确定度评估指南及实例》	姜连阁	82.20
38	药品检验机构实验室管理体系文件控制通用要求和方法的研究	肖 镜	91.60
39	食药系统仪器设备性能验证体系的建立及应用	王冠杰	90.00
40	建立啮齿类独立通回风笼（IVC）系统的检测评估标准的研究	梁春南	延期
41	3D 打印多孔钛合金生物材料的性能评价	王安琪	延期
42	新型 Ti 合金及 NiTi 合金理化检验方法的研究	王 健	延期
43	基于“微性状 - DNA 条形码 - 有效成分群”模式的紫丹参类彝药品种整理与质量评价研究	徐士奎	延期

2015 年“中青年发展研究基金”课题中期检查工作

根据中国食品药品检定研究院《中青年发展研究基金课题管理办法》的有关要求，2015 年 6 月 8 日启动 2015 年“中青年发展研究基金”课题中期检查工作，对在研的中青年发展研究基金课题进行中期检查，同时进行课题间的学术交流。所有在研课题均需提交中期检查报告，2014 年立项的中青年发展研究基金课题要求进行中期检查汇报，并进行学术交流，2012 年和 2013 年立项未结题的课题负责人自愿参加中期检查汇报。7 月 2 日，中国食品药品检定研究院组织召开 2015 年度中青年发展研究基金课题中期总结汇报会，评审专家为以院学术委员会委员为主的 18 位专家，20 位课题负责人对课题的进展情况进行汇报，并对课题实施过程中遇到的问题向参会的专家进行咨询，专家对每个课题都进行认真点评，帮助解决课题执行过程中遇到的技术难题并提出改进建议。同时课题负责人之间也进行广泛的交流。

2015 年度中青年发展研究基金课题申报工作

2015 年中国食品药品检定研究院中青年发展研究基金课题申报工作，采取限额推荐形式组织申报。7 月 21 日发出通知，截至 9 月 2 日，收到申报书16份，专业技术类12份，管理保障类4份。9月11日，中国食品药品检定研究院学术委员会秘书处组织以院学术委员会委员为主的25位专家担任评委的答辩评审，通过申请人报告、专家提问、评委打分、结果统计，技术类：最高分87.42，最低分74.05；管理类：最高分：84，最低分79.53。经院长办公会讨论决定，给予“医用LED设备光辐射危害评价与检测方法的研究”等15个课题以立项支持，专项经费104.04万元。

2015年度中青年发展研究基金立项课题

序号	课题名称	申请人	申报类别	平均分
1	医用LED设备光辐射危害评价与检测方法的研究	李　宁	技术	87
2	百日咳微量杀菌力方法的建立和应用	卫　辰	技术	86
3	尘螨变应原制品主要有效组分质量控制标准化研究	李　喆	技术	85
4	可穿戴式光电医疗器械的有效性检验研究	王　浩	技术	85
5	^{19}F－核磁共振定量技术在含氟化学药品制剂含量测定中的应用研究	袁　松	技术	85
6	不同企业生产的同一重组蛋白一级结构比对研究	陶　磊	技术	84
7	酶类药物纯度分析及与活性关系的研究	刘莉莎	技术	84
8	基于生药学及分子生物学技术的两面针真伪鉴别方法研究	余坤子	技术	83
9	贵重药品拉曼光谱无损检测方法的研究	赵　瑜	技术	83
10	多糖类大分子药用辅料分子量测定方法比较	张朝阳	技术	82
11	开发一种实验动物设施环境便捷检测平台的研究	刘　巍	技术	80
12	化学药品图谱的应用模式研究	李　婕	管理	84
13	中国食品药品检定研究院财务信息共享平台构建研究	李　宁	管理	83
14	药品补充检验方法有关机制研究	杨青云	管理	82
15	仪器设备共享管理研究	王建宇	管理	80

2015年度学科带头人培养基金课题申报工作

2015年11月5日，中国食品药品检定研究院启动学科带头人培养基金课题申报工作，截至11月20日共收到申报书16份，经科研管理处审查，所申报项目均围绕检验检测工作中遇到的实际问题，且以往学科带头人基金未予支持，形式审查符合要求。12月7日，中国食品药品检定研究院学术委员会委员对16个申报项目进行现场答辩，通过申请人报告、专家提问等，最后专家投票。统计结果并上报，经院长办公会讨论对得票数前8位的申请项目予以立项支持（详见表1），专项经费232.36万元。

2015年度学科带头人培养基金立项课题

序号	课题名称	申请人	申报单位
1	三维打印体内全降解血管支架的质量控制和支架材料的血管内皮化机理研究	韩倩倩	生物材料和组织工程室
2	细胞治疗产品临床前安全性评价关键技术的建立	霍　艳	一般毒理室
3	化学药品的热分析应用性研究	刘　毅	化学药品室
4	化学药品领域中以质量含量替代生物效价的量效统一化研究	常　艳	抗生素室
5	单克隆抗体生物类似药的质量可比性研究	于传飞	单克隆抗体产品室
6	牛源生物制品外源病毒检测技术研究	王　吉	实验动物质量检测室
7	流感减毒活疫苗质量评价相关技术的建立	赵　慧	呼吸道病毒疫苗室
8	鹿茸及相关产品真伪鉴别系统研究	程显隆	中药材室

学术交流

新址启用 征程起航 科技发展 保驾护航

——中国食品药品检定研究院成功举办科技周活动

9月26日上午，中国食品药品检定研究院在大兴新址举办中国食品药品检定研究院科技周大会报告暨新址启用仪式。国家食品药品监督管理总局副局长、党组成员、药品安全总监孙咸泽，中国药品监督管理研究会会长、原国家食品药品监督管理局局长邵明立，大兴区区委书记、北京经济开发区工委书记李长友，大兴区区委副书记、区长、北京经济开发区工委副书记谈绪祥，世界卫生组织基本药物和健康产品司 Dr. Ivana Knezevic、英国国家生物制品检定所所长 Dr. Stephen Inglis、国家食品药品监督管理总局科技标准司司长于军、中国食品药品检定研究院党委书记、副院长李波，中国药品监督管理研究会执行副会长、原中国食品药品检定研究院院长、党委书记李云龙，国家食品药品监督管理总局规划财务司副巡视员王桂忠、大兴区副区长谢冠超和俞永新院士出席启用仪式。

大兴生物医药基地、大兴区科委、大兴区经信委、大兴区药监分局以及中国食品药品检定研究院领导班子成员、干部职工代表近500人参加此次活动。各位领导、嘉宾纷纷致辞，表达对中国食品药品检定研究院新址正式启用的祝贺和对中国食品药品检定研究院未来发展的期望。

孙咸泽副局长指出，中国食品药品检定研究院要以新址的启用为契机，争取各项工作跃上新台阶。一是要从国家安全社会发展战略和全局的高度再审视、再定位、再提升食品药品检验检测工作。二是要牢牢把握工作主题，强化职能作用，以新水平服务大局。三是要发挥系统龙头作用，积极推动全国食品药品检验系统健康发展。

对能够受邀参加此次盛会并共同鉴证新址启动 Dr. Ivana Knezevic 感到非常荣幸和激动。中国食品药品检定研究院在过去的几十年里取得了很多成就，新址启动为未来的发展打开了一条新的途径。她代表 WHO 祝贺中国食品药品检定研究院所取得的成绩，表示将一如既往地在国内及国际领域支持中国食品药品检定研究院。期间，中国政府的支持至关重要。希望中国食品药品检定研究院在迁入新址，成为世界上最大的国家质控实验室之一的同时，与全球共同成长，与国际机构开展更多交流合作。

谈绪祥区长在致辞中讲到，中国食品药品检定研究院新址在大兴生物医药产业基地的启用，必将有力带动首都生物医药产业跨越发展，提升园区知名度和影响力，为促进战略性新兴产业聚集、加快构建“高、精、尖”产业结构提供新的重要机遇。大兴生物医药产业基地要以此为契机，坚持高起点、高标准，高水平发展，用好用足中国食品药品检定研究院、中关村示范区和亦庄开发区一系列政策和资源，不断提升环境水平和承载能力，推进一批生物医药重大项目和“高精尖”项目落地，加快产业结构转型升级，全力推动园区发展迈上一个新的台阶。

作为从中国食品药品检定研究院新址审批到建设的亲历者之一，老院长李云龙表示中国食品药品检定研究院新址的立项和建设实属不易，非常感谢各级领导、相关部门的支持和帮助，这是对中国食品药品检定研究院的极大鼓励与支持。同时提到中国食品药品检定研究院新址的使用和管理是实现国际一流、国内领先目标的有机组成部分，使用好和管理好中国食品药品检定研究院新址并不断推进精细化管理、智能化管理、科学化管理是一项艰巨的任务，并坚信在现任领导班子和全院职工的努力下，新址启用之日即是高起点、高质量地履行使命之时，并充分展示中国食品药品检定研究院在国内、国际良好形象和影响力。

李波书记对各位领导的支持表示感谢，对各

位来宾的到来予以欢迎。并表示，中国食品药品检定研究院肩负着时代的重托、承载着祖国的需要和人民的期望，使命光荣、责任重大。中国食品药品检定研究院一定会秉承“一切为了人民生命安全”的精神，坚定“为国把关，为民尽责”的信念，努力推进检验检测工作全面发展，为全面建设小康社会和提前基本实现现代化，提供更加优质的技术服务、构筑更加有力的技术保障和更加坚强的技术支撑。

随后，孙咸泽副局长、邵明立会长、李长友书记、Dr. Ivana Knezevic、Dr. Stephen Inglis、李云龙副会长、李波书记和俞永新院士为中国食品药品检定研究院新址正式启用揭幕。新址的启用，是中国食品药品检定研究院历史上一座新的里程碑，标志着中国食品药品检定研究院新的征程已经启航。揭幕仪式后，中国食品药品检定研究院科技周大会报告随即进行，中国食品药品检定研究院副院长王军志和英国国家生物制品检定所所长 Dr. Stephen Inglis 作学术报告。

此次，中国食品药品检定研究院首次举办以“聚焦当前食品药品安全领域前沿热点和‘四品一械’监督检验科技创新”为主题的科技周活动，为期4天。期间邀请中国食品药品检定研究院战略咨询专家委员会委员等6位院士，世界卫生组织、国际吸入制剂联盟、英国国家生物制品检定所、军事医学科学院、北京大学、武汉大学等9位国内外知名专家学者，以及21位中国食品药品检定研究院的首席科学家、学科带头人、国家重大科研项目负责人进行主题报告、学术交流，同时发布中国食品药品检定研究院《2014年度科技报告》，目的是进一步开拓学术视野、展示科技成就、培养科研人才。

近年来，在国家食品药品监督管理总局领导下，中国食品药品检定研究院着力构建“检验依托科研、科研提升检验”良性机制，科研工作保持了良好的发展态势，在研课题数量达到130多项，有力地支撑了检验检测工作的开展。今后，中国食品药品检定研究院将每年定期举办科技周活动，通过院内不同学科、院内外同一学科间的高层次、高水平科技人才学术交流，持续促进科研工作快速发展。

国外药用辅料专家学术交流讲座

为了加强药用辅料方面的国际交流，中国食品药品检定研究院邀请德国磷脂研究中心相关人员来院进行学术交流，2015 年 5 月 27 日上午，中国食品药品检定研究院邹健副院长会见德国磷脂中心主任 Dr. Jürgen Zirkel 一行四人并在药用辅料卵磷脂质控、新检验检测技术的开发，以及功能性辅料研究、磷脂标准品的研制等方面进行相关交流。随后 Zirkel 主任进行“欧洲药用辅料的注册管理制度以及磷脂类药用辅料的质量控制和其在药用制剂中的应用”学术报告。全面介绍了欧洲辅料和活性成分的注册法规制度和德国磷脂中心在磷脂的制备工艺、质量控制和相关药物制剂的应用研究。

磷脂类药用辅料是国内外研究的热点领域，此次国外高水平专家来院进行学术交流，介绍国际上磷脂类药用辅料研究的最新成果。为促进我国磷脂产业发展，提高药用辅料的研究水平打下基础。

中药安全国际会议

由中国食品药品检定研究院、上海交通大学医学院、上海市研发公共服务平台、上海市中药标准物质专业技术服务平台及上海市环境诱变剂学会主办的 2015 上海国际中药安全性研讨会于 2015 年 10 月 11 日至 13 日在上海市召开。来自美国、泰国、日本以及全国高校、研究院所、医院、医药企业等单位的近 80 名学者和代表参加此次会议。此次会议就中药的安全性问题、研究进展以及研究思路进行交流和探讨。会议特邀美国纽约石溪大学 Arthur P. Grollman 教授就马兜铃酸类物质的致癌作用机制和肿瘤产生机理进行了大会报告，美国纽约州卫生部 Wadsworth 医学研究中心顾军研究员作了基因敲除小鼠模型在中药安全性研究中的应用的大会报告，美国FDA国家毒理研究院生物化学毒理部的郭雷博士就松萝酸肝毒性机制研究作了报告，日本NIHS细胞及基因治疗部铃木孝昌博士作了马兜铃酸尿蛋白组学毒性标志探索的报告，中国学者分别作了“中药安全性与物种DNA条形码鉴定”“基于生物检测方法的马兜铃酸类及关联物质的分析研究”“DNA加合物技术在中药遗传毒性成分筛选中的应用”“安捷伦在基因毒性诱发DNA加合物检测技术的解决方案”“植物药品的监管科学：质量为安全之本”“中药细辛的安全性评价与合理用药”等报告。中国食品药品检定研究院作了“何首乌肝毒性成分分离及分析方法研究”的大会报告。

本次研讨会达到了相互交流、总结经验、共同提高的目的，促进了中药安全与质量控制研究领域的学术交流和国际合作，对今后中药安全性研究思路和方法提出了重要的参考。

第3届全国药检系统实验动物学术交流会

2015年5月20日至22日，中国食品药品检定研究院在京举办第3届全国药检系统实验动物学术交流会，主题是“实验动物与食品药品医疗器械检验检测与评价”。来自全国28个省市、58个省级和市级食品药品、医疗器械检验检测机构共计100位代表参加会议。

大会特别邀请南京生物医药研究院院长高翔教授、北京市实验动物管理办公室主任李根平研究员、CNAS史光华博士和中国食品药品检定研究院姜蒙男工程师，分别从疾病模型的制备与应用、实验动物管理法规与标准体系的建设，以及实验动物设施设计与建设等方面作专题报告。来自9个药检院（所）的13位同志进行工作交流和经验介绍，内容涵盖实验动物工作现状；实验动物（包括转基因动物、斑马鱼）在化妆品、医疗器械检验及药物安全性评价中的应用；生物制品生产和检验工作对实验动物质量的要求等。

第八次中药分析学术交流会

2015年8月12日至14日，由中华中医药学会主办，中国食品药品检定研究院、中华中医药学会中药分析分会、甘肃省药品检验研究院、甘肃省药品质量协会承办的第八次中药分析学术交流会在兰州市召开。中国食品药品检定研究院中药民族药检定所所长一行参加会议，中药所所长在开幕式上进行发言。来自全国高等院校、研究院所、药检系统、医药企业等单位的200多位代表参加此次会议。

会上，有关专家就中药质量分析研究的现状、问题及发展趋势作精彩报告。中国食品药品检定研究院中药所3人特邀进行大会报告，会议征文150余篇。在青年优秀论文评选会上，中药所“四级杆飞行时间质谱（QTofMS）用于辅助鉴别蛇胆汁中化学成分”获得优秀论文一等奖，“冬虫夏草PCR鉴别方法研究”、“重楼的综合质量评价——化学计量学分析和多指标含量测定”获得优秀论文二等奖，“含动物源性中药注射剂活性成分及质控方法的研究”获得优秀论文三等奖。本次大会提供一个中药质量分析研究技术交流的平台，对中药质量分析研究的提高具有借鉴意义。

第六部分　系统指导

系统工作指导

全国系统业务管理工作研讨会

2015年6月11日至12日，中国食品药品检定研究院在长沙市召开2015年全国系统业务管理工作研讨会。中国食品药品检定研究院王佑春副院长、湖南省食品药品监督管理局梁毅恒副局长出席会议。各省、自治区、直辖市（食品）药品检验所，各口岸药品检验所，总后、武警药品检验所，计划单列市、各副省级（食品）药品检验所，通过国家食品药品监督管理总局资格认可的有关医疗器械检验机构分管业务工作的领导、业务科主要负责人近130人参加会议，湖南省地、市（州）相关食品、药品、医疗器械检验机构业务负责人共30余人列席会议。

这次业务管理工作研讨会的目的是在目前全国食药监体制改革还在进行的情况下，强调依法检验意识，强化专业素质，贯彻总局《关于加强食品药品检验检测体系建设的指导意见》精神，讨论新形式下全系统综合业务管理部门的职责和定位，全面分析目前综合业务管理所面临的主要问题，研究进一步加强系统检验检测能力和进一步提升业务管理水平，提出今后的工作要求，为食品药品监管和产业发展提供强有力的技术保障。

在致辞中，梁毅恒副局长表示，全国药检系统业务管理工作研讨会在湖南省长沙市召开，既是国家食品药品监督管理总局和中国食品药品检定研究院对湖南省检验检测系统支持和关心，也是对湖南省检验检测业务管理工作的鞭策和鼓励。他认为近年来，湖南省级食品药品检验检测机构基础建设和能力建设取得了长足的进步，技术支撑能力不断提高。希望利用这次全国系统业务管理工作研讨会在湖南举办的机会，与全国同行深入交流和学习，以进一步提升湖南“四品一械”检验检测业务管理能力，为全省监管做好服务。

王佑春副院长作重要讲话，他表示本次会议是在国务院改革和完善食品药品监管体系，以及国家食品药品监督管理总局加强食品药品检验检测机构建设的大背景下召开的。同时，今年新版《食品安全法》和《药品管理法》刚修订实施，《药品注册管理办法》也正在修订过程中，这些法规层面的变化也给我们食品药品检验系统业务管理工作带来了新的任务和挑战。在此背景下，他从：学习法规；把握业务工作全局，为领导做好参谋；严格程序、依法检验；提高检验检测能力，不断扩大检验资质；牢固树立质量意识，确保检验结果准确可靠；加强检验标准管理等六个方面全面阐述了业务管理工作的重点和应该注意的问题，为全系统业务管理工作指明了方向。

在专题报告和业务管理交流汇报环节，中国食品药品检定研究院标准物质与标准化研究所、综合业务处、质量管理处等部门的专家就国家药品标准物质质量体系概况、全国地市级药检系统模块化培训工作、全国食品药品检验机构基础数据统计、药品检验报告书格式及内容规范、新版检验检测机构资质认定管理办法等内容做了专题报告。北京市医疗器械检验所、河北省药品检验研究院等十四个单位的代表就应急检验、模块化培训、实验室搬迁工作等内容作了交流汇报。

在分组讨论中，各参会代表就依法检验、时限管理、全国地市药检所模块化培训、检验报告书内容格式统一规范等内容展开了广泛讨论。各参会代表围绕议题，根据自身情况并结合实际工作提供了大量宝贵建议，为中国食品药品检定研究院综合业务处今后工作提供了重要的参考。

本次研讨会通过交流及时了解了全国食品药品医疗器械检验检测业务动向，全面分析目前综合业务管理面临的主要问题，互相交流业务管理经验，总结成果，为进一步提升全系统的业务管理能力和水平，推动全系统业务管理工作更快更好地开展起到促进作用。

全国食品药品检验机构信息化工作研讨会

2015 年 5 月 25 日至 26 日，中国食品药品检定研究院在济南市召开全国食品药品检验机构信息化工作研讨会。国家食品药品监督管理总局科标司和规财司、中国食品药品检定研究院相关部门、全国 42 家省级食品药品检验机构负责人及山东省所属市（地）级检验检测机构负责人 100 余人参加会议。

会议就《全国食品药品检验检测机构信息化建设与发展指导意见（征求意见稿）》和“食品药品安全检验信息化网络建设项目”进行讨论交流，并特别邀请信息技术专家作专题报告，来自 5 个食药检院（所）的同志作经验介绍。

中国食品药品检定研究院党委书记、副院长李波全面总结了全国食药检机构信息化建设的现状和取得的成绩，并指出信息化离我们很近，近年来的食品药品检验应急事件也为信息化的发展带来了很大的挑战和机遇。李书记强调，一是要充分认识当前信息化建设面临的问题，加强顶层设计，做好食品药品安全检验信息化网络建设项目的方案；二是建立规范、权威的数据库，支持行政监管的决策；三是探索实验室信息化体系，做好资源共享；四是信息化不能独立于检验检测系统，要加强互相融合利用；五是建立常态化人才培养及学术交流机制；六是加强领导及组织保障，持续地投入关注和精力。

中国食品药品检定研究院副院长王佑春在会议总结中强调：要积极推进食品药品安全检验信息化网络建设项目；要研究制定国家食品药品检验检测信息化建设急需的标准规范；各单位要加强信息化基础建设工作、制定规章制度及做好资金和人员保障，以达到保证业务需求、促进业务发展的最终目的。

本次会议进一步促进各单位信息化工作交流，认识到信息化工作作为“一把手工程”的重要性和对共同做好全国性项目的迫切需求。

2015 年全国动物药质量控制热点问题及检测关键技术会议

2015 年 6 月 5 日至 6 月 7 日，由中国食品药品检定研究院、中国医药保健品进出口商会中药饮片分会、中国中药协会中药饮片专业委员会、全国医药技术市场协会药物技术创新服务专业委员会主办、东阿阿胶股份有限公司承办的“2015 年动物药质量控制热点问题及检测关键技术会议”在山东省召开。来自国家食品药品监督管理总局保健食品审评中心、国家药典会中药标准处、中国中医科学院中药资源中心、中国医学科学院药用植物研究所、澳门大学中华医药研究院、北京中医药大学中药学院、湖北省食品药品监督检验研究院、重庆市食品药品检验所等单位的专家及相关生产企业的代表共 100 余人参加会议。

大会开幕式由中国中药协会常务副会长、中国中药协会中药饮片专业委员会会长张世臣老师主持，国家药典委员中药标准处于江泳副处长出席并介绍了《中国药典》（2010 年版）和《中国药典》（2015 年版）动物药的收载情况。大会最后由中国医药保健进出口商会副会长刘张林进行总结。

中国食品药品检定研究院中药民族药检所负责人、国家食品药品监督管理总局保健食品审评中心相关部门领导、全国医药技术市场协会有关专家等作大会发言。来自 11 个药检院（所）、研究院（所）、大学及相关行业的19位专家进行专题报告。报告内容涵盖DNA条形码用于动物药真伪鉴定的研究、胶类及角类药品专属性检测方法详解、鹿茸及相关产品的真伪鉴定方法研究、水蛭专属性鉴别方法及活性测定研究、蛇类及龟甲类动物药的PCR鉴别方法研究、珍珠粉专属性检测方法研究及其质量评价等。

本次会议达到相互交流、总结经验、共同提高的目的，通过交流，使与会代表进一步加深了动物药质量控制及检测关键技术的认识。为推动动物药的健康发展，保证动物药质量，使其在中医临床中更好地发挥作用奠定了坚实的基础。与会代表一致认为本次会议是一次载入史册的会议，必将开创动物药质量控制新局面，谱写动物药研究应用新篇章。

全国17家中药材专业市场中药质量信息工作研讨会

2015年11月12日至13日，中国食品药品检定研究院在江西省南昌市组织召开全国17家中药材专业市场中药质量信息工作研讨会。江西省药品检验检测研究院钟瑞建院长、罗跃华副院长、中国食品药品检定研究院中药所负责人等出席会议，并特邀相关领域的专家出席会议。来自全国17家中药材专业市场所在的省药检所（院）、地市药监和药检部门及中国食品药品检定研究院等20余家药品检验机构的主要负责人和相关技术人员等60余人参加会议。

会议就中药材专业市场现状及问题、监管经验、信息沟通及共享机制、检验与监管策略等进行了讨论，进一步统一思想认识，动员全国药材专业市场和药检系统力量，为做好中药质量信息交流工作进行全面讨论和部署。

全国17家中药材专业市场所在省、市药检所负责人分别介绍了各自辖区内的中药材专业市场现状以及存在的问题，并就目前对药材市场的监管进行了经验总结和交流，对监管中存在的问题提出了意见和建议，与会代表一致认为应尽快建立全国17家中药材专业市场的信息沟通和共享机制，让问题药材扼杀于源头，并提出对商户实行药材经营许可准入制度，提高从业人员的专业素质，从根本上改变药材市场即农贸市场的状况。与会专家就如何搞好中药质量信息化建设提出了意见和建议，并强调依法检验，依标准检验，重点关注贵细药、毒剧药、短缺品种和基药目录品种。

最后，中国食品药品检定研究院中药所负责人对会议进行总结，并对做好中药材专业市场信息交流工作提出三点要求：一是坚持针对药材市场明察暗访工作，收集各省及辖区的药材专项抽验和省抽验的工作报告并汇总成全国中药材年度质量分析报告，上报给相关部门。二是针对会议提出的药材市场存在的问题，有关监管策略的意见和建议，能解决的尽快解决，不能解决的上报国家食品药品监督管理总局，不拖延，形成自上而下的能动机制。三是关于信息平台的建设问题，就目前而言，可以先建立纸质版刊物（内部通讯）交流，先由主要的大型中药材市场做起，带动其他地区逐渐开展，形成市场信息联动机制，同时争取得到国家食品药品监督管理总局相关部门的支持，在中国食品药品检定研究院建立信息网络平台，成为“全国中药材质量信息中心”，加强药检队伍的建设，确保药检队伍的壮大、技术水平的提升，为保障中药材专业市场的有序、稳定和药材的质量提供技术支持。

第2届全国药检系统民族药检验与研究学术研讨会

2015年10月16日，国家食品药品监督管理总局药化注册司专项中期会议在甘肃省张掖市召开。本项目由中国食品药品检定研究院牵头，西藏自治区药品检验所、青海省药品检验所、四川省食品药品检验检测院、甘肃省药品检验研究院、内蒙古自治区食品药品检验所、云南省食品药品检验所、贵州省药品检验所、广西壮族自治区食品药品检验所、湖北省食品药品监督检验研究院、湖南省食品药品检验研究院、吉林市食品药品检验所等11个课题参与单位，共30余人出席本次会议。

本项目研究的民族药共11个品种，分别为榜嘎、菥蓂子、蔓菁、瑞香狼毒、草乌叶、青阳参、苍耳草、玉叶金花、翠云草、七叶莲、朝鲜白头翁，涉及藏药、蒙药、彝药、苗药、壮药、土家族药、朝鲜族药。与会单位分别对各自项目的进展情况、经费使用情况及目前面临的问题和下阶段研究计划进行全面的总结汇报，并就研究中的发现的问题在会上讨论，与会专家充分讨论提出解决方案与建议。并针对如何突出民族特色等问题进行激烈的讨论，建议民族药的研究应保留其民族特色。

最后由中国食品药品检定研究院中药民族药检定所根据各参与单位的汇报情况进行总结发言，指出民族药质量工作正处于基础研究的阶段，任务艰巨、困难重重，并主动提出为各省（区）院（所）DNA实验部分工作的开展提供技术支持与实验经费方面的资助。

本次会议的召开明确项目二期的研究方向和重点，并提出进一步改进和完善的建议及意见。中国食品药品检定研究院在本项目中充分发挥了技术上的指导作用，带动和提升了地方检验院所的科研能力，推动了民族药基础研究工作的发展。

全国口岸药品检验所交流研讨会

2015年1月8日至9日，由中国食品药品检定研究院主办、海南省食品药品检验所承办的全国口岸药品检验所交流研讨会在海南省海口市召开。中国食品药品检定研究院有关领导及海南省食品药品监督管理局领导、各口岸药品检验所主要负责人及相关负责人等50余人参加会议。

会议首先由海南省食品药品监督管理局朱毅总工程师致辞。中国食品药品检定研究院化药所报告了《进口化学药品注册检验情况汇报》和《进口药品注册检验工作指南起草说明》。武汉所汇报了《进口药品网络信息平台建设与实践》。17个口岸药检所分别作了《口岸所工作汇报》，从进口检验和进口注册检验经验和工作中遇到的问题进行交流。与会代表还对《进口药品注册检验工作指南》征求意见稿提出修改意见。会议既突出了抓时限问题并收集了《进口药品注册检验工作指南》修改意见，又给各口岸所提供了交流工作经验和解决工作中遇到问题的机会，达到了预期效果。

动物实验替代方法与产品安全检验研讨会

2015年6月17日，中国食品药品检定研究院在京举办动物实验替代方法与产品安全检验研讨会，旨在加强了解和交流动物实验替代方法的研究成果，推动减少、替代和优化动物实验的科学方法在产品安全检验领域的应用，将对国内实验动物替代方法的发展产生积极的影响，也为国内化妆品检测方法与国际接轨奠定良好基础。来自首都医科大学、北京市药检所、上海出入境检验检疫局等22个单位的40余名食品药品科技工作者参加了会议。

医疗器械检测机构实验室间比对和能力验证工作

2015年，医疗器械检定所第10次组织开展全国医疗器械检验机构实验室间比对工作。有源项目为电气间隙爬电距离试验，无源项目为挠曲强度试验，体外诊断试剂项目为人促甲状腺素测定试验。其中，共36家实验室参加有源项目，32家获得此项目实验室认可，29家实验室结果满意，7家结果不满意；共9家实验室参加无源项目试验，6家获得此项目实验室认可，7家实验室结果满意，2家结果不满意；共17家实验室参加体外诊断试剂项目试验，其中11家获得此项目实验室认可，16家实验室结果满意，1家结果不满意。

本次比对试验从设计方案、专家论证等方面做大量、全面的工作。试验用样品由指定检验机构完成均匀性和稳定性检验。样品的发放充分考虑到时间、环境、地域的影响，统一包装、同一时间发样，符合平行发样的要求。另外，根据保密原则，每个参加实验室分配了一个唯一性代码，结果分析均以代码表示。通过本次比对试验，达到了规范操作、提高检测水平和发现问题及时纠正的预期目标。

全国药包材和药用辅料能力验证和实验室比对

2015年，中国食品药品检定研究院在2014年圆满完成首次药包材与药用辅料能力验证和实验室比对的基础上，继续在全国范围内组织开展药包材和药用辅料能力验证和实验室比对工作。此次选择药包材（121°颗粒法耐水性测定）和药用辅料（聚维酮K30含氮量测定）作为能力验证项目，共有56家单位报名参加此项工作，现已收回有效报告56份；选取药用辅料“羟丙甲基纤维素羟丙氧基含量测定”和药包材“玻璃棒线热膨胀系数”作为实验室比对项目。全国共有47家单位分别参与实验室比对活动，回收有效报告47份。与2014年相比，2015年参与单位数量有所增加（2014年共88家，2015年103家，增加17%），覆盖省份多于2014年，有利于对全国药用辅料和药包材检验机构的检验能力进行更全面的了解与掌握。能力验证及比对工作的开展为进一步完善全国药用辅料和药包材检验机构实验室质量体系建设打下基础。

实验动物能力验证比对

2015年9月10日，中国食品药品检定研究院组织2015年度全国实验动物能力验证比对项目，完成32家报名单位的发样工作。此次比对，样品运输首次采用冷链运输，共发放68份样品，包括呼肠孤病毒Ⅲ型抗体样品27份、沙门菌样品31份、苹果酸酶－1/异柠檬酸脱氢酶－1样品10份，总量比2015年增长了21.4%。截止10月20日，2015年度全国实验动物能力验证比对项目32家报名单位的结果回收工作初步完成。各单位按要求提交原始记录和检验报告，有个别单位检测结果不合格，表明各地检测实验室水平有待提高，检测网络建设需要进一步加强。

第2届全国药包材与药用辅料检验检测技术研讨会

2015年10月13日至14日，中国食品药品检定研究院在上海市召开第二届全国药包材与药用辅料检验检测技术研讨会。会议旨在加强药包材与药用辅料标准体系、推进检验实验室管理研究，谋划药包材和药用辅料检验检测“十三五”发展重点，构建更加完善的药包材和药用辅料检验体系。国家食品药品监督管理总局科技标准司、国家药典委员会以及来自全国药检所、药包材和药用辅料检验机构的140余名代表参加会议。

本次技术研讨会恰逢药包材和药用辅料与制剂关联审评推行在即，130项药包材国家标准即将实施之际召开，会议以“建立完备检验检测体系，提高检验检测技术”为主题，分药包材和药用辅料两个分论坛进行研讨，共有近30位来自药包材和药用辅料检验单位的专家进行了经验交流发言。同时研讨会还征集近40家检验检测单位的技术论文和经验交流文稿50余篇，全方位展现我国在药包材和药用辅料最新技术研究成果和检验检测单位现状。

2015年中国药品质量安全年会

2015年11月19日，2015年中国药品质量安全年会在广州市召开。国家食品药品监督管理总局副局长、党组成员、药品安全总监孙咸泽到会并讲话，广东省食品药品监督管理局局长段宇飞、中国食品药品检定研究院党委书记、副院长李波致辞，中国食品药品检定研究院副院长张志军主持年会。

孙咸泽指出，药品医疗器械质量与安全既是民生问题、经济问题，又是政治问题，具有最广泛的利益共同体，需要大家良性互动、理性制衡、有序参与，形成共识，发挥政府、企业、行业协会相协同的整体作用。他要求药品检验机构、药品生产经营企业以及其他药典使用单位和人员及时充分了解和掌握新版药典的主要变化和技术要求，在生产、检验等工作中贯彻执行新版药典，确保顺利实施。二是建立层级清晰、职责明确的药品质量责任体系。尤其是药品生产企业必须承担药品安全主体责任，主动对自己生产的品种开展风险管控。三是坚持问题导向，充分发挥药品监督抽验的综合作用，强化数据分析利用，建立多方定期信息研判和风险会商机制，综合分析数据，判断风险因素，确定风险程度，制定有针对性的防控措施。

李波书记指出未来五年是医药行业实现升级发展的关键时期，要以质量安全为目标，充分利用抽验信息，深度挖掘数据，提高产品质量；强化系统内外的信息交流协作，助力产品质量提升；加大创新力度，提高药品质量，推动科学监管。他透露由于对技术创新的高度关注，2016 质量年会拟专门设置创新技术专场，专门研讨正在成长或即将发展的新技术。

中国药品质量安全年会作为中国食品药品检定研究院的品牌之一，汇聚了广大药品医疗器械检验检测机构、生产企业、研发单位、大专院校和科研院所及行业协会的专业技术人员等相关领域的著名专家、学者和科研人员，并就药品、医疗器械产品质量状况、检验新技术与新方法以及质量风险控制等多方面内容进行深入的研讨和学术交流。自 2014 年，中国药品质量安全年会从内容到形式上有了全新的“升级”。本届年会较2014 年相比，规模扩大，除设主会场外，还设置了化学药品、中药、包装材料与药用辅料、医疗器械、生物制品 5 个主题分会场，旨在依托 2014 年度国家药品医疗器械抽验结果，以药品医疗器械生产企业提升质量需求为出发点，对生产企业、科研院所等关注的药品医疗器械质量问题进行研讨，并对国家药品医疗器械共性问题、检验检测新技术与新方法、药品生产企业质量控制等多方面内容进行交流，发布 2014 年国家药品医疗器械监督抽验质量状况报告。同时，结合目前药品审评审批制度改革，剖析国家药品医疗器械监管战略，解读仿制药一致性评价技术要求，交流检验检测新技术。为本领域的技术工作者、管理者提供了共享工作成果和进行学术交流的平台，让问题在生产一线得到解决，让监管的技术成果直接服务于产品质量提高。

此次年会由中国食品药品检定研究院主办，广东省药品检验所、广东省医疗器械质量监督检验所、广州市药品检验所承办。来自各级药品、医疗器械、药包材与辅料检验检测机构、药品生产企业、药品研发单位及大专院校和科研院所专业技术人员等近 1500 人参加会议。

系统培训

全国地市药检系统模块化培训

2015 年，中国食品药品检定研究院分别在福建省龙岩市、四川省德阳市举办 2 期全国地市模块化培训班，约 31 个地、市、州、280 余位学员参加培训。培训内容涉及 28 个培训模块，涵盖实验室管理、仪器管理和操作、检验方法、检验结果和检验报告等有关食品药品检验检测的各个要素和环节，授课讲师均为中国食品药品检定研究院一线业务骨干，具有丰富的实验室操作和管理经验。结合当地的实际培训需求，培训内容在原来的基础上新增了应急检验和补充检验方法的内容，使得整个培训更加科学化和实用化，得到了学员的一致好评。

2015年5月，中国食品药品检定研究院正式出版全国地市模块化培训教材《食品药品检验基本理论与实践》（ISBN号为：978－7－03－043768－6）。该教材主要针对食品药品检验检测的各个环节，按照世界卫生组织药品检验实验室良好操作规范和ISO 17025的具体要求，适用于全系统从事食品药品检验检测的工作人员，从事药品研发、生产和质量控制的工作者，也可作为大专院校药学专业的教师、研究生和技术人员的参考书。教材的正式出版，是两年以来地市级药检系统模块化培训工作的一个重要成果，也为今后进一步开展培训提供良好的条件。

2015年度药检系统大型分析仪器高级培训班

2015年8月13日至14日，第4届药检系统大型分析仪器高级培训班在云南省昆明市举办。中国食品药品检定研究院副院长邹健、云南省食品药品监督管理局副局长刘本军、云南省食品药品检验所所长孙文通、安捷伦科技（中国）有限公司（以下简称安捷伦公司）许宏琪总经理等人出席培训班开幕式并致辞，中国食品药品检定研究院设备处负责人主持培训班开幕式。来自全国2个省（自治区）和18个地市级药检机构共52名学员参加培训。

本次培训依托于国家食品药品监督管理总局中西部餐饮仪器设备集中采购项目中安捷伦公司产品的采购合同，中国食品药品检定研究院设备处和安捷伦公司共8位老师分别进行专题培训。培训内容主要有食药检机构仪器设备管理，安捷伦公司大型分析仪器在食品药品检验中的应用与维护等。通过本次培训提高食药检机构，特别是地市级检验机构相关大型分析仪器的管理和应用能力，拓展应用范围，培养检验检测人才，同时也为大家创造一个共同学习交流的平台。

食品安全抽检监测工作培训

2015年，中国食品药品检定研究院制定食品安全抽检监测相关培训教材，对参加食品安全抽检监测工作的所有承检机构进行培训。先后在北京市、武汉市、南京市和哈尔滨市举办四期2015年国家食品药品监督管理总局抽检监测承检机构培训班，完成对155家检验机构456余人的培训。培训内容涵盖2015年国家食品药品监督管理总局食品安全抽检监测计划及配套文件、食品安全抽检监测数据报送要求、抽样工作要求及实施细则，并邀请有关食品安全专家进行国家食品安全标准情况讲座。

全国中药材及饮片性状鉴别培训班

2015年6月9日至13日，全国中药材及饮片性状鉴别培训班在安徽省亳州市召开，共有来自全国各省市级药检机构及药品生产企业约800名专业技术人员参加培训。亳州市李军副市长、中国食品药品检定研究院中药民族药检定所负责人、安徽省食品药品检验研究院药品检验研究所负责人、亳州市政府副秘书长、亳州市食品药品监督管理局党组书记、局长出席开幕式并致辞。培训班开幕式由中国食品药品检定研究院中药民族药检定所中药材室负责人主持。

此次培训班目的是为配合国家食品药品监督管理总局做好中药质量监管工作，加强中药材及饮片的学习和交流检验技术及工作经验，培养中药检验队伍的后备人才。培训班由中国食品药品检定研究院主办，安徽省食品药品检验研究院、亳州市食品药品检验中心承办，安徽省中医药科学院亳州中医药研究所协办。培训班邀请国内长期从事中药材和饮片检验、教学、研究及监管等方面的专家授课。培训班围绕中药性状鉴别，内容丰富全面，理论授课培训后还专门安排学员到我国最大的中药材市场——亳州市中药材交易中心现场实习。

此次培训班为专门针对国内目前中药性状鉴定技术缺乏的现状而组织，旨在传承中药鉴别经验，交流检验技术，专家老师将多年实践经验倾囊传授，学员认真学习，并通过现场实习的形式将理论实践相结合，学员普遍反映培训效果很好，并建议今后应多举办此类培训，为我国中药鉴定人才培养和整体提升中药检验人员的技术水平起到推动作用。

全国中药显微鉴别技术培训班

2015年10月21日至23日，由中国食品药品检定研究院主办，青岛市食品药品检验研究院承办的2015年全国中药显微鉴别培训班在青岛举办。来自全国150多家药检机构和医药企业的近300名代表参加本次培训。

培训班邀请国内长期从事中药材及饮片鉴定、教学、研究等方面的专家授课，涉及植物组织构造的基本知识、显微制片方法、拍照技巧、药材检验原则、标准制定、常见药材、贵细药材显微鉴别要点等，内容丰富全面。专家们的讲解深入浅出，授课贴近日常中药鉴别实际，让基层中药鉴别检验人员受益匪浅。

此次培训不仅解决了很多一线技术人员在日常检验中遇到的有关显微鉴别方面的疑难问题，更提高了他们的显微鉴别技术水平和业务素质，拓宽了知识面，为我国中药鉴定人才培养和技术水平整体提升起到积极的推动作用。

第8期中药材鉴定和标本管理培训班

2015年11月22日至26日，由中国食品药品检定研究院主办，广东省药品检验所和广东省药学会承办的第8期全国中药材鉴定和标本管理人员培训班在广州市举办。中国食品药品检定研究院中药所相关负责人和专家、广东省药品检验所所长出席开班仪式并发表讲话。来自全国各省、自治区、直辖市、地级市（食品）药品检验所，总后药品检验所及相关卫生部门和科研院校共计170余代表参加本次培训。

本次培训围绕中药材基原鉴定和标本管理这一主题，注重实用性，贴近检验实际问题，分别就《中国药典》（2015年版）药材标准的新变化、中药标本工作的主要方法及其重要性、标本收集在药材市场调查和道地药材研究中的应用、标本鉴定新方法——DNA检测技术以及标本馆发展新方向——数字化建设等方面进行授课和讨论。此次培训，还特别邀请到香港中文大学胡秀英植物标本馆毕培曦教授作了“法政如山，捉鬼打假”的报告，结合数十年香港药材打假的工作经历，分享他在中药鉴定研究中的思路与方法。各位老师在授课过程中结合实例，深入浅出，生动形象，言简意赅，并且紧紧围绕主题，使学员们对中药基原和标本的重要性有了深入地理解。

除授课外，此次培训班坚持两个特色——药材标本交流和野外实习。培训期间，部分参加单位提供了地区特色药材标本及检验中遇到的正伪品标本，供展示和交换，专家还专门安排时间就展示标本与学员进行面对面的交流与讨论，经统计，本次培训班共收集、展示和交换了地方特色药材或中药材掺伪品等180余品种，计4600余份。此外，为使培训内容更加生动形象，增进学员兴趣，此次培训班还特意安排了一天的实践内容，前往华南植物园进行标本采集及药用植物识别，通过实践，提高了学员的兴趣与责任意识，也加强了对药材原植物知识的学习。

授课人员与代表在课堂答疑、标本展示、植物园参观等环节安排了详尽的互动与交流。并且就数字化标本馆的建设设计了调查问卷，建立了微信交流平台。学员们表示，本次培训使大家提高了对中药材鉴定及标本管理的认识，加深了对中药材鉴定及标本管理方法的理解和掌握，及时跟踪了中药材鉴定及标本管理的新技术、新方法和新动态，受益匪浅。

中药基原是中药检验研究的第一步，只有确定好基原，收集到准确的样品，得出的结论才有意义。而中药品种复杂，种类繁多，单纯依靠描述很难掌握鉴别要领，实物标本对于中药基原鉴定方法的继承是极其重要的。中国食品药品检定研究院的中药标本馆是全国为数不多的几个最早收集中药标本的标本馆之一，更是集合了全国药检系统的力量，经过60余年的积累，成为全国品种最全的中药标本馆。各地各级药检所也分别建设有自己的标本馆，保存有很多特色的标本。这些标本对于后继者是非常宝贵的财富，能够为中药的检验与研究提供非常重要的参考。

全国中药材鉴定和标本管理培训班是由中国食品药品检定研究院发起的，到2015年已是第八期。每一期都倍受关注，起到了非常重要的作用。一是加强了对中药基原鉴定和标本管理人员的培养，二是促进了各单位标本馆之间的合作与交流。最基本的目的是凝聚共识，让标本馆的工作能够继承下去。但随着时代的发展，必须在继承的基础上去发展，去创新。因此，今后中国食品药品检定研究院中药标本馆将在实物标本库和数字化中药标本馆的建设等方面发挥更大的作用。倡导建立全国中药数字标本的信息体系。通过软件开发建立中药数字标本数据库和网络平台，实现数字化管理与标本信息的资源共享。

援疆培训

2015年8月17日至18日，由中国食品药品检定研究院主办，新疆维吾尔自治区食品药品检验所承办的中药检验技术培训班在新疆维吾尔自治区乌鲁木齐市召开。本次培训班是中国食品药品检定研究院专门针对新疆维吾尔自治区各级食品药品检验所中药检验人员进行的培训。新疆维吾尔自治区食品药品检验所书记王志斌、所长迪丽努尔出席了培训班开幕式，培训班由新疆维吾尔自治区食品药品检验所孙磊副所长（中国食品药品检定研究院中药所挂职）主持。

中国食品药品检定研究院中药所主要负责人及各科室主任和部分技术骨干在的两天时间中，从中药的检定与科研、中药标准物质的建立和使用、民族药检验与基础研究思路、中药材性状和显微鉴别方法、中药材及饮片的检验技术和检验原则、2015版药典中药外源性有害残留物标准及农药残留测定法介绍、中药标本在中药检验中的重要性、中成药评价抽验解析等全方位地对新疆各级食品药品检验所中药检验人员进行了培训。同时，针对中药检验和科研中出现的各种问题与学员进行了充分交流。

2015年全国中成药质量控制与检测技术培训班

2015年11月9日至11日，由中国食品药品检定研究院主办，重庆市食品药品检验检测研究院承办的2015全国中成药质量控制与检测技术培训班在重庆市举办，来自全国各级药品检验机构与医药企业的逾180名学员参加此次培训。

培训班邀请国内长期从事中药检验、质量标准研究、技术开发等方面的专家授课。课上专家就中药分析方法认证、中成药评价抽验与质量控制、中药制剂有关问题、中药多组分测定方法做详细解析，就显微技术、薄层色谱技术、柱切换技术、HPLC－MS技术、生物技术等中药检验技术及其应用做深入交流，就常用中药材混乱品种鉴定、常见中药染色情况、能力验证过程中反映出的问题做全面介绍，以西黄丸的质量研究为范例就中成药质量标准的建立做细致阐述。

此次培训深入浅出，内容丰富，有助于基层检验人员及时了解中成药质量控制发展现状、掌握相关现代检验技术，对提高中药检验人员的综合业务素质、提升中成药检验队伍的管理水平具有推动作用。

2015年医疗器械标准化综合知识培训班

2015年10月12日至13日，中国食品药品检定研究院（国家食品药品监督管理总局医疗器械标准管理中心）在北京市举办2015年医疗器械标准化综合知识培训班。来自24个医疗器械标准化技委会及秘书处承担单位、国家（省级）医疗器械检测中心、医疗器械监管及审评、大专院校、临床使用单位、国际认证机构以及医疗器械生产企业的代表共180余人参加此次培训班。

此次培训班特邀请国家标准委相关部门的负责人和专家，就国家标准化改革整体方案、技委会管理和运作的发展趋势、国际标准化活动管理办法、国际标准工作程序进行了深入讲解。培训班还邀请了全国信息技术标准化技术委员会的秘书处负责人介绍和交流管理经验，中国标准出版社的资深编审详细讲解标准编写需注意的问题。同时在2016年标准报批工作即将开始的时候，培训班安排有关人员介绍了医疗器械标准制修订程序及报批材料要求。

第七部分　国际交流与合作

概　况

出国（境）情况

2015 年，中国食品药品检定研究院共选派专家、技术骨干 116 人次赴美国、加拿大、古巴、波多黎各、澳大利亚、新西兰、英国、德国、瑞士、爱尔兰、丹麦、瑞典、奥地利、西班牙、意大利、匈牙利、法国、日本、韩国、印度、新加坡、沙特、中国台湾地区等 23 个国家及地区考察访问、参加国际会议及研修。其中参加国际会议 51 人次；进行协作研究和研修培训 14 人；出国学术交流 32 人次；执行境外生产企业现场检查 15 人次；赴世界卫生组织工作 4 人次。共组织出访团组 64 个，其中自组团出访团组 35 个，参加国家食品药品监督管理总局或其他直属单位团组 29 个。

国际会议

2015 年，中国食品药品检定研究院共选派专家 51 人次应邀出席世界卫生组织（WHO）、国际植物药监管合作组织（IRCH）、美国药典委员会（USP）、国际标准化协会（ISO）、国际药用辅料协会（IPEC）、美国基因与细胞治疗协会（ASGCT）、美国毒理学会（SOT）等国际组织、政府机构和非政府组织召开会议，以及美国实验动物科学年会、国际制药工程协会年会、国际植物药及天然产物大会等重要国际会议、在大会上作专题报告 20 个，向世界展示了我国在药品、生物制品和医疗器械等领域的研究成果和科研水平，宣传了我国政府为保障人民用药安全采取的有效措施，扩大了中国食品药品检定研究院在国际上的影响。

接待来访

2015 年，共接待来自美国、英国、瑞士、德国、荷兰、澳大利亚、新西兰、日本、古巴、沙特、坦桑尼亚、马来西亚、泰国、香港、世界卫生组织、国际吸入制剂联盟等 10 余个国家/地区及国际组织的技术官员、专家学者 103 人次来院考察访问、学术交流及授课讲座，作专题报告 50 余个；接待国（境）外政府重要官员 13 人；组织举办及承办 10 次国际/WHO 研讨会及双边会议培训班，累计培训 1000 余名全国技术骨干。

国际合作

李加、刘欣玉赴德国马克斯－普朗克生物物理研究所开展“乙脑、狂犬病毒蛋白的超量表达及结构解析”合作研究

应德国马克斯－普朗克生物物理所分子膜生物系的邀请，经国家食品药品监督管理总局批准，中国食品药品检定研究院生物制品检定所虫媒病毒疫苗室李加、刘欣玉二人于 2015 年 3 月 14 日至 2015 年 5 月 26 日赴德国马克斯－普朗克生物物理研究所合作开展乙脑、狂犬病毒蛋白的超量表达及结构解析研究工作。本次中国食品药品检定研究院与该所开展的合作，主要是解析乙脑病毒 SA14－14－2 株和狂犬病毒 CTN 株关键蛋白的晶体结构。研究内容主要包括两个方面，一是乙脑病毒 SA14－14－2 株包膜糖蛋白（E）克隆表达、结晶条件筛选、优化及 X－射线衍射分析获得该蛋白晶体结构；二是狂犬病毒 CTN 株核蛋白（N）克隆表达、结晶条件筛选、优化及 X－射线衍射分析获得该蛋白晶体结构。

乙脑病毒 SA14－14－2 株包膜糖蛋白（E）克隆、表达、结晶条件筛选、结晶优化及 X－射线衍射工作主要包括以下几个方面：1. 对以前送至德国样品的晶体条件筛选的结果进行观察总结，寻求最适宜蛋白的结晶条件。通过对前期送至马普所蛋白样品的 1000 多个条件的结晶筛选结果进行分析，筛选到产生了蛋白结晶的 17 个条件。2. 根据筛选到的结晶条件，设计蛋白重结晶及优化的方案。首先进行了蛋白在较大悬滴下的结晶条件重复，发现在绝大部分条件下都能重复原有筛选条件。因此根据筛选到的条件，配制了五百余个含有不同沉淀剂浓度、样品蛋白浓度、pH、不同添加剂的蛋白结晶母液，对蛋白结晶条件进行优化。优化结果发现，绝大部分条件下蛋白都有晶体形成，形成晶体的形状多为针状。但随样品放置时间的不同，晶体的形状有所改变。3. 在对形成的晶体进行初步的解析后，挑取 18 个晶体，液氮冻存，由马普所工作人员带至瑞士同步辐射中心进行 X－射线衍射分析。分析结果发现，有两个晶体的衍射分辨率较高，一个为 9 埃，另一个达到 6～8 埃，但能获得良好晶体数据的 X 衍射分辨率需要 3 埃以下。4. 为进一步提高分辨率，进一步扩大结晶条件优化范围，改变添加剂浓度，尝试 seeding 方法，继续配制和筛选了 100 多个结晶母液。至回国时，已观察至部分孔中出现了较大的晶体。有待于挑取晶体，至同步辐射中心进行 X－射线衍射数据分析和收集。

狂犬病毒 CTN 株核蛋白（N）克隆、表达、结晶条件筛选、优化及 X－射线衍射分析晶体的工作主要包括以下几个方面：1. 优化目的蛋白包涵体复性的生产工艺。通过摸索不同表达工程菌、纯化、复性、浓缩等工艺策略，目的蛋白终产率达到了 2mg/L 菌液，较国内蛋白产率提高约 4 倍，初步解决了蛋白结构解析中样品无法大量制备的瓶颈问题。2. 目的蛋白结晶条件筛选。对采用包涵体复性工艺制备的目的蛋白进行了约 600 余个结晶条件的筛选，结果显示，共 16 个条件可潜在形成晶体，且晶体多为杆状，该形状的晶体较易获得 X－射线衍射数据。3. 优化目的蛋白结晶条件，对采用包涵体复性工艺制备的目的蛋白晶体进行再生产。围绕晶体形成初步筛选的条件，设计了一百五十余个含有不同沉淀剂浓度、蛋白浓度、pH、不同添加剂的蛋白结晶母液，对目的蛋白在较大悬滴下进行结晶再生产。结果显示，绝大部分条件下蛋白都有晶体形成，形成的晶体多为杆状，但不同条件下形成的结晶在大小、形状及数量存在较大差异。4. 晶体 X－射线衍射分析工作。在对形成的晶体进行初步判断后，分别挑取不同条件下形成的晶体，液氮冻存，由马普所工作人员带至瑞士同步辐射中心进行 X－射线衍射分析。结果显示，挑选的晶体均为蛋白晶体。5. 构建目的蛋白可溶性表达生产工艺。由于包涵体复性工艺制备的目的蛋白存在可能复性不完全，目的蛋白产量低的问题，本次研究成功建立了目的蛋白可溶性融合表达的生产工艺，并对表达条件、纯化工艺、超滤工艺进行摸索，使目的蛋白终产率达到约 10mg/L 菌液，并对目的蛋白进行了大量制备，该高表达蛋白获得为蛋白晶体结构分析提供了条件。6. 目的蛋白结晶条件筛选。对可溶性融合表达工艺制备的目的蛋白进行了约 1200 余个结晶条件的筛选。至回国时，结果显示共 24 个条件可潜在形成晶体。

唐静赴意大利参加 WHO HIB 疫苗多糖含量测定研修班

经国家食品药品监督管理总局批准，2015 年 3 月 16 日至 3 月 20 日，中国食品药品检定研究院生检所呼吸道细菌疫苗室唐静赴意大利国家生物学免疫与评价中心高级卫生学院，通过培训进行 HPAEC－PAD 法测定 Hib 疫苗多糖抗原含量的现场实验操作演练和考核。培训期间，唐静与来自古巴、印度、韩国和泰国的专业检定人员一道比武，在全面掌握该分析方法的同时，还与意大利国家生物学免疫与评价中心的主任 Dr. VonHunolstein Christina 和世界卫生组织的官员 Dr. Ute Rosskopf 一道对该方法进行了深入的分析讨论，向国外同行介绍中国食品药品检定研究院呼吸道细菌疫苗室的工作情况，扩大中国食品药品检定研究院在国际的学术影响力；初步建立良好的关系，并就 Hib 疫苗多糖含量检测方法的建立、评价研究，以及其他剂型如何应用该类新方法等研究思路达成一致。在培训最后，唐静顺利通过了世界卫生组织官员和意大利培训方的考试，以满分的成绩获得培训合格证书。

王佑春赴瑞士参加 WHO 生物制品 GMP 起草小组会议

应世界卫生组织（WHO）的邀请，中国食品药品检定研究院副院长王佑春于 2015 年 4 月 14 日至 4 月 15 日赴瑞士日内瓦参加 WHO 生物制品 GMP 修订的起草小组会议，会议为期 2 天。参加会议的有 10 名起草小组人员，分别来自阿根廷、古巴、中国、印度、埃及、泰国、印度尼西亚、伊朗和 WHO 地区组织等，以及负责和指导起草该指导原则的 6 名 WHO 技术官员。会前已按照意见和建议所针对的章节进行对应的处理，主要针对以下几部分：指导原则整体情况；前言、范围以及名词解释；基本原则；人员；起始原材料以及种子和细胞库；厂房、设施、清洁间和生产等；档案管理和标签；验证；质量控制；动物使用；以及风险管理等。会议按照分工由各部分的起草负责人分别引导对所负责部分的意见和建议进行逐条讨论，无论接受与否都要提出相应的理由，并达成共识。从整体情况来看，这些意见和建议来自于不同地区和组织，对同样的问题可能存在不同的观点，在处理过程中要充分考虑各地区的特殊性和生物制品的特殊性，同时还要兼顾与 WHO 其他指导原则的一致性，其目的是确保该技术指导原则的可执行性；对很多问题进行了广泛和深入的讨论，充分显示了专家对 WHO 和其他组织技术的熟悉程度以及实际工作的经验。由于意见和建议很多，两天的会议安排显得比较紧张，虽然对大部分问题进行了广泛讨论，但对有些问题由于时间限制并未展开。最后，起草小组还安排了下一步的工作，会后将根据这次讨论的结果再次进行修改，并尽快形成第二次上交 ECBS 的修改稿。

王军志、王兰赴瑞士参加 WHO 生物类似药（单克隆抗体产品）指南修订和生物治疗药物监管风险评估非正式咨询会

应世界卫生组织（WHO）邀请，经国家食品药品监督管理总局批准，中国食品药品检定研究院副院长王军志研究员、单克隆抗体产品室王兰副研究员以及药品审评中心临床二部谢松梅主任药师于 2015 年 4 月 26 日至 2015 年 5 月 1 日参加在瑞士日内瓦召开的 WHO 生物类似药（单克隆抗体产品）指南修订和生物治疗药物监管风险评估非正式咨询会。会议主要内容包括：1）咨询来自国家监管机构（NRA）和工业界的专家以明确 WHO 生物类似药指南修订要点；2）审阅 WHO 治疗性生物制品监管风险评估指南草案；3）对于上述两个指南的修订内容达成一致意见，并制定下一步修订计划，从而保障生物治疗类产品及其生物类似药科学有效的监管。在生物类似药指南（单克隆抗体产品）修订会议上，中国食品药品检定研究院副院长王军志研究员介绍了我国抗体类生物治疗药物研发现状和监管需求，提出应针对具有重大需求的抗体类生物类似药单独设立相应附录或 Q&A 形式进行具体补充说明。中国食品药品检定研究院单克隆抗体产品室王兰副研究员针对所讨论的具体抗体品种的质量可比性研究部分与报告专家进行了技术交流。会议最终达成了以下共识：1. 2009 年颁布的 WHO SBP 指南中 biosimilarity 概念清晰，所有指导原则到目前是适用的；2. 根据目前生物类似药主要是以单克隆抗体产品为主的特点，迫切需要增加单克隆

抗体SBP的附录指南，将SBP指南的通用原则更加具体的应用于抗体这类复杂产品中；3. 在附录中以抗体为例，说明如何开展可比性研究，尤其是对于质量分析数据的解释、临床试验设计和可比性研究，适应证外推、参比品选择等问题进行具体解释说明和指导；4. 在Q&A部分举一些实例帮助进一步理解指南的原则、统计学分析、可接受标准等问题，并开展相关培训和案例分析；5. 成立由11位专家组成的起草小组（王军志为起草专家组成员）来分工完成初稿。增补的单克隆抗体SBP附录将在2016年10月前完成并公开征求意见提交ECBS专家委员会通过，发布执行。在生物治疗药物监管风险评估咨询会上，王军志研究员介绍了我国生物治疗产品上市后风险监管和评价体系，从国家评价性抽验、Ⅳ期临床试验与药品不良反应监测及安全性评价等方面对我国监管体系建设进行了阐述，从已上市生物治疗药物对患者的获益性角度提出指南中的评价应主要以临床应用的效果为重，慎重考虑“退市”等重大监管决策。会议达成了以下共识：1. 生物治疗药物监管风险评估指南不是作为一个新的指南，而是作为重组DNA指南（WHO TRS 987）的增补附录，因为该指南的大部分问题与所有生物治疗药物相关，而且也适用于其他生物制品；该附录将在今年ECBS会议上提交。2. 将进一步修订该指南，主要考虑以下方面：（1）题目需要修改：去掉risk，改为regulatory assessment或regulatory expectations。（2）术语有混淆：不使用某一特定术语，如non-innovator、copy product；而是按实际情况描述。（3）逐步递进原则：删除监管的结果，如产品退市等。（4）通过case study等推广应用。（5）组织相关培训。来自WHO、EMA、英国MHRA及NIBSC、德国、加拿大、俄罗斯、瑞士、中国、日本、韩国、新加坡、泰国、印度、巴西等20个国家的监管机构，以及IFPMA、EGA、IGPA、DCVMN、ALIFAR、Biocad、Celltrion等工业界和行业协会的近60名代表和专家参加了会议。

梁成罡赴瑞士参加WHO生物治疗药物国际标准物质未来发展方向非正式磋商会议

应世界卫生组织（WHO）邀请，经国家食品药品监督管理总局批准，中国食品药品检定研究院化学药品检定所激素室梁成罡副主任于2015年9月21日至2015年9月22日参加在瑞士日内瓦WHO总部召开的生物治疗药物国际标准物质未来发展方向非正式磋商会议。会议议题包括：1）讨论WHO国际标准品（WHO IS）对于包括单抗及下一代生物治疗药物活性测定的应用价值；2）争取在各利益相关者之间就未来如何进行WHO IS的研发活动达成一致。会议开始，WHO总部健康产品与基本药物部技术标准与规范处的官员介绍了本次会议背景、目标和预期效果。来自英国NIBSC的科学家就WHO国际标准品的历史沿革、近十多年来国际生物治疗药物的发展进行了回顾，指出当前全新结构大分子药物的涌现以及生物类似药研发热潮对标准物质研发带来的挑战。随后，加拿大、EMA、韩国、日本、印度等国家代表从各国药品监管当局视角出发，就国际标准物质在新产品研发、上市后监测、生物类似药研发等相关活动中的积极作用进行了报告，并对未来发展提出了建议。期间，梁成罡对我国生物标准物质现状、标准物质对我国药品监管和新药研发的支持作用、中国食品药品检定研究院生物标准物质研发能力、参与国际生物标准物质研制的贡献进行了介绍，并对生物治疗药物标准物质未来的发展提出了建议。来自国际药品生产企业协会联合会（IFPMA）的代表从国际原研企业视角，就生物治疗药物国际标准品的研发过程、应用范围、存在问题进行了分析和建议。之后参会代表就相关议题进行热烈讨论。来自WHO、EMA、EDQM、美国USP、英国NIBSC、德国、加拿大、中国、日本、韩国、泰国、印度、巴西、南非、伊朗等十几个国家和地区监管机构、以及部分工业界的近30名代表和专家参加了会议。

马双成、魏锋赴瑞士参加WHO西太区草药协调论坛第二分委会会议

2015年6月22日至2015年6月26日，WHO西太区草药协调论坛（Western Pacific Regional Forum of Harmonization for Herbal Medicine，FHH）第二分委会工作会议在瑞士雷费尔登市召开。FHH的部分成员国（中国、日本、韩国、越南）、美国USP、欧洲EDQM等相关机构均派代表参加了此次会议，瑞士卡玛公司实验室主任Eike Reich博士和国际HPTLC协会主席Beat MEIER教授也参加本次会议，与会代表约有20多名。中国食品药品检定研究院中药民族药检定所所长马双成博士、中药材室主任魏锋博士随国家食品药品监督管理总局代表团参加此次会议，会议的主题是讨论FHH RMPM（Reference of Medicinal Plant Materials，RMPM）指导原则的制定和修订情况。会议共分为四部分，其中第二部分由马双成博士主持。会议期间，马双成博士作了“中国中药的质量控制”的报告，魏锋博士作了“中国对照药材的研制技术要求”的报告。报告结束后，参会代表就FHH RMPM技术指南和有关问题进行了充分的讨论和交流，对技术指南的可行性做出了肯定，同时对存在的问题和不同意见进行了交流。大会最后由日本国立医药品食品卫生研究所药品部Yukihiro GODA部长做了总结。会议结束时，中国代表团宣布2015年12月中旬拟在中国杭州召开WHO西太区草药协调论坛（FHH）第十二次常委会会议，并欢迎各成员国和地区代表届时参会。

马双成、汪祺赴沙特阿拉伯参加WHO IRCH第8届年会

2015年12月1日至2015年12月3日，世界卫生组织（WHO）国际植物药监管合作组织（International Regulatory Cooperation for Herbal Medicines，IRCH）第8届年会在沙特阿拉伯利雅得市召开。由国家食品药品监督管理总局（CFDA）国际合作司（港澳台办公室）王家威调研员为团长，中国食品药品检定研究院中药民族药检定所马双成所长和汪祺副研究员及国家食品药品监督管理总局药化注册司张体灯主任科员一行4人组成中国代表团参加了此次会议。第八届年会由IRCH秘书处主办，沙特阿拉伯食品药物监督管理局（Saudi Food and Drug Authority，SFDA）承办。来自WHO、东盟（Association of SoutheastAsian Nations，ASEAN）、中国、中国香港、欧洲药品管理局（European Medicines Agency，EMA）、印度、印度尼西亚、意大利、马来西亚、墨西哥、阿曼、葡萄牙、韩国、沙特阿拉伯、智利等15个成员国、地区或国际组织的32名官员及专家出席会议。沙特阿拉伯FDA局长致欢迎辞，WHO传统医药协调人Zhang Qi博士致开幕辞。随后Zhang Qi博士介绍了IRCH的概况，并对第7次年会作出回顾并总结了之后的工作进展。会议主要包括国家报告、WHO报告、IRCH工作组报告、针对第16届ICDAR（International Conference of Drug Regulatory Authorities，ICDRA）会议中有关植物药安全性问题的研讨、讨论有关IRCH的管理工作机制等五部分内容。马双成代表中国CFDA作了国家报告，介绍了三部分内容，包括中国2015年中药民族药监督管理的进展、《中国药典》（2015年版）与中药有关的主要增修订变化、中国食品药品检定研究院中药民族药检定所建立的中药质量控制及安全性检测平台。中国为第二工作组（WG2：Quality of Herbal Materials and Products）的主席国，汪祺副研究员汇报了第二小组的工作进展，主要介绍2015年9月我国主办的该小组第二次研讨会情况。其中包括各成员国对第二小组TOR（Terms of reference）文件的讨论及确定，以及

各成员国有关植物药的工作进展、发展规划、机遇与挑战等问题。

王军志、徐苗赴瑞士参加第66届WHO生物制品标准化专家委员会年会

第66届WHO生物制品标准化专家委员会（Expert Committee on Biological Standardization，ECBS）年会于2015年10月12日至10月16日在WHO总部（瑞士日内瓦）召开。会议邀请来自美国、英国、德国、加拿大、中国、日本、韩国等20多个国家的药品管理部门（NRAs）和质量控制机构（NCLs）的14位ECBS专家委员、14位临时顾问和另外有90多位来自各国家药典会、WHO区域、药品监管机构、企业协会等代表出席会议。会议主题为生物制品的标准化研究和监管。会议主要内容包括：技术规范和标准的制修订，检测用国际标准品和参考品研制，WHO生物制品标准化合作中心工作进展，生物制品监管科学研究，质量检测分析的标准化研究，复杂生物制品（重组生物大分子、细胞治疗等）通用名称的命名，重大公共卫生事项的应急处置等。承担WHO相关工作的各起草小组、标准物质研制专家、WHO合作中心专家、疫苗预认证专家等围绕上述主题向大会分别报告各项工作进展，并将研究资料和磋商结果提交会议审议。其中，重要且亟须开展的重点工作包括，突发公共卫生应急事件的应对处置情况回顾（如新发重大传染病预防疫苗的研制进展、重大疫情的监控措施和决策应对效果分析总结），治疗用生物制品（特别是生物类似药）的可及性需求状况及解决办法，生物制品监管工作的改进和加强措施等。大会特别邀请王军志（WHO CC主任）作WHO合作中心网络的主题报告。报告题目为“合作共赢，共创WHO合作中心美好未来”（Win - Win Cooperation—To The Glorious Future of WHO CCs）。报告包括：西太区三个合作中心（中国食品药品检定研究院、日本国立感染症研究所NIID和韩国国家食品和药品安全评价所NIFDS）共同主办第二届疫苗研究和质量控制研讨会情况、中国食品药品检定研究院与英国国家生物制品检定所（NIBSC）共同主导EV71中和抗体国际标准品研制情况、中国食品药品检定研究院与加拿大卫生部生物制品和基因治疗产品局BGTD以及德国血清研究所PEI等其他合作中心合作情况、中国食品药品检定研究院在埃博拉疫情控制中的生物制品监管科学介绍共四个部分。前三个部分体现了中国食品药品检定研究院作为WHO生物制品标准化领域8个合作中心之一，与多个合作中心开展灵活且卓有成效的合作，合作成果加深了不同合作中心的了解，更有效地发挥优势互补、共同促进和提高、推动WHO生物制品标准化整体工作进展，如EV71国际标准物质合作成功，不仅为全球EV71疫苗研究提供国际标准，也为繁重的生物制品标准物质研究探索一个新的合作途径。报告第四部分，王院长特别介绍了中国食品药品检定研究院在埃博拉疫苗和抗体应急研发过程中，通过检验技术、方法和质量标准等监管科学研究，在确保相关生物制品质量可控的同时，协助并推动应急产品研发，这种监管机构及时参与对研发和产品质量等环节的监督指导的做法在公共卫生突发疫情应对时非常重要，受到与会专家的关注和好评。

金少鸿、魏宁漪赴瑞士参加WHO第50届药品标准专家会议

应世界卫生组织（WHO）邀请，经国家食品药品监督管理总局批准，魏宁漪副研究员作为观察员与WHO专家、中国食品药品检定研究院国际合作顾问金少鸿研究员于2015年10月11日至2015年10月15日，赴瑞士日内瓦参加了WHO第50届药品标准专家会议，会议在世界卫生组织总部召开。参加会议的有专家委员会成员和临时咨询专家；来自联合国儿童基金（UNICEF）和联合国发展项目（UNDP）的代表；

来自相关国际组织的代表有：抗击 AIDS、结核和疟疾全球基金项目，联合国工业发展组织（UNIDO），世界知识产权组织（WIPO）；来自地区组织和非政府组织的代表有：欧洲委员会（Council of Europe）、欧洲药品机构（EMA）、欧洲化学工业委员会（CEFIC）、国际药品生产联盟（IFPMA）、国际仿制药联盟（IGPA）、国际药用辅料委员会（IPEC）、国际药物联盟（FIP）等；以及来自美国药典、欧洲药典、英国药典、俄罗斯药典、日本药典、韩国药典和中国药典委员会的代表。此外，还有 WHO 总部有关部门的领导和工作人员约 20 余名。会议召集人为 WHO 的 Sabine Kopp 博士，由津巴布韦药品管理局局长 Gugu. N. Mahlangu 女士和比利时鲁汶大学 Jos Hoogmartens 教授共同主持了本次专家委员会的技术讨论。本次专家委员会主要讨论的内容包括：WHO 与药品标准相关领域的基本情况和工作进展介绍；质量标准和试验研究；标准物质；国家实验室质量体系；基本药物、原料药和国家质控实验室的预认证；有关技术指导原则。主要是向专家委员会通报有关国际药品质量保障项目的跨领域合作，包括：世卫组织与全球基金项目的合作情况，世卫组织的基本药物目录制修订情况，国际药联和世卫组织共同起草的有关儿童用药的指导意见的进展情况。质量标准和实验研究部分：国际药典中抗病毒、抗感染、抗疟疾、抗结核、儿童用药品和放射药品等共计 22 个有关品种标准草案内容的讨论；9 个国际化学参考品和国际红外光谱部分：讨论了已制备标准品的情况和 EDQM 有关国际标准品的制备分发和运行的年度报告情况。国家实验室质量保证部分：介绍了外部质量保证体系审核计划的情况，介绍了如何对疑似假冒伪劣药品（SSFFC）进行检测的指导原则。在 WHO 预认证方面介绍了 WHO 在预认证项目（PQP）进展，对 WHO 质量检测项目的更新情况。

马双成等参加 WHO 西太区草药协调论坛第十三次常委会会议

2015 年 12 月 10 至 12 月 11 日，西太区草药协调论坛第十三次常委会工作会议在中国杭州召开。本次会议由国家食品药品监督管理总局主办，浙江省食品药品监督管理局协办。中国食品药品检定研究院中药所代表团主要参加信息化与质量第二分委会的报告和讨论，由韩国 Rack - seon Seong 博士主持。韩国代表分别作了“FHH 网站中混伪品草药信息数据库的建立”等项目的报告，中国食品药品检定研究院马双成所长作了“中药质量控制的新技术和新方法”的报告，就目前中药质量控制面临的问题，特征图谱和分子鉴定方法在中药质量控制中的应用，以及中药质量控制的发展趋势等方面进行了详细的介绍。魏锋博士作了“中药对照药材的研制和技术要求”的报告，全面介绍了中药对照药材的原料收集、鉴定及相关研究等内容。此外，王莹助理研究员和康帅助理研究员还分别作了“对照提取物的研制”和“中药的基原研究和形态学鉴别”的报告。国家食品药品监督管理总局国际合作司、药化注册司、中国食品药品检定研究院、国家药典委员会、国家食品药品监督管理总局药品审评中心、国家食品药品监督管理总局药品评价中心、FHH 的部分成员国/地区（中国、中国香港、日本、韩国、越南、新加坡）、FHH 的命名和标准第一分委会、信息化与质量第二分委会、上市前安全性评估和上市后安全监测第三分委会、FHH 秘书处等 40 余名代表参会。

世界卫生组织 Ivana Knezevic 博士一行来访

2015 年 9 月 28 日上午，世界卫生组织（WHO）基本药物和健康产品司技术标准处的生物制品技术标准（TSN/EMP/WHO）负责人 Ivana Knezevic 博士和生物制品技术标准组科学家高凯博士来访中国食品药品检定研究院，与中国食品药品检定研究院就 WHO 生物制品标准化和评价合作中心（WHO CC）工作进行中期回顾，对下一阶段工作进行规划磋商。会议由中国食品药品检定研究院副院长王军志主持。中国食品药品检定研究院党委书记李波、生检所所长沈琦、副所长徐苗、相关科室主任等共计 11 人参加会议。会上，Knezevic 博士回顾 2 年多来中国食品药品检定研究院作为 WHO CC 的工作，传达 WHO 生物制品标准化专家委员会（ECBS）2015 年主要相关工作及 2016 年的工作计划。双方就下一阶段计划开展的系列工作进行初步沟通，根据 WHO 工作部署和中国食品药品检定研究院实际情况预期进一步合作项目。

WHO 传统医药部主任张奇来院交流访问

2015 年 12 月 24 日，WHO 传统医药部主任张奇来中国食品药品检定研究院交流访问。中国食品药品检定研究院中药所所长首先向张奇主任介绍中药所的组织结构及各科室主要工作职能，中药所在中药检验方法、技术标准和标准物质等方面所取得的成绩以及中药所参加 WHO 植物药监管合作组织（IRCH）和西太区草药论坛（FHH）的工作情况。并表达更多参与 WHO 植物药质量控制，质量标准制订，及争取早日成为 WHO 传统药合作中心的愿望。张奇主任介绍 WHO 传统药合作中心的职责和相关规则。双方还就相互关心的问题进行充分的沟通。随后，张奇主任参观了中药标本馆。

李长贵、张洁赴英国参加第 19 届流感疫苗研讨会

2015 年 1 月 27 日至 2015 年 1 月 28 日，经国家食品药品监督管理总局批准，中国食品药品检定研究院生物制品检定所呼吸道病毒室李长贵主任和综合办公室张洁副主任技师应英国国家生物制品检定所（NIBSC）邀请赴英国参加第 19 届流感疫苗研讨会。本次会议由英国 NIBSC 主办，旨在更新第 18 届流感疫苗研讨会以来的相关议题，就流感病毒、流感疫苗、标准物质研发和疫苗质控方法等研究进展进行研讨。共有约 60 名来自世界卫生组织疫苗监管核心实验室、流感参比合作中心（美国、英国、澳大利亚、日本及中国）、药品制造商协会联合会（IFPMA）、发展中国家疫苗生产厂商联盟（DCVMN）以及流感疫苗生产企业的代表参加会议。此系列会议通常结合南半球和北半球季节性流感疫苗毒株的推荐节点，由 NIBSC 组织每年举办两届，参加各方相对固定，建立了对于流感防控的全面把握和及时沟通机制。中国食品药品检定研究院作为疫苗国家质控实验室首次应邀参加会议。本次会议的主要内容涉及：全球流感（包括 H7N9、H5N1 等）流行态势、本年度流感疫苗毒株的确立及筛选、细胞培养流感疫苗研究进展等关键议题，并就流感疫苗效力检测替代方法的进展进行沟通和交流。中国食品药品检定研究院李长贵主任就“H7N9 流感病毒疫苗参考品（SRID 法）研制”和“流感疫苗效力试验”作大会发言。

高华、贺庆赴英国国家生物制品检定所进行新体外热原检测方法交流

经国家食品药品监督管理总局批准，中国食品药品检定研究院化学药品检定所药理室高华主任与贺庆助理研究员于 2015 年 3 月 9 日至 2015 年 3 月 12 日赴德国 PEI、英国 NIBSC 就新的体外热原检测方法进行学术访问与交流。此次出访的主要目的为介绍中国食品药品检定研究院在该领域所做的工作与进展；学习国外同行在该领域最新的研究动态与经验；讨论下一步双方可以开展的国际合作。访问英国 NIBSC 期间，NIBSC 热原与细菌内毒素检测实验室主任 Lucy Findlay 博士介绍了在 MAT 领域的最新应用与研究进展，具体内容包括：①应用 MAT 方法分析个别批次的 DTP－IPV（Diptheria，Tetanus，Acellular Pertussis and Inactivated Polio Virus）联合疫苗引起家兔体

温升高的原因；②已将 MAT 法代替家兔热原检查法应用于 OMV（Outer - Membrane Vesicle Based Vaccine）疫苗的日常批签发检测；③针对 Men B 疫苗的特殊性研究建立 MAT 参考批次比较法；④已对冻存人外周血单个核细胞热原检测法进行论证研究。

刘悦越、王一平赴英国国家生物制品检定所进行合作研究

为学习国际生物制品质量控制权威实验室先进技术和理念，完成我国承担的首个世界卫生组织（WHO）肠道病毒 71 型（EV71）中和抗体国际标准品的研制，提高我国国家标准物质研制水平，根据中国食品药品检定研究院国际合作计划，经国家食品药品监督管理总局批准，刘悦越助理研究员和王一平实习研究员于 2015 年 4 月至 2015 年 7 月赴英国国家生物制品检定所（NIBSC）进行为期 78 天的合作研究。在英国 NIBSC 期间，开展深度测序技术在疫苗质控过程中的应用合作研究，分别进行在轮状病毒疫苗的应用、在国产减毒轮状活疫苗的应用、深度测序对轮状病毒核酸非编码区的研究。此外，对 WHO EV71 中和抗体和抗原国际标准品进行了合作研究，包括 WHO EV71 中和抗体国际标准品协作标定数据处理、分析与报告撰写；抗体标准品稳定性研究；抗体标准品复溶稳定性研究；EV71 疫苗抗原国际标准品的探索性研究等。

姚雪良、陈国庆、杨美琴赴英国、瑞典考察实验室安全管理

经国家食品药品监管总局批准，应英国国家生物制品检定所（NIBSC）和瑞典卡罗林斯卡医学院（KI）邀请，中国食品药品检定研究院纪委书记姚雪良、安全保卫处副处长陈国庆、化药所微生物检测室杨美琴 3 人组成访问团，于 2015 年 6 月 14 日至 2015 年 6 月 21 日赴英国和瑞典对上述两个单位进行实验室安全管理考察交流。此次出访的主要目的为介绍中国食品药品检定研究院在实验室生物安全管理方面所做的工作与进展；学习国外同行在实验室安全管理和标准物质管理的成熟经验；讨论下一步双方可以开展的国际合作。访问 NIBSC 期间，NIBSC 副所长 Phil Minor 博士热情接待了访问团。NIBSC 运行维护部门负责人 Stephen Murray 负责介绍生物安全管理。NIBSC 病毒室主任 Nicola Rose 博士结合其实验室的日常管理实例，逐条解释了各项条款的执行，并列举了风险评估、人员评估的实例，分享其管理经验。标准物质制备室主任 Paul Jefferson 负责介绍生物制品标准物质生产、贮存过程的生物安全管理。访问瑞典卡罗林斯卡医学院期间，生物物理学系的李虹博士介绍 KI 的基本情况，环境保护部门的 Jenny Karlsson 博士和 Ulrika Olsson 博士分别介绍生物安全管理和化学安全管理的内容。访问团介绍了中国食品药品检定研究院的管理组织结构和生物安全管理情况等，双方就实验室安全管理的具体问题进行了充分的交流和探讨，并希望进一步加强双方的合作。

英国国家生物制品检定所史蒂文所长一行来访

2015 年 9 月 24 日至 26 日，英国国家生物制品检定所（NIBSC）所长史蒂文（Stephen Charles Inglis）一行访问中国食品药品检定研究院。双方回顾了十年来的合作历程与成果，并与中国食品药品检定研究院就如何进一步加强生物制品标准物质研制方面的合作进行了深入广泛的会谈。NIBSC 一行成员包括所长史蒂文博士、商务部主管 Amanda King 女士，以及疫苗专家兼中国食品药品检定研究院客座教授 Dorothy Xing 博士。中国食品药品检定研究院党委书记、副院长李波，副院长王军志以及生检所、国际合作处、标化所等部门的主要负责人和生检所部分专家出席了会谈。9 月 25 日，在 2015 科技周“生物药”主题日活动中，双方在合作十周年历程回顾的基

础上，李波书记和史蒂文所长分别代表中国食品药品检定研究院和NIBSC签署了合作备忘录，双方决定就生物制品标准物质研制继续加强交流和合作，标志着中国食品药品检定研究院和NIBSC的合作开启新的篇章。9月26日，史蒂文所长应邀参加了中国食品药品检定研究院科技周大会报告暨新址启用仪式，并作题为“管理科学与标准化：全球化的挑战需要全球化的解决方案”的报告。

美国药典委员会中华区总经理一行来访

2015年6月1日上午，中国食品药品检定研究院党委书记李波、副院长王佑春在中国食品药品检定研究院会见美国药典委员会（USP）中华区总经理冯兵兵博士一行。李波书记对USP中华区一行来访表示欢迎，祝贺冯兵兵博士履新USP副总裁兼中华区总经理，并简要回顾双方20多年的合作历程和MOU的签署及执行情况。冯兵兵博士介绍了此行的访问目的，并介绍了USP组织结构和业务管理方面的最新情况。双方一致同意在信息交流、人员交流、学术活动等方面将进一步加强合作和沟通。中国食品药品检定研究院院长办公室、食品化妆品检定所、标准物质与标准化研究所主要负责人，以及综合业务处有关负责人员陪同参加了此次会见。

李波赴美国参加美国药典委员会大会并访问约翰霍普金斯大学

经国家食品药品监督管理总局批准，应美国药典委员会（The United States Pharmacopeial Convention，USP）邀请，中国食品药品检定研究院党委书记、副院长李波作为USP大会的正式成员代表，于2015年4月21日至24日赴美国华盛顿特区参加美国药典委员会每5年一届的2015届理事大会（USP Convention 2015）。大会期间，成员代表听取USP首席执行官报告、USP大会主席报告和专家理事会主席报告，审议和投票通过了USP大会章程和决议，分别从20名候选人中选举出了10名董事（包括：主席1名、财务主管1名、医学董事2名、药学董事2名、公众董事1名、自由董事3名）；从40名候选人中选举出了20名专家委员会主席（每个专家委员会1名主席，共20个专家委员会）。所有的投票选举结果均在会议结束的第二天在USP的官方网站上公布。选举出的董事会负责USP 2015～2020期间重大方针政策的制定，选举出的专家委员会主席负责各专家委员会的筹建工作。大会期间，USP全球事务高级副总裁Angela Long、USP－中国研发技术服务（上海）有限公司副总裁兼总经理冯兵兵博士、客户关系总监操洪欣，专门与李波召开会议，讨论中国食品药品检定研究院和USP双方之间进一步深化合作有关事宜。双方在食品、药品和保健食品等领域就技术合作和人员交流达成一致意见。除参加USP2015大会之外，李波还访问了约翰霍普金斯大学布隆博格公共卫生学院（Johns Hopkins Bloomberg School of Public Health）。李波介绍中国食品药品检定研究院的职能、部门等基本情况，该学院的Marsha Wills－Karp教授介绍了公共卫生学院的历史、学生培养和科研概况。隶属该院的动物替代试验中心主任Thomas Hartung教授介绍了动物替代试验研究和循证毒理学（Evidence－based Toxicology）研究的进展。双方并就毒理学动物替代试验研究领域的合作与人员交流达成一致意见。

孙会敏获聘美国药典会辅料专委会委员赴美参加USP首次会议

应美国药典委员会邀请，中国食品药品检定研究院包装材料与药用辅料检定所所长孙会敏研究员被聘为2015～2020年度美国药典会辅料专委会委员，经国家食品药品监督管理总局批准，于2015年7月19日至23日赴美国马里兰州罗克维尔市参加美国药典委员会主办的2015～2020年度辅料专家委员会首次方针会议。此次会议的主要目的是针对 2015～2020 年度所有专家委员会新任委员进行培训，会议主要介绍了美国药典委员会成立的历程、组织架构、管理规范、工作职能以及 USP 在联邦法律体系中所发挥的作用等；并具体阐释了 USP 委员承担的角色和责任、工作的目的和意义、USP 同各相关利益方的相互联系等内容；会议最后对近期 USP－NF 的更新、标准协调化进程、USP 最新达成的决议以及 2015 年度 USP 全球战略计划也一并进行了传达。2015～2020 年期间，USP 将与专家委员会共同努力，加强 USP－NF 工作的与时俱进，完成全部积压的待更新标准；建立并完成合适的项目并对其利益相关方保证一定的影响力及反应力等。孙会敏研究员此次任职的第二专家委员会主要负责药典讨论组工作计划的辅料相关通则及辅料专论追溯统一的全球协调工作，通过与其他专业委员会在通则、B&B 通则和 ICH Q6A 通则方面的紧密协作，对现行的辅料专论和相关标准通则进行修订、更新，以及起草新的辅料专论和相关标准通则。孙会敏研究员的主要工作就是通过与国外同行进行交流，共同参与 USP 国际标准的制定、确保 USP 质量标准的科学可靠、最终促进药典标准的协调统一。

邹健、张河战、王青赴德国国家疫苗与血清研究所考察实验室质量管理

2015 年 7 月 26 日至 30 日，应德国保罗埃尔利希研究所（Paul－Ehrlich－Institut）和 LGC 德国标准物质生产中心邀请，经国家食品药品监督管理总局批准，中国食品药品检定研究院质量负责人、副院长邹健和院质量管理处处长张河战、副处长王青一行赴德国考察了实验室质量管理。访问德国保罗埃尔利希研究所期间，邹健副院长一行同 PEI 的国际协调官 Gabriele Unger 博士、过敏原分析检测室主任 Detlef Bartel 博士、质量控制部副主任 Ruth Lechla 博士等进行了技术交流，邹健副院长介绍了我国的药品监管制度、国家实验室的设立、国家实验室的认证认可管理、中国食品药品检定研究院的组织结构、主要职能，中国食品药品检定研究院质量管理体系建设、接受 WHO 认证及疫苗监管体系评估、新址搬迁等一系列内容；Detlef Bartel 博士介绍了 PEI 的发展历史、组织结构、主要职责和任务；Ruth Lechla 博士介绍了 PEI 的质量管理体系模式及基本情况；Gabriele Unger 博士介绍了 PEI 的国际交流情况。交流期间，德国同行对于中国食品药品检定研究院近几年来取得的成绩表示祝贺，并表示愿意在今后的工作中进一步加强技术交流，共同为人类的健康多做贡献。此外，邹健副院长一行还到实验室进行实地参观，实地考察了实验室安全、文件管理、化学试剂管理、设备管理、数据分析（质控图和趋势性分析）等与质量管理密切相关的内容。

王军志、徐苗、梁争论访问加拿大卫生部生物制品和基因治疗产品局

应加拿大卫生部生物制品和基因治疗产品局（Biologics and Gene Therapeutics Directorate，简称为 BGTD）和日本国立感染症研究所（National Institute of Infectious Diseases，简称为 NIID）邀请，经国家食品药品监督管理总局批准，中国食品药品检定研究院副院长王军志、徐苗副所长和梁争论主任一行 3 人于 2015 年 3 月 2 日至 8 日赴日本东京和加拿大渥太华，分别访问日本国立感染症研究所和加拿大卫生部生物制品和基因治疗产品局。访问 BGTD 期间，中国食品药品检定研究院与 BGTD 联合举办“疫苗研究和监管研讨会”，双方就疫苗监管科学研究、批签发等开展丰富详实的交流，王军志副院长作了题为“中国生物制品监管科学研究进展”的报告，从中国生物制品现状、中国生物制品监管网络、监管科学的定义，以及中国食品药品检定研究院通过监管科学研究促进创新疫苗研发的作用模式和成果等多个方面，介绍了中国食品药品检定研究院生物

制品质量研究在保证公众用药安全中发挥的技术支撑作用。中国食品药品检定研究院梁争论研究员作了“中国EV71疫苗研发”的报告，从手足口病流行病学和病原学背景、创新性EV71疫苗研发过程中遇到的技术和监管瓶颈、针对上述瓶颈中国食品药品检定研究院完成的科学研究及其对疫苗研发的支持和促进作用、EV71疫苗临床研究主要结果、EV71疫苗质控相关的国家及国际标准品研制、EV71/CA16双价疫苗的研发等进行系统介绍。徐苗副所长作了“中国食品药品检定研究院生物制品批签发和国际合作”的报告。随后，BGTD局长Ms. Cathy Parker专门接见了中国食品药品检定研究院代表团，并参加最后半天的交流讨论和会议总结。会议总结中，王军志提出：中国食品药品检定研究院和BGTD面临共同的挑战，随着研究新技术、新方法的发展以及中国200多家生物制品企业正在研发的很多新产品，我们的监管科学需求很大，作为国家质控实验室，如何提高监管效率、为科学监管提供可靠的技术支持，是个重要课题；生物仿制药特别是单抗类产品，需要很多新的检测方法，加强双方合作研究具有必要性和重要性；最后，王军志建议，明年是双方合作十周年，邀请加方专家来访中国食品药品检定研究院，并续签MOU。

杨化新、谭德讲赴美国访问美国杜克大学和马里兰大学

2015年7月7日至13日，应美国杜克大学医学院（Duke Medical School）、马里兰大学药学院（School of Pharmacy，University of Maryland）和英国国家生物制品检定所（NIBSC）邀请，经国家食品药品监督管理总局批准，中国食品药品检定研究院化学药品检定所所长杨化新和药理室副主任谭德讲一行分别访问了上述三家单位。

与英国内政部、欧洲化妆品协会及中国欧盟商会签署协议

2015年11月2日，中国食品药品检定研究院与英国内政部、欧洲化妆品协会及中国欧盟商会在欧盟驻华使团共同签署“化妆品法规技术合作框架协议”和“化妆品安全评估项目合作协议”。国家食品药品监管总局药化注册司副司长黄敏、英国驻华大使馆科技处一等秘书Karen Maddocks、中国食品药品检定研究院副院长王佑春、中国欧盟商会北京办公室总经理谢静岚、欧洲化妆品协会技术总监Gerald Renner出席签字仪式。合作方将在组织化妆品安全评估培训，开展安全评价方法研究及化妆品风险评估等方面加强交流合作。

国际交流

张志军、肖新月、姚静赴英国政府化学家实验室、欧洲药品质量与健康管理局进行交流访问

应英国政府化学家实验室（Laboratory of the Government Chemist，简称LGC）、欧洲药品质量管理局（European Directorate for Quality of Medicines & HealthCare，简称EDQM）和通用电气医疗系统公司（GE Healthcare）邀请，经国家食品药品监督管理总局批准，中国食品药品检定研究院副院长张志军、标准物质与标准化研究所肖新月研究员和化学药品检定所抗肿瘤与放射性药品室姚静副主任药师随总局科技标准司颜敏副司长和曹晨光处长一行于2015年11月8日至14日赴英国LGC、法国EDQM和GE Healthcare进行了交流访问。访问LGC期间，代表团此行访问了LGC位于伦敦西南部特丁顿的总部，LGC对代表团一行的来访表示热烈欢迎。双方互做简单介绍后，肖新月所长作了“中国食品药品检定研究院标准物质研制概况”的报告。LGC实验室及管理服务负责人Steve、药品标准物质负责人Victor分别介绍了英国食品药品监管情况、LGC作为第三方实验室的运行情况、LGC不同级别标准物质研制情况、LGC在食品药品领域的实验室能力验证

项目（PT）。期间，代表团与首席科学家 Derek、药品标准物质负责人 Victor、大中国区总裁 Monika、标准品业务总经理 Sean 等人深入交流了标准物质研制的有关技术要求和管理经验。Steve 主持参观了 BP 和 MHRA 的实验室，介绍了 LGC 和政府之间的合作模式。鉴于前期中国食品药品检定研究院标化所与 LGC 签署的 MOU 已经到期，双方均表示愿意续签 MOU，并详细讨论了续签内容：（1）双方互派人员访问，实地学习，进行较为深入的技术交流；（2）共同举办学术会议、讲学培训；（3）信息共享问题；（4）原料供应问题；（5）开展协作标定或联合研制标准物质，以及标准物质的国际代理等。

在访问欧洲药品质量与健康管理局（EDQM）期间，生物标准化及 OMCL 网络与健康部门（DBO）负责人 Karl - Heinz 介绍了 OMCL 的整体情况以及 EDQM 的 PTS 项目，DBO 部门的 Catherine 介绍了欧盟生物制品批签发相关情况，实验室部门负责人 Andrea 介绍了欧洲药典标准物质情况，质量安全环境部门负责人 Jonna 介绍了 EDQM 对照品的质量管理体系。代表团受到 Susanne Keitel 局长的热情接见。会谈结束后，代表团参观了 EDQM 的实验室。

杨化新、谭德讲赴英国、美国访问英国国家生物制品检定所、美国杜克大学和马里兰大学

2015 年 7 月 7 日至 13 日，应美国杜克大学医学院（Duke Medical School）、马里兰大学药学院（School of Pharmacy，University of Maryland）和英国国家生物制品检定所（NIBSC）邀请，经国家食品药品监督管理总局批准，中国食品药品检定研究院化学药品检定所所长杨化新和药理室副主任谭德讲一行分别访问了上述三家单位。访问英国国家生物制品检定所期间，就激素类标准物质的协作标定研究和生物标准品标定中的统计问题进行了交流。并与 NIBSC 的内分泌室（Section of Endocrinology）主任 Chris Burns 博士、标准化科学室（Section of Standardization Science）主任 Paul Matejtschuk 博士和统计室（Section of Statistics）主任 Peter Rigsby 先生，以及联系人 Dorothy Xing 博士进行了较为深入的互动交流。前期交流主要集中在化药所及其激素类标准物质国际协作研究的概况；激素类标准品的理化分析方法及替代研究方面的经验；多肽类参考品的制备和赋值，并参观了标准化科学室的冻干样品检验室，特别对标准品制备中的冷冻降温曲线、氧含量和水分测定仪器和操作进行了现场交流。中期的交流主要集中在统计学方面，首先由谭德讲副主任简要介绍了中国食品药品检定研究院统计应用及运行概况，然后是统计室主任 Peter Rigsby 先生介绍效价实验中的统计方法和软件工具等。最后，解答了中国食品药品检定研究院一些在工作中遇到的问题，并就今后的合作，特别是激素类标准物质的协作研究及联合标定等进行了讨论。

随后，在访问杜克大学医学院生物统计学与生物信息学系期间，主要就统计学在医药领域中的应用研究及动向，与该院主要研究人员进行了交流，并就目前化药所的职责和任务、中国食品药品检定研究院开展的统计研究和需求进行了介绍。同时代李波书记颁发了 Elisabath E. DeLonghi 博士和 Shein - Chung Chow 博士作为中国食品药品检定研究院特聘客座研究员的聘书。本次访问的主要成果如下：1、杜克大学医学院生物统计学和生物信息学系，将接受两名化药所一线骨干人员到该院就“药品关键质量属性的统计学评价方法”进行合作研究；2、明年下半年在北京联合举办针对非临床方面的统计应用研讨会；3、继续拓展双方感兴趣的合作内容。并初步商讨了接受杜克大学的硕博士生到化药所进行暑期实习，协助解决统计相关问题。访问马里兰大学药学院期间，初步形成了今后合作的意向，包括大分子药物快检技术的合作研究、药物质谱分析和

监管科学硕士课程的学习培训等。

美国FDA CFSAN中心副主任 Steve Musser博士一行访问中国食品药品检定研究院

2015年5月12日，美国食品药品监督管理局食品安全与应用营养中心（CFSAN）副主任Steve Musser博士一行访问中国食品药品检定研究院。中国食品药品检定研究院王佑春副院长和食化所张庆生所长会见了三位专家。在美国食品监管方面，FDA负责美国州际贸易及进口食品，包括带壳的蛋类食品（不包括肉类和家禽）、瓶装水以及酒精含量低于7%的饮料的监督管理。FDA对食品的监管职责是通过CFSAN来实施的，目的是保证美国食品供应能够安全、卫生，标签、标示真实。双方就两国食品监管机构设置、保健食品管理、食品抽检、食品安全事件处理、基因组测序等方面进行了深入讨论，达成了重要共识，确定了长期合作研究关系，Steve Musser博士表示将支持中国食品药品检定研究院的食品检验和基因组测序分析工作，并邀请中国食品药品检定研究院相关专家近期到美国CFSAN进行技术交流。两位国外专家还参观了食化所生物和理化实验室，听取了中国食品药品检定研究院在食品检验、研究方面的一些具体工作，专家对中国食品药品检定研究院的相关工作给予了充分的肯定，并对下一步食品检验方法研究工作提出了宝贵建议。

邹会见德国磷脂研究中心主任 Jürgen Zirkel博士一行

2015年5月27日，中国食品药品检定研究院副院长邹健会见德国磷脂中心主任Jürgen Zirkel博士一行四人并进行了相关工作交流。随后Jürgen Zirkel主任在中国食品药品检定研究院进行了学术报告。邹健代表中国食品药品检定研究院对Jürgen Zirkel主任一行的来访表示热烈的欢迎，在简要介绍了中国食品药品检定研究院包材所在《中国药典》药用辅料标准制定、对照品研制、全国范围内的药用辅料能力验证和实验室比对的组织以及连续6年开展药用辅料国评抽验等方面所做的各项工作后，希望双方以此次学术交流为契机，进一步开展在药用辅料质控、检验检测技术，以及功能性辅料研究等技术层面上的合作。Jürgen Zirkel主任介绍了德国磷脂研究中心的情况并高度赞扬了中国食品药品检定研究院在药用辅料检验中所发挥的作用，同时希望双方继续在卵磷脂的质量控制、新检测方法的开发，功能性指标的研究、磷脂标准品的研制等方面开展更广泛深入的合作交流。最后诚挚的邀请中国食品药品检定研究院组团参加欧洲药用辅料相关研讨会以及欢迎优秀科研人员申请“磷脂科学研究杰出贡献青年奖”。包材所主要负责人和相关技术人员参加了会见。随后Jürgen Zirkel主任作了题目为《欧洲药用辅料的注册管理制度以及磷脂类药用辅料的质量控制和其在药物制剂的应用》的学术报告，全面介绍了欧洲辅料和活性成分的注册法规制度和德国磷脂中心在磷脂的制备工艺、质量控制和相关药物制剂的应用研究，并同参会人员就磷脂中含量检测方法、磷脂中残留蛋白的去除工艺和新型磷脂的开发等感兴趣的内容进行了互动交流。中国食品药品检定研究院近40多名技术人员参加了学术交流。

李波会见瑞士全球卫生事务大使、瑞士内政部公共卫生局副局长兼国际司司长塔妮娅女士一行

2015年6月16日下午，中国食品药品检定研究院党委书记、副院长李波会见来访的瑞士全球卫生事务大使、瑞士内政部公共卫生局副局长兼国际司司长塔妮娅女士一行6人。国家食品药品监督管理总局国际合作司副司长秦晓岑、处长何莉参加了会见。李波对塔妮娅女士一行的来访表示热烈欢迎。双方就中国食品药品检定研究院的职能、技术人员交流、药品快检车、中药质量

控制与检验方法等问题进行了探讨，并希望以此为契机，推动双方今后在上述领域中的实质性的合作与交流。会后，外宾一行参观了中药室和中药标本馆。

新西兰鹿业协会来访

2015年9月21日，根据国家食品药品监督管理总局国际合作司要求，中国食品药品检定研究院中药民族药检定所接待了新西兰鹿业协会亚洲区市场经理格瑞斯、驻华代表何瑞轩、新西兰驻华使馆俞莉一行3人，并就新西兰鹿茸基原是否符合中国国家药品标准要求、将新西兰鹿茸作为传统中药进口，同时用于药品及保健品的可行性、进口程序及支持性文件要求等议题进行了讨论。中药所马双成所长、天然药物室副主任等人参加了讨论，并就新西兰鹿茸基原问题和按照中药材进口所需相关程序给予了明确答复。

张露勇赴德国参加食品安全风险评估培训

2015年9月6日至19日，张露勇随国家食品药品监管总局食监三司组团赴德国法兰克福和柏林执行食品安全风险监测预警交流培训任务。培训中访问了联邦食品、农业和消费者保护部（BMELV）及其下设的联邦消费者保护与食品局（BVL）。通过交流了解到（BMELV）是德国食品安全的最高监管部门，负责整合汇总国内的各种监管信息，如官方的监督报告、科学的评估报告、联邦议会辩论记录、欧盟层次的听证和讨论记录、经济界和协会社团的信息以及新闻发布等。（BVL）是风险管理和风险评估机构，主要负责联邦层面的食品安全监测和管理工作，编制全国食品监测计划、开展监测数据的管理与分析、撰写监测报告、组织相应能力测试、向公众发布监测结果等。访问中对其运行的具体细节问题进行了深入交流。在行程中还安排了参观乳制品、肉制品企业及培训机构，了解实际监管经验和做法等。通过本次培训对德国食品安全监管体系、德国食品安全法律法规及其落实情况、德国食品安全风险管理预警机构设置、机制和分工合作、德国与欧盟的风险交流和在内部各州的风险管理有了深入了解。同时促进了与德国监管机构的交流。

国际植物药监管合作组织
第二小组成员来访交流

2015年9月29日，国际植物药监管合作组织第二小组的成员一行5人来中国食品药品检定研究院中药所访问。中药所负责人首先向来自古巴、沙特阿拉伯、坦桑尼亚、马来西亚和中国香港的各位代表介绍了中国食品药品检定研究院的基本情况、中药所的组成和职责，之后对中药所的实验室进行了参观，并对中药的质量控制新技术、新方法进行了充分的讨论和交流。各位代表还参观了中药标本馆，并由工作人员对标本馆的历史、建设、发展、作用及意义等方面进行了详细的介绍。代表们纷纷留言，表示对标本馆工作表示赞叹。古巴CECMED专家Dr. Diadelis写道："这是我见过最好的中药标本馆"。沙特阿拉伯国家药监局观察员Yousef写道："标本馆承载了巨大的工作量，非常感兴趣，有很多值得学习的事情"。

荷兰药品审评监督局
局长雨果赫茨博士一行来访

2015年10月14日下午，中国食品药品检定研究院党委书记、副院长李波会见来访的荷兰药品审评监督局局长雨果·赫茨博士一行4人。李波代表中国食品药品检定研究院对赫茨博士一行的来访表示热烈欢迎。双方就中国食品药品检定研究院的职能和日常工作、中国药品检验检测体系以及荷兰药品监督管理机制和药品审评监督局的职责进行了介绍和交流，重点交流了中国与荷兰以及欧盟国家在药品监管、药品注册检验、药品上市后监督抽验等方面的不同做法，同时也就在两国各自药品监管体系内，为了达到有效的监管、保证药品质量安全，如何提高和加强不同职能部门之间的协作和联动进行了深入的探讨。双方一致认为，在当今药品生产和流通呈全球化趋势的局面下，加强交流，互相了解各国之间不同的监管机制和监管手段是十分必要的。

耿兴超、霍艳赴美国参加Tox21毒理学研究项目培训

经国家食品药品监督管理总局批准，2014年11月1日至12月20日，中国食品药品检定研究院安评所耿兴超副研究员和霍艳研究员赴美国北卡罗来纳州美国环境保护署（EPA）和美国国家环境卫生科学研究院（NIEHS）参加Tox21毒理学研究项目培训。培训期间，耿兴超和霍艳博士分别与美国EPA国家计算毒理研究中心(NCCT)、NIEHS、NCATS等30余名部门负责人和主要研究者（principal investigator）进行面对面的沟通与交流，了解Tox21/ToxCast项目实施情况及最新进展；先后参观了体外化合物高通量机器人筛选中心、体外肝毒性实验室、生殖毒性快速筛选实验室、遗传毒性研究中心等10余个先进实验室；参加了2014年度Tox21项目交流年会、NTP年会等大型会议及专项培训研讨会20余个。通过这次培训，系统地学习了ToxCast毒理数据库的分析和使用，了解了毒理基因组学数据库、遗传毒性高通量筛选技术、体外肝毒性研究新模型、免疫毒性筛选技术等新方法，通过生物信息学技术开展早期药物的高通量筛选和风险评估，有利于提高药物研发的成功率和降低临床用药风险，也是目前国际毒理学研究的一个重要发展方向。

王云鹤、李静莉赴法国参加IEC/TC62/SC62B/MT41工作会议

国际电工委员会IEC/TC62医用电气技术委员会所属SC62B分技术委员会MT41工作组会议于2015年1月21日至23日在法国巴黎召开。本次会议由法国国家标准化协会组织主办，国际电工委员会IEC/TC62秘书长、来自7个成员国和IEC/ISO国际组织相关代表、国内外技术专家十余人参加了本次会议。国家食品药品监督管理总局医疗器械标准管理中心副主任王云鹤、医疗器械标准管理研究所所长李静莉应邀参加会议。本次会议主要讨论了IEC 60601 -2 -43第2版修订1的修订内容、工作计划和日程安排等，重点讨论了IEC 60601 -2 -43第2版修订1，包括：1）与IEC 60601 -1 3.1版、并列标准及IEC60601 -2 -54（摄影和透视X射线设备基本安全和基本性能的专用标准）的修订1协调一致；2）增加了IEC 61910 -1标准：医疗电气设备——辐射剂量文件——第1部分：摄影和透视的辐射剂量结构报告；3）建议在介入应用程序中估算皮肤剂量值的要求。IEC组织和各国医疗领域标准化组织非常关注中国医疗领域转化国际标准的进程，特别希望了解IEC60601 -1 3.1版在中国的转化和实施计划，也希望通过了解中国转化国际标准的情况，在制修订国际标准计划时对中国的有关情况予以考虑。在本次SC62B/MT41正式议题开始前，应法国国家标准协会邀请，中国代表介绍了IEC60601 -1第3.1版本转化情况，主题演讲在会上获得了极大的反响，各国代表踊跃提问、交换意见，演讲者解答了与会专家对中国转化IEC 60601 -1 3.1版标准转化和实施中可能遇到的技术问题和建议。工作组专家在讨论中充分听取了中国对本次IEC 60601 -2 -43标准的修订意见和建议，及时调整了工作内容和计划，并表示要加快该标准的修订进程和积极支持中国转化国际标准的愿望。

张琳、郭隽赴美国参加第54届美国毒理学会年会

应美国毒理学会（Society of Toxicology, SOT）邀请，并经国家食品药品监督管理总局批准，中国食品药品检定研究院食品药品安全评价

研究所暨国家药物安全评价监测中心张琳、郭隽2人于2015年3月22日至26日赴美国加利福尼亚州圣地亚哥参加第54届美国毒理学会年会(The 54th SOT Annual Meeting)。研讨会环节主要包括新兴烟草的产品的生物标志物与损伤、蛋白连接通道的作用、阿尔茨海默氏病发病机制和应对对策、抗体-药物的开发非临床研究、表观遗传毒理学与基因组学、化学品生殖毒性屏障体系的研究、拟除虫菊酯类毒性及年龄风险性、21世纪毒理学研究数据的共享与挑战、采用替代模型进行毒理学研究、微生物内环境对毒物敏感性的影响、吸入类化学物免疫毒性敏感度的研究、神经发育毒性评价的法规研究、危害评估与剂量反应、风险评估中的不确定因素、药代动力学在化学物毒理学研究中的意义、低毒性化合物研发、神经毒物的管理与评估、体外生物模型在毒理学预测中的意义、免疫毒性介导的药物不良反应、体外高通量筛选方法的研究、眼科毒理学临床及非临床研究、中草药成分营养补充剂安全性研究等毒理学前沿动态与思考。本次毒理学年会汇集最近1年中全球毒理学研究的热点与前瞻，全面涉及毒理学的研究领域，会议内容详实、并与产品研发过程密切结合。代表团成员根据自己专业背景和兴趣，分别选择参加了食品药品和化妆品安全监管、实验动物及其体外替代模型研究、药物生殖发育毒性研究、遗传毒理学、幼年动物毒理学等相关分会，听取了国外多位毒理学专家的精彩学术报告，学习并了解了美国等发达国家的医药监管方针和策略，以及目前国际上开展安全性评价研究的最新技术和研究进展，并与国外的同行专家进行了经验交流。

邹健等4人赴美国参加第7期中美药典药品标准管理培训

经国家食品药品监督管理总局批准，2015年3月1日至21日，以中国食品药品检定研究院邹健副院长为团长，包材所所长孙会敏、标化所副所长陈亚飞、化药所姚尚辰等18名来自国家食品药品监督管理总局、中国食品药品检定研究院、国家药典委员会以及11个省（市）食品药品检验机构的学员组团赴美国进行第7期中美药典药品标准管理培训，此次培训由国家药典委员会组织完成。培训班分别在位于美国马里兰州的美国药典委员会（USP）总部、北卡莱罗纳州立大学生物制造培训教育中心(NTEC)及有关企业和实验室，就USP药品标准管理、美国食品药品监管、实验室建设和管理等有关内容进行了培训。学员们主要学习了USP组织架构和职能、标准体系建设和内容、标准制定程序、标准品制备、全球药典协调工作等，美国联邦食品药品管理局（FDA）组织架构和职能、药品审评审批程序、相关法规建设等，以及药物质量事件紧急应对、辅料管理、药品生产管理等方面的内容，了解了国外相关领域最新法规和技术要求、发展状况和发展趋势等。此外，还旁听了由FDA生物制品评估研究中心暨疫苗及相关生物制品监测委员会组织的主题为2015-2016流感季节应对流感病毒疫苗选择的论证会，概括了解了相关论证程序和要求。在与Waters、卫材、诺华、默沙东等国际大型医药企业的交流活动中，学员们分别就分析仪器在药物研究及检测中的应用、食品检测方法开发、新药研究等领域和主题进行了充分的学习和研讨，并参观了有关实验室和生产车间。

鲁静、金红宇赴新加坡执行中药合作项目

根据中新双边谅解备忘录，受国家食品药品监督管理总局委派，应新加坡卫生科学局（HSA）及其下属的辅助医疗保健品组（CHPB）的邀请，中国食品药品检定研究院中药民族药检定所鲁静主任药师、金红宇主任药师分别于2015年3月2日至6日、2015年3月9日至13日赴新加坡执行中药合作项目。出访期间，鲁静主任药师、金红宇主任药师访问了HSA及CHPB、检测实验室，与新加坡方面相关主管、技术人员、大

学教授、行业专家等各方人士进行了广泛交流，在HSA就中国中医药的发展与监管做了专题介绍，并按照约定的内容，CHPB主管介绍了新加坡中药及相关健康产品的管理，我方重点就中国中药监管与注册管理、中药质量标准研究技术要求、中药材与中成药检测方法、毒性药材管理、中药GAP进展、中药整体质量控制技术、中药中外源性有害残留物风险控制等内容进行了介绍与交流。通过访问，了解到新加坡民众对中药及相关健康产品有着广泛而迫切的需求，中药对新加坡出口在东南亚各国中也占有较高比例。但是，由于中药产品的复杂性，新加坡监管部门也面临着注册及监管技术复杂，成本较高及产品质量不稳定等问题，尤其在中药材真伪鉴别及质量评价、中成药及健康产品掺杂化学药品、外源性污染评估等方面更是面临较大的挑战。中药在新加坡虽然被广泛认可，但近年来同样面临着来自印度、马来西亚、南非等国家传统天然药物的越来越激烈的竞争。在访问交流中，新加坡CHPB也对中国对中药饮片的定位与管理、对天然药物研究技术要求的补充规定、《中国药典》（2015年版）的特色等表现出了较为浓厚的兴趣。

饶春明赴美国参加第18届美国基因与细胞治疗协会年会

应美国基因与细胞治疗协会（AMERICAN SOCIATY OF GENE & CELL THERAPY）邀请，经国家食品药品监督管理总局批准，中国食品药品检定研究院生物制品检定所重组药物室饶春明主任于2015年5月12日至15日参加了在美国新奥尔良召开的ASGCT第十八届年会。本次会议有来自世界各地从事基因和细胞治疗研究和监管的共1700多位专家和代表参会，收到论文、报告及摘要近700多篇，内容涉及基因和细胞治疗领域的最新研究进展。其中中国食品药品检定研究院投稿文摘“逆转录酶活性测定国家标准的建立及其在基因治疗产品质量控制中的应用研究”被该年会接收作为墙报展出。

陈华赴瑞士世界卫生组织总部借调工作

应世界卫生组织（WHO）邀请，经国家食品药品监督管理总局批准，中国食品药品检定研究院化药所精麻药副主任陈华以志愿者身份于2015年5月11日至2015年11月10日赴世界卫生组织（WHO）总部基本药物司技术标准处的质量保证组进行了为期六个月的工作，工作期间陈华分别参与了炔诺酮原料药、炔诺酮片、氢溴酸右美沙芬原料药、右美沙芬口服溶液、左炔诺孕酮原料药、雌二醇环戊丙酸脂原料药及蒿甲醚注射液等7个国际药典质量标准起草工作，并在草案审核过程中提出了合理的修改意见。同时对国际药典附录中的溶液颜色检查法进行了调研，完成了调研报告，提出了相应的改善建议，此外还完成了WHO网站中药品质量相关文件的汉译及整理以及秘书处日常工作，并积极参加了基本药物司举办的各类其他学术会议。

余新华随总局团组赴德国参加ISOTC121第44届年会和工作组会议

应德国标准化协会邀请，经国家食品药品监督管理总局批准，2015年6月8日至12日，中国食品药品检定研究院医疗器械标准管理研究所副所长余新华随国家食品药品监督管理总局医疗器械注册管理司团组参加了在德国柏林召开的国际标准化组织麻醉和呼吸设备技术委员会（ISO/TC121）第44次大会及工作组会议。来自中国、美国、德国、日本、澳大利亚等17个成员国和ISO国际标准化组织相关代表、技术专家100余人参加了本次会议，中国代表团共7人，其中2人来自全国麻醉和呼吸设备标准化技术委员会（SAC/TC116），3人来自企业。在ISO/TC121第44届年会上做出了13项决议并获与会成员国表决通过，ISO/TC121所属6个分技术委员会和部分下属工作组分别召开了年会和工作组会议，共计40余场，会上就修订中的标准ISO/WD 11195《医用气体混合器独立气体混合器》和ISO/WD 80601－2－55《医用电气设备第2－55部分：呼吸气体监护仪基本性能和主要安全专用要求》进行了探讨和审查。本次会议达成7项决议。

李永红赴韩国参加2015年全球生物大会和APEC协调中心治疗性生物制品研讨会

应韩国食品药品安全部邀请，经国家食品药品监督管理总局批准，中国食品药品检定研究院生物制品检定所重组药物室李永红研究员于2015年6月29日至30日参加了在韩国仁川松岛会议中心由韩国食品药品安全部主办召开的2015年全球生物大会（Global Bio Conference 2015，GBC2015），7月1日至2日参加了APEC协调中心（APEC Harmonization Center，AHC）治疗性生物制品研讨会。全球生物大会由韩国食品药品安全部发起和主办，由韩国生物产业协会组织，从2013年开始每年召开一次。整个全球生物大会在2015年6月29日至7月2日召开，包括7个分会的内容：1. 生物制药在全球的趋势；2. 重组蛋白产品开发和市场的最近趋势；3. 细胞和基因治疗产品开发和监管问题的当前趋势；4. GMP国际专家研讨会；5. 人体组织安全管理国际讲习班；6. 理解生物制药监管系统的国际研讨会（特别关注疫苗）；7. 生物制品国际监管专家研讨会。在细胞和基因治疗产品开发和监管问题的当前趋势分会中，李永红研究员介绍了中国基因治疗药物的研发情况、相关的监管法规框架以及质量控制的要求。随后于2015年7月1日至2日举行的AHC治疗性生物制品研讨会包括五个部分以及闭门会。来自韩国、加拿大、美国、墨西哥、欧盟、日本和WHO的监管人员就上市后变更、生物类似药评价和生物类似药法规议题作了精彩演讲，此外，印度尼西亚、泰国和中国的监管人员参与了小组讨论环节。来自企业的专家［安进、Bio、BMS、辉瑞、罗氏/基因泰克、Sandoz、国际药品制造商协会联合会（IFPMA）］分享了各自的经验和看法。

程显隆、康帅赴匈牙利参加第63届国际植物药及天然产物大会暨2015年年会

经国家食品药品监督管理总局批准，2015年8月23日至27日，中国食品药品检定研究院中药民族药检定所程显隆副研究员和康帅助理研究员赴匈牙利参加了在布达佩斯会议中心召开的第63届国际植物药及天然产物大会暨2015年年会（GA 2015年会）。来自世界各地从事天然药物研究的专家学者约600人参加本次会议。会议开幕式向年度优秀研究论文（Planta Medica）、青年研究学者和年度获奖者颁奖，并由获奖专家学者进行专题演讲。会议分大会报告、专业分会研讨及壁报交流三种方式分时段进行。大会主要邀请9位知名专家就植物药、天然产物及其研发等主题做大会报告，包括真菌类生物活性的研究方法与进展、中美洲传统药用植物的应用与危地马拉现代植物疗法研究、基于3D特征的药效模型－天然产物分析的有效工具、天然产物与神经系统疾病－分子机制与临床研究、大麻与大麻素研究——一个古老药用植物如何揭开人体的重要信号传导系统、植物性药物补充剂相互作用的体外评价局限性研究等内容。分会场主要围绕植物药的质量控制、民族植物学与民族药研究、药代动力学与植物化学、生物技术和细胞生物学新方法、具有潜在药用价值的天然产物研究、植物药在慢性病治疗中的应用等领域开展探讨。另外，会议还安排3次壁报交流。程显隆、康帅除了参加了大会报告学习外，还结合专业特点，选择参加了植物药的质量控制、民族植物学与民族药研究、具有潜在药用价值的天然产物研究等分会场的交流和讨论。

周晓冰、张颖丽赴德国进行 Human－on－a－Chip 技术研修

经国家食品药品监督管理总局批准，2015 年 9 月 1 日至 10 月 10 日，中国食品药品检定研究院安评所周晓冰副研究员和张颖丽助理研究员赴德国柏林工业大学生物工程学院进行了人体器官生物芯片（Human－on－a－Chip）项目研修。在研修期间，周晓冰博士和张颖丽博士通过文献回顾、幻灯讲解、实验室操作，系统地学习了人体器官生物芯片的构造及原理，生物芯片中微流体循环的作用机制及微流体泵的构造，了解了柏林工业大学生物工程学院利用人体生物芯片开展的各项研究。并在指导下利用双器官生物芯片（2 Organ－Chip）和 4 种器官生物芯片（4 Organ－Chip）分别独立开展了皮肤模型、血管模型、肝细胞团模型、人体骨髓模型以及肾脏近曲小管模型的完整实验流程，全面了解了不同模型的检测指标及检测方法，针对不同器官和模型的特异荧光染色技术进行了实验操作，并学习了最新的双光子显微成像技术。

辛晓芳、徐颖华赴澳大利亚参加 2015 年澳大利亚临床免疫学和过敏学协会年会

经国家食品药品监督管理总局批准，2015 年 9 月 8 日至 12 日，中国食品药品检定研究院生物制品检定所辛晓芳主任技师和徐颖华副研究员赴澳大利亚参加了在阿德莱德会议中心召开的 2015 年澳大利亚临床免疫学和过敏学协会年会。来自不同国家从事免疫和过敏研究及监管的共 300 多位专家和代表参加了本次会议。本届年会在南澳阿德莱德会议中心举办，历时 5 天，包括大会主题报告，分会场以及壁报交流报告形式。围绕临床免疫学和过敏学研究领域的前沿和热点，会议主委会邀请多位国际专家进行主题报告，包括“人体过敏反应中饮食、营养和微生物感染的作用研究进展”、“过敏反应－预防靶标的研究”、“如何预防过敏反应”、“国家层面的预防过敏反应相关策略研究”、自身免疫和遗传学专题，以及病毒相关的自身免疫与免疫缺陷专题报告等。在过敏学分会场来自不同医院及科学研所人员分别报告了各自研究进展，包括一些过敏反应的特异性免疫疗法、过敏生物制剂与创新、临床罕见过敏性病例的报道、过敏口服免疫疗法以及一些过敏性疾病治疗与预防的临床试验研究等。同时每天下午留有一定时间供壁报交流与讨论，包括过敏性疾病预防制剂临床试验的设计、ASCIA 过敏性相关材料模块的介绍，过敏性诊断的点刺试验与特异性血清相关性的研究、一些地区或区域过敏性疾病的流行趋势与特点等研究相关内容。

王佑春、张庆生赴澳大利亚、新西兰进行食品安全检测技术交流

经国家食品药品监督管理总局批准，中国食品药品检定研究院副院长王佑春、食品化妆品检定所所长张庆生和总局规划财务司刘文臣于 2015 年 9 月 13 日至 20 日赴澳大利亚、新西兰进行食品安全检测技术交流合作。此次出访主要为介绍交流中国食品药品检定研究院在该领域所做的工作与进展；学习国外同行在食品安全检测技术方面的最新研究动态与经验；探讨下一步双方拟开展的国际合作与交流。参访澳大利亚昆士兰大学营养与食品研究中心、新西兰林肯大学的农业和食品研究中心主要探讨与其开展乳制品、肉类、酒类等产品安全与营养成分检测技术交流合作，了解其食品安全相关学科领域设置与人才培养；调研其与政府、企业在食品安全基础研究领域的合作情况；访问新西兰环境科学研究所 ESR 与 AsureQuality 安硕食品检测机构，重点研究探讨食品分析与食品安全控制技术研究、食品溯源技术、实验室间比对研究的技术合作，同时考察实验室装备情况与第三方检测机构与政府合作模式与运行机制。

王学硕赴新西兰参加中新食品安全奖学金项目

应新西兰初级产业部的邀请和资助，经国家食品药品监督管理总局批准，中国食品药品检定研究院食化所王学硕随同国家食品药品监督管理总局团组一行3人，与2014年9月14日至12月14日参加了2015年中新食品安全奖学金项目，就食品安全管理理论与新西兰食品安全监管体系进行学习。培训的主要内容包括：培训项目背景和新西兰食品安全监管工作概况；在梅西大学进行了国际食品安全管理理论与基于风险管理的新西兰食品安全监管体系的学习，访问了初级产业部、澳新食品标准局和新西兰国家实验室（AsureQuality），参观考察了恒天然、康维他等食品企业；在新西兰初级产业部学习交流，并观摩了政府官员对餐饮企业和食品生产企业的监督检查；在国家实验室、Agresearch和Plant&Food Research等科研机构进行交流和学习。此次培训内容丰富、重点突出，通过对新西兰食品安全监管体系的系统学习以及对农场、企业、第三方认证机构、科研机构的实地考察、调研，学员们扩充了食品安全管理知识，对新西兰食品安全监管体系的构架及其运作模式有了更深的理解，开阔了眼界和思路，对今后工作的启发很大。

杨昭鹏、徐丽明、母瑞红赴德国参加国际标准化组织ISO/TC150年度工作会议

国际标准化组织外科植入物标准化技术委员会（ISO/TC150）2015年度工作会议于2015年9月13日至18日在德国柏林召开。参加此次会议的有来自中国、美国、德国、英国、法国、日本、韩国等13个国家的120多名代表。其中，中国代表10人。中国食品药品检定研究院作为国际对口技术委员会（ISO/TC150/SC7）外科植入物和矫形器械标准化技术委员会组织工程医疗器械产品分技术委员会（SAC/TC110/SC3）的秘书处单位，副主任委员杨昭鹏和秘书长徐丽明应邀参加了会议。此外，中国食品药品检定研究院医疗器械标准管理研究所副所长母瑞红、国家食品药品监督管理总局医疗器械技术审评中心程茂波和张世庆一同参加了此次会议。会议期间，主要参加了SC7的全部会议和SC1（生物材料）、SC4（骨接合）及SC5（脊柱植入物）分技术委员会的部分会议。在会上SC7标准项目讨论中，针对“组织工程医疗产品-术语”和“组织工程医疗产品-一般要求”2个国际标准，中国秘书处对每次的网络视频会前都及时组织专家征求意见，在现场会上积极参与讨论，充分表达我国技术专家的意见和建议，得到了各国与会专家的高度认可。其中“一般要求”标准草案中的“材料”一章被委托我国代表（中国食品药品检定研究院孟淑芳、徐丽明）协助起草。

新西兰环境科学研究所Brent Gilpin博士访问中国食品药品检定研究院

新西兰环境科学研究所（ESR）的Brent Gilpin博士于2015年10月16日来访。中国食品药品检定研究院王佑春副院长和食化所相关负责人与Brent Gilpin博士进行座谈，双方就食品微生物污染防控等议题交换了意见。随后Brent Gilpin博士参观了食化所生物检测实验室，并做了病原微生物相关问题学术报告，报告分别对弯曲杆菌及相关疾病、微生物致病体的基因分型和水质微生物学进行了阐述。

林肯大学Ravi和Malik博士来访

新西兰林肯大学的Ravi和Malik博士于2015年11月11日来访。中国食品药品检定研究院王佑春副院长和食化所相关负责人与Ravi和Malik博士进行座谈，双方就亚太地区食品安全等议题交换了意见。随后Ravi和Malik博士参观了食化所生物检测实验室，并做了食品安全相关问题学术报告，报告

分别对亚太地区食品安全挑战、气候变化对食品安全的影响、全球微生物食品安全恐慌、从农场到餐桌的乳制品食品安全新挑战进行了阐述。

喻钢、梁昊宇赴新西兰参加第18届空肠弯曲菌与幽门螺杆菌及相关致病菌国际会议

应空肠弯曲杆菌与幽门螺杆菌及相关致病菌年会执行主席Stephen L. W. On邀请，经国家食品药品监督管理总局批准，中国食品药品检定研究院生物制品检定所喻钢副研究员和梁昊宇助理研究员，于2015年11月1日至5日赴新西兰参加第18届空肠弯曲菌与幽门螺杆菌及相关致病菌（CHRO 2015）国际研讨会。本次CHRO 2015大会内容主要包括空肠弯曲菌和幽门螺杆菌两大类，其中包括流行病学（Epidemiology）、毒力与遗传学（Virulence and Genetics）、分类学（Taxonomy）、药物抗性（Drug Resistance）、疾病预防与控制（Prevention and Control）以及动物模型与治疗（Animal Models and Therapy）六大方面的内容。大会内容涵盖了从基础生物学到应用干预措施等方面。来自世界各地的科学家以大会演讲和海报等形式在此分享了他们近年来针对空肠弯曲菌和幽门螺杆菌及其他相关致病菌在细菌检测、疾病预防和治疗等方面最新研究成果，并且以大会提问及会后现场交流等形式对自身从事的领域和感兴趣的话题进行更深入的了解和讨论。在本次大会中，中国食品药品检定研究院以海报的形式展示题为“一种新型拮抗幽门螺杆菌抗菌肽的纯化鉴定、抑菌机理研究及评价模型的建立”的研究报告。其中内容包括分泌抗菌肽益生菌菌株的筛选、纯化策略的选择与工艺放大、抗菌肽抑菌谱及理化性质的研究、抑菌机理的分析、动物模型以及细胞模型的建立等方面。在海报中对具体实验过程及结果、发表文章等进行详细的展示与介绍，并在大会期间与其他对此研究领域感兴趣的专家学者分享经验、并对提出的实验操作方面的具体问题进行详细阐述和解答。另外，大会主席Stephen在大会报告中特别提到中国食品药品检定研究院曾明研究员最近在《柳叶刀》杂志发表的幽门螺杆菌疫苗临床研究合作论文，足见其对中国在此方面科研工作的肯定以及中国科学家在此领域的国际影响力。

丁宏赴加拿大进行食品检测技术交流访问

经国家食品药品监督管理总局批准，中国食品药品检定研究院食化所副所长丁宏应邀于2015年11月8日至12日赴加拿大对SCIEX技术研发中心和加拿大国家研究委员会实验室进行了交流访问。访问SCIEX技术研发中心期间，全球市场经理施杨先生、质谱研发及投资组合管理研究高级全球总监Chris Lock先生、应用支持和谐演示实验室经理Patrick Pribil先生出席了接待，SCIEX介绍了其在质谱分析设备的研究进展及最新产品的情况，以及在质谱应用领域建立的分析方法方面所做的努力。丁宏副所长介绍了中国食品药品检定研究院的基本情况，就质谱技术在食品检验领域的应用与SCIEX专家进行了充分的技术讨论，尤其是对食品检验对质谱技术的需求和普遍关注的检验检测技术问题进行了深入交流。会后，还参观了SCIEX质谱设备的研发历史展、设备调试及应用研究实验室，以及该公司最新发布的新产品X500R的调试现场，听取了其以用户需求为中心开展的质谱检测领域的研究和努力。SCIEX对中国食品药品检定研究院在食品药品及化妆品检验中的质谱应用极为关注，表示希望能建立在质谱检验技术应用领域的合作关系，进一步推进质朴检验检测技术的发展，不断满足检验的需要。访问加拿大国家研究委员会实验室期间，测量科学与标准部毒素计量学科带头人Pearse McCarron先生组织接待了访问团，投资组合顾问Martin Rutter先生、研究办公室Daniel Beach先生、生物毒素检测组负责人Michael A. Quilliam先生参加了接待。访问期间，加拿大

国家研究委员会介绍该机构主要的功能、研究内容等；丁宏副所长介绍了中国食品药品检定研究院情况，就下一步合作交流进行了初步探讨，随后参观了实验室，包括标准品、参考品的制备设备，以及毒物分离分析实验室及仪器设备，并就食物中的毒物研究等技术进行了深入探讨。加拿大国家研究委员会对我方的访问高度重视，希望保持沟通，并在中国与加拿大政府合作协议框架下，开展进一步的合作交流。双方将继续保持沟通，并就合作方式等问题进行进一步探讨。

贺争鸣、岳秉飞赴美国参加第66届美国实验动物科学年会

受美国实验动物科学年会执行主席 Ann T. Turner 邀请，经国家食品药品监督管理总局批准，中国食品药品检定研究院实验动物资源研究所贺争鸣研究员和岳秉飞研究员，于2015年11月1日至5日参加在美国亚利桑那凤凰城召开的第66届美国实验动物科学年会大会，有来自世界各地的近千名代表与会，在为期五天的会议中，成员和非成员一起举行研讨会、讲座、海报和产品展示，研究机构、政府机构和商业公司之间进行互动，会议分别就牛棒杆菌检测及肠道菌群研究、实验动物质量检测技术快速发展、病原在生物制品中的污染问题、动物福利、实验动物资源和动物模型的创建已成为实验动物科技工作的主导和方向、动物试验替代方法（或体外实验系统）的开发与应用、探索全球实验动物质量标准统一等实验动物科学发展的热点问题进行了研讨。

王钢力赴韩国进行化妆品工作交流访问

为加强推动中韩食品药品监管工作交流与合作，经国家食品药品监督管理总局批准，中国食品药品检定研究院食化所副所长王钢力参加由总局医疗器械注册司韦建华同志带队组成中方工作组，于2015年12月6日至10日期间赴韩国执行中韩医疗器械工作组及中韩化妆品工作组会议年度会议任务。会议上中方和韩方分别介绍了近期化妆品注册及上市后监管有关工作进展情况，并就双方关注的重点问题进行了专题交流。会后工作组对韩国化学融合研究院（KTR）、太平洋爱茉莉制造基地、LG生活健康研究所、韩国化妆品协会（KCA）和韩国化妆品经营企业进行了深入调研。

王军志、徐苗、梁争论访问日本国立感染症研究所并参加第2届疫苗研究和质量控制研讨会

应日本国立感染症研究所（National Institute of Infectious Diseases，简称为NIID）和加拿大卫生部生物制品和基因治疗产品局（Biologics and Gene Therapeutics Directorate，简称为BGTD）邀请，经国家食品药品监督管理总局批准，中国食品药品检定研究院副院长王军志、徐苗副所长和梁争论主任一行3人于2015年3月2日至8日赴日本东京和加拿大渥太华，分别访问日本国立感染症研究所和加拿大卫生部生物制品和基因治疗产品局。在访问NIID期间，参加由日本NIID、中国食品药品检定研究院（NIFDC）和韩国国家食品和药品安全评价所（NIFDS）共同举办的第2届疫苗研究和质量控制研讨会。会议期间，中日韩三国分别汇报了各自在疫苗批签发系统、新疫苗研发中的科技支撑作用、疫苗质控替代方法研究进展等领域所开展的工作。中国食品药品检定研究院王军志副院长作了名为“监管科学在新型病毒性疫苗研发中的作用”的报告，以H1N1疫苗、H7N9疫苗和埃博拉疫苗为例，介绍了中国食品药品检定研究院在重大疫情应对时，以扎实的科技储备为基础，通过早起介入、积极主动地进行评价方法和标准品等监管技术研究，成功促进新疫苗的研发过程。梁争论研究员报告了中国EV71疫苗研发进展，特别介绍了面对全新EV71疫苗研发过程中，针对疫苗质控和评价的关键技术瓶颈，中国食品药品检定研究院进行了毒株评价、标准品研

制、免疫原性评价、交叉保护等系列研究，研究结果有效促进了疫苗研发。徐苗副所长以无细胞百白破疫苗中百日咳毒素检测和狂犬病疫苗的效价检测为例，介绍了中国食品药品检定研究院替代方法研究进展。参会人员除了中日韩三国代表，还有菲律宾 FDA 代表作为观察员参会。此外，WHO 总部 Ivana Knezevic 博士和 WHO 西太平洋地区办公室 Jinho Shin 博士通过视频参加会议开幕式，两位官员均对此次会议的内容和形式给予高度认可和赞赏，并表示大力支持。

田子新、张聿梅赴美国 Waters 公司参加培训

2015 年 9 月 21 日至 25 日，沃特世（Waters）液质联用仪原厂仪器培训在美国马萨诸塞州米尔福德市 Waters 公司总部举办。应 Waters 公司邀请，经国家食品药品监督管理总局批准，中国食品药品检定研究院仪器设备管理处田子新、中药民族药检定所张聿梅二人赴美国 Waters 公司参加培训。本次培训依托于中国食品药品检定研究院液质联用仪购置项目中 Waters 公司产品的采购合同。Waters 公司共 6 位老师分别进行了专题培训。培训内容主要有高档液质联用仪在食品药品检定中的应用与维护、色谱与质谱性能验证，以及相关软件在中药检定方面的应用。此外培训成员还将中药检定过程中使用仪器设备和软件时发现的问题反馈公司进行交流互动，学习探讨。通过培训，学习了国际先进的分析手段与管理经验，了解了国外中药研究的新思路和新方法，对我院相关大型分析仪器的管理和应用范围的拓展有很好的启示作用。

港澳台地区交流合作

与香港特别行政区政府卫生署合作

2011 年 11 月 22 日，中国食品药品检定研究院与香港特别行政区卫生署签署“建立香港中药材标准的合作协议”。根据此次协议，中国食品药品检定研究院中药所承担 24 种中药材标准的研究工作。目前，共有 21 个品种通过国际专家委员会审核，其余 3 个品种也已进入实验室比对阶段，预计 2017 年上半年第 10 次国际专家委员会议审核通过。香港中药材标准的研究和建立，对促进中药材质量标准的提高，进而与国际标准接轨，保障公众健康，以及促进中药贸易都具有重要的意义。通过港标研究，提升研究人员的科研素质和国际交流水平，彰显药检系统在中药材标准研究国际化进程中的领先地位，同时也增强中国食品药品检定研究院与国际传统药物研究机构的交流与合作，为中医药事业的国际化发展做出了应有的贡献。

香港特区政府卫生署陈汉仪署长一行来访

2015 年 5 月 11 日，香港特区政府卫生署陈汉仪署长一行 3 人来院访问交流。中国食品药品检定研究院张志军副院长接见陈汉仪署长一行，并就有关中药安全及品质标准方面的合作进行座谈。陈汉仪署长首先介绍中国食品药品检定研究院参与制定的 24 个品种香港中药材标准最新发展情况。截至 2015 年 5 月，7 个品种通过 2014 年的国际专家委员会审核，同时 2015 年出版的第七册《香港中药材标准》收载这 7 个品种专论。陈汉仪署长还介绍了中国食品药品检定研究院中药所参与 2015 年启动的香港中药饮片标准的研究项目情况，中国食品药品检定研究院将承担第一期 8 个品种中的 1 个品种，作为示范品种进行研究。陈汉仪署长就即将成立的香港中药检测中心和中药标本馆，希望中国食品药品检定研究院中药所给予人员和技术帮助。陈汉仪署长还提出，由于香港不断加大药品的研制开发和市场监管力度，但在标准物质的获得方面比较困难，希望得到中国食品药品检定研究院的帮助。中国食品药品检定研究院张志军副院长对香港卫生署一行来中国食品药品检定研究院访问交流表了欢迎，希望双方在中

药安全和标准研究方面加强合作。并表示中国食品药品检定研究院愿为香港中药检测中心和中药标本馆的建立提供人员和技术帮助，可由香港卫生署派人来中国食品药品检定研究院中药标本馆进修学习，也可以由中国食品药品检定研究院派人到香港进行技术指导。同时，双方也可在数字化标本馆的建立进行合作交流。张志军副院长还介绍以中药所马双成研究员领队的科技部2013年创新人才推进计划重点领域创新团队——“中药质量与安全标准研究创新团”情况，希望双方可在中药质量与安全标准研究等方面建立长期的合作交流平台，进一步深化中药质量与安全研究保障体系的建设，加强项目合作和人员交流，共同举办学术会议等。从中药质量与安全标准研究、制定、检测新技术和新方法、人员培训、国际交流与合作等进行全方位的合作。

中药所部分港标承担品种通过《香港中药材标准》第9次国际专家委员会审议

中国香港特别行政区政府卫生署于2015年10月26日至29日在中国香港举办《香港中药材标准》（以下简称“港标”）第9次国际专家委员会（The 9th International Advisory Board Meeting Hong Kong Chinese Materia Medica Standards，IAB）会议。中国食品药品检定研究院中药所马双成研究员等研究人员参加会议。

会议由香港卫生署署长陈汉仪医生主持，共有来自中国大陆、中国香港、中国台湾、德国、奥地利、澳大利亚、日本、泰国、美国、英国、加拿大等地从事传统药物研究的专家和代表80余人参加。会议首先宣布了包括魏锋研究员在内的三位专家被聘为国际专家委员会（IAB）委员，之后宣布了包括广州市药品检验所江英桥所长在内的三位专家被聘为观察员（Observer）。会议审议了由中国食品药品检定研究院、香港中文大学、香港大学、香港科技大学、香港理工大学、香港城市大学、香港浸会大学、中国医药大学（台湾）8所研究机构承担起草的41种中药材标准的研究工作。其中，由中国食品药品检定研究院承担的14个品种［瓜蒌皮、三白草、桃儿七、洋金花、山银花、肉豆蔻、豆蔻、百部、闹羊花、柏子仁、淫羊藿、山豆根、天仙子（生）、青葙子］较为顺利地通过专家审议。会议还就港标研究中遇到的有机氯农药残留检测方法和标准的制定、名词术语、重金属检测以及标准制定、香港饮片标准的制定等相关问题进行讨论和交流。

举办培训、研讨会

化妆品动物体外试验培训班

2015年10月19日至23日，由中国食品药品检定研究院食品化妆品检定所与美国体外科学研究院（IIVS）主办，浙江省食品药品检验研究院承办的第三期“化妆品动物体外试验培训班”在杭州举行。培训内容包括眼刺激试验中的牛眼角膜混浊渗透法（BOCP）、三维眼角膜刺激实验（EpiOcular）和过敏试验中的直接多肽反应（DPRA）试验操作培训。来自全国27家单位共40余名学员参加了本次培训。

国家食品药品监督管理总局总局药化注册司黄敏副司长、中国食品药品检定研究院食化所王钢力副所长、浙江省食品药品检验研究院洪利娅院长以及来自美国体外科学研究院的张全顺博士出席开班仪式并讲话。美国体外科学研究院的张全顺博士及其团队的3名美籍培训教师Allison Hilberer、Nathan Wilt和Nicole Barnes分别对各项体外实验进行了详细的理论知识培训和实际操作演示，对学员进行了手把手的技术操作培训，并分别就化妆品皮肤刺激性、眼刺激性和过敏试验的技术整合策略做了专题讲座。培训取得了良好的效果，并得到了学员们的高度评价。

中欧化妆品风险评估培训

2015年11月2日至5日，依照“化妆品安全评估项目合作协议”，中国食品药品检定研究院与英国内政部、欧洲化妆品协会及中国欧盟商会及欧盟驻华使团在北京共同举办了“首届中欧化妆品安全评估培训”，食化所组织100余名化妆品监管和检验人员参加了本次培训。

Vera Rogiers、Gerald Renner等8位欧盟专家向培训学员详细讲解了化妆品安全评估的基本原理，局部毒性、系统毒性等毒理学重点，暴露量的评价，化妆品安全信息的来源，不良反应监测数据的应用。本次培训班使我国食品药品监管系统的化妆品相关工作人员对欧盟化妆品安全评估有了系统性、全面性的认识，也为我国与欧盟之间进一步深入开展学术交流、加强技术合作和人员培训奠定了良好的基础。

中国食品药品检定研究院与美国体外科学研究院联合举办2015年化妆品体外试验培训班

2015年10月19日至23日，由中国食品药品检定研究院食品化妆品检定所与美国体外科学研究院（IIVS）主办，浙江省食品药品检验研究院承办的第三期“化妆品动物替代试验培训班”在杭州举行。培训内容包括眼刺激试验中的牛眼角膜混浊渗透法（BOCP）、三维眼角膜刺激实验（EpiOcular）和过敏试验中的直接多肽反应（DPRA）试验操作培训。来自全国27家单位共40余名学员参加了本次培训。食品药品监管总局药化注册司黄敏副司长、中国食品药品检定研究院食化所负责人、浙江省食品药品检验研究院洪利娅院长以及来自美国体外科学研究院的张全顺博士出席开班仪式并讲话。美国体外科学研究院的张全顺博士及其团队的3名美籍培训教师Allison Hilberer、Nathan Wilt和Nicole Barnes分别对各项体外实验进行了详细的理论知识培训和实际操作演示，对学员进行了手把手的技术操作培训，并分别就化妆品皮肤刺激性、眼刺激性和过敏试验的技术整合策略做了专题讲座。培训取得了良好的效果，并得到了学员们的高度评价。王佑春副院长出席培训班结业仪式并作重要讲话，强调加快开展化妆品体外安全性评价实验的培训和研究，提高全国化妆品体外安全性评价实验的技术水平，加强国内外化妆品体外试验学术交流，并希望学员们学以致用、将培训中所学到的前沿技术与实际检验工作相结合，以适应国际化妆品检验技术发展和实际检验工作的需要，逐步提升我国化妆品体外安全性评价试验的技术水平。

WHO药品质量保证相关工作规范培训研讨会

2015年7月22日，WHO药品质量保证相关工作规范培训研讨会在中国食品药品检定研究院举行，来自中国食品药品检定研究院、国家药典会、北京所、天津所、总后所、河北院、辽宁院、吉林院、河南院等单位共50余人参加此次会议。会议由中国食品药品检定研究院化药所负责人主持。中国食品药品检定研究院党委书记、副院长李波在欢迎词中对WHO专家给予中国食品药品检定研究院的帮助表示感谢，对中国食品药品检定研究院在参与WHO药品质量保证及国际药典起草等工作所取得的成绩表示肯定。中国食品药品检定研究院1980年成为WHO药品质量保证合作中心，2012年再次被认定为WHO药品质量保证合作中心，并于2012年底通过了WHO化学药品质量控制实验室认证。从2010年起，由中国食品药品检定研究院负责，化药所牵头组织有关药检所，共承担了50个品种国际药典的起草与编修工作，并由中国食品药品检定研究院国际合作高级顾问金少鸿研究员审核把关，已有17个品种被国际药典正式收载，有10个品种的初稿已提交给WHO，经秘书处组织审核，现已由WHO发出正在全球征求专家意见，7个品种已完成初稿，16个品种正在起草中。该项工作获得WHO专家的高度评价。会议邀请了WHO药品质量保证行动计划的负责人Dr. Sabine KOPP、专家Dr. Herbert SCHMIDT以及中国食品药品检定研究院金少鸿研究员做报告。

三位专家就 WHO 药品质量保证的主要工作任务、国际药典收载品种的特点及起草要求、中国承担国际药典起草品种的工作、WHO 外部质量评估、WHO PQ 预认证工作、良好药典起草规范、以及抗生素量效统一等方面作了精彩的专题技术报告，并与参会者进行积极地互动交流。

WHO 体外诊断试剂预认证培训研讨会在北京举行

2015 年 10 月 13 日至 15 日，WHO 体外诊断试剂预认证培训研讨会在北京市举行。来自中国食品药品检定研究院、审核查验中心及部分在京诊断试剂生产企业等单位共 40 余人参加此次研讨会。会议由器械所负责人主持。会议邀请了 WHO 总部负责预认证的高级顾问 Gaby 博士和 WHO 中国代表处高级顾问 Po - Lin Chan 博士参加。Gaby 博士，WHO 专家 John Parry 博士、Julian Duncan 博士、Sigrid Nick 博士、Hu Jinjie 博士，中国食品药品检定研究院杨振、许四宏和黄杰分别做了报告。各位专家就中国体外诊断试剂监管体系、产品性能评价和研究、产品稳定性研究、产品质量评价用参考盘的研制和作用等方面做专题技术报告。会上，还就艾滋、乙肝和丙肝检测试剂的批签发工作做检验经验交流。通过专题报告、分组讨论和经验分享等多种形式，培训专家与参会者进行积极的互动交流。此次培训研讨会达到了预期目的，获得 WHO 官员和专家的高度评价，WHO 希望在 2016 年继续加强合作和交流。

国际植物药监管合作组织（IRCH，WHO）第二工作组研讨会在北京召开

由国家食品药品监督管理总局主办，中国食品药品检定研究院承办的国际植物药监管合作组织第二工作组研讨会（Group meeting of Working-Group 2，IRCH，WHO）于 2015 年 9 月 27 日至 29 日在北京市召开。来自中国、古巴、沙特、坦桑尼亚、马来西亚和中国香港从事植物药监管的官员及专家共 10 余人参加了此次研讨会。中国食品药品检定研究院中药民族药检定所负责人致开幕词，对各位代表的到来表示了热烈的欢迎。会议首先针对第二工作组的工作任务、成员国、责任义务、工作方式和 Terms of Reference（TOR）的修订等内容进行了讨论。接着参会的 IRCH 成员国和地区代表报告了各国和地区在确保传统医药的质量，尤其是在检验方法、技术标准和标准物质等方面所取得的进展。中国食品药品检定研究院中药所先后介绍了中药化学对照品、中药对照药材和中药对照提取物的研制和应用情况。马双成研究员向参会代表就我国中药质量控制的整体情况以及未来发展方向进行了介绍。会议期间，代表们讨论了如何加强 WHO 植物药监管合作组织成员国间植物药质量控制，以及检验技术方法的沟通和改进，特别是争取尽快将中药标准物质制订指导原则在第二工作组进一步讨论通过。

生物制品标准物质研究和质量控制培训班

为进一步提高中国食品药品检定研究院生物制品标准物质的研制和管理能力，基于中国食品药品检定研究院与英国国家生物制品检定所（NIBSC）的合作框架，特邀请 NIBSC 两位资深专家 Adrian Bristow 博士和 Chris Burns 博士，于 2015 年 5 月 22 和 25 日对中国食品药品检定研究院生物制品标准物质研制和管理相关人员进行为期 2 天的授课培训。本次培训班由中国食品药品检定研究院生物制品检定所和标准物质与标准化研究所共同组织，来自生物制品检定所、标准物质与标准化研究所、化学药品检定所共约 50 人参加此次培训。培训内容包括生物制品标准物质研制中涉及的 ISO 质量体系文件、生物标准物质质量管理体系的建立、生物标准物质的赋值和稳定性研究、多肽标准品的量值溯源与赋值、蛋白杂质标准品的研制、诊断试剂标准物质的研制及通用性研究等。

第八部分　信息化建设

专项工作

国家食品检验信息化网络建设项目可研工作

中国食品药品检定研究院于2014年组织编制《食品安全检验信息化网络建设项目》可行性研究报告及可研方案。2015年4月，可研方案提交国家食品药品监督管理总局，国家发改委召开评审会后，项目名称变更为“食品药品安全检验信息化网络建设项目”。项目建设包括1个国家级（中国食品药品检定研究院）、46个省级食品药品检验所（院）、389个地市级食品药品检验所、2862个县级食品药品检验站。本项目的建设地点涉及国家、省、市（地）、县四级食品药品检验机构，其中国家级建设地点为中国食品药品检定研究院，省级以下机构建设地点在各级食品药品检验机构内，项目建设周期为三年。按照评审专家意见，对可研报告进行大规模的调整工作，多次与国家食品药品监督管理总局、系统内各检验检测机构、项目评估单位、项目编制单位、相关技术支持单位进行沟通、协调、调研，对业务量、处理量、用户数方面进行了详细调研，重新测算，并调整了网络方案、补充网络安全内容、设备国产化等；细化业务需求、充实应用系统内容；省级单位投资分档、量化项目建设目标等内容。8月，报告编制内容几经修改后，获得评审专家初步认可。9月，完成《中国国际工程咨询公司关于食品安全检验信息化网络建设项目（可行性研究报告）的咨询评估报告》，并提交发改委投资司进行行政审批。

国家药品快检数据库网络平台试运行及推广

国家药品快检数据库网络平台于2014年完成所有的开发和测试工作，并于2014年11月19日完成项目初验。2015年国家药品快检数据库网络平台主要开展试点运行工作。由中国食品药品检定研究院信息中心、标准物质与标准化研究所和软件开发公司成立试运行项目小组，自2月至4月分别在安徽淮北所、江苏南通所和湖南湘潭所开展试点运行工作，对包括软件功能、网络条件、硬件设备等方面的内容进行全方位测试并编制详细的试运行报告。随后，信息中心和标化所联合组织10个省市进行了集中培训，并在之后的一个月内在全国10个省市分别进行平台的试运行，扩大应用范围。经过长达半年的试运行工作，系统日趋稳定，具备终验条件。6月至7月，先后在青海省、黑龙江省召开培训会，项目组专门对平台的近红外建模功能进行培训。9月25日，经过长期准备和多方协调，中国食品药品检定研究院组织召开该项目的终验会议，完成项目的终验工作，专家组给予项目较高的评价并一致同意项目通过验收。11月，在银川市召开该平台的全国省级药检机构培训会。

全国食品药品检验检测机构信息资源调查

按国家食品药品监督管理总局规财司要求（食药监财便函〔2015〕62号），2015年5月至7月，中国食品药品检定研究院继续针对“全国食药监检验检测机构信息直报系统”进行数据上报的全国性技术支持以及相关的培训工作；6月，组织开发公司对项目进行顶层设计，在满足综合业务处个性化上报需求的同时最大限度的和原系统整体兼容，完成相关报表的开发和测试工作；至8月底，在所有单位的完成数据上报工作后，组织开展数据清洗工作，并编写“2015年全国食品药品检测机构资源调查报告”。12月份开展综合业务处的数据上报工作。此项工作通过对全国食药监检验检测机构情况包括人员、资产、业务、能力、标准制修订、科研、奖励、专利与技术转让、论著出版、论文发表、国际合作与支援西部情况上报数据的收集整理分析，全面真实的掌握全国食药监检验检测机构的各个方面的配置及发展状况，更好地协调配合各种检验检测机构的平衡发展，为相关决策提供科学有效的技术支撑。

食品安全抽检监测信息系统数据统计分析模块

食品安全抽检监测信息系统数据统计分析模块通过对食品安全抽检监测上报数据信息的分析和挖掘，预测质量和安全走势以及发展趋势，获取食品质量和安全情况定性及定量信息，形成日、周、月、季度、年度的食品安全动态信息报表，为后续食品抽检监测项目计划制定提供依据。2015 年 4 月至 5 月，中国食品药品检定研究院开发食品安全抽检监测数据统计分析模块，快速开发 100 多个统计分析页面，分别从品种类别、抽样信息、企业信息、产品信息、检验机构、检验项目、核查处置、异议处理等多个角度对食品国抽数据进行分析。7 月，系统成功部署并顺利上线，国家食品药品监督管理总局和省局用户可根据不同权限访问系统。随后，开发考核评价和信息公示页面，对原有系统页面进行适应性调整，同时对整个系统进行维护，并解决各级用户在使用中遇到的相关问题。

全国食药检机构检验项目及资质能力统计分析

根据国家食品药品监督管理总局科标司的工作需求，中国食品药品检定研究院组织实施“全国食药检机构检验项目及资质能力统计分析项目”。该系统通过各检验检测机构参加能力验证的情况、机构自身具备的检验项目资质以及机构基本属性等维度去综合评判该机构的检验能力水平，通过食品药品检验检测机构业务信息分析系统的建设，可以实时地掌握全国各个检验检测机构的检验能力、检验项目、能力验证和基本属性等业务信息的配置情况，帮助各级领导更好地调配各种检验检测资源，提高检验检测机构资源利用率和工作效率，同时为各级领导的相关决策提供科学有效的技术支撑。2015 年 9 月，进行初期的需求调研，熟悉底层数据。根据需求调研和分析结果，对系统进行整体设计和原型构建，期间多次和科标司就项目情况进行沟通。整个系统分别从能力验证、检验项目和基本业务信息三个方面对全国食品药品检验机构进行分析，并构建相关的检索和展示页面。2015 年 11 月，根据前期工作成果开发系统，11 月中下旬完成开发工作，并进入系统测试和上线环节。

标准共享

按照国家食品药品监督管理总局要求，根据所提供的接口格式和技术要求，编码实现定时把国家医疗器械标准和药包材标准提交给国家食品药品监督管理总局数据共享平台。同时，在中国食品药品检定研究院外网门户建立“标准及补充检验方法查询”专栏，为社会公众提供已公开医疗器械强制标准、药包材标准、补充检验方法的查询及在线全文浏览功能。

按照国家食品药品监督管理总局科技标准司要求，在国家食品药品监督管理总局专网上提供医疗器械标准和药包材标准的查阅功能；提供外网链接给国家食品药品监督管理总局外网门户网站，通过国家食品药品监督管理总局外网门户首页 http://www.cfda.gov.cn 和数据查询专栏均可跳转链接到中国食品药品检定研究院已公开的医疗器械强制标准、药包材标准、补充检验方法。

进口药品检验数据的统计与上报

2015 年，按国家食品药品监督管理总局要求，上报 2015 年口岸药检所进口药品检验数据，共计41933批（自2014年10月到2015年8月底共4个季度）。同期更新中国食品药品检定研究院网站“进口检验报告书”查询系统。根据国家食品药品监督管理总局统计办公室下发的《食品药品监督管理2014年年报及2015年定期统计报表制度》（总局机关直属单位部分）要求，提供2014年第四季度、2014全年及2015年第一、二、三季度的进口药品检验情况的汇总统计数据共计17个报表，并填报至国家食品药品监督管理总局网站“食品药品监督管理统计信息系统”中，这些报表在“CFDA国家食品药品监督管理局专网”公告通告中以“食品药品监督管理统计报告”发布（总第80、81、82期、2015上半年、2015年第三季度）。为相关单位部门提供了COPD药品、明可欣、爱活胆通等上千种上万多批次进口药品情况的检索及统计工作。

网络安全与维护

新址信息化基础建设及信息安全等级保护建设

2015年，中国食品药品检定研究院完成新址设备总集成、新址项目监理、等级保护项目咨询及集成的招标工作，完成或部分完成新址机房、虚拟化桌面客户机、等级保护设备的采购工作。新址于5月初正式供应电，中国食品药品检定研究院组织总集成单位、安全集成单位、监理单位、设备供货厂商按照等保及新址规划要求完成已购网络设备、安全设备的开箱检验、加电验收、上架调试、综合布线、资产贴签等系统集成工作。完成机房的环境、动力、监控等设备的调试工作，机房具备验收及使用条件。开通新址外网网络，联通新、现址两地内网。

开展新址虚拟化桌面调研测试工作。在院内安装测试系统，实际测试虚拟化桌面的使用情况、运维工作量等。在化药室、麻药室、动物室、党办、人事、信息中心安装15台测试设备实际运行使用并总结经验。

开展新址等级保护设备招标采购工作。结合咨询设计成果及专家建议，中国食品药品检定研究院于10月下旬起，组织咨询设计单位、安全集成单位进行移交技术交底与工作衔接，并同步进行等保补充设备采购项目招投标工作。根据等保工作要求，开展信息系统调研、定级备案、安全技术评估、安全管理评估、等级保护差距分析、整改方案设计等工作。并于10月完成信息系统定级评审，通过国家食品药品监督管理总局信息化办公室组织的等级保护整改方案专家评审。

外网网站清查

根据国家食品药品监督管理总局转发的《国务院办公厅关于开展第一次全国政府网站普查的通知》要求，在最短的时间内解决网站“不及时、不准确、不回应、不实用”等问题，中国食品药品检定研究院组织外网网站清查工作。2015年6月9日，召开网站自查及整改工作协调会，传达国家食品药品监督管理总局的工作部署情况及网站检查评分表的具体内容。组织各部门按要求，将各自负责的栏目、二级站、动态链接等进行严格细致的检查，删除僵尸链接，及时更新网站信息，按要求完成此次网站自查及整改工作。

信息系统建设与维护

能力验证系统平台建设

中国食品药品检定研究院在连续三年开展对省级药检所和口岸药检所进行实验室比对的基础上，逐年开展和组织能力验证和实验室比对工作，到目前为止，能力验证正成为中国食品药品检定研究院正在开发的重点工作。随着中国食品药品检定研究院组织能力验证活动越来越多，发展越来越迅速，人工进行能力验证活动的组织方式工作量大、信息交流速度慢，不能满足工作发展的要求，因此需要根据实际情况设计制作一套能力验证活动的服务管理平台，提高中国食品药品检定研究院能力验证工作效率，以适应工作发展的需要，并扩大中国食品药品检定研究院能力验证计划的影响力。2014 年 12 月，中国食品药品检定研究院完成项目的招标以及合同的签订，2015 年 1 月份中标公司开始入场进行开发实施。

项目组根据实际情况，对中国食品药品检定研究院质管处能力验证的工作流程进行详细调研，根据系统调研情况完成系统需求分析，原型确认，概要设计，详细设计，编码开发，集成测试，系统测试和用户测试等工作。同时完成单位信息注册审核管理，能力验证计划及目录管理，报名订单管理，报名单位缴费管理，样品发样流程管理，在线结果填报管理，在线结果发布管理，通知公告管理，统计分析管理，系统权限管理和统配置管理等模块。项目于 2015 年 7 月份开始进入试运行，开展 2015 年能力验证工作，截止 2015 年底共发布 28 个能力验证计划，共有 462 家单位（实验室）在线注册报名参加 2015 年实验室能力验证，在线完成了报名，缴费，发样，结果填写，能力验证报告全流程的工作。系统整体运行情况良好，稳定，完成预定的建设目标。

新版检定业务管理系统建设

2014 年 12 月，经院办公会决定启动中国食品药品检定研究院新版检定管理系统的建设工作。2015 年 1 月份进行项目的公开招标，2 月份完成项目合同的签订，3 月份中标公司开始入场实施。项目组根据项目的实施范围，采取实地参观与座谈相结合的调研工作形式，分别对综合业务处、生物制品检定所、化学药品检定所等 9 个业务所及相关职能部门做系统需求调研工作。项目组根据系统调研情况完成系统需求分析、概要设计、详细设计、编码、集成测试等工作。系统在重现原有 NOTES 检定业务模块功能（收检业务、检定业务、业务发文、留样管理、变更管理、收费管理）的基础上，增强数据查询统计功能、优化业务流程并预留与后期 ELN 系统的接口。初步完成项目代码工作，并完成系统模拟运行方案，于 11 月底进入模拟运行阶段。

药品、医疗器械和保健食品抽验管理信息系统

2015 年，中国食品药品检定研究院进一步完善药品抽验信息管理系统，在国家药品抽验信息系统中，增加“品种遴选”“不符合规定结果处置”“问题报送”和“实施方案附件内容上报”四部分功能并修订使用说明书。在医疗器械抽验信息系统中开发方案拟订功能，实现抽样方案和检验方案的网上填报、抽样省份的任务分配、检验机构对承检产品的意向申请、意向单位检验资质上传、牵头单位对参与单位的选择推荐、承检样品的来源分配；搭建国家医疗器械抽验检验任务申报和分配平台，实现全程电子化管理，使任务制定更加科学、高效、公开、公平。在保健食品监督抽检监测信息系统中，增加限时报告管理模块、异议申诉管理模块，调整不合格（问题）样品报告书、抽样记录及凭证、样品彩色外包装照片等的上传等，修改不合格（问题）样品处置模块。

邮件系统升级

2015 年，中国食品药品检定研究院启动邮件系统升级项目，采用购买外包服务的方式升级邮件系统。经过服务商评选、实施准备、项目实施等阶段，完成合同签订、数据迁移、系统升级等工作。邮件系统升级解决了院邮件系统长期存在的邮件收发和垃圾邮件过多等问题，系统性能、安全大幅提升，达到预期目标。

备份系统建设

为确保各系统数据安全，避免因突发事件造成数据丢失，2015 年，中国食品药品检定研究院开展数据备份建设工作。外网 16 台服务器，内

网23台服务器（合计39台）的数据、重要程序、文件进行备份，基本建成了中国食品药品检定研究院的备份系统，实现中国食品药品检定研究院电子数据的定期备份。

行政办公门户建设

中国食品药品检定研究院行政办公门户建设主要在两方面，一是根据全院使用人员反馈的意见及建议，对系统进行不断完善；二是根据各部门的管理需求开发子系统。对系统的完善工作包括：对门户首页进行调整；取消公告通知滚动功能；将“下载专区”和“工作电话”放至门户首页，以方便大家使用；内网门户增加会议纪要栏目；实现应用入口自定义功能，个人可根据需要调整自己常用应用；增加工作电话查询功能；增加新闻最新、置顶功能；图书馆栏目重新设计、实现后迁至门户；完成原协同办公平台的年度考核历史数据导入新模块工作；协助纪委监察室开展本年度的个人重大事项汇报工作；配合中检院首届职工秋季运动会，在内网添加相应的专题等。新功能模块的开发工作包括：完成“重点/专项工作考评”“会议室预定”“上网稿件审批”“月度工作总结上报”四个子系统的开发工作，并上线运行。

质量管理文件电子化系统二期建设

中国食品药品检定研究院质量体系管理文件电子化系统一期建设实现将纸质的质量体系文件进行电子化管理，并形成电子化文档库，确保使用的受控文件为现行有效。2014年，中国食品药品检定研究院开展二期建设，主要实现质量体系文件编制、修订、改版、废止等电子化流程，并与一期的电子化文档库结合。2015年，中国食品药品检定研究院二期建设开发完成，并于2015年6月上线运行。

检验标准管理系统

2015年，中国食品药品检定研究院检验标准管理系统工作主要分两部分。一是对标准数据的整理：共扫描上传10批（第7至17批）约2万条标准。收集标准原文、归类、扫描、整理电子数据、把标准的电子数据导入系统，同时清理系统中存在的重复标准，并继续利用OCR技术对图像版的标准原文进行文字提取工作。二是继续对标准系统进行优化改进。解决弱口令问题，增加系统的安全性；编写代码提供人工甄别去重的功能；改进手机安卓端功能；对标准系统的查阅界面等易用性方面进行改进，分开展现标准原文、批件、注册证；实现了标准的分级管理功能；通过技术手段解决PDF文件打开慢的问题等。

国家药品抽验数据共享平台

2015年，中国食品药品检定研究院深入挖掘数据价值，继续加强国家药品抽验数据库系统的改造和优化；起草并修订《国家药品抽验数据平台管理规定（试行）》和《国家药品抽验数据平台使用说明书》、制定《国家药品抽验数据平台培训计划》、完成抽验数据平台网络连接调试工作、建立国家级抽验数据和省级抽验数据的整合分析功能。1月至4月，在国抽二期项目的基础上，对系统进行完善和功能深化，主要包括药品质量信息检索模块的扩展，从仅支持药品质量分析报告到支持多种类型的文档。5月至9月，编制国抽数据平台的相关培训材料，调试国家食品药品监督管理总局、各省局以及省所网络，确保各机构都能顺畅访问平台。根据国家食品药品监督管理总局药化监管司下达的“关于开放国家药品抽验数据平台的通知”和“国家药品抽验数据平台管理规定”，国家药品抽验数据平台于9月30日正式开放，实现国家药品抽验数据在全国范围内共享。10月，开展国抽药品数据平台的全国培训工作，分别在福建漳州、广西钦州和江苏苏州开展省局和省所用户培训。同时根据用户反馈，对系统进行调整。截至2015年底，完成31个省药监、药检机构使用管理技术骨干的培训。

医疗器械抽验项目支出定额标准信息化系统

医疗器械抽验项目支出定额标准信息化系统可以实现对国抽器械检验项目的收费统一化、标准化，达到对收费可测算、有依据的目的，形成收费申报工作的长效机制。2015 年 6 月，中国食品药品检定研究院开始需求调研，经过多次调研确认需求并签订开发合同。7 月，中国食品药品检定研究院正式启动系统开发工作。系统主要包含测算模块、流程管理模块、指南管理模块、专家管理模块、定额收费标准模块、资料库管理模块、用户管理模块、系统管理模块、统计分析模块等。截至 2015 年底，医疗器械抽验项目支出定额标准信息化系统主要功能已完成。

医疗器械标准信息化系统

2015 年，中国食品药品检定研究院对医疗器械标准管理研究所标管中心用户、各省局用户、标准制修订技术委员会、分类界定企业提供技术支持、解决系统使用过程中遇到的各种问题。同时对医疗器械标准信息化系统各个功能模块进行改造和升级。增强统计功能、改造系统的界面风格、拆分理清各子系统的管理、增加各种 excel 表格的导出功能、改造退回补充资料业务等。此外，增加械标所的 OA 子系统、继续完成命名注册模块等。2015 年初，对医疗器械标准信息化系统之前的工作进行整体项目验收。

医疗器械信息化平台

2015 年，中国食品药品检定研究院结合医疗器械标准管理研究所二级网站建设，形成标准、分类、命名、编码、技委会、专家库 6 大应用系统、一个基础数据库、一个公众交流平台的“六、一、一”信息系统构架。进一步梳理系统、模块、数据库之间关系，整合连接注册产品信息，形成关联平台。在外网公开标准目录、购买渠道等便民信息，并配合国家食品药品监督管理总局的整体部署，在外网公开器械强制性行业标准文本信息。信息系统建设形成常态化、规模化、科学化以及公开化的新状态。

食品安全检验数据报送系统

2015 年，中国食品药品检定研究院完成食品安全抽检监测中央转移地方、总局本级三司、一司专项、二司专项、三司各专项任务基础表的收集、整理等工作，并对数据报送系统进行相应的完善及部署。2015 年上半年，中国食品药品检定研究院对信息报送平台中的机构及用户进行更新设置。截至 7 月 31 日，共开通机构账户 292 个，用户账户 2208 个。建立数据退修制度，2015 年共收到全国检验机构提交的数据退修申请 200 余份。中国食品药品检定研究院对每份申请逐条梳理，在退修工作基础上，完成《2015 年上半年数据错误及退修情况总结》，对全国检验机构的数据报送质量进行梳理，保证抽检监测报送数据的准确性。

图书馆

纸制资源概况

2015 年，根据读者的使用情况及数字资源建设的发展，中国食品药品检定研究院减少纸本图书的订购及纸刊的续订。2015 年中文新书采编 60 余册，外文图书 50 余册。2015 年订外文期刊 36 种，2016 年停订 8 种纸刊，续订 28 种。2015 年订中文期刊 150 种，2016 年停订 66 种，续订 84 种。

数字资源概况

2015 年，中国食品药品检定研究院数字资源正常运行使用。内网两个中外文期刊全文数据库按期更新，外网期刊传递、两个中文期刊全文、博硕论文数据库正常运行，SciFinder 及 Springer 数据库正常注册及运行。5 月，内网新增国外药典数据库，收集国外几大药典的最新版本，经过试运行及征求用户使用意见后，进行了补充及修改，并重新安装运行。同时，为丰富院内数字资源，图书馆先后试用4个数据库，包括国外大学博硕论文全文数据库，读秀中文专业图书数据库、医知网外文全文传递数据库、知网的医药专题下的会议论文、报纸、工具书、标准库的试用。并根据读者建议，增订会议论文数据的全文库。

编辑部

《药物分析杂志》

截至2015年11月11日，《药物分析杂志》接收新稿件939篇，正刊已出版杂志10期，每期发排稿件约35篇，共计1871页。收稿中国家级项目近580篇，省部级项目516余篇，地市级207篇。优秀稿源保持增长趋势。《药物分析杂志》每期印刷3200册，报刊发行局订阅数量1300余册，每期赠阅作者专家等约1000册，自行发售360余册。《药物分析杂志》封面、进行了改版，更加美观，可视性更强和更舒适。《药物分析杂志》编辑部执行严格规范的组稿、审稿及同行评议制度。从学术质量及编校质量上严格落实国家有关科技期刊出版管理规定。

2015年《药物分析杂志》再次被收录为"中国科技核心期刊"（中国科技论文统计源期刊），核心总被引频次为2893（学科排名第5），核心影响因子为0.760（学科排名第6），综合评价总分47.7（学科排名第5）。2014年《药物分析杂志》扩展影响因子1.041，比2013年的0.968有所提高。

《药物分析杂志》申报成功"中国科协精品科技期刊工程第四期（2015～2017年度）项目—期刊质量提升项目"，每年获经费支助15万元。起草并递交2015年度中国科协精品科技期刊工程项目合同书。并对第三期项目完成情况了总结和汇报。

2015年，《药物分析杂志》再次被北京大学图书馆联合众多学术界权威专家鉴定收入2014版《中文核心期刊要目总览》，成为中文核心期刊。

2015年10月19日至21日，在北京成功举办"2015年《药物分析杂志》优秀论文评选学术研讨会暨第六届普析通用杯药物分析优秀论文颁奖会"；2015年10月20日至22日，召开《中华医学百科全书》药物分析学卷编委会第一次统稿会。

《中国药事》

经过《中国药事》编辑部努力，杂志的编辑质量逐年提高，杂志综合评价指标逐年上升，综合质量评价指标，详见表8-1科技出版社每年出版的《2012，2013，2014，2015年版中国科技期刊-引证报告》：

表8-1 《中国药事》综合评价指标

年份	影响因子	总被引频次	他引率	基金比	平均引文	选出率
2015	0.843	2389	0.92	0.121	11.10	0.99
2014	0.767（平均0.712，最高1.647）	2196（平均2299，最高10996）	0.92（平均0.92，最高1.00）	0.112（平均0.26，最高0.955）	11.00（平均12.44，最高46.95）	0.98（平均0.94，最高1.00）
2013	0.617	1942	0.91	0.15	10.07	10.0
2012	0.667	2012	0.87	0.21	10.00	10.0

截至2015年11月15日，《中国药事》接收新稿件800余篇，正刊出版杂志12期，每期发排稿件24篇，共计281篇，共计1440页。

2015年，《中国药事》编辑并实施《中国药事编辑部工作流程》《中国药事编辑校稿规范》《中国药事排版规范》《中国药事栏目设置及说明》等工作指导文件，针对发现的问题，不断改进管理规范，对期刊的封面、排版等风格进行修改，每期增加针对读者的“优秀文章推荐”，使内容更加新颖、时尚。

加强对编辑队伍的业务培训，多次邀请相关领域专家审读《中国药事》，讲解《中国药事》进入科技核心及英文审校存在的问题，邀请中国优秀期刊《中国中药杂志》编辑部主任介绍办刊经验等。编辑部内部定期举办业务学习班制度，每期利用半天时间由一位编辑选择一个专题主讲并讨论。走出编辑部，参加学科活动，积极了解学科动态。协办2015年中国药学会药事管理专业委员会年会暨“推进法治社会建设依法管理药品”学术研讨会，征文166篇，组织优秀论文评选，推荐优秀论文43篇。组织优秀稿源投稿中国药事30余篇。

《中国药事》杂志的数字化出版转型工作，申请国家经费支持，并起草“《中国药事》杂志数字化转型可行性论证报告”。

第九部分　党的工作

党务工作

“三严三实”专题教育

中国食品药品检定研究院对照“严以修身、严以用权、严以律己，谋事要实、创业要实、做人要实”的要求，聚焦对党忠诚、个人干净、敢于担当，结合实际情况，高标准、严要求推进专题教育工作。一是积极动员部署，严密组织实施。及时制定印发《中国食品药品检定研究院“三严三实”专题教育工作实施方案》，并组织召开院“三严三实”专题党课暨动员部署会议。党委书记李波、纪委书记姚雪良分别向全体中层干部讲授“三严三实”专题党课和专题廉政党课，其他党委常委和总支、支部书记也围绕专题学习内容，结合工作实际，为分管部门和总支、支部全体党员讲授专题党课。二是开展专题调研实践活动。结合庆祝建党 94 周年活动，院党委理论中心组成员参观“明镜昭廉”明代反贪尚廉历史文化园。各总支、支部利用主题党日活动机会，结合专题研讨和工作实际，分批次组织参观中央国家机关廉政教育基地，并组织专家赴企业和系统开展面对面服务指导，认真开展了“走进基层、转变作风、提升服务”学习调研活动。三是积极开展学习研讨活动。在党委中心组的学习引领下，各支部围绕“严以修身，加强党性修养，坚定理想信念”“严以律己，严守党的政治纪律和政治规矩”以及“严以用权、真抓实干，实实在在谋事创业做人”三个专题，组织开展学习交流研讨，教育引导广大党员干部进一步增强党性修养、党员意识、宗旨意识。

推进党组织建设

2015 年，中国食品药品检定研究院充分发挥基层党支部的战斗堡垒作用，着力加强基层党组织建设。深入开展先进典型学习宣传活动、“双周一星”活动，全年共宣传先进典型 13 名。年中组织召开院学习先进典型动员部署会，号召各总支、支部和党员干部职工向“全国先进工作者”李长贵同志和“全国三八红旗手”南楠同志学习。此外，还组织力量拍摄李长贵、南楠、马双成、岳秉飞和赵庆友五名同志的先进典型宣传视频，并在国家食品药品监督管理总局学习践行“三严三实”典型事迹报告会上播放，受到国家食品药品监督管理总局领导的充分肯定。其次，充实党员队伍。按照党员发展相关规定，全年共发展 3 名预备党员，转正 7 名党员。此外，开展党建述职评议考核工作。按照国家食品药品监督管理总局机关党委的统一部署，制定中国食品药品检定研究院党建述职评议考核工作方案，2015 年底前向国家食品药品监督管理总局机关党委报送院党委党建述职报告，结合本次党建工作会，组织开展党支部党建述职评议工作。同时，进一步规范党支部工作。5 月至 6 月，赴 5 个党支部开展党建和廉政工作调研。在“三定”方案下发后，制定《各总支、支部换届改选初步方案》，待人员调整到位后，及时推进实施。

加强党的思想政治工作

2015 年，中国食品药品检定研究院坚持把学习型党组织建设与理论武装和思想教育相结合，深入组织党委理论中心组和全体党员干部认真学习十八届三中、四中、五中全会精神和习近平总书记系列重要讲话精神。一是加强党员教育培训工作。分批组织院领导、总支、支部书记和处级领导干部参加总局集中轮训班，以支部为单位组织学习讨论。7 月至 8 月，分两批组织 157 名中层以上干部在井冈山江西干部学院举办领导干部教育培训班，以体验式互动式教学深入推进思想教育，帮助党员干部提升党性修养和能力素质。二是做好思想信息收集工作。按照院党委《关于定期收集干部职工思想信息的有关规定（试行)》，继续做好干部职工的思想情况收集工作，全年共编发6期《思想动态内参》，反映107条思想和现实情况。三是推进系统思想政治工作。认真回顾总结全系统思想政治工作中的新思维、新模式、新途径和新成效，按照全国药检系统思想政治工作研究会《关于轮流举办<食药检政研>电子会刊的实施办法（试行)》，组织编写第一期电子会刊。

领导干部教育培训班

2015年7月27日至31日、8月24日至28日，中国食品药品检定研究院在革命摇篮井冈山分两批举办领导干部教育培训班。国家食品药品监督管理总局机关党委、中国食品药品检定研究院和药品评价中心党员领导干部共157人参加培训。

以“扎实开展‘三严三实’专题教育、全面提高党员领导干部党性修养”为培训主题，分别采取专题教学、现场教学、体验教学、互动教学和情景教学等形式，生动展现中国共产党人在井冈山的伟大革命实践。在专题教学中，国家食品药品监督管理总局机关党委常务副书记丁逸方同志为第一期培训学员作专题讲座，井冈山干部学院教授讲授《井冈山斗争与井冈山精神》。在现场教学中，学员们参观井冈山革命博物馆和八角楼、黄洋界哨口等革命旧址，并在烈士陵园向革命烈士敬献花圈。在体验教学中，学员们身着红军服，重走“朱毛红军挑粮小道”。在互动教学中，学员们观看对老红军曾志、甘祖昌等同志后代的现场访谈。在情景教学中，学员们观看革命先烈张朝燮和王经燕同志光辉事迹的情景剧表演。

通过以上形式多样的教学方式，学员们全面学习井冈山精神，坚定理想信念，增强团队精神和干事创业的凝聚力，党性修养经受一次锤炼和洗礼，践行“三严三实”的自觉性也得到进一步提高。参加培训的党员领导干部一致表示，要认真学习领会“坚定信念、艰苦奋斗，实事求是、敢闯新路，依靠群众、勇于胜利”的井冈山精神，将井冈山精神和“三严三实”要求融入到日常生活与岗位实践中，始终保持实事求是、真抓实干的务实作风和严于律己、清正廉洁的政治本色，将修身律己的意愿、谋事做人的准则贯穿始终，以高度的政治责任感和务实的工作作风扎实推进检验检测工作，以实际行动切实保障人民群众饮食用药安全。

综合考核评价

2015年综合考评工作自11月正式启动，为确保综合考评工作有效衔接和持续进行，通过单独探讨、召开座谈会等形式就综合考核评价工作广泛征求意见建议，对《2015年综合考核评价工作实施方案》进行修改完善，并调整综合考核评价工作委员会以及工作委员会办公室成员名单。期间多次召开专题会对综合考核评价工作相关事宜进行讨论研究。

团委及青年工作

2015年，中国食品药品检定研究院团委强化学习，努力构建学习型团组织，始终把加强青年政治理论学习放在共青团工作的首位。组织团委委员围绕当前形势进行政治思想理论学习，带动团员青年的学习，把践行科学监管理念落实到检验检测的工作实际。以活动促实效，全面提升团员青年素质。“五四”前夕，开展“迎五四·传承·创新”主题团日活动——首次举办团队素质拓展训练，使团员青年们重温药检系统的传统精神文化，体验新颖的团队协作方式，既锻炼身体，又增进彼此间的沟通交流。7、8月份，选派团员青年参加中央国家机关“根在基层·青春担当”青年干部系列调研实践活动。通过深入基层、深入一线的调研实践，体会基层群众的真实生活状况，感受基层工作的实际情况，了解行业发展在基层遇到的难点问题。服务青年，开展单身青年联谊活动。组织单身青年多次参加青年联谊活动，促进单身青年与外界沟通交流，努力为单身青年搭建展示自我、交流感情、缔结友谊的平台。

统战工作

截至2015年底，中国食品药品检定研究院现有九三学社、农工民主党、国民党革命委员会、民主建国会、民主同盟会和致公党等6个民主党派成员79人，九三学社和农工民主党在院内建立基层支部。在院党委的领导下，积极发挥民主党派参政议政和民主监督作用，支持民主党派开展各项工作。按照组织原则指导农工党支部进行换届选举。对新址搬迁、工作用房分配等院内重大事项多次及时召开职工代表大会和民主党派成员座谈会，征求意见建议。

工会

2015年，中国食品药品检定研究院工会发挥组织桥梁、纽带作用。关心职工生活，倾听职工意见，反映职工意愿，维护职工利益，协调解决问题。围绕中心，服务大局，组织职工围绕稳定与发展建言献策，参与民主监督拓宽民主参与渠道。广泛开展群众性文化体育活动。举办全院广播体操比赛、首届职工秋季运动会和新春联欢会，代表总局参加中央国家机关第四次运动会开幕式、广播体操比赛和象棋比赛。认真做好福利慰问工作。春节前夕，组织开展生活困难党员、老党员和老干部走访慰问工作。在银杏叶、小牛血清、眼科全氟丙烷应急检验期间，深入中药所、细胞室、动物检测室和组织工程室等部门进行走访慰问。

纪检监察

第一次纪委（扩大）会议

2015年2月13日，中国食品药品检定研究院召开纪委（扩大）会。会议学习习近平总书记在中国共产党第十八届中央纪律检查委员会第五次全体会议上的重要讲话和王岐山同志的工作报告，传达李克强总理在国务院第三次廉政工作会议上的讲话和国家食品药品监督管理总局第三次廉政工作会议精神。纪委书记姚雪良同志主持会议并讲话，院纪委委员、各总支、支部纪检委员，共25人参加会议。

姚雪良同志在讲话中指出：一是要认真学习中纪委五次全会精神，特别是习近平总书记的重要讲话，增加责任感和紧迫感；二是领导干部要履行好两个责任，主体责任包括：领导责任、表率责任、监督责任、推进责任和问责责任；监督责任：执纪问责；三是要严格执行纪律，把纪律建设放在突出位置；四是要重视春节期间党风廉政建设工作；五是2015年党风廉政工作重点，要建立“四个制度”、抓好“三项工作”、处理好“两个问题”。

第二次纪委（扩大）会议

2015年7月24日，中国食品药品检定研究院召开纪委全委扩大会。会议学习传达习近平总书记在中央党校县委书记研修班上的讲话，纪委书记姚雪良主持会议并总结纪委2015年上半年工作，部署下半年工作任务，纪委监察室于欣向大会作了关于参加中央国家机关纪检干部培训学习体会的报告。院纪委委员，各总支、支部纪检委员，共计29人参加会议。

姚雪良同志在下半年工作部署中提出四点要求，一是要认清形势，严于律己；二是要完善工作机制，推动责任制的落实。提出“四个一”（即要把廉政工作与业务工作一起部署、一起检查、一起考核、一起落实）和“三个亲自”（即重要工作要亲自部署，重要信访要亲自协调，重要问题要亲自解决），纪委委员及支部纪检委员要发挥自身职能作用，协助总支、支部组织开展反腐倡廉工作，紧盯重要环节、岗位，及时发现问题，沟通问题，解决问题；三是要着力推进纪检工作，完成全年任务，其中包括开展主题教育活动、完善三个制度规定、落实监督管理和紧抓作风建设四个方面；四是要加强自身建设，发挥监督作用。要加强纪检监察工作专业知识的学习，准确把握纪检工作方法、原则和要求，明确工作方向，实现自身职能作用最大化。

党风廉政讲座

为深入贯彻十八届中央纪委第五次全会精神，不断提升中国食品药品检定研究院党风廉政建设和反腐败工作水平，2015 年 5 月 20 日，中国食品药品检定研究院举办党风廉政讲座。讲座特别邀请中央纪委廉政理论研究中心副主任谢光辉教授授课。谢光辉教授深入分析了当前党风廉政建设形势与任务，帮助全院党员干部准确把握党风廉政建设和反腐败斗争新形势新任务，把思想和行动统一到中央对反腐败斗争的判断和部署上来。院党委委员，纪委委员，各支部纪检（组织）委员，科室副主任以上干部以及院职工代表参加讲座。

干部工作

领导干部任免

2015 年，免去院领导职务 2 人。国家食品药品监督管理总局党组 2015 年 4 月 23 日研究决定，免去王云鹤同志中国食品药品检定研究院副院长、中国药品检验总所副所长、国家食品药品监督管理局医疗器械标准管理中心副主任职务，按有关规定办理退休手续（食药监党任〔2015〕2 号）。国家食品药品监督管理总局党组 2015 年 11 月 17 日研究决定，免去王军志同志中国食品药品检定研究院副院长、中国药品检验总所副所长职务。经报中央组织部同意，王军志同志延迟至 2018 年 9 月退休（食药监党任〔2015〕34 号）。

2015 年，免去处级领导职务 5 人。经 2015 年 2 月 16 日党委常委会研究决定，根据《工作人员管理规定》第六十条规定，解聘张丽颖包装材料与药用辅料检定所副所长职务（保留副处级待遇）（中检人〔2015〕9 号）。经 2015 年 6 月 3 日党委常委会研究决定，根据《工作人员管理规定》第六十条规定，解聘柴玉生离退休干部管理处处长职务（保留正处级待遇）（中检人〔2015〕24 号）。经 2015 年 7 月 21 日党委常委会研究决定，根据《工作人员管理规定》第六十条规定，解聘贺争鸣实验动物资源研究所所长职务（保留正处级待遇）（中检人〔2015〕48 号）。经 2015 年 11 月 6 日党委常委会研究决定，根据《工作人员管理规定》第六十条规定，解聘鲁葵人事教育处副处长职务（保留副处级待遇）（中检人〔2015〕72 号）。经 2015 年 12 月 14 日党委常委会研究决定，免去李胜月后勤服务中心副主任职务（中检人〔2015〕72 号）。

2015 年，干部平级交流 2 人。经 2014 年 12 月 22 日党委常委会研究，并经国家食品药品监督管理总局人事司同意，聘任蓝煜为院长办公室主任，解聘其人事教育处处长职务；聘任李冠民为人事教育处处长，解聘其科研管理处处长职务。聘期三年（中检人函〔2015〕18 号）。

干部挂职

2015 年，中国食品药品检定研究院根据中组部、共青团中央《关于开展第 16 批博士服务团服务锻炼工作的通知》（组通字〔2015〕32 号），经自愿申报、组织推荐，国家食品药品监督管理总局人事司同意，张欣涛参加第 16 批博士服务团，挂职江西省吉安市食品药品监督管理局副局长。

干部管理

2015年，中国食品药品检定研究院根据《转发〈关于中共中央组织部关于规范退（离）休领导干部在社会团体兼职问题的通知〉的函》（食药监人便函〔2015〕103）要求，对田颂九、李云龙、金少鸿、张永华等4位退休领导干部在社团兼职情况进行了解，并上报（中检人〔2015〕3号）。按照《关于组织开展退（离）休干部报告社团兼职情况的函》（食药监人便函〔2015〕99号）要求，报送李云龙、金少鸿、张永华、王云鹤等4位退休干部在社团兼职的情况（中检人函〔2015〕513号）。

2015年，中国食品药品检定研究院按照国家食品药品监督管理总局人事司《关于报送干部监督工作年度总结和领导干部个人有关事项工作年度总结的通知》要求，开展2014年度个人事项申报自查并形成专题报告，报送国家食品药品监督管理总局人事司（中检人函〔2015〕16号）。

2015年，中国食品药品检定研究院按照《关于做好2015年领导干部报告个人有关事项工作的通知》（食药监人便函〔2015〕19号）要求，组织65名处级以上干部进行了填报工作，报国家食品药品监督管理总局人事司（中检人函〔2015〕155号）。按照2015年上报的《2015年领导干部重大事项抽查核实工作方案》程序（中检人函〔2015〕211号），完成年度抽查核实工作。对属于漏报的两人提出批评教育并责令其进行补报；对属于瞒报1项的3人提出诫勉谈话并责令其进行补报；对瞒报2项以上的1人提出诫勉谈话并调离原岗位（因工作原因暂缓）（中检人函〔2015〕516号）。

2015年，中国食品药品检定研究院按照《关于进一步加强因私出国（境）证件管理的通知》（食药监人便函〔2015〕25号）要求，将领导班子成员因私出国（境）证件交由国家食品药品监督管理总局人事司统一管理，其他员工因私出国（境）证件由人事教育处统一收缴、管理，同时建立员工因私出国（境）证件领取审批程序。根据《关于开展违规办理和持有因私出国（境）证件专项治理工作的通知》（食药监人便函〔2015〕86号），结合对比出入境管理部门提供的情况，对人员因私出国（境）情况进行核实，以《关于报送人员因私出国（境）情况的函》（中检人函〔2015〕433号），报送国家食品药品监督管理总局人事司。

2015年，中国食品药品检定研究院根据《关于报送2015年度开展配偶已移居国（境）外的国家工作人员任职岗位管理情况的通知》（食药监人便函〔2015〕185号）要求，总结形成《关于报送2015年度开展配偶已移居国（境）外的国家工作人员任职岗位管理情况的函》（中检人函〔2015〕448号），报送国家食品药品监督管理总局人事司。

2015年，中国食品药品检定研究院根据《食品药品监督管理总局关于印发总局机关事业单位“吃空饷”问题集中治理工作实施方案的通知》（食药监人〔2015〕12号）要求，设立组织机构、开展清理规范行动，将总结情况上报国家食品药品监督管理总局人事司（中检人函〔2015〕57号）。

2015年，中国食品药品检定研究院按照《中组部关于从严管理干部档案工作的通知》及中共中央组织部组工通讯（总2764号）精神，成立干部档案核查领导小组和工作小组，制订干部档案核查方案，开展干部档案核查工作。

2015年，中国食品药品检定研究院委托中天华溥管理咨询（北京）有限责任公司对在岗的57名中层干部进行能力测评。运用行为面试，管理笔试等方法从行为、态度、技能、管理知识等方面对中层干部进行综合、客观、公正的评价。

第十部分　综合保障

人事教育

薪资管理

2015年，中国食品药品检定研究院按照国家食品药品监督管理总局人事司要求，按国家有关规定调整离退休干部养老金；按国家有关规定调整工作人员岗位工资和薪级工资，并按《关于局属事业单位工作人员基本养老保险和职业年金个人缴费预扣标准等事宜的通知》要求，预扣了个人养老保险和职业年金（中检人〔2015〕40号）。院长办公会议（会议纪要〔2015〕第11期）讨论通过编外人员工资调整方案，对编外人员工资进行调整。

三定工作

2015年，经国家食品药品监督管理总局党组研究同意，印发《中国食品药品检定研究院（国家食品药品监督管理总局医疗器械标准管理中心）主要职责内设机构和人员编制规定》（食药监人〔2015〕238号）。

2015年，中国食品药品检定研究院按照《中国食品药品检定研究院（国家食品药品监督管理总局医疗器械标准管理中心）主要职责内设机构和人员编制规定》（食药监人〔2015〕238号），制定《中国食品药品检定研究院“三定”规定实施方案》（中检人函〔2015〕435号），上报国家食品药品监督管理总局人事司。

2015年，中国食品药品检定研究院按照《党政领导干部选拔任用工作条例》和《国家食品药品监督管理局直属单位中层干部选拔任用工作办法》（国食药监人〔2015〕43号）要求，根据《中国食品药品检定研究元关于“三定”规定工作的实施方案》，制定《中国食品药品检定研究院“三定”实施工作正处级干部选拔任用方案》（中检人函〔2015〕479号），报送国家食品药品监督管理总局人事司。

2015年，中国食品药品检定研究院依据《中国食品药品检定研究院“三定”规定实施方案》，制订《中国食品药品检定研究院中层干部选拔任用工作实施方案》报国家食品药品监督管理总局人事司（中检人函〔2015〕459号）。根据国家食品药品监督管理总局印发的《中国食品药品检定研究院（国家食品药品监督管理总局医疗器械标准管理中心）主要职责内设机构和人员编制规定》，经2015年12月1日党委常委会研究并经国家食品药品监督管理总局分管领导同意，报送《关于蓝煜等24人任职的请示》至国家食品药品监督管理总局人事司（中检人〔2015〕65号）。

公开招聘

经国家食品药品监督管理总局人事司同意，中国食品药品检定研究院2015年度公开招聘工作，经过公布招聘职位信息、资格审查、笔试、面试、考核与体检、外调、办理落户报到等环节，确定王赵等18人为中国食品药品检定研究院录用人员，试用期一年。

技术职务评审

2015年，中国食品药品检定研究院根据《总局直属事业单位专业技术职务任职资格评审办法》（食药监办人〔2015〕71号）和《关于召开2015年总局专业技术职务任职资格评审会议的通知》（食药监人便函〔2015〕195号）要求，受国家食品药品监督管理总局人事司委托组织开展国家食品药品监督管理总局专业技术职务任职资格评审工作。经过材料申报、审核、公示等程序，共有77人参评研究、药师、技师和工程师4个系列，经过专家投票，共有11人获得正高专业技术职务任职资格，27人获得副高专业技术职务任职资格，4人获得中级技术职务任职资格（食药监人便函〔2016〕10号）。

人才培养

2015年，根据中国食品药品检定研究院《食品药品监管总局关于下达2014年“万人计划”入选人才特殊支持经费预算的通知》（食药监财函〔2015〕4号），转发《财政部关于下达2014年“万人计划”入选人才特殊支持经费预算的通知》（财社〔2015〕225号），李长贵获2014年“万人计划”入选人才特殊支持经费“科技创新领军人才”，支持经费30万元。

2015年，国家食品药品监督管理总局人事司发布《关于2015年度留学人员科技活动项目择优资助入选项目及划拨经费的通知》（食药监人便函〔2015〕112号）通知，人力资源社会保障部公布2015年度留学人员科技活动择优资助项目。2月13日，中国食品药品检定研究院报送的左甜甜入选留学人员科技活动择优资助启动类项目，获得资助经费3万元。

2015年，中国食品药品检定研究院根据《科技部关于开展2015年创新人才推进计划组织推荐工作的通知》（国科发政〔2015〕200号）要求，经院领导研究同意推荐徐苗为中青年科技创新领军人才候选人。根据《关于推荐中新食品安全奖学金项目候选人的通知》要求，经研究报送王学硕作为项目候选人。根据《关于推荐第二届农药残留标准评审委员会委员人选的函》（农办农函〔2015〕21号），推荐马双成作为该委员人选，经国家食品药品监督管理总局科技标准司批准，推荐给农业部。经9月30日院长办公会议讨论通过，聘任标准物质授权签字人1名，标准物质技术报告签发人6名，部门质量负责人8名，内审员42名。

按照《关于开展第十四届中国青年科技奖候选人推荐工作的通知》（食药监人便函［2015］81号）要求，经专家推荐，确定徐苗、任海萍、霍艳三名同志作为中国食品药品检定研究院第十四届中国青年科技奖候选人推荐给国家食品药品监督管理总局人事司（中检人函〔2015〕446号）。

培训概况

2015年，在上报的系统内培训计划中整理汇总37个，比2014年增加15个，2014年系统内培训计划上报22项，给人教处反馈培训情况的12项，参加培训人员1600余人。在上报的院内培训计划中整理出38个，比2014年增加9个，2014年院内培训计划上报29项，完成19项，参加人员1130余人。2015年根据院工作任务，增加三定培训、绩效培训、资产核查培训、廉政培训等内容。院内各部门培训计划，各所上报情况为生检所上报24个，器械所11个，包材所2个，中药所10个。化药所61个，标化所16个，监督所4个，食化所11个，动物所22个，安评所60个。科研处1个，国合处3个，计财处3个。业务处2个。服务中心22个。院办3个，人教处1个。安保处2个，离退休处2个，共260个。

研究生管理

2015年，中国食品药品检定研究院完成2015年硕士研究生招收工作，共录取18名研究生；组织完成二年级18名研究生开题报告，分别进入相应实验室；组织完成18名研究生毕业答辩。完成与中国药科大学合作招收的11名研究生和与烟台大学合作招收的6名研究生分别进入相应实验室。4月2日，与沈阳药科大学签订全面合作协议，在人才培养和技术人员培训、科研与技术开发、开放实验室、信息共享等方面全面开展合作。12月11日，与烟台大学签订“联合培养研究生协议”。经9月30日院长办公会议讨论通过，成立第五届学位评定委员会（中检办人函〔2015〕159号）。

博士后管理

2015年，中国食品药品检定研究院向全国博士后管理委员会申请单独招收博士后科研工作人员（中检人函〔2015〕21号）。根据《关于公布中国博士后科学基金第57批面上资助获资助人员名单的通知》（中博基字〔2015〕5号），郭立方获“中国博士后科学基金第57批面上资助二等资助（5万元）。

人员管理

截至2015年底，中国食品药品检定研究院在职职工796人，编外聘用人员364人，离退休人员426人，在院学生174人，进修、合作等其他人员104人。

计划财务

年度收支情况

2015年，中国食品药品检定研究院总收入10.9亿元，总支出14亿元。

国有资产清查

2015年，按照《食品药品监管总局关于同意开展资产清查工作的批复》（食药监财函〔2014〕271号）要求，中国食品药品检定研究院组织开展全院国有资产清查工作。

2014年12月，院长办公会议审议批准资产清查工作领导小组及工作方案；2015年召开全院资产清查工作大会、2次院长办公会、4次专题会议、1次领导小组会议。会议听取汇报、讨论问题、指导并继续推进全院资产清查工作。根据财政部、国家食品药品监督管理总局相关政策内容，2015年，中国食品药品检定研究院起草并出台《中国食品药品检定研究院关于开展全院资产清查工作的通知》（中检财函〔2015〕50号），制定《中国食品药品检定研究院关于资产清查工作方案》、《资产清查领导小组及其办公室组成人员名单》、《资产清查工作机构及职责》及《中国食品药品检定研究院资产清查具体要求》。计划财务处、仪器设备处、后勤服务中心、信息中心分别成立专项资产清查工作小组，制定工作实施方案，指定专人负责自查工作，职责清晰、分工明确、责任到人，建立资产清查制度和组织体系。

针对问题和疑问，计划财务处、仪器设备处、后勤服务中心、信息中心联合召开会议进行集中答疑，保证自查工作顺利开展；涉及部门之间资产的调处、专项资产清查组与计划财务处账账相符等问题，各部门客观对待，保证资产清查工作的顺利进行；资产清查领导小组办公室与专项资产清查组针对问题及时召开工作协调会议，研究政策，解决问题，协调进度，共同推进资产清查工作。专项清查组对应收款项、对外投资等逐项发出询证函；后勤服务中心亲临山西了解土地房产情况；计划财务处联合党委办公室前往河北实地取证；仪器设备处和后勤服务中心对全院设备及家具重新贴签；信息中心对图书重新扫码，各部门相继制定整改方案，落实整改措施，为上级审核做好准备，为规范国有资产管理奠定基础。

推进院所两级管理改革

2015年，中国食品药品检定研究院计划财务处先行探索院所两级管理改革。多次召开专题会和座谈会，不断听取所、处室意见和建议，提出改革思路，明确改革工作步骤，确定改革目标，为落实工作提出指导意见。在院领导的具体指导和具体要求下，计划财务处成立工作小组，学习经验、整理数据、考虑未来发展变化，不断测算奖金、成本及其比例，经过处内多次讨论，保证测算数据的全面和完整。3月，计划财务处根据测算结果开始起草院所两级财务管理改革方案，调动部门创收积极性，同时对支出设置上限；规定设备费投入，鼓励所级发展性投入，确保院、所的发展稳定。经广泛征求部门意见，在中国食品药品检定研究院“三定”落实的基础上，逐步完善方案、稳步推进。

落实整改

2015年，中国食品药品检定研究院起草整改方案，并全面落实整改措施，重点包括扩大公务卡实施范围、对公费医疗报销款实行转卡制度；为规范劳务费、专家费发放，减少现金存量，自动计算代扣代缴所得税税额。2015年4月，中国食品药品检定研究院建立网上酬金申报系统，实现网上申报、财务计税、按月转卡的功能。通过不断规范财务管理，从而健全财务制度，保证资金安全，提高工作效率。2015年，全年医药费、劳务费通过打卡而减少现金支付35.23%。

加强财务规章制度建设

2015年，中国食品药品检定研究院根据国家政策和财税制度，修订全院相关管理办法，其中包括《预算管理办法》（中检办财函〔2015〕1号）、《公务卡管理办法》（中检办财函〔2015〕2号）、《票据管理办法》（中检办财函〔2015〕3号）、《药品抽验专项资金管理办法（试行）》（中检办财函〔2015〕319号）。此外，为进一步加强内控管理和制度建设，起草《资金收支管理办法》、《会计档案管理办法》、《暂付款管理办法》等。对于国家或上级的新制度，发布及时内网通知，并以短信形式提醒职工关注。2015年，于内网发布“关于公务机票购买及报销说明的通知”“关于在职药费转账发放的通知”“关于劳务费转账发放的通知”“关于及时确认银行到款的通知”等，及时规范报账要求。

财务管理信息化和网络化

2015年，中国食品药品检定研究院开发财务网上报账和网上审核系统，实现网上扫描、领导网签、短信通知等主要功能。财务实现半智能化报账，直接与银行系统对接，实现无现金报账，保证资金安全，提高工作效率，解决异地签批难题。同时，根据财政部《行政事业单位内部控制规范》要求，结合中国食品药品检定研究院新“三定”各部门的职能分工，为内部控制各环节如合同管理、资产管理、政府采购等预留接口，为解决管理部门信息化孤岛搭建一个平台。

财务分析

2015年，中国食品药品检定研究院计划财务处起草各类分析报告，如2014年度财务分析报告、2015年1、2、3季度财务分析报告，为领导决策提供基础依据。按月发布中央财政资金预算执行简报，为各级领导提供执行数字，督促预算执行。

加深学习和探索

2015年1月，中国食品药品检定研究院计划财务处开展“每周演讲”活动，内容与业务相关。自开展该项活动以来，不仅职工的表达能力得到充分锻炼，更加开拓知识面。计划财务处处长曹洪杰于2015年1月被财政部选拔为“2014年全国会计领军（后备）人才”，纳入国家级会计人才培养计划，成为药监系统首位纳入国家培养计划的会计人员。2015年，计划财务处取得以下科研成果和成绩，两人通过会计师资格考试；发表论文合计4篇，其中一篇发表于管理类核心期刊；获得中国食品药品检定研究院中青年基金资助，对财务管理工作起到推动作用。

加强财务知识培训

2015年5月，中国食品药品检定研究院计划财务处组织全院财务经办人进行“劳务费网上酬金申报系统”操作培训；6月4日，特邀税务专家进行税务发票开具及使用培训，及时答疑，加强沟通，效果良好。

综合业务

补充检验方法技术审核

2015年，中国食品药品检定研究院根据申报审批程序的相关调整，9月，召开11个药品补充检验方法复核工作协调会，会上调动10个相关单位进行实验室复核工作。同时，协助将国家食品药品监督管理总局成立以来批准的23个补充检验方法在中国食品药品检定研究院官网公开。10月，接受国家食品药品监督管理总局科标司委托，开始补充检验方法相关管理办法的起草工作。截至2015年底，提出管理办法的起草思路和初步框架，以及需要讨论的关键问题，并拟定后续研究计划。国家食品药品监督管理总局完成补充检验方法管理工作相关部门职能划转，中国食品药品检定研究院继续配合做好此项工作。

标准管理

2015年，中国食品药品检定研究院进行2015版药典的模板电子化工作。完成后，在中国食品药品检定研究院综合管理系统和批签发管理系统中，科室在检验15版药典中的品种时可以直接调取检验项目和标准规定模板，极大地方便检验科室，提高检验效率。

药包材报告书格式规范化

2014年2月27日，中国食品药品检定研究院启动《药包材检验报告书格式及书写细则实施规范》起草工作。根据2014年11月召开的“中药及药包材检验报告书格式及内容书写规范研讨会”上的意见，完成对《药包材检验报告书格式及书写细则实施规范》征求意见稿的进一步修改，并形成最终修改稿。

仪器设备

仪器设备采购

2015年，中国食品药品检定研究院采购仪器设备778台（套），价值8244万元。组织年度仪器设备供应商评估，共15家供应商通过此次评估。

仪器设备计量

2015年，完成年度计量计划任务和期间核查计划，共计量设备2776台（套），期间核查102台（套）。性能确认规程修订42份、新建17份；起草温度和玻璃量器校准实验室建设方案。此外，2015年全年共完成4次（每季度一次）实验室仪器设备运行管理检查，并配合质量管理处完成实验设备管理专项监督检查和相关实验室内审工作，为全院检验检测数据的准确性奠定基础。

仪器设备维修保养

2015年，中国食品药品检定研究院共到货验收仪器设备716台（套），报废鉴定224台（套），签订共513台（套）仪器设备的维保合同，维修614台次，冷库巡检32次。

仪器设备固定资产管理

2015年，中国食品药品检定研究院完成全院所有仪器设备资产核查工作。仪器设备账载总量11881台（套）、原值680458871.68元。其中，核查盘实共11110台（套）、原值668199529.23元；核查盘亏771台（套）、原值12259342.45元。截至2015年12月23日，共新增仪器设备资产584台（套），处置仪器设备282台（套）。全院现仪器设备固定资产总数量为12034台（套），资产总值约7.04亿元。2015年完善固定资产管理系统模块功能共50项。

规范管理

2015年，中国食品药品检定研究院仪器设备管理处完成对归口管理的全部26项院级规章制度（行政管理类4项、业务技术管理类22项）和11项部门规章制度的修订改版工作。同时，对固定资产管理系统进行全面完善，明确系统细节处理功能，改进系统分析统计功能，共完善计量模块功能38项，完善采购、维修等其他模块功能12项。

搬迁服务保障

为高效、全面、准确开展仪器设备等搬迁服务工作，中国食品药品检定研究院仪器设备管理处赴北京药检所、浙江省院、广西区所进行实地调研。多次组织召开拟搬迁服务商仪器设备搬迁方案征集会、仪器设备搬迁项目招标文件论证会。并在不影响检验检测工作基础上，组织服务商进行部分特型仪器测量工作。2015年10月，中国食品药品检定研究院完成仪器设备等搬迁服务开、评标工作，赛默飞世尔科技公司中标，为中国食品药品检定研究院仪器设备等搬迁服务商。

档案管理

档案管理

截止到2015年12月底，中国食品药品检定研究院各部门移交入库档案5620卷另354份。档案室对档案逐一进行检查，对于检查不合格的经过修改后检查合格验收入库。截止到2015年12月底，中国食品药品检定研究院共计462人次对2204卷档案进行借阅。

2015年6月，中国食品药品检定研究院联系国家保密局档案销毁中心来院进行到期档案材料销毁工作，共销毁过期档案及材料4000余公斤。期间指导各部门对需要销毁的档案进行鉴定审核、登记造册、装袋封口等一系列工作。

数字化扫描是档案室重点工作之一，2015年计划扫描档案30万页。截至11月，完成2015年档案扫描的工作任务，并逐一对扫描图片进行质检、核对。

进口药品档案管理

中国食品药品检定研究院承担进口药品审批资料档案的立卷归档工作。由于资料逐年递增，场地有限，档案人员不足，资金缺乏，很多资料难以及时整理，不利于这部分档案的保管利用。为解决进口药审批资料档案管理存在的问题，经与国家食品药品监督管理总局和相关直属单位数次会议多方沟通协商，国家食品药品监督管理总局办公厅指示，仍由中国食品药品检定研究院负责档案的立卷、整理和临时保管，待国家食品药品监督管理总局新库房建成后统一移交国家食品药品监督管理总局办公厅。根据会议精神，中国食品药品检定研究院采取购买社会服务的方式推进此项工作，档案室负责全面协调。按照相应规范监督、指导有关人员进行整理、立卷、入库等工作。截至2015年12月底，完成近万卷进口药审批资料的整理装订工作。

业务培训

2015年9月11日至25日，中国食品药品检定研究院档案室新入职两名员工参加国家档案局办公室举办的《2015年档案业务人员岗位培训班》。培训班脱产学习，为期两周。两名工作人员考试合格后将取得档案行业上岗资格证书。7月26日至31日，依托国家档案局档案干部教育中心举办的《档案信息化建设与信息资源整合培训班》为平台，档案室组织全国药检系统34个单位53名专兼职档案管理人员参加业务培训。

安全保障

加强日常检查监管

2015 年，中国食品药品检定研究院组织全院进行安全责任书签订。院领导与 26 个部门，部门负责人与内设机构负责人均签订安全责任书，并报安全保卫处备案。重新明确各部门的安全员，充分发挥其工作积极性。加强各类人员的安全责任，落实责任倒追机制，真正做到“谁主管、谁负责”，责任落实到岗、落实到人，完善管理机制。组织全院安全大检查 8 次，迎接公安、消防、卫生、环保等部门检查 22 次。

提高防范意识

2015 年，中国食品药品检定研究院按照公安部门的要求，结合院安全管理实际，配齐相应反恐防爆用阻车器、防爆毯、防弹背心等设施器材。教育有关人员熟悉有关预案，并有针对性地开展相关科目训练。组织保安员消防训练 4 次，重点就消防车设备的使用、消防栓与消防带的链接，消防器材和扑救火灾的注意事项。组织全院参加由龙潭消防中队在院现场组织的灭火实际操作 214 人次。为院区各科室、动物繁育中心、马家堡宿舍、方庄宿舍更换过期 5 公斤灭火器 188 具，灭火架 100 个，2 公斤二氧化碳灭火器 20 个，更换使用 10 年以上的消防器材 200 个。

此外，重点加强对工作人员的安全教育，外来人员和车辆的管理。严格病原微生物、放射源、麻醉和精神药品、易制毒化学品及易燃易爆等危险品的管理，对危险品库进行封存，严格控制相关标准物质的对外销售和实验活动的开展。先后接受北京市卫计委、北京市公安局内保局及东城区公安局、环保局、药监局等多个部门的安全检查，未发现重大隐患。完成“两会”“抗战阅兵”及节假日期间安保工作。

规范保障管理

2015 年，中国食品药品检定研究院对全院在用 50 套生物安全实验室、22 套洁净实验室、95 台生物安全柜、57 套超净工作台定期巡检和维护保养，并进行第三方检测机构检测，维护保养记录完整。对全院 200 个摄像头、20 台监控主机、35 套门禁系统、各类报警系统进行维护保养，并对锅炉房、麻醉药品库等重要部位加装监控摄像头 6 个。对维修维护一次金额 1 万元以上的项目，进行调整，实行双签制。

2015 年，组织全院 17 人次参加实验室安全培训、考察交流，通过实验室安全专业知识的学习，促进各类人员做好实验室安全管理工作。组织完成新址保安公司的招标工作，12 名保安员于 2015 年 9 月 21 日入驻新址东区。

收发各类报刊 50 余种，5 万余份；快递（文件和各种物品）约 29500 件；汇款单约 2300 张；挂号信约 3200 件，各类汇单无一差错。接待外来人员 39240 名，外来车辆 12312 辆。

后勤保障

物资集中采购

2015 年，中国食品药品检定研究院签订采购合同 1203 份，呈批件 280 份，节省金额 699 万以上。根据财务审计和纪检监察要求，规范消耗性材料物资供应管理程序，明确采购流程及各采购环节管理责任人，采购信息在中国食品药品检定研究院局域网物资供应管理系统公示，接受监督检查。自采行为较 2014 年有大幅度降低，至集采金额的 5% 以下。

中国食品药品检定研究院局域网物资供应管理系统物资采购、计划采购、库存物资、统计查询等模块进行升级，解决计划采购、电子验收和交流平台等问题。新增院属企业模块、食材管理模块和公告通知模块。通过市场调查，对比资质、服务、业绩等条件，对市场上不同类型的供应商进行考察，确定年度实验材料供应商名录79家，食材供应商3家，并签订服务协议。

物业社会化改革

2015年8月，经过多家征集比选，中国食品药品检定研究院确定物业服务有限公司。为推动家属区物业社会化改革，后勤服务中心分别于10月20日与北京杏林物业管理公司洽谈物业管理相关事项，11月2日与北京鑫海平物业管理公司洽谈物业管理相关事项，11月4日与大连仲邦维行物业服务有限公司洽谈物业管理相关事项，11月6日与北京博静雅物业管理公司洽谈物业管理相关事项，11月13日与北京海龙高科物业管理公司洽谈物业管理相关事项。初步审核物业公司的物业管理资质，提出对中国食品药品检定研究院自行管理的三个小区物业管理要求，协商物业承包具体事项及收费标准和缴费标准。同时与岳成律师事务所的律师咨询选聘物业承包公司的相关法律问题。

节能减排

2015年，中国食品药品检定研究院加强管理，严格控制新装大功率电器。与人事教育处协调继续采用夏季集中休假制度。夏季用电高峰期，根据配电室变压器变电负荷，采取职能部门拉闸限电，保证全院用电高峰平稳度过，节约用电。同时，加强对节能减排的宣传，抓住关键环节，量化能源消耗。强化日常管理，培育干部职工良好的节能习惯，加强巡查三开（开门、开窗、开空调）力度，加大对用能设施设备使用和维护管理力度，提高节能管理水平。升级水、电、气、暖分卡工程圆满结束。2015年（截至11月13日），中国食品药品检定研究院仪器设备新增功率171kW，由于措施到位，管控力度强，七、八月份用电高峰季没有出现因为仪器设备增加用电量负荷超载现象。

房屋修缮保障

2015年，中国食品药品检定研究院制订《房屋修缮工程项目管理办法（试行）》，完成2015年房屋修缮承包商征集工作，建立中国食品药品检定研究院后勤服务中心房屋修缮承包商名录，规范修缮工程管理，完成修缮工程12项，整理2010~2014年小型工程材料176份。

迁建工程

西区工程

2015年，中国食品药品检定研究院新址综合业务楼等16项施工完成。分别通过五方质量验收、消防验收、园林验收、规划验收、工程档案验收、节能备案、人防验收，并于12月25日通过质量监督站的竣工验收。2015年全年完成主要工作量详见表10-1。

表10-1 西区工程2015年度工作量

分项	2015年完成情况
室外工程	室外道路面层、室外围墙砌筑和栅栏安装、新增室外道路停车场铺设、完成市政热力接驳
弱电工程	一卡通系统调试、安防系统调试、楼宇自控系统调试，综合布线调试、停车场系统安装调试、室外安防系统安装调试
消防工程	火灾漏电监测系统主机安装调试、火灾自动报警系统设备安装调试、气体灭火系统设备安装调试、喷淋及消火栓系统调试、消防检测、消防验收备案、灭火器摆放
冷库工程	冷库设备、电气及控制全部完成并调试
变配电工程	高压送电完成通电调试
幕墙工程	幕墙收尾及安装纱窗
精装修工程	后期收尾、清理保洁
总包工程	土建收尾、机房自流平、屋面喷砂 机电各系统各专业调试

P2净化工程

2015年9月，“药品检验楼等净化系统工程”与“动物资源楼、特殊实验楼净化系统工程”两个标段的净化安装项目全部完成现场施工。药品检验楼、医疗器械楼、标准物质楼：所有工程净化安装工作全部完成，房间压力均调试完成。动物资源楼：所有净化安装工程全部完成，单机调试完成，12 月 31 日完成综合性能调试。特殊实验楼：所有净化安装工程全部完成，该实验楼的净化系统综合性能调试完成。生物制品检验楼：所有净化安装工程全部完成，该实验楼的 33 套净化系统完成综合性能调试与稳定性测试。

P3 生物安全实验室

截至 2015 年 8 月 1 日，完成需求调研、部门使用沟通、专家论证会等工作，并完成深化设计图纸递交给设计院图纸审核。具备现场施工条件，2015 年 12 月底开始施工。

实验室家具

2015 年，完成实验室家具基本施工，共安装通风柜 150 台，实验边台 2438 米，中央理化台、仪器台 986 米，实验用水龙头 323 个，万向排风罩 590 个，试剂架、钢制线槽、水槽台、滴水架、台式洗眼器、天平台、不锈钢排风罩、紧急淋浴装置全部完成。试剂柜、器皿柜 437 个安装完成，还有 90 多个柜体待监督站验收完成后安装。生物安全柜全部进场，供货商安装完成，IVC 笼架进场安装基本完成。

园林绿化

截至 2015 年年底，景观园林绿化工程共计完成种植类：丹麦草 54900 平方米；种植落叶类乔木 210 棵。常绿乔木类：36 棵；种植大叶黄杨篱 5600 株；种植灌木类植物 6458 株。土建铺装类：烧结砖铺装路面 1650 平方米；广场石材铺装 3400 平方米；南广场旱喷水池 3 组；东区广场花架一座；椭圆形广场 16 座；整理土山地形 20000 多立方米；回填绿地土方 13600 立方米；清运现场渣土 6610 立方米。水电类：埋设电力管线套管 21700 米；埋设绿化喷灌管线 7570 米；砌筑电力检查井 28 座；庭院灯 79 组；高杆灯 262 组；草坪灯 270 组；围墙壁灯 420 组；地埋灯 24 组；喷灌头 680 组；快取阀 140 组；电磁阀 36 组。

东区工程

截至 2015 年 6 月 20 日，东区工程基本完工。室外道路、报告厅地面等于 7 月 10 日前全部完工。2015 年 6 月 30 日，按期完成五方单位工程质量竣工验收工作，此后分别完成节能验收、消防验收、园林验收、规划验收与档案资料验收。9 月 26 日，组织各施工单位加强管理及运维工作。10 月 21 日，完成监督站竣工验收程序。

地下通道

2015 年，中国食品药品检定研究院完成新址全部地下通道施工任务，分别通过五方质量验收、消防验收、规划验收、工程档案验收、节能备案，并于 2015 年 12 月 25 日通过质量监督站的竣工验收。

电磁兼容实验室

2015 年 12 月 29 日，电磁兼容实验室通过五方质量验收，主要工作量详见表 10 - 2。

表 10 - 2　电磁兼容实验室 2015 年度工作量

序号	2015 年完成情况	完成产量/产值
1	天棚吊顶	1188.34 平方米
2	空调机房吸音墙	518.61 平方米
3	PVC 地坪	1500 平方米
4	地砖楼面	822 平方米
5	涂料工程	4524.66 平方米
6	木门安装	73.50 平方米
7	防火门及观察窗安装	56.04 平方米
8	电梯安装	1 台

投资与合同管理

2015年，中国食品药品检定研究院直接签定各类总包、分包、设备采购合同共26项；截至12月31日，完成全部合同内容并通过验收的19项，已申报结算（或合同支付）申请的17项，已审结15项，并均完成尾款支付。经严格把关，仅东、西区两个总包工程结算就审减金额8818万元，审减率达到10.6%。截至12月31日，共支付工程款40笔，全年预算执行率达到100%。

新址运行

物业全面社会化

新址运行部委托中央国家机关政府采购中心负责中国食品药品检定研究院新址物业服务项目招标采购。2015年8月6日，完成物业服务项目合同签订。物业公司于8月23日提前接管配电室；完成东区承接查验；9月16日进驻东区；9月26日，新址启用会议服务工作。10月20日，完成西区第一次承接查验。东区保洁及环境维护、会议服务、工程管理等工作秩序良好，整个园区环境、设施运转顺畅。

新址供餐

2015年2月26日，北京市京发招标有限公司发布招标公告。3月20日开标，评标委员会最终推荐综合排名第一的河北千喜鹤饮食股份有限公司为中标候选人。5月14日，完成餐饮服务项目合同签订。餐饮公司按中国食品药品检定研究院要求于9月1日进驻，启动新址供餐，方式为自选用餐，使用一卡通划卡消费。

安保进驻

2015年，中国食品药品检定研究院解决安全保卫处保安进驻临时办公用房以及办公条件、值班条件保障，包括办公桌、办公椅、值班床等通用物资的保障。与安全保卫处共同研究解决安保人员就餐及餐费补助标准。中控室由安全保卫处负责管理，其中的楼宇自控系统由物业公司管理。

项目进场

2015年，中国食品药品检定研究院完成东区除公寓楼外的所有办公家具安装，报告厅、教学楼、员工餐厅各类家具安装到位并投入使用；完成西区除休闲区外的所有家具下单制作，包括领导办公室及会议区会议桌椅等木质家具、中层领导及员工办公桌椅等板式家具、档案室及各类库房密集架等钢制家具的下单制作。同时，完成东区所有室内外标识的安装，包括室外报告厅、教学楼、员工餐厅、公寓楼等室外标识的安装及接电亮化；完成西区楼顶大字“中国药检”的安装、主楼玻璃幕墙上中国食品药品检定研究院标识的安装、新址大门院名称木牌的安装，以及建筑楼号、路边指引标识、室内门牌底牌安装及部分功能确定的门牌内容安装。2015年，确定新址园区总索引平面图、西区西门等重点部位标识的深化设计方案。此外，根据实际供餐需求，补充采购少量厨杂及就餐具用品；完成东区所有保洁设施进场安装和东区窗帘的进场安装。

新址搬迁

2015年，中国食品药品检定研究院对北京五环、六环区域范围内的部分事业单位上下班时间的情况进行调研，5月26日，组织中国食品药品检定研究院相关部门负责人就新址上下班时间进行讨论。新址业务部门人员上下班实行有条件的弹性工作制，即上班时间8：00～8：30，下班时间16：00～16：30；职能部门固定上班时间8：30～16：30。各业务所实行有条件的弹性工作制，既考虑到新址上下班路途遥远的情况，又兼顾业务部门的工作特点，体现管理的灵活性；职能部门固定上下班时间则有利于全院的政令畅通，保证各部门间的有效衔接。

为规范和加强新址房屋管理，5月26日，中国食品药品检定研究院组织召开关于房屋有偿使用等有关问题讨论会，最终形成《中国食品药品检定研究院房屋有偿使用管理办法（征求意见稿）》。房屋有偿使用按照“院级所有、二级管理、定额配置、差异收费”的基本原则，在兼顾各部门发展需求的同时，发挥成本与产出的调节功能，将房屋资源统筹配置给二级单位包干使用。在确定房屋有偿使用的范围时，采取分类管理。“定额面积”与“超额面积”实行不同收费价格，后者价格稍高，以达到调节用房，鼓励资源节约使用，预留发展的目的。

综合考虑搬运风险、可操作性及成本等因素，搬迁招标方案分为仪器设备、图书、档案、标准物质以及办公实验用其他物资在内的一般物资搬迁，以及菌种库与实验动物在内的特殊物资搬迁。10月23日，完成一般物资搬迁招评标工作。菌种库搬迁由安全保卫处、生物制品检定所组织有关科室，确定需要搬迁菌毒种的种类、数量，咨询有关审批部门，确定搬家公司资质要求、车辆要求、安全要求等，提交菌种库搬迁方案。实验动物搬迁由实验动物资源研究所负责组织相关科室，确定需要搬迁的实验动物种类、数量及搬迁进度计划，针对搬家公司资质要求、车辆要求、安全要求及其他特殊要求等，提交实验动物搬迁方案。

二期项目立项

2014年11月，中国食品药品检定研究院上报二期《项目建议书》编制，申请建筑面积18万平方米，投资16亿。2015年2月5日，国家发展与改革委员会委托中国国际工程咨询公司就中国食品药品检定研究院二期项目立项申请组织召开专家审评会；2月－9月，根据专家评审意见，先后于5月13日、6月30日、9月16日补充申请资料，期间积极沟通协调；9月，评审意见报发改委投资司；10月28日，国家发改委下发批复文件（发改投资〔2015〕2477号），批复建筑面积146521平方米，其中业务用房113507平方米、配套设施33014平方米，仪器设备178台/套，总投资157362万元，其中4000万为自筹资金。

口岸所项目验收

2015年，按照《国家口岸药检所改造项目管理办法》和《国家医疗器械检测中心改造项目管理办法》的有关要求，中国食品药品检定研究院继续做好16个口岸所和10个医疗器械中心项目实施的具体管理工作。根据“成熟一家，验收一家，最后进行整体验收”的原则，加快项目验收实施。2015年初，国家食品药品监督管理总局规划财务司通报项目建设进展和验收情况。按照项目验收有关要求，完成对天津口岸药检所，北京、上海、广州医疗器械检测中心项目的验收。

第十一部分　部门建设

食品化妆品检定所

内部质量控制

2015年，食品化妆品检定所针对原有食品检验资质数量不足进行扩项，检验资质从2014年的661项扩大到774项，覆盖食品、保健食品、化妆品和食品接触材料四大领域。同时，食品化妆品检定所制定实施一系列内部质量控制计划，即完成66个检验SOP的起草和修订工作；结合检验业务工作特定组织制定并督促完成2015年质量控制活动计划，包括5人次人员比对，1次使用标准物质，1次使用质控样品，1次留样再测，1次方法比对，1次仪器比对。完成2015年质量监督任务并向质量管理处提供监督报告。接受质量管理处组织的检验报告及记录专项检查、实验室仪器设备专项检查和内审，并按要求完成整改。

外部质量控制

2015年，食品化妆品检定所组织开展食品、保健食品及化妆品15个项目的能力验证活动，参加单位包括化妆品行政许可检验机构，保健食品注册检验机构，食药监系统实验室，疾控系统实验室、食保化企业实验室、第三方检验机构共571家，项目具体包括：食品中沙门菌检出；乳粉中蛋白质、脂肪、亚麻酸和亚油酸测定；乳粉中维生素A和维生素E测定；乳粉中维生素B_1、B_2测定；乳粉中锌、镁测定；婴幼儿配方食品（乳粉）中黄曲霉素B_1测定；婴幼儿辅助食品（谷类）中维生素A、维生素D和黄曲霉素B_1测定；分析预制肉中克伦特罗、莱克多巴胺及沙丁醇胺残留测定；酒（配置酒）中塑化剂测定；水中铅、砷、镉测定；保健食品中二甲双胍、苯乙双胍测定；保健食品中益生菌测定；化妆品中氯霉素、甲硝唑测定；化妆品中铅、铬、镉测定；化妆品中铜绿假单胞菌检出；化妆品种金黄色葡萄球菌检出。参加世界卫生组织、亚太实验室认可合作组织和CNAS等单位组织的7次能力验证，结果较为满意。

保健食品注册检验机构认定与管理

2015年，食品化妆品检定所组织对18家机构的新申报资料、10家机构的变更申请资料及18家机构的现场核查整改资料的审评，并组织对13家检验机构开展现场核查工作；上报国家食品药品监督管理总局阶段遴选结果，公告7家，待公告9家；组织对来自17家保健食品注册检验机构的近百名检验人员开展培训工作，并组织对58家保健食品注册检验机构征求保健食品检验方法意见和建议。同时对6家保健食品注册检验机构开展人体试食试验与非定型包装检验相关问题的调研，将汇总后的反馈意见和调研报告上报国家食品药品监督管理总局。此外，组织2015年实验室能力验证活动2项。

化妆品行政许可检验机构认定与管理

2015年，食品化妆品检定所组织36家申报资料和1家整改资料的审评，8家检验机构的现场核查工作，上报国家食品药品监督管理总局阶段遴选结果，待公告6家；组织对22家复核申请资料进行审评，18家通过复核审查；组织召开全国化妆品行政许可检验机构工作会议2次；组织起草化妆品行政许可检验报告书写规范；组织能力验证活动4项。

2015年国家化妆品监督抽检工作

2015年，食品化妆品检定所制定化妆品抽检监测工作方案，组织相关省局及药检所人员召开方案论证会。根据专家意见，对方案进行修改完善，形成《2015年国家化妆品抽检监测工作方案》，上报国家食品药品监督管理总局药化监管司。同时，结合《2015年国家化妆品抽检监测工作方案》，完成《2015年上半年化妆品监督抽检工作手册》的编写。此外，组织召开2015年上半年化妆品监督抽检工作培训会，全国31个省的省局相关工作负责人以及省药检所相关负责人共计100余人参加。及时汇总、分析各省上报的化妆品问题样品信息，形成《2015年化妆品监督抽检问题样品清单》上报国家食品药品监督管理总局药化监管司。全国31个省（区、市）共完成面膜类化妆品、防晒类化妆品、宣称祛痘类化妆品和祛斑/美白类化妆品4类化妆品13805批次的抽检监测，发现不合格样品248批次，总体不合格样品检出率为1.8%；发现问题样品1917批次，总体问题样品检出率为13.9%。食品化妆品检定所进行汇总分析检验数据，形成《2015年全年化妆品监督抽检工作总结报告》。

化妆品技术文件的修订

2015年，食品化妆品检定所组织对《化妆品卫生规范》(2007年版）进行修订，形成征求意见稿，在中国食品药品检定研究院官网公开征求意见，对反馈意见进行逐条研究形成处理意见，对规范进行修改完善，分别形成《化妆品安全技术规范》（报送稿）和《化妆品安全技术规范》(送审稿)，并提交化妆品标准专家委员会全委会审议通过。最终形成《化妆品安全技术规范(2015年版)》（报送稿)，在国家食品药品监督管理总局网站颁布实施。同时，启动规范配套丛书的编写工作，组织相关编写人员集中进行编写，讨论确定编写要求，汇总统稿后完成规范注释书初稿。

此外，食品化妆品检定所参考欧盟、东盟及其他国家的化妆品原料及产品的风险评估资料，结合我国国情，起草《化妆品风险评估指南》（草稿)，组织召开标委会专家会，进行修改完善，形成《化妆品风险评估指南》（征求意见稿)，在国家食品药品监督管理总局网站公开征求意见。汇总标委会相关专家对《已使用化妆品原料名称目录》（2014年版）的修订意见，对增补、修订、勘误的201个原料名称进行研究讨论，形成《已使用化妆品原料名称目录》(2015年版)，报送国家食品药品监督管理总局药化注册司。

食品安全抽检监测计划

2015年，食品化妆品检定所完成2015年国家食品药品监督管理总局食品安全抽检监测计划制定工作。计划分为本级和转移地方，包括24个食品大类125个食品品种和183个食品细类，总计划量为16.8万余批次，其中总局本级38220批次，转移地方130930批次。涉及抽检项目近290项，监测项目190余项。组织完成海米等水产干制品、果蔬类食用农产品专项抽检、水产品及畜禽肉中抗生素等兽药残留抽检、月饼专项抽检、2016年元旦、春节期间食品安全专项抽检监测等五个专项的抽检监测工作，共抽检样品7430批次。

同时，食品化妆品检定所组织完成《食品安全监督抽检和风险监测实施细则（2015年版)》、《食品安全监督抽检和风险监测工作规范》等抽检监测相关配套文件的编写。对2015年的各食品大类的风险监测项目进行梳理，组织牵头机构制定项目参考值，组织制定具有执行性的2015年食品安全抽检监测限时上报原则，在抽检监测实施过程中执行。

此外，食品化妆品检定所组织完成2016年国家食品药品监督管理总局食品安全抽检监测计划初稿的制定工作，计划包括33个食品大类、

127 个食品品种和 187 个食品细类，计划任务量 25.6 万余批次，其中总局本级 2.8 万余批次，转移地方近 22.8 万批次，涉及抽检项目 350 余项，监测项目 300 余项。

食品安全抽检监测数据统计分析

2015 年初，食品化妆品检定所组织完成 2014 年食品安全抽检监测年度总结报告的编写工作，共涉及抽检监测样品 15.6 万余批次。同时，根据国家食品药品监督管理总局要求，食品化妆品检定所完成 2014 年食品安全抽检监测专项统计分析报告，包括贵州省专报、湖南省专报、掺假掺杂专报、双超专报、大型商超专报、总局本级、地方任务对比专报。对卫计委牵头的国家食品安全监测计划涉及的 75.60 余万条监测数据进行统计分析，形成国家食品安全风险监测报告。

2015 年 8 月，食品化妆品检定所对 2015 年上半年的食品安全抽检监测数据进行统计分析，组织编制完成 2015 年食品安全抽检监测上半年总结报告，共涉及样品 28122 批次；完成 2015 年食品安全风险监测总结报告，涉及 6.5 万余样品批次；完成 2015 年食用农产品农兽药抽检监测情况报告，涉及样品 7457 批次抽检和 5885 批次监测样品、国家食品药品监督管理总局食品安全监管一司专项报告，包括 14 年婴幼儿配方乳粉报告（报国务院），2015 年第一、二阶段婴配、婴辅报告等。

2015 年底，食品化妆品检定所组织完成 2015 年度国家食品安全抽检监测总结报告的编写工作，共涉及 25 个食品大类（含保健食品）128 个品种（不包括保健食品）206 个细类 172310 批件次（其中 24 大类普通食品 163423 批件次，保健食品 8887 批件次）的监督抽检数据，以及 25 个食品大类（含保健食品）117 个品种（不包括保健食品）193 个细类 150746 批件次（其中 24 大类普通食品 146543 批件次，保健食品 4203 批件次）的风险监测数据的统计分析工作。

食品安全抽检信息公布

截至 2015 年 12 月 2 日，食品化妆品检定所协助国家食品药品监督管理总局进行 36 期食品抽检信息公布，完成数据整理、信息核对、格式修改、公布样品标记等公布相关工作，共公布合格样品 100291 批次，不合格样品 3004 批次，具体公布情况如表 11 -1 所示。

表 11 -1 2015 年食品抽检信息公布情况

2015 年公布期数	合格批次	合格类别	不合格批次	不合格类别
2015 年第 1 期	46026	24 个大类	1548	23 个大类
2015 年第 2 期	20647	23 个大类	540	21 个大类
2015 年第 3 期	10004	23 个大类	281	22 个大类
2015 年第 5 期	1418	11 个大类	25	9 个大类
2015 年第 6 期	557	婴幼儿配方食品	6	婴幼儿配方食品
2015 年第 7 期	1304	11 个大类	15	7 个大类
2015 年第 8 期	192	花生油	2	花生油
2015 年第 9 期	68	婴幼儿辅助食品	10	婴幼儿辅助食品
2015 年第 10 期	1050	7 个大类	34	7 个大类
2015 年第 11 期	434	粽子	0	粽子
2015 年第 12 期	518	13 个大类	19	10 个大类
2015 年第 13 期	526	11 个大类	26	11 个大类
2015 年第 27 号通告	359	4 个大类	19	4 个大类
2015 年第 30 号通告	254	3 个大类	6	3 个大类
2015 年第 36 号通告	267	2 个大类	11	2 个大类
2015 年第 38 号通告	420	畜禽肉	11	畜禽肉
2015 年第 43 号通告	465	婴幼儿配方食品	42	婴幼儿配方食品
2015 年第 51 号通告	-	-	2	婴幼儿配方食品
2015 年第 49 号通告	211	2 个大类	11	2 个大类
2015 年第 52 号通告	345	6 个大类	5	5 个大类
2015 年第 57 号通告	253	水产	24	水产
2015 年第 59 号通告	3518	6 个大类	65	5 个大类
2015 年第 58 号通告	80	婴幼儿辅助食品	13	婴幼儿辅助食品

续表

2015 年公布期数	合格批次	合格类别	不合格批次	不合格类别
2015 年第 61 号通告	2271	2 个大类	79	花生油
2015 年第 64 号通告	1991	6 个大类	23	4 个大类
2015 年第 66 号通告	1168	7 个大类	16	2 个大类
2015 年第 68 号通告	655	5 个大类	89	4 个大类
2015 年第 70 号通告	505	8 个大类	7	4 个大类
2015 年第 76 号通告	822	7 个大类	19	7 个大类
2015 年第 80 号通告	655	6 个大类	13	5 个大类
2015 年第 82 号通告	642	9 个大类	2	1 个大类
2015 年第 85 号通告	297	13 个大类	2	2 个大类
2015 年第 89 号通告	501	婴幼儿配方食品	12	婴幼儿配方食品
2015 年第 90 号通告	195	花生油	5	花生油
2015 年第 92 号通告	69	婴幼儿辅助食品	12	婴幼儿辅助食品
2015 年第 95 号通告	1604	9 个大类	10	4 个大类
合计	100291	/	3004	/

中药民族药检定所

标准物质的制备与核查

2015 年，中药民族药检定所共完成中药化学对照品、中药对照药材、对照提取物和民族药对照药材标化 253 批，保证检验用中药标准物质的 100% 供应。同时，完成中药化学对照品标化 160 批，其中新品种 38 批。组织制备《中国药典》（2015 年版）新增中药化学对照品 30 个，并 100% 完成全年计划中药对照药材 77 批，保证 2015 版《中国药典》新增品种供应。

在对照提取物工作方面，中药民族药检定所完成猪毛蒿油、烈香杜鹃油等 6 个品种的首批标定、分装、销售；完成民族药对照药材蓝刺头、漏芦花（部颁提高）、黑心树、倒心盾翅藤、白花臭牡丹根、百样解（云南省药材标准）等 6 个对照药材的标化及资料整理；完成大栀子、小米辣、鸡蛋参（部颁提高）、鸡蛋花树皮（云南省药材标准）的标化工作，并起草《民族药对照药材制备指导原则（试行）》。

此外，中药民族药检定所组织河北省食品药品检验检测院、吉林省药品检验所等 5 家省、市级药品检验单位对 55 批次中药化学对照品进行期间核查，对相应中药化学对照品质量进行全面考核，保障中药化学对照品的质量；组织 5 家药品检验所（山东聊城、山东临沂、黑龙江牡丹江、广西梧州、甘肃定西）对 38 个品种的对照药材进行稳定性期间核查，发现其中稳定性较差的品种 3 个（紫色姜、荆芥、薄荷），占核查总数的 5.3%，此 3 个品种均及时停发，并完成换批研制。

不合格原因主要为两个方面：一是此三个品种均为富含挥发性成分的药材，粉末贮存中，由于粉末的表面积增大，与空气的接触面积变大，加速化学成分的变化，例如挥发或氧化等；二是西林瓶包装密封性不足。对上述问题，建议采用棕色安瓿瓶熔封包装，创造一个相对封闭的环境，或充氮包装，尽可能地降低对照药材质量风险。

评价性抽验

2015 年，中药民族药检定所完成跌打活血散评价性抽验工作，涉及 7 家企业（抽样企业覆盖率 29.2%）、7 个批准文号（抽样文号覆盖率 28.0%）。共收到全国 14 个地区抽取的 36 批样品，其中经营单位抽取 36 批，占 100.0%；生产企业和使用单位未抽到样品。根据标准检验中发现的问题，结合原药材的质量现状，中药民族药检定所对跌打活血散从与药品安全性、有效性和均一性等相关方面开展探索性研究和评价。

跌打活血散由红花、当归、血竭、三七、骨碎补、续断、乳香（炒）、没药（炒）、儿茶、大黄、冰片和土鳖虫十二味中药材粉碎配研制成。有舒筋活血、散瘀止痛的功效，临床上主要用于治疗跌打损伤，瘀血疼痛，闪腰岔气。全国共有生产企业 24 家，批准文号 25 个。现行标准收载于《中国药典》（2015 年版）。本次抽验样品执行的是《中国药典》(2010 年版)。

抽样情况本次共抽取 35 批次样品，涉及 7 家生产企业、7 个批准文号，均抽自经营企业，样品未确认。

针对以上问题，中药民族药检定所开展探索性研究。

在安全性方面：(1) 采用 GC 法建立樟脑的限量检查方法，样品合格率为 100%；(2) 采用 HPLC - DAD - MS/MS 法建立苏丹红Ⅰ ~ Ⅳ等 21 种染色物的筛查方法，并建立数据库，结果均未检出，样品合格率为 100%；(3) 采用免疫亲和柱净化 - 高效液相色谱分离 - 柱后光化学衍生 - 荧光检测方法对黄曲霉毒素残留量进行快速筛查，样品合格率为 100%；(4) 采用 GC 法测定有机氯类农药残留量，样品合格率为 85.7%；(5) 采用 ICP - AES 法测定铅、镉、铜、砷和汞等有害元素的含量，样品合格率为 0%；(6) 采用光释光法考察辐照情况，14 批次样品 PSL 值均大于判定值。

在真实性方面：(1) 采用指纹图谱技术对样品的药味组成进行评价，发现存在少投料和不投料的问题；(2) 采用实时荧光定量 PCR 技术 (Real Time PCR) 测定三七成分，样品合格率为 78.6%；(3) 采用 LC - MS - MRM 方法对骨碎补的指标性成分柚皮苷进行检测，样品合格率为 71.4%；(4) 采用薄层色谱法建立伪品大黄的鉴别方法，并采用液相和液质联用方法进行验证，样品合格率为 78.6%；(5) 采用薄层色谱法建立三七茎叶的鉴别方法，样品合格率为 78.6%。

在有效性方面：(1) 采用 GC 建立测定龙脑、异龙脑的含量测定方法，14 批次样品合格率为 35.7%；(2) 采用 UPLC - UV - ELSD 技术建立川续断皂苷 Ⅵ、儿茶素、表儿茶素、11 - 羰基 - β - 乙酰乳香酸和羟基红花黄色素 A 含量测定方法，样品合格率为 21.4%；(3) 对本品的抗凝血活性进行测定，样品均有不同程度的抗凝血活性。

在均一性方面： (1) 采用 HPLC - UV - ELSD 色谱方法，建立液相指纹图谱分析方法，相似度结果分布在 0.4 ~ 0.8 之间，相似度差异较大，其中有 1 个批次样品相似度小于 0.5，色谱峰明显缺失，提示该企业在投料和工艺方面与其他企业差别较大。同企业不同批次样品的相似度结果相近，表明同企业样品均一性较好。通过与对照药材对比保留时间和紫外吸收，对指纹图谱中的共有峰进行药味归属。同时采用对照品通过保留时间和紫外吸收等信息对指纹图谱中的 14 个共有峰进行指认。(2) 采用气相色谱法建立挥发性成分的指纹图谱，在整体上反映血竭、没药、乳香、冰片的质量，结果表明除 1 个企业 2 个批次相似度低于 0.6 外，其余企业样品相似度结果均大于 0.8，提示此企业可能存在质量问题，相同企业不同批次样品之间气相指纹图谱相似度结果相差不大，表明同企业样品均一性较好。采用 GC 法、GC/MS 法，通过保留时间、质谱数据比和对照药材进行比对确定 20 个共有峰的药味来源，结合 NIST 谱库检索及文献检索，对其中 17 个共有峰进行指认。

在均匀性方面，对不同抽样地点同企业同批次样品中指标性成分龙脑、川续断皂苷Ⅵ等进行含量测定，结果表明所考察的批次在不同抽样地点产品的质量有差异。

在稳定性方面，针对处方中含有易挥发性药味，通过采用高温加速试验，测定挥发性成分的含量变化，从而对产品的稳定性进行评价，发现现有包装条件可能导致产品质量不稳定。

在标准可控性方面，提出跌打活血散修订标准（草案）。按拟补充和修订的检验方法和标准检验，14 批次样品合格率为 0%。发现的主要问题包括，个别企业存在松香酸掺伪、装量差异不合格、生产企业少投料和执行标准质量控制项目不够全面等。建议完善质量标准，修订制剂标准；加强生产监管，严把原料关，减少辐照的使用。总体质量评价为跌打活血散总体质量较差，个别企业产品质量差。

中药材专项抽验

2015年，中药民族药检定所完成“金银花、西洋参、枸杞子中重金属及有害元素检测”国家评价性专项工作，样品总计797批，其中2批抽样不符合要求，退检。

本项目为2015年国家评价性抽验中药材及饮片专项抽验工作，样品涵盖全国31个省级行政区，包含中药生产、流通、医疗等使用单位，覆盖面广、代表性强。上述三种药材/饮片均为药食两用品种，使用广泛。中药民族药检定所按照《中国药典》（2010年版）一部收载的法定方法和标准进行检验，总体合格率99.0%。从检测指标的角度，其铅、镉、砷、汞、铜的合格率分别为100.0%、100.0%、100.0%、99.0%和100.0%，总体风险较小，质量满意。

按照国家评价性抽验工作要求，课题组首次采用风险评估的科学方法评价《中国药典》现行植物药的重金属及有害元素的限量标准，结果铅、砷具有一定的风险性，其余限量标准基本合理；同时，对于本次国家评价性抽验的三个品种西洋参、枸杞子和山楂的风险评估结果表明，三个品种具有较小的风险性，质量满意。但是对于8批不合格样品的风险评估结果表明，不合格品种对于人体健康具有较大的风险性，不容忽视。

同时，课题组进一步从实验室质量控制、人体健康相关多指标无机元素快速筛查、动物药中重金属及有害元素残留筛查、重金属的形态和价态检测方法研究以及重金属快速检测等五个方面进行探索性研究。

其一，作为实验室内部质量控制，完善原始记录格式，并向全国药检系统发布“中药中有害物质痕量残留检测分析质量控制指导原则（试行）”，用以指导、规范药检系统残留检测。作为外部质量控制，本课题组参加英国FAPAS能力验证比对活动，评价结果均为很满意，保证了国家药品评价性抽验检测数据的准确性、可靠性以及执法工作的权威性、公正性。其二，人体健康相关多指标无机元素快速筛查平台的建立为快速确认样品中的风险因素，及时发现中药材市场安全隐患，进行有效监管提供技术手段。同时，可提高中药材中无机元素与中药药效、毒性关系研究的效率，对中药材安全性、有效性研究有双重意义。此外，对于18种58批次动物药进行重金属及有害元素残留量的筛查；采用原子荧光－高校液相色谱法初步建立重金属的形态和价态检测方法，检测技术达到国际先进水平；采用胶体金免疫层析技术初步建立重金属快速检测方法，成本低廉、检测快速，具有较强的实用性。

通过此次抽验，建议建立适用于中药的风险评估模式，定期评估中药中重金属残留限量标准。特别针对《中国药典》收录的部分中药材及饮片重金属及有害元素污染风险较高的品种，增加重金属限量要求；而针对低风险品种（如山楂），则可以考虑取消重金属限量规定。其次，建议在法定标准中，增加我国具有完全知识产权、仪器制造技术世界领先、购置和使用成本均较低的特别适用于砷、汞测定的原子荧光法，同时，积极建立砷、汞形态价态分析方法。此外，加强中药材种植GAP和中药饮片加工GMP管理，开展药材种植地区的环境调查，并严格控制化肥的使用，加强中药饮片加工管理，从根本上保证药材原料的安全。

2015年，中药民族药检定所完成“红花320批，五味子300批，南五味子210批”专项抽验工作。红花、五味子和南五味子均为常用的中药材，其相关饮片作为直接用于中医临床或制剂生产使用的处方药品收载国家基本药物名录，其质量优劣直接关系到中医医疗效果。通过对全国中药材及饮片质量分析报告发现，在26个省级行政区发现的859批红花检品中有227批不合格品；25个省发现的248批五味子检品中25批不合格品，17个省的31批南五味子检品中有5批不合格品，出现染色、掺伪、掺假等严重质量问题，影响药品的安全和质量。2015 年中药饮片专项抽验中各品种检验项目和检验依据见下表 11－2。

表 11－2 2015 年中药饮片专项的各品种检验项目和检验依据表

品种名称	检验项目	检验依据
红花	性状、鉴别（2）	《中国药典》（2010 年版）第一增补本
五味子	性状、鉴别（2）	《中国药典》（2010 年版）一部
南五味子	性状、鉴别	《中国药典》（2010 年版）第一增补本

本次专项抽验共涉及的 3 种中药项目包括 13 个饮片品种，收到全国除台湾、香港、澳门外，22 个省份；5 个自治区；4 个直辖市等 31 个省级行政区抽取 743 批检验用样品，见表 11－3。

表 11－3 2015 年中药饮片专项的各品种抽样数据表

品种名称	总抽样批次数	抽样覆盖范围（省区）
红花	321	31
五味子	214	30
五味子（醋五味子）	46	18
南五味子	95	20
南五味子（醋南五味子）	22	9
五味子（制五味子、炙五味子）	20	10
南五味子（炙南五味子）	2	2（甘肃、宁夏）
五味子（蒸五味子）	8	2
南五味子（蒸南五味子）	2	1（浙江）
五味子（酒五味子）	6	2（天津、内蒙古）
南五味子（酒南五味子）	1	1（甘肃）
五味子（蜜五味子）	3	3
南五味子（蜜南五味子）	3	1（甘肃）
合计	743	31

此次专项抽取的炮制饮片包括 13 种 743 批。其中有蜜五味子 1 批、蒸五味子 6 批、制五味子 8 批、炙五味子 2 批和酒五味子 3 批，分别采用相应的上海、宁夏、天津、浙江、河南、湖南、青海和甘肃省的炮制规范检验。蜜南五味子 3 批、蒸南五味子 2 批、制五味子 1 批、炙五味子 1 批和酒五味子 1 批，分别采用相应的上海、宁夏、天津、浙江、河南、湖南、青海和甘肃省的炮制规范检验均符合规定，合格率 100%。另有 19 批五味子相关饮片经检验为南五味子饮片，3 批南五味子相关饮片经检验为五味子饮片。红花、五味子、南五味子、醋五味子及醋南五味子均执行药典标准检验，结果见表 11－4。

表 11－4 2015 年中药饮片专项中各品种检验结果表

品种名称	总抽样批次数	不合格批次	合格率%	不合格率%	主要不合格项目
红花	321	10	96.9	3.1	性状、鉴别（2）、杂质、含量测定
五味子	207	0	100	0	
五味子（醋五味子）	37	0	100	0	
南五味子	93	0	100	0	
南五味子（醋南五味子）	20	0	100	0	

本次专项中红花、南五味子饮片标准基本可行，可以控制南五味子的饮片质量。五味子饮片标准不能有效判断南五味子假冒五味子的情况，增加含量测定项后能够起到较好的质量控制作用，标准基本可行。同时依据国家局颁布的药品补充检验方法（红花批件编号：2013007、2014016，五味子批件编号：2007014）对所承担的红花和五味子进行检验，结果发现有 84 批红花检品中检出了不应有的染料或色素，占抽样总批数（321 批）的 26.2%；有 7 批五味子检品中检出了不应有的染料或色素，占抽样总批数（289 批）的 2.7%。属药品的重大质量问题并上报国家食品药品监督管理总局。

通过本次专项抽验工作，发现南五味子和五味子饮片相互混淆，多种地方炮制饮片规格无标准无质控指标，影响五味子和南五味子的药材及饮片的质量控制，增加相应的使用风险。建议增加地方炮制品的质控指标，有针对性地监测跨地区超范围使用的饮片品种。

因《中国药典》（2010 年版）一部五味子药材和饮片的薄层鉴别标准不能有效区分五味子和南五味子。针对此问题，探索性研究不增加检验成本，增加五味子醇甲（含量测定项中已收载）为指标性成分，修订其薄层鉴别项，加强五味子药材及饮片标准的专属性和特异性。

红花目前有 2 个补充检验方法：国家食品药品监督管理局药品检验补充检验方法和检验项目批准件（批准件编号：2013007）和国家食品药品监督管理局药品检验补充检验方法和检验项目批准件（批准件编号：2014016），分别对柠檬黄、胭脂红、金橙Ⅱ、酸性红 73 和日落黄、偶氮玉红进行检查。探索性研究将两个方法进行了整合，提高检验效率。

针对以上问题，建议加强对红花生产、加工、流通、使用多环节的监管，不断完善和修订标准方法。建立合理机制，将评价抽验中发现的质量问题及时反馈给各生产企业。对红花染色掺伪及以次冒充好等违法行为进行跟踪监管，保障公众的用药安全和有效。同时，建议加强对基层用药单位的技术培训；加强对中药材及饮片生产、加工、流通、使用多环节的监管，不断完善和修订标准方法，并开展专项抽验的长效机制，对反应有严重质量问题的常用中药饮片，进行国家评价性抽验，保障公众的用药安全和有效。

2015 年，中药民族药检定所首次承担国家药品抽验计划三个品种的检验与探索性研究工作，包括紫草 247 批、独一味 24 批、土木香 14 批的检验工作。经检验，抽验品种存在问题较多，紫草与独一味，有一半以上的检品不合格，主要基源混乱，掺伪现象较为严重。为此，将进一步进行探索性研究，并以药材品种有效鉴定方法为研究方向，包括运用 DNA 技术进行物种确证等。

民族药是中国传统医药的重要组成部分，是我国民族医药文化遗产的宝贵财富。与中药、西药相比，民族药的有效性和安全性评价体系尚不十分健全，安全性与有效性成为影响和制约民族药产业发展的瓶颈问题。本次国评增加了民族药材专项，主要考察民族药材品种基源混乱问题以及市场上经常出现的药材非药用部位用药等问题，选择在少数民族地区较为常用的药材品种，以发现问题，探求解决方法。独一味是藏族习用药材，为唇形科植物独一味的干燥地上部分，而市场中常有较为明显的地下部分特征的非药典品混入。紫草存在品种多基原问题，很多非药典品的药材及饮片在市场上混用，常见的有滇紫草属与进口药材品种，这些品种的混入导致紫草的药材市场混乱。土木香作为藏族常用药材，经常会出现与木香、青木香的混淆现象。为长期更好的发展我国民族药特色，进一步了解市场现阶段民族药的质量现状，选择紫草、土木香、独一味开展专项抽验工作。2015 年中药饮片专项抽验中各品种检验项目和检验依据见 11－5。

表 11－5　2015 年中药饮片专项的各品种检验项目和检验依据表

品种名称	检验项目	检验依据
紫草	性状、鉴别	《中国药典》（2010 年版）一部
土木香	性状、鉴别	《中国药典》（2010 年版）一部
独一味	性状、含量测定	《中国药典》（2010 年版）一部

本次专项共抽取收到除香港、澳门、台湾外 22 个省份、5 个自治区、4 个直辖市共 31 个省级行政区的 285 批 3 种中药材的 5 种饮片，见表 11－6。

表 11－6　2015 年中药饮片专项的各品种抽样数据表

品种名称	总抽样批次数	抽样覆盖范围（省区）	生产企业数（涉及省）
紫草	228	31	152（30）
紫草皮	6	2	5（2）
滇紫草	13	2	6（2）
土木香	14	4	6（4）
独一味	24	11	12（6）

3 个中药品种的 5 个饮片品种共 285 批样品按现行标准检验，总体情况见表 11－7。

表 11-7 2015 年中药饮片专项中各品种检验结果表

品种名称	总抽样批次数	合格批次	不符合规定批次	合格率%	不符合规定率%	主要不符合规定项目
紫草	228	100	128	43.9	56.1	性状、鉴别（2）、含量测定（1）
紫草皮	6	6	0	100	0	
滇紫草	13	13	0	100	0	
土木香	14	14	0	100	0	
独一味	24	11	13	45.8	54.2	性状、含量测定

紫草饮片的性状可区别药典品与非药典品，薄层色谱鉴别按照药材项检验也可区分药典品与非药典品。但是标准尚存在一定缺陷，饮片性状的部分语言表述不够准确，易与非药典品种混淆，建议修订。β，β′-二甲基丙烯酰阿卡宁含量测定项 12 批中 9 批含量低于标准规定的含量限度，建议重新修订含量测定指标性成分及限度。

独一味标准基本可行，可以有效控制独一味饮片的质量。土木香饮片标准可行，基本可以体现土木香饮片质量情况。

通过本次专项抽验工作，紫草饮片存在基源不清与混伪品较多的现象，紫草药典规定的两个来源新疆紫草资源匮乏、内蒙古紫草濒临枯竭，导致目前市场上的紫草饮片非药典品种占有率较高，主要是同属与近源属植物混用。非药典品的薄层鉴别斑点部分与药典品一致，但含量测定指标性成分 β，β′-二甲基丙烯酰阿卡宁明显含量高于标准规定限度，而药典品新疆紫草的含量往往低于标准规定的限度。分析这是市场上非药典品情况较为严重的主要原因。

独一味药材及饮片在市场上非药典品比例较高，且与药典规定的药用部位不一致，主要是近源属的根，药典规定的药用部位为干燥地上部分。但是非药典品的含量测定指标性成分山栀苷甲酯和 8-O-乙酰山栀苷甲酯的含量均符合规定。这也是非药典品能在市场上流通使用的原因。

《中国药典》（2010 年版）紫草药材与饮片标准中，β，β′-二甲基丙烯酰阿卡宁【含量测定】项非药典品中的含量高于药典品，不适于区分正伪品。《中国药典》（2010 年版）独一味药材与饮片标准中，【性状】项可准确鉴别独一味的真伪，饮片项下缺少【性状】项，由于独一味饮片为净制饮片，检验参照药材标准进行。现有药典品和非药典品独一味药材及饮片中均含有含量测定项下的指标性成分山栀苷甲酯和 8-O-乙酰山栀苷甲酯，难以起到质量控制的目的。

药典品紫草中 β-乙酰氧基异戊酰阿卡宁的平均含量远高于非药典品。建议该指标取代药典现指标 β，β-二甲基丙烯酰阿卡宁为紫草中含量测定指标性成分，指标含量限度建议为不低于 0.20%。建议设立紫草专属性研究课题，对紫草近源属种进行深入研究，加强紫草基源准确性的研究，使其能够正本清源。建议采用 PCR-RFLP 技术，用酶切方法进行药典品与非药典品的基源确证。同时，建议完善和修订独一味药材及饮片的现行标准方法。此外，建议饮片标准增加【性状】项，建议【含量测定】项下增加木犀草苷为含量测定指标性成分，指标含量限度建议为不低于 0.50%。

药材市场调研检查

按照国家食品药品监督管理总局药化监管司关于对中药材市场开展明察暗访（飞行检查）工作的要求，中药民族药检定所针对市场上中药材掺伪造假、饮片非法加工、非法经营等涉及的重点地区、重点问题制定明察暗访工作方案，并于 2015 年 1 月 20 日至 28 日派出 5 个小组，分别对安徽亳州、河北安国、河南禹州、四川荷花池、湖南廉桥 5 个中药材专业市场进行飞行检查，重点对中药材的质量、经营情况及周边非法加工等问题进行明察暗访工作。其中河南禹州组与CCTV记者组联合行动，对发现的主要问题进行曝光。工作结束后，各组对主要问题进行整理、分析和总结，并形成总结报告。

明察暗访工作中发现，各市场均存在不同程度的中药材以次充好、染色增重、掺杂使假等质量问题和违法加工、违法经营等行为。较为突出的有：河南禹州市场经营环境恶劣，农户随处晾晒、切制、炮制中药饮片（如砂炙鳖甲、麸炒僵蚕、杜仲皮炒炭等）。整个环境卫生条件很差，甚至发现药材晾晒场的药材混有动物的粪便。部分商户当街对栀子进行染色、柴胡以非药用部位代替药用部位出售，并发现一些柴胡半夏、天南星等品种有以伪充真现象；河北安国市场红参掺糖增重、沉香喷油掺杂、有个体户私下经营毒性药材；安徽亳州市场发现蒲黄、海金沙掺伪掺杂；湖南廉桥市场以理枣仁冒充酸枣仁、土大黄冒充大黄，药材名称混乱，或故意不标识名称，误导客户；四川荷花池市场用泥沙对地龙和土鳖虫增重、川贝母掺伪、私下经营毒性药材等。

本次明察暗访重点从国家批准的17家中药材专业市场中抽查5家，从发现的问题看，一些规模比较小的市场，可能由于当地政府长期疏于监管或监管力度不够，市场问题较多，乱象丛生。据了解，近年来各地种植中药材的范围迅速扩大，不少种植、加工业密集的地方均自发形成了中药材农贸市场，这些市场往往疏于监管，药材质量状况如何了解较少。建议监管部门对一些新兴的中药材市场引起关注，督促地方政府进一步加强中药材及饮片监管。

民族药质量检验平台的建立

民族药质量检验平台由中药民族药检定所作为牵头单位，联合西藏所、青海所、甘肃院、新疆所、内蒙古所、云南所、贵州所、广西所、四川院民族药九省区食品药品检验所（院）共同完成。在深入交流基础上，课题组综合汇总各方意见与建议，提炼出部分制约当前民族药发展的关键问题，形成九省区民族药质量标准调研报告，并上报；筛选出45个可研性品种并撰写品种分析报告；为进一步科研课题协作立项奠定技术支持数据基础。

此外，由中药民族药检定所牵头组织，由11个民族省区食品药品检验所（院）共同参与的国家食品药品监督管理总局药化注册司专项“12种特色民族药材检验方法的示范性研究”，以各省选取的民族药材特色品种为研究对象，针对目前民族药质量标准专属性不强的问题，进行示范性提高研究，探索建立民族药质量标准研究和评价体系构建的思路，为今后民族药标准提升研究提供借鉴和参考。

国家数字化标本馆项目

2015年，中药民族药检定所进行标本整理和编目。与标本原始信息、标本卡片比对，对馆存标本进行梳理排序，补充修订电子档案。共登记15个品种，1451份标本。其中更正记录400份，新增记录150份，拍摄照片120张。

同时，开展标本数字化标本馆内部调研和初步方案设计，其中文献调研1000余篇，案例调研，问卷调研138份。以此初步研究建立一个以服务中药民族药监督与检验为目的，以中药民族药标本实物为基础，具有一定专业价值和社会价值的国家中药民族药数字标本平台，为生产、质控、标准制定、科学研究、教育科普等提供实物和信息支撑。同时就系统构建、规范制订和实施方式进行设计。

此外制订相关规范。初步建立4种数字化相关规范文件：《标本电子记录核对操作SOP》《标本电子记录核对规范表格模板》《标本标签数据登记规范表格模板》《标本标签输出与打印操作SOP》。并开展黄芪、淫羊藿等专题研究，探索数字化建设的数据收集规范。

“中药质量安全检测和风险控制技术平台”课题

2015年6月17日至19日，由中国食品药品检定研究院主办，湖北省食品药品监督检验研究院承办的国家十二五重大新药创制专项“中药质量安全检测和风险控制技术平台”课题7、8、9三个子课题中期总结会议在湖北武汉召开。课题参加单位中国食品药品检定研究院、山东省食品药品检验研究院、深圳市药品检验所、浙江省食品药品检验研究院、河北省药品检验研究院、西北大学、四川大学、河北科技大学、湖南食品药品检验研究院、四川食品药品检验检测院、重庆市食品药品检验检测研究院、湖北省食品药品监督检验研究院、广西壮族自治区食品药品检验所，共计28余名代表参加此次会议。各参加单位负责人按照课题任务书的要求分别介绍各子任务的研究进展，已取得阶段性成果，以及存在的问题和下一阶段的计划。中药民族药检定所中药材室负责人介绍三个子课题的技术要求和执行过程中的注意事项，并与其他专家对各子课题研究过程中存在的问题，提出指导性意见和建议。最后，总课题负责人，中药民族药检定所负责人进行会议总结。

12月28日至30日由中国食品药品检定研究院中药民族药检定所主办，深圳市药品检验研究院承办的国家十二五“重大新药创制”专项“中药质量安全检测和风险控制平台”课题（2014ZX09304－307－02）中期总结会在深圳召开。该课题由中药民族药检定所牵头负责，来自浙江省食品药品检验研究院、广西壮族自治区食品药品检验所、陕西省食品药品检验所、重庆市食品药品检验检测研究院、吉林省药品检验所、国家计划生育委员会科学技术研究所、国家食品安全风险评估中心、四川省食品药品检验检测院、河北省药品检验研究院、湖南省食品药品检验研究院、湖北省食品药品监督检验研究院、广州市药品检验所、山东省食品药品检验研究院、吉林市食品药品检验所、上海市食品药品检验所、深圳市药品检验研究院、吉林市药品检验所、新疆维吾尔自治区食品药品检验所、中国医学科学院药用植物研究所、西北大学、河北科技大学、四川大学及中国北京同仁堂（集团）有限责任公司的70名代表参加会议。从整体情况看，课题各个子任务基本按任务书有序进行，并且在研究思路、分析检测方法、质量标准等多方面都有重大突破，取得可喜进展。

化学药品检定所

仿制药一致性评价

按照《国务院关于改革药品医疗器械审评审批制度的意见》（国发〔2015〕44号），化学药品检定所积极配合院筹建仿制药评价中心推动一致性评价的工作进展。继续修订和完善《普通口服固体制剂溶出曲线测定与比较指导原则》和《口服固体制剂参比制剂确立指导原则》；组织专家重新梳理并修订一致性评价的工作流程、企业申报资料项目内容以及配套表格；加快参比制剂的研究，对先期获得7家原开发企业提供的9个品种、12个品规的样品，组织相关药检所进行研究和实验复核。

在国家食品药品监督管理总局公布的75个品种评价方法研究工作中，国内能找到原研药品或国际公认的同种药品作为参比制剂开展研究的有39个品种，其中37个品种完成阶段性研究，提交了报告。36个品种国内无法获得原研药品或国际公认的同种药品。各药检机构从国外获得的少量原研制剂、同品种仿制制剂，结合国家评价性抽验中质量较好的产品、国内市场份额较大的产品等开展体外评价方法探索性研究。截至2015年底，有22个品种完成阶段性研究并提交了报告。

修订和完善《进口药品注册检验指导原则》

2015年，化学药品检定所牵头对2004年颁布的《进口药品注册检验指导原则》进行修订。全面梳理问题，广泛征求意见。在此基础上召开全国口岸所、进口药品注册检验指导原则（征求意见稿）等研讨会议。通过与申请人及口岸检验机构的沟通，对指导原则进行反馈修订，最终形成修订稿，上报国家食品药品监督管理总局。新的指导原则，将国内与进口注册检验标准统一，落实主体责任，严格时限等管理要求。同时，细化工作流程，优化资料受理、审签、发放的各个环节的要求，通过完善进口药网络信息平台的功能，提高进口药品注册检验工作效率。加强进口药品注册检验的时限管理。通过督查督办的形式加强口岸药品检验所及检验科室的时限意识。2015 年全年共集中三次对进口药品注册检验时进行限督办，涉及 18 个口岸所的共计 711 件任务工作。此外，加强与审评中心的沟通，与审评中心共同分析审评品种的延时原因，对形成问题的原因进行详细分析，并提出建议。

起草完善《增设药品进口口岸评估工作方案》

受国家食品药品监督管理总局注册司的委托，化学药品检定所承担《增设药品进口口岸评估工作方案》起草工作，由中国食品药品检定研究院组织安排方案中明确口岸城市的申请资料审核和现场评估工作。2015 年 10 月，国家食品药品监督管理总局正式公布评估考核方案。该项工作资料审核及口岸评估工作明确由中国食品药品检定研究院组织实施。按照公布的方案要求，已开放口岸城市所在地但还未成为口岸所的药品检验机构可根据当地药品进口检验需求的情况，向当地省局提出申请成为口岸药品检验所；还未开放口岸城市的所在地药品检验机构，可根据所在地的药品进口需求，由省政府向国务院提出申请开放口岸城市和口岸药品检验所。

各级检验机构可以此次口岸所设置的契机，按照《增设允许药品进口口岸的原则和标准的通知》中口岸所的设置标准要求，增加人员配置、扩充实验场地，提升检验检测能力。不仅能够满足地方药品进口需求，而且设置标准极大的利于各级检验机构向地方政府申请更多的人员配置、场地设施以及各项政策上的倾斜。

考核评估方案公布后，江苏、湖北、山东等省市相继提出增设口岸的申请。

国际药典标准起草

作为 WHO 药品质量保证中心，化学药品检定所承担 WHO 国际药典标准的起草和编修工作。2015 年上半年组织 6 个品种标准的起草工作，并获得 WHO 专家的好评。7 月组织三期培训，WHO 药品质量保证行动计划的负责人 Dr. Sabine KOPP 和专家 Dr. Herbert Schmidt 来访，就 WHO 主要的工作、国际药典起草要求、WHO 外部质量评估、WHO PQ 预认证工作介绍、良好药典起草规范，以及抗生素量效统一等 6 个方面作专题技术报告。

统计软件 JMP 培训

2015 年 4 月 23 日至 25 日，中国食品药品检定研究院在北京举办统计软件 JMP 培训班。共约 40 余名院一线技术骨干和工作人员参加为期 3 天的培训。授课讲师分别以实例说明统计方法的原理、如何采用 JMP 软件获得统计结果、如何对统计结果进行系统分析，并带领学员实际操作 JMP 软件、现场解答各种技术问题。

生物统计在生物药品研发中的应用研讨会

2015 年 5 月 7 日至 8 日，化学药品检定所协助中国药学会生物药品与质量研究专业委员会在北京举办生物统计学在生物药品研发中的应用研讨会。来自我国生物药品领域的研发、生产和质量监管的 80 余为科技人员参加本次研讨会。会议邀请美国杜克大学医学院生物统计学和生物信息学系的周贤忠教授介绍生物相似性评价相关问题的最新进展，以及生物仿制药与原研药如何进行统计分析。

生物制品检定所

市场评价性抽验

2015年，生物制品检定所对甲型肝炎灭活疫苗、A群C群脑膜炎球菌多糖疫苗、干扰素α1、皮内注射用卡介苗进行国家市场评价性抽验。其中，因发现皮内注射用卡介苗滴度下降明显，从而约谈企业，查找原因并及时纠正，确保产品质量。通过对风险较大产品进行市场评价性抽验，有效降低药品质量风险，确保人民用药安全。

WHO合作中心工作

2015年，生物制品检定所协助WHO完成修订质量标准和技术文件、参加国际标准品建立和协作研究及新技术、新方法的研究和开发。9月28日，世界卫生组织（WHO）基本药物和健康产品司技术标准处的生物制品技术标准（TSN/EMP/WHO）负责人Ivana Knezevic博士和生物制品技术标准组科学家高凯博士来访，就WHO生物制品标准化和评价合作中心（WHO CC）工作进行中期回顾，并对下一阶段工作进行规划磋商。

疫苗注册审评工作

为协助CDE解决药品审评积压问题，经中国食品药品检定研究院与CDE协商，CDE将部分疫苗注册审评的药品审评资料委托生物制品检定所负责审评。为规范审评，明确责任，提高效率，生物制品检定所组织制定相关工作程序，并开展审评培训。2015年，共收到CDE审评材料41件，完成审评的材料29件。

2015中国生物制品年会暨第十五次全国生物制品学术研讨会

2015年11月26日，生物制品检定所在深圳召开“2015中国生物制品年会暨第十五次全国生物制品学术研讨会”。本届大会由《中国新药杂志》与北京天坛生物制品股份有限公司联合承办，设置预防性生物制品、治疗用生物制品、干细胞与基因治疗3个分会场。来自国内外各生物制药生产企业、研发机构、高等院校和政府部门近400家单位的800余位代表参加会议。会期2天。

生物制品标准物质研制和管理培训班

2015年5月21日至26日，英国国家生物制品检定所（NIBSC）Dr. Adrian Francis Bristow和Dr. Chria John Burns两位专家来院进行学术交流和研讨，并进行为期两天的生物制品标准物质研制和管理培训班授课。本次培训班由生物制品检定所和标准物质与标准化研究所共同组织，来自生物制品检定所、标准物质与标准化研究所、化学药品检定所共约50人参加此次培训。

培训内容包括生物制品标准物质研制中涉及的ISO质量体系文件、生物标准物质质量管理体系的建立、生物标准物质的赋值和稳定性研究、多肽标准品的量值溯源与赋值、蛋白杂质标准品的研制、诊断试剂标准物质的研制及通用性研究等。培训过程中，学员们结合实际工作中遇到的问题与专家进行了热烈的讨论，特别是质量体系建立的参照标准、标准物质与检测样本的同质性、稳定性，检测结果和数据分析中异常值处理等方面与专家进行探讨。

2015生物制品批签发会议

2015年3月24日至25日，生物制品检定所在京举办2015生物制品批签发会议。来自国家食品药品监督管理总局药化监管司药品生产监管处、国家药典委员会、食品药品审核查验中心、国家药品不良反应检测中心和授权承担生物制品批签发的药品检验机构的50多位专家参加会议。

会议回顾了我国生物制品批签发工作，总结了各授权承担批签发药品检验机构2013、2014年疫苗及血液制品批签发状况及问题，提出了下一阶段批签发工作建议及设想，并对《生物制品批签发管理办法》征求意见稿进行详细研讨。

国家食品药品监督管理总局药化监管司药品生产监管处处长崔浩指出，生物制品批签发制度是确保生物制品质量、保障公众用药安全的一项重要监管制度；批签发工作总结是查找批签发工作薄弱环节、各单位分享工作经验和深入沟通问题的重要形式；尽快修订和完善《生物制品批签发管理办法》，是确保批签发工作顺利开展的基础。中国疾病预防控制中心免疫规划中心AEFI监测室刘大卫主任就我国疫苗上市后AEFI监测进行介绍，着重分析了不同疫苗品种的AEFI监测信号和变化趋势。通过逐渐完善的AEFI监测和分析，对疫苗产品质量分析和提高有提示和预警作用。中国食品药品检定研究院生物制品检定所所长和相关人员分别就我国疫苗和血液制品批签发工作进行总结。北京、上海和广东等7家授权承担生物制品批签发的药品检验机构分别对本单位2013、2014年批签发工作进行总结、分析存在问题并提出工作设想。总结报告指出，2013、2014年生物制品批签发工作整体进展顺利，在确保上市疫苗和血液制品质量的同时，有效阻止不合格或存在安全隐患的制品上市，为确保公众用药安全起到重要作用。2014年我国疫苗监管体系高分通过世卫组织再评估，也证明我国疫苗批签发的实施是健全有序的。会议还对如何持续改进和不断完善生物制品批签发工作进行深入探讨。

狂犬病疫苗效价检定新方法验证研讨会

2015年7月22日，生物制品检定所召开狂犬病疫苗效价检定新方法验证研讨会，虫媒室相关工作人员及申报狂犬病批签发企业共计40余人参加。会议介绍了狂犬病疫苗效价检定新方法——单一稀释法建立的研究背景及方法建立及初步验证结果，并探讨进一步扩大规模进行方法验证的实施方案。

百白破疫苗经验交流会暨新型组分百白破疫苗质量控制研讨会

2015年9月10日，生物制品检定所组织召开百白破疫苗经验交流会暨新型组分百白破疫苗质量控制研讨会。会议邀请国际著名的疫苗专家Emmanuel Vidor博士、赛诺菲巴斯德的David. Johnson博士参加，在会上对现今百日咳的免疫策略、百日咳疫苗的研发和质量控制、百白破疫苗的免疫评价等问题进行了深入的探讨。来自药典会、中国食品药品检定研究院及14个百白破疫苗生产与研发单位的58名专家和技术人员参加研讨会。

2015年进口单抗制品检验工作协调会

2015年1月，生物制品检定所举办2015年进口单抗制品检验工作协调会，针对进口产品检验工作中常见问题和资料准备的注意事项进行沟通协调。生物制品检定所单抗室全体人员及外企抗体研发单位技术骨干近80人参会。

会议回顾了2012～2014年国外抗体类产品注册检验总体情况，生物制品检定所承担着已上市进口抗体的批批检、进口注册检验和国际多中心临床注册检验，2012～2015年进口抗体药物三报三批的政策下，注册检验逐年增加。国外抗体药物注册申报过程中存在注册人员流动性大、非生物药背景居多的共性问题，需要技术人员分担与国外总部技术沟通的工作，因此通过此次培训会能够对外企注册人员进行规范化培训，希望能够使未来注册申报工作更加顺畅，也配合国家食品药品监督管理总局加快注册检验工作推进和清理注册积压问题。

会议介绍了进口抗体药物检验工作流程，

从送检资料准备、专家审核意见、注册检验三个步骤详细说明了注意事项，内容涉及中英文翻译的对应和校准、检验方法的确认、特征图谱要求、试剂耗材细胞的准备、特殊仪器的确认、特殊试剂接收、产品效期问题、进口注册检验办理收检所需文件资料、工作交接和人员培训事宜等。

抗体类生物治疗药物药品注册检验资料规范性交流会

2015 年 3 月，生物制品检定所举办抗体类生物治疗药物药品注册检验资料规范性交流会，对抗体药物注册检验申报和资料准备的规范性进行培训。生物制品检定所单抗室全体人员及国内抗体研发单位技术骨干近 90 人参会。

会议回顾了 2012 ~ 2014 年国内抗体类产品注册检验总体情况，2012 ~ 2015 年抗体药物注册申报呈现井喷式增长，在注册申报和检验过程中因各申报单位人员培训问题、对注册资料准备问题一定程度上限制了注册检验的顺利开展，因此本次会议就抗体类产品注册检验中常见问题和注意事项进行了培训，内容包括收检登记办理、特殊试剂准备、沟通机制、检验收费等各环节的详细培训。

为了规范注册检验资料的书写，会议以单克隆抗体产品的制造和检定规程为范例，详细讲解制造和检定规程中需要表述的要点以及规程书写中常见问题，甚至细化到每个附录起草的注意事项。

此外，会议还汇总 2012 ~ 2015 年抗体类产品注册申报的复核意见，内容包括 11、12、13 号资料审查中发现的问题、质量标准设定和注册检验中常见问题，希望通过此环节使得国内抗体研发单位举一反三，避免今后注册申报有同类问题出现。在会议讨论环节，研发单位代表纷纷表示这是一次细致、及时、必要的培训，通过案例的汇总和规范性培训，使得研发单位在今后能够更加明确注册申报的要求，也希望能够不定期地开展此类形式的沟通和交流。

医疗器械检定所

制度建设

2015 年，医疗器械检定所配合国家政策，第一时间建立“创新产品注册检验绿色通道”，起草程序文件《创新医疗器械检验管理程序》，制订配套文件《创新医疗器械检品检验进度及审核情况表》，并推出“创新产品 10 日报”制度，确保创新产品注册检验全程服务、优质高效。4 月 22 日，国家食品药品监督管理总局批准深圳艾尼尔角膜工程有限公司的脱细胞角膜基质医疗器械注册。该产品是国家食品药品监督管理总局按照《创新医疗器械特别审批程序（试行）》批准注册的产品。其注册检验报告由我所按照创新产品工作程序完成。此外，为更好适应新修订的《医疗器械质量监督抽查管理办法》中对复验的新要求，更加顺畅的开展复验工作，明确各部门职责，规范工作内容，医疗器械检定所制定《医疗器械检定所复验受理工作程序》。

标准化建设

2015 年，医疗器械检定所制订详细的准制修订工作实施方案和工作流程，并根据技术领域的不同，安排专人负责制。2015 年共完成医疗器械标准制修订项目 16 项（表 11 - 8），并按要求保质保量完成报批。其中 1 项国家标准项目（人源组织操作规范指南）是中国食品药品检定研究院首次成功立项获批，并顺利报批的国标。

表 11-8　2015 年度制修订标准项目列表

序号	标准项目名称	承担单位
1	组织工程用人源组织操作规范指南（国家标准项目）	细胞室/标准室
2	组织工程医疗器械产品 皮肤替代品（物）的术语和分类	四军医大/标准室
3	组织工程医疗器械产品 透明质酸钠	华熙福瑞达/标准室
4	组织工程医疗器械产品 动物源性支架材料的残留 Gal 抗原检测	标准室/四军医大
5	组织工程医疗器械产品 骨用于脊柱融合的外科植入物骨修复或再生评价试验指南	材料室
6	无源外科植入物 心血管植入物的特殊要求 - 带瓣管道	材料室
7	源外科植入物 心血管植入物的特殊要求 - 带瓣管道 - 体外脉动流性能测试方法	材料室
8	硅凝胶填充乳房植入物专用要求 第一部分 易挥发性物质限量要求	材料室
9	生长激素定量标记免疫分析试剂盒	诊断一室
10	人抗甲状腺球蛋白抗体定量标记免疫分析试剂盒	诊断一室
11	新生儿苯丙氨酸定量测定试剂盒	诊断一室
12	人类 EGFR 基因突变检测试剂盒（PCR - 荧光探针法）	诊断一室
13	甲型流感病毒核酸检测试剂盒（荧光 PCR 法）	诊断二室
14	ABO 正定型和 RhD 定型检测卡（柱凝集法）	诊断二室
15	HIV 抗体快速试剂（胶体金类）	艾滋病室
16	氯胺酮检测试剂盒（胶体金法）	麻醉药室

2015 年，医疗器械检定所开展组织工程、人类辅助生殖技术和纳米材料医疗器械标准制修订项目提案的征集工作。完成立项提案征集汇总报告、国内外标准发布情况调研报告和基于此两项报告基础上的总体立项计划，并提交各相关技术委员会和专家组进行广泛地征求意见，并确定最终立项计划。2015 年 10 月底，医疗器械检定所组织完成中国食品药品检定研究院作为第一起草单位的 21 项标准项目的申报资料填报工作。

2015 年，医疗器械检定所组织完成中国食品药品检定研究院归口管理的“同种异体骨修复材料”3 项行业标准的复审工作。秘书处安排专人进行复审资料的准备，协调第一起草单位根据复审情况提出标准是否需要修订的初步建议。通过组织专家召开标准复审研讨会，顺利完成复审意见投票。最终根据复审意见投票结果汇总后，形成“同种异体骨修复材料系列标准复评审工作总结报告”报送上级主管部门。

2015 年，医疗器械检定所组织组织工程、纳米材料和辅助生殖技术领域标准宣贯会各 1 次。同时制作调查问卷，在宣贯会上开展相关技术领域标准质量评价、使用情况和需求的调研，并与参会代表共同讨论标准体系的构建及未来的标准规划。

2015 年，医疗器械检定所组织组织工程技术领域的现行标准质量评价工作。通过秘书处发文广泛征集社会各标准适用部门的意见，形成“现行医疗器械标准质量自评报告”。

标准化管理

医疗器械检定所作为组织工程分技委的秘书处挂靠单位，按照技术委员会规范化管理的程序认真履行技委会秘书处的职责。对于每一项国际/国内标准化活动都及时发文通报委员，向委员征求意见，展开讨论。2015 年，组织 7 个标准项目的预研工作，选取 5 项在年会上分别进行预研工作进展汇报和预立项可能性的讨论。同时，组织参加 5 次国际标准网络视频讨论，并承担部分国际标准的起草工作。

医疗器械检定所作为纳米材料类和辅助生殖

技术用医疗器械技术领域的标准归口管理单位，严格按照技委会管理的模式进行规范化管理。通过成立相对固定的专家组，对标准的预立项、立项和标准制修订全过程进行严格管理，做到公开、透明。组织专家，对国内外标准化工作及产业发展状况进行动态跟踪。积极组织相关技术领域的标准研发，做好下2016年度相关标准立项的谋划储备。同时，对中国食品药品检定研究院暂归口管理的，达到5年标龄的标准进行适时跟踪，及时组织标准复审和必要的标准修订工作。

2015年度国抽工作

2015年医疗器械检定所共承担冷光源、治疗呼吸机、人工牙种植体及心脏封堵器4个产品的国家抽验，撰写国家抽验任务书。同时医疗器械检定所起草培训教材，并进行录制。2015年共收到人工牙种植体5批，心脏封堵器7批，呼吸机共收样18台；冷光源共收样7台，完成全部检验，并撰写国家抽验质量分析评估报告。

医疗器械检测机构实验室间比对和能力验证工作

2015年，医疗器械检定所第10次组织开展全国医疗器械检验机构实验室间比对工作。有源项目为电气间隙爬电距离试验，无源项目为挠曲强度试验，体外诊断试剂项目为人促甲状腺素测定试验。其中，共36家实验室参加有源项目，32家获得此项目实验室认可，29家实验室结果满意，7家结果不满意；共9家实验室参加无源项目试验，6家获得此项目实验室认可，7家实验室结果满意，2家结果不满意；共17家实验室参加体外诊断试剂项目试验，11家获得此项目实验室认可，16家实验室结果满意，1家结果不满意。

本次比对试验从设计方案、专家论证等方面做了大量、全面的工作。试验用样品由指定检验机构完成均匀性和稳定性检验。样品的发放充分考虑到时间、环境、地域的影响，统一包装、同一时间发样，符合平行发样的要求。另外，根据保密原则，每个参加实验室分配了一个唯一性代码，结果分析均以代码表示。通过本次比对试验，达到了规范操作、提高检测水平和发现问题及时纠正的预期目标。

《医疗器械抽验支出定额标准》制定工作

受国家食品药品监督管理总局规财司委托，2015年，医疗器械检定所进一步展开《医疗器械抽验支出定额标准》项目研究工作，找准技术关键点，起草定额标准的测算依据，制定测算模版。并召开专题研讨会进行研讨，组织15家参与单位采用拟定的测算依据进行通用项目和量大面广产品的测算工作，建立专项沟通平台进行在线互动交流。同时，为了更好地推动项目的发展，加快定额标准制定的步伐和进程，医疗器械检定所主动筹集经费开展抽验项目支出定额标准的信息化建设工作。经过半年的研究设计，研制完成《医疗器械抽验项目支出定额标准信息化工作平台》，其中设计6个主要功能模块，包括测算管理、抽验定额管理、申报审批、专家管理、统计分析、使用指南，并建立复核工作程序，实现权限控制和流程管理。

技委会筹建工作

2015年，医疗器械检定所共筹建申请标准化技术委员会4个，分别是“全国生物三维打印技术标准化技术委员会”（3D打印）“手术机器人技委会”“全国医疗器械生物学评价标准化技术委员会/纳米生物材料医疗器械分技术委员会”“TC136/传染病体外诊断系统分技术委员会”。其中，纳米医疗器械标准化技术委员会筹建申请顺利通过专家会答辩。医用全国增材制造标准化技术委员会筹建，完成第二轮专家征求意见后，向国家食品药品监督管理总局医疗器械标准管理中心提交终版全国医用增材制造标准化技术委员会筹备申请书。

标准品研制工作

2015年，医疗器械检定所研制的标准物质从2014年的15项增加到57项，取得批准文号8项（均为诊断试剂类），完成研制18项（其中无源类11项，诊断试剂类7项）。其中，医疗器械检定所首次开展有源类产品的标准物质研制工作，研制品种分别是环曲面轴位测量装置（申请编号：390001）、标准A光源（申请编号：390002）和标准D65光源（申请编号：390003）。此外，医疗器械检定所启动系列流感体外诊断试剂标准物质的科研工作，并于2015年获批7个流感病毒诊断试剂标准物质（表11－9）。

表11－9　获批的流感病毒检测试剂标准物质一览

获批日期	标准物质名称	批准文号
核酸试剂		
2015年4月	甲/乙型流感病毒核酸检测试剂国家参考品	（2015）国生参字0061
2015年4月	甲型流感病毒核酸检测试剂国家参考品	（2015）国生参字0062
2015年4月	乙型流感病毒核酸检测试剂国家参考品	（2015）国生参字0063
2015年4月	甲型H1N1流感病毒核酸检测试剂国家参考品	（2015）国生参字0064
抗原试剂		
2015年5月	甲型流感病毒抗原检测试剂国家参考品	（2015）国生参字0066
2015年5月	乙型流感病毒抗原检测试剂国家参考品	（2015）国生参字0067
2015年5月	甲/乙型流感病毒抗原检测试剂国家参考品	（2015）国生参字0068

科研成果

2015年，医疗器械检定所主持及参与的国家、省部级科研课题27个，比2014年新增11项。参加的科技部“863”课题“干细胞和生物人工肝治疗终末期肝病的转化研究”（SS2013AA020102，参加），即将结题。承担的科技部应急专项“埃博拉核酸诊断试剂标准化研究（课题编号KJYJ－2014－003）”，已成功研制“扎伊尔型埃博拉病毒核酸检测试剂国家参考品（2014国生参字0060）”，并使用此标准物质完成对国内埃博拉病毒核酸检测试剂的质量评价。同时成功申报广州市重大科技专项《基于高通量测序技术的胚胎植入前染色体非整倍体检测应用及标准化研究》项目。在科技部国家重点研发计划重点专项试点－“数字诊疗装备研发”试点专项中，对放射类产品低剂量控制评价和应用规范研究、人工心脏等有源植入物性能测试及专用电磁兼容测试平台、研发标定影像设备和医用光学设备检测用体模和标准器3个项目进行申报。并在十三五重大传染病专项院滚动项目中进行了承担工作的申报。11月，还申报国家体育总局全民健身研究领域的两个重点课题。

2015年，医疗器械检定所开展“十三五”各项工作规划的调研、起草工作，积极参与“十三五”发展目标、方向等的建议建言工作，大力配合相关征求意见的研究、回复工作。同时，为做好“十三五”国家科技支撑项目的申报准备工作，医疗器械检定所与科技部社发司相关领导多次沟通，确定20个医疗器械行业备受关注的高技术、高风险项目，并受科技部委托，定期向科技部、国家食品药品监督管理总局进行专题汇报。另外，医疗器械检定所还承担了科技部国家重点研发计划重点专项试点－数字诊疗装备试点专项、移动医疗和健康促进专项、生物医用材料和组织器官专项实施方案中共性技术部分的撰写工作。受国家食品药品监督管理总局科标司委托，医疗器械检定所还承担了“十三五”国家重点研发计划优先启动重点研发任务建议书的编写工作，已由科标司提交科技部。

2015 年，医疗器械检定所协助 WHO 总部举办 WHO 体外诊断试剂预认证培训研讨会，经与其预认证高级顾问深入沟通，WHO 拟同意由医疗器械检定所在其指导下，研制用于产品批签发的参考品，经其批准后，根据 PQ 中批签发的要求，试用于 WHO 产品批签发验证。

调　研

受国家药品监督管理总局委托，2015 年，医疗器械检定所承担医疗器械产品技术要求及其预评价等工作实施情况的调研工作。经过调查问卷、电话、网络咨询等方式收集全国近百个省局、审评机构和检验机构的有关基础信息数据，并对其进行确认、汇总及分析研究，形成《进入创新审评程序产品注册检验和产品技术要求预评价工作情况调研报告》和《医疗器械检验机构产品技术要求及其预评价相关文件执行情况和工作情况调研报告》。

此外，参与国家食品药品监督管理总局标准管理中心牵头开展的体外诊断试剂专项整治标准调研，包括行业标准和医院在用诊断试剂的专项调研的工作，负责对广东省体外诊断试剂标准调研的相关工作。参与国家食品药品监督管理总局医疗器械技术审评中心牵头组织的“药械组合产品有关管理政策研究”的专项调研工作。

援疆工作

为配合国家食品药品监督管理总局做好援藏援疆工作，医疗器械检定所成立领导小组和工作小组，筹备相关工作、编写课件，制作演讲文稿，并撰写《医疗器械检验技术培训教材》，编纂成册。

2015 年 9 月 9 日，中国食品药品检定研究院在乌鲁木齐市召开 2015 年医疗器械援疆培训班。中国食品药品检定研究院副院长张志军和新疆区局副局长党倩英出席会议并讲话。中国食品药品检定研究院 2015 年医疗器械对口支援新疆工作领导小组和工作小组成员，来自中国食品药品检定研究院医疗器械检定所、辽宁省医疗器械检验检测院和广东省医疗器械质量监督检验所的专家共同组成讲师团。来自新疆、吉林、云南和甘肃的学员共 68 人参加培训。

培训共包含“医用 X 射线诊断设备技术”“助听器检验技术”“医疗器械能力验证的组织与实施”“质量分析报告的撰写”“骨科植入产品检验技术”“神经和肌肉刺激器检验技术”“血糖监测系统检验技术”“红外线治疗设备检验技术”“激光治疗设备检验技术”“B 型超声诊断设备检验技术”和“高频电刀检验技术”共 11 个项目。培训结束后，全体学员参加结业考试，成绩合格，获得结业证书，培训取得良好效果。

包装材料与药用辅料检定所

《国家药包材标准》制修订

2015 年 8 月 11 日，国家食品药品监督管理总局以 2015 年第 164 号公告正式颁布 130 项国家药包材标准，标准自 2015 年 12 月 1 日起实施。包装材料与药用辅料检定所按照国家食品药品监督管理总局科技和标准司，以及国家药典会的要求组织编写完成《国家药包材标准》，经国家药典委员会审定后于 2015 年 10 月由中国医药科技出版社独家出版发行。同时，起草《关于做好〈国家药包材标准〉宣传及征订工作的通知》，并于 10 月举办《国家药包材标准》新书发行和现场售书仪式。

标准翻译

2015 年，包装材料与药用辅料检定所承担并完成《中国药典》（2015 年版）中 40 个药用辅料品种标准的汉译英翻译工作，并上报药典会。此外，为掌握国际药用辅料标准的整体情况，包装材料与药用辅料检定所配合药典委员会建立药用辅料国际标准信息服务平台。完成196个药用辅料品种的国际标准的各国药典比对及翻译工作（其中包括107个药用辅料品种的复核工作），为药用辅料DMF备案和关联审评提供基础数据。

药包材注册资料技术审评会

2015年，包装材料与药用辅料检定所共组织召开药包材注册技术审评会6次（包括集中审评过期品种1次），整理技术审评专家意见近3000份。通过转局材料1002份，寄出补充通知992份，并完成1994份资料的网上状态更改。

药用辅料、药包材关联审评和备案等相关工作

为贯彻落实《国务院关于改革药品医疗器械审评审批制度的意见》（国发〔2015〕44号）关于“实行药品与药用包装材料、药用辅料关联审批，将药用包装材料、药用辅料单独审批改为在审批药品注册申请时一并审评审批”的要求，包装材料与药用辅料检定所参与制定《药包材和药用辅料关联审评工作方案》，派员参加国家食品药品监督管理总局组织的“药包材和药用辅料备案制度讨论会”和“药包材药用辅料关联审评审批管理规定和申报资料要求研讨会”，参与起草《药包材药用辅料关联审评审批管理规定和申报资料要求》，就《关于药包材药用辅料与药品关联审评审批的公告》提出修改意见，同时协助国家食品药品监督管理总局推动药用辅料和药包材关联审评的顺利实施。

课题研究

根据国家食品药品监督管理总局科技和标准司食药监科便函〔2015〕7号文的要求，2015年，包装材料与药用辅料检定所开展一系列“四品一械”用包装材料和容器标准体系研究，并撰写《中国药包材标准体系研究报告》。6月17日至18日，包装材料与药用辅料检定所召开《药包材国家标准体系发展规划（2014－2020）》课题结题暨《“四品一械”用包装材料和容器标准体系研究》课题开题会。此课题旨在新的监管形势下，通过调研和试行，结合我国行业发展实际，提出中国“四品一械”包材标准体系框架，实现以高水平的标准管理推动行业发展的目标，保证人民群众饮食用药安全。

2015年，包装材料与药用辅料检定所开展横向课题《榄香烯用磷脂的技术课题》，本课题通过对榄香烯脂质体注射液用大豆磷脂的功能性指标和安全性进行研究，建立脂质体用大豆磷脂的质量标准，为建立单一剂型或制剂中辅料标准和安全性评价方法奠定基础。

2015年，包装材料与药用辅料检定所开展横向课题《纳米级药用辅料质量标准研究课题》。释药动力学（RK）是纳米药物递送系统（NDDS）设计和制备、质量控制、毒理评价、疗效预测和临床用药方案制订的核心问题。由于NDDS的细胞和组织靶向性，其在体内的释药环境为半开放的有限空间（SOLS）。目前关于缓控释药物的释药动力学基本理论是基于封闭有限空间（CLS）的理论（RKTh－CLS），不能模拟NDDS的体内释药环境，使NDDS释药动力学研究的体内外一致性研究面临巨大的挑战。NDDS的飞速发展要求有适应于NDDS的基于SOLS的释药动力学基本理论（RKTh－SOLS）及其相应的研究技术（RKTc－SOLS）。在纳米生物安全性研究中，纳米粒子对离子的释放动力学研究也是一个难题，RKTh－SOLS和RKTc－SOLS可同时解决这一难题。已有基于开放空间释药动力学检测技术，但由于存在难以克服的问题，因而难以建立相应的基本理论。RKTh－SOLS和RKTc－SOLS的缺乏，严重阻碍着NDDS由实验研究向临床实用技术的转化。建立RKTh－SOLS和RKTc－SOLS（包括纳米粒子的离子释放动力学），对于促进NDDS由实验研究向实用医药技术的转化

及纳米安全性研究都具有特别的重要意义。

2015年，包装材料与药用辅料检定所参与科技部重大专项滚动课题《口服缓控释制剂用药用辅料关键质量属性评价方法研究》。本研究将针对药用辅料羟丙甲基纤维素在口服缓控释制剂中的作用，建立以羟丙甲基纤维素（HPMC）为缓控释材料的释药模型，研究以羟丙甲基纤维素为骨架材料的缓控释制剂的释药动力学，研究羟丙甲基纤维素分子量分布、取代度、聚合度、甲氧基含量、羟丙氧基含量、粒度等关键质量属性的评价方法和检测技术。建立口服缓控释制剂药用辅料关键质量属性评价方法的指导原则，为提高我国口服缓控释制剂的质量提供优良的辅料。

2015年度药包材标准提高项目任务启动会

2015年4月28日至29日，受国家药典委员会的委托，中国食品药品检定研究院在安徽省合肥市组织召开2015年度药包材标准提高项目任务启动会议。国家药典委员会、中国食品药品检定研究院包装材料与药用辅料检定所以及全国23个省市药包材检验单位共68人参加此次会议。会上对2015年度药包材标准提高项目任务以及实施具体方案进行介绍，各标准任务承担单位对标准修订稿进行重点讨论，与会专家结合组长汇报的结果，对药包材品种及检验方法起草复核内容进行逐一评议和讨论，最终达成统一意见。

第3届国际药用辅料亚洲大会

2015年3月25日至26日，包装材料与药用辅料检定所所长孙会敏等4人赴上海参加由中国食品药品国际交流中心与国际药用辅料联盟共同举办的“第3届国际药用辅料亚洲大会”，来自监管部门、协会、学术机构和企业的代表近200人参加会议。孙会敏所长受邀在会上作了题为“药用辅料关联审评的关键问题和国家评价抽验风险点的应对策略”的报告。本次会议重点探讨中国药用辅料关联审评制度、《中国药典》（2015年版）药用辅料编制情况、ICH、Q3D、GDUFA、第三方审计和药用辅料稳定性的风险评估及变更控制等业界关注的热点话题。

国际药用辅料美国大会

2015年4月26日至30日，包装材料与药用辅料检定所贺瑞玲随中国食品药品国际交流中心团组于经美国赴波多黎各自由邦参加国际药用辅料美国大会。会议对FDA关于药用辅料的最新进展进行介绍，对全球各知名药用辅料企业的先进经验进行交流和讨论，本次会议有利于及时跟进国际药用辅料法规政策及药用辅料研发的最新进展。

国际制药工程协会2015年年会

2015年11月7日至11日，包装材料与药用辅料检定所汤龙工程师应国际制药工程协会（ISPE）的邀请，随中国食品药品国际交流中心团组赴美国参加国际制药工程协会2015年年会。在美期间主要参加了国际制药工程协会2015年年会主论坛，聆听了“质量是药品供应链的最大优势”和“生物基因公司通过创新走向成功的战略”两个报告，另外参加合规性要求、cGMP、质量体系、数据完整性、生物制药等分论坛，此外还参观了同期制药工业展览会，了解了最新的制药设备、技术的国际发展趋势，明晰了世界最新政策法规动向。

实验动物资源研究所

模式动物研究技术平台

2015年，在模型动物制作方面，实验动物资源研究所与百奥赛图基因生物技术有限公司联合组建模式动物研究技术平台，完成模型动物115个，交付客户93个。在模型动物表型方面，实验动物资源研究所联合生物制品研究所、医疗器械检定所、食品药品安全评价研究所、山东省食品药品检验研究院等单位，就自主研制的模型 C57 - ras，p53 +/- 小鼠、p53 +/- 大鼠，传染病模型 scarb2 和 PSGL1，免疫缺陷类大鼠模型 rag2 +/- 开展了较深入的表型分析，获得大量实验数据，并发表论文，获得国家自然科学基金的支持。2015 年发出模型动物近 700 只，涉及院内外 7 个研究单位和部门。

实验动物福利伦理审查委员会

按照《福利伦理审查程序》的规定，2015 年，中国食品药品检定研究院实验动物福利伦理审查委员会第一分委会完成 167 项一类项目的年度审查工作，并完成 1 项二类项目的福利伦理审查工作。

两个“中心”工作

2015 年，国家实验动物质量（微生物、遗传）检测中心向国内 20 个省市 33 个单位检测实验室提供实验动物质量诊断试剂盒 526 个。对来自新疆维吾尔自治区实验动物研究中心等 2 名进修人员进行检测技术培训。2015 年，国家啮齿类实验动物种子中心为 10 个省市 12 个单位提供实验动物种子 1016 只。

实验动物供应服务

截止到 2015 年 11 月 30 日，共销售动物数量 21.1 万只，对外销售 12.8 万只，内部供应 8.3 万只，保证了科研检定和应急检验对动物的需要。与 2014 年同期（销售数量 23.1 万只）相比总体下降 8.6%。从动物供应品种和数量上看，基本满足全院食品药品检定工作的需求。

保种能力

截止到 2015 年 11 月 10 日，实验动物资源研究所共保存 4 个种类 55 个品系的实验动物，其中小鼠 146 个品系（近交系小鼠 16 个、封闭群小鼠 4 个、基因工程小鼠 126 个），大鼠 7 个品系（近交系大鼠 2 个、封闭群大鼠 2 个、基因工程大鼠 3 个）；兔 1 个品系，豚鼠 1 个品系。

2015 年引进 4 个品系的大鼠和小鼠，具体如下：BALB/cAnSlac - nu：从国家啮齿类实验动物种子中心（上海中心）引进，以弥补生产群遗传变异的情况。Rag2 -/- IL2 - rg -/- 双敲除“三缺”大鼠：为模式室研发，放在种子组进行保种繁育。NSG 小鼠：“三缺”小鼠，从百奥赛图公司引进，保种繁育。NIH 小鼠：从维通利华引进，净化后进入生产群，用于封闭群动物的血缘更新。引种数量比 2014 年增加 1 个品系。引种是应需而引，除了一些品系需要定期更新，更多因素是为满足科研、检定等工作对实验动物资源的需求，对于自主研发的动物模型进行资源性保存。同时，2015 年持续开展委托冷冻保种的工作，大部分委托保种品系均进行冷冻保存。

提高动物实验服务能力

2015 年度，实验动物实验管理重点从两个方面着手，改善动物实验的条件。一方面，更换净化区的传递窗、风淋、净化区内全部门、回风口和地面阴角线，在饲养区域与洗刷区域之间，增加一个缓冲空间等，从而恢复各空间之间应有的密闭性，并重新构建设施的压力梯度；另一方面，实验动物资源研究所对 SOP 进行一次全面的修订，加强内部的精细化管理，包括日常清洁卫生、对全部人员的着装要求等，特别规定对净化区实验室均要求每年至少进行一次彻底的熏蒸消毒。

通过以上这些综合性的措施，动物实验室的生物安全风险在 2015 年进一步改善。在二层啮齿类实验区，2015 年的哨兵动物监测显示无设施自身顽固性病原存在，在一层家兔实验区，动物的综合死亡率明显降低（由 2014 年的 6.9% 降低到 2015 年的 2.9%）。

2015 年动物实验期饲养量见表 11 - 10，比 2014 年同期饲养动物数量减少 6881 只（减少比例 8%），减少的主要原因包括 2015 年国抽任务下达较晚、2014 年因依生事件产生非正常增长在

2015 年回归正常。食品化妆品检定所在动物实验领域的扩大，一定程度上减缓这种降低的程度。

表 11-10 2015 年动物实验期饲养量（只）

品种	数量（只）
小鼠	67021
大鼠	5659
地鼠	714
豚鼠	4249
家兔	2161
合计	79001

实验动物质量检测

截至 2015 年 11 月底，实验动物资源研究所共对全院生产和实验用的小鼠、大鼠、豚鼠和家兔 1028 只进行遗传、寄生虫、微生物质量检测。同时，检测北京生命科学研究所、首都医科大学等单位送检的动物及动物相关样品 1263 只（份），存在体外寄生虫、钩端螺旋体、小鼠肝炎病毒、小鼠细小病毒、猴 B 病毒、沙门菌感染。遗传质量检测 5 个单位 11 个批次，均为合格。

北京地区实验动物质量抽检

2015 年，受北京市实验动物管理办公室的委托，实验动物资源研究所组织相关单位共同完成北京地区实验动物质量抽检工作。5 月和 10 月对北京 30 个厂家的 1256 只实验动物（包括：小鼠 304 只、大鼠 105 只、豚鼠 220 只、地鼠 20 只、兔 242 只、犬 165 只、猴 60 只、小型猪 140 只）进行微生物、遗传质量检测，合格率 84.9%，存在沙门菌、嗜肺巴斯德杆菌、绿脓杆菌感染和兔出血症病毒、狂犬病病毒、犬瘟热病毒、口蹄疫病毒、猪瘟病毒、猪繁殖与呼吸综合征病毒、猪乙型脑炎病毒免疫抗体不合格。

动物源性生物制品检测

2015 年，实验动物资源研究所完成单抗细胞株 62 批次，检测神经生长因子 13 批次，为企业生产、审评注册和相关科室检验任务的完成提供可靠数据和技术保障；同时，进行 46 个厂家的 49 个项目，共计 263 批次检品的病毒灭活/去除工艺验证，为该类产品申报、审评提供依据；此外，完成 6 个厂家 15 批次产品的流感疫苗种子批中禽源性病毒检测，为流感疫苗的批签发工作提供数据支持。发放报告 317 份，其中病毒灭活验证报告 303 份，流感病毒报告 14 份。

实验动物从业人员上岗培训

2015 年，中国食品药品检定研究院共有 8 人参加实验动物从业人员上岗培训，24 人参加换证考试。培训内容涉及实验动物学基本概念、学科研究范围及应用领域、学科发展趋势、质量控制、生物安全等方面，并根据以往培训的反馈意见增加了实验动物福利、伦理和从业人员职业道德等方面的内容，对从业人员能力提高有较大帮助。培训结束时，学员参加了北京实验动物行业协会组织的考试，成绩合格，获得“全国实验动物从业人员岗位证书”。

课题研究

2015 年，实验动物资源研究所开展实验动物新品种的种群建立及质量标准化研究（国家科技支撑计划，2011BAI15B01，2011 年 1 月至 2015 年 12 月）。作为课题承担单位，组织各子课题单位建立普通级树鼩、长爪沙鼠和稀有鮈鲫种群以及长爪沙鼠 Willis 环变异缺失高发动物模型种群。制定了树鼩 6 个质量标准和 7 个技术规范（研究稿），制定 5 项地方标准，长爪沙鼠遗传质量控制标准和 3 个技术规范（研究稿），稀有鮈鲫 6 个质量标准和 3 个技术规范（研究稿）。初步建立树鼩、长爪沙鼠遗传学检测方法和三种动物各 15 种病原体检测方法。初步建立 4 个饮水参数和 6 个垫料参数的检测方法。初步建立长爪沙鼠冷冻胚胎保存技术。同时建立三种动物组织病理学诊断技术，制定 3 种动物病理学诊断规范（讨论稿）。组织开展课题总结验收工作。

2015 年，实验动物资源研究所开展实验动物质量检测关键技术研究（国家科技支撑计划，2013BAK11B01，2013.1 ~ 2015.12）。作为课题承担单位，组织各子课题单位初步建立鸭肠炎病毒 PCR、鸭肝炎病毒 RT – PCR 等 18 种病原体快速检测技术；建立猴免疫缺陷病毒和猴 D 型逆转录病毒双重 PCR 等 12 种多重 PCR 快速病原体鉴别诊断方法；建立长爪沙鼠淋巴细胞脉络丛脑膜炎病毒和肝炎病毒等 13 种新发感染病病原体（或抗体）检测方法；制备小鼠肝炎、仙台等 10 种标准微生物质控品和小鼠酯酶 – 1 等 8 种遗传质控品；开展 IVC、隔离器等实验动物设备的监测技术研究，并编写设备检测技术规范。组织开展课题总结验收工作。

2015 年，参加“实验动物质量评价方法及其标准化研究与应用（国家科技支撑计划，2013BAK11B02，2013.1 ~ 2015.12）”研究。根据课题任务完成新增冷冻保存品系 128 个，初步建立胚胎库，胚胎冷冻存量 20287 枚，精子冷冻存量 5770 管，卵巢冷冻 53 对；起草了《大、小鼠活体保种技术规范》《豚鼠活体保种技术规范》《大鼠饲养管理技术规范》《小鼠饲养管理技术规范》《豚鼠饲养管理技术规范》《豚鼠生物净化技术规范》《哺乳类实验动物生物学特性描述规范》《实验动物新资源认定程序、原则与管理办法》《实验动物标准体系的评估机制报告》等技术文件。完成了课题年度任务。

2015 年，实验动物资源研究所参加“实验动物质量监测及规范管理体系建设与完善（国家科技支撑计划，2013BAK11B03，2013.1 ~ 2015.12）”研究。完成对 5 个国家实验动物种子中心质量监测和评估，撰写评估报告。起草三个管理办法，经过多次征求专家意见，已基本修订完成。

2015 年，实验动物资源研究所开展我国实验动物资源现状调查与发展趋势研究（国家科技基础条件平台专项课题，2015DDJIY05，2015.7 ~ 2016.6）。作为课题承担单位，负责组织有关专家，对全国 31 个省、自治区、直辖市的实验动物现状进行调研，编制我国实验动物资源现状调研和分析报告和中国实验动物资源建设与发展研究报告，为我国实验动物“十三五”发展研究报告提供数据和信息。

食品药品安全评价研究所

完善质量管理体系

2015 年，食品药品安全评价研究所进一步规范 GLP 管理体系，启动 LIMS 系统的正式应用，并完成模拟实验，开展 GLP 实验研究；同时做好 CFDA GLP 复查工作，CAP 认证复查工作、AAALAC 认证复查工作，启动 OECD GLP 检查准备工作。3 月 14 日至 15 日，食品药品安全评价研究所接受 CNAS 专家的现场考核和检查，专家依据 ISO 17043 能力验证提供者认可指南对实验室进行详细和全面的检查，最终通过专家认可。临检组一次性通过 16 个指标，约占全院所有通过指标的 27%。食品药品安全评价研究所临检组成为合格的能力验证提供者，可以更好地组织全国 GLP 中心进行室间能力评比，共同完善临床检验室质量管理，共同提高临床检验质量。

实验动物福利伦理审查

2015 年，食品药品安全评价研究所实验动物福利伦理委员会全体委员通过邮件对专题负责人（SD）提交的动物使用申请进行审查，并由主席向 SD 签发审批报告，2015 年全年共审查/批准伦理申请 101 份。伦理委员会分别在 3 月和 12 月对动物设施进行检查，并向机构负责人提交报告，督促问题相关部门负责人及相关人员做出相应整改措施。此外，2015 年全年共召开委员会会议 2 次，讨论设施检查中的问题点并作出自评报告。

医疗器械标准管理研究所

标准制修订

截至2015年11月，医疗器械标准管理研究所共完成160项医疗器械行业标准的审核工作，其中强制性标准20项，推荐性标准140项，并上报国家食品药品监督管理总局。此外，医疗器械标准管理研究所公开公正地开展标准立项工作。对技委会申报的2016年度共152项医疗器械行业标准立项草案进行预立项初审，提出审查意见后在外网面向全社会对初审通过的148项立项草案公开征求意见。同时，多措并举提高标准质量。严格程序，提高标准审查质量，总结问题，落实关口前置，立足全局，充分发挥协调指导作用，有效解决交叉问题。

在用检验技术要求

《医疗器械监督管理条例》明确将医疗器械使用质量监管纳入食品药品监管部门的职能，根据国家食品药品监督管理总局医疗器械监管司要求，医疗器械标准管理研究所2015年开展多途径、多方式的探索调研，撰写调研报告，通过研讨，明确《在用医疗器械检验技术要求》的定位、编写要求及规划，协调指导开展2015年23个项目的研究编制工作，推动《在用医疗器械检验技术要求》研究编制工作的全面开展。

医疗器械专业标准化技术委员会管理

2015年，医疗器械标准管理研究所在规范标准化全过程管理和体系建设的过程中，系统梳理技委会日常管理、标准制修订、标准宣贯培训和科研、国际合作等方面的不足，探索技委会的管理方法和模式，在建立《技委会考核评价管理办法》的基础上，组织开展面向全国11个技委会的考核评价试点工作，强化技委会换届管理，查找问题，提出解决建议，有效规范和提高我国医疗器械专业标准化技术委员会管理水平。

此外，2015年，医疗器械标准管理研究所积极协调推动有源植入、纳米以及中医器械等标准化技术委员会筹建工作。在深入了解当前医疗器械产业和监管现状与需求的基础上，按照医疗器械标准体系布局，推进全国医用卫生材料及敷料专业标准化技术委员会、全国医疗器械生物学评价标准化技术委员会纳米医疗器械生物学评价标准化分技术委员会、全国中医器械标准化技术委员会、全国外科植入物和矫形器械标准化技术委员会有源植入物分技术委员会和医用光辐射安全和激光设备标准化分技术委员会的筹建工作。

医疗器械标准体系建设研究

2015年，医疗器械标准管理研究所深入分析标准现状，把握标准化改革发展趋势，结合医疗器械技术、产业和监管发展新需求，开展标准体系框架构建研究，提出建立横向覆盖医疗器械全领域，纵向贯穿医疗器械生命周期的技术标准体系框架，并进一步明确通用体系建设框架，提出专用体系建设原则。

与此同时，医疗器械标准管理研究所继续推进医疗器械标准化技术组织体系建设。加强与国标委及外领域沟通协调，顺应产业发展需要，大力协调推进医用增材制造技术委员会筹建，推动医用机器人标准化组织的建立。推动有源植入物、纳米医疗器械技委会的筹建进程。针对医疗器械包装标准需求，研究提出医疗器械包装标准体系建设新思路。优化现有技委会组织架构，调整全国医疗器械质量管理及通用要求标准化技术委员会秘书处组成，加强宏观指导。

医疗器械产品分类界定工作

截至2015年11月，医疗器械标准管理研究所共受理医疗器械产品分类界定申请1508份（直接告知256份，上报国家食品药品监督管理总局631份）。受理量是2014年的1.6倍。自《医疗器械监督管理条例》（国务院令第650号）发布实施，医疗器械分类界定申请急剧增加，医疗器械标准管理研究所及时调整工作思路和模式，针对分类界定工作中的问题，采取一系列有效措施：①集中处理4000多个省局上报的以往注册的第一类产品。②利用中心分类界定信息系统共享成果，构建补充第一类医疗器械目录数据库，方便使用者查询参考，节约监管资源，促进备案工作的顺利实施。③总结法规过渡期分类工作经验，完善分类工作机制，加大分类工作力度，提高分类工作效率。④加强交流与培训。利用信息平台或培训班等交流方式，加强《条例》配套法规文件的解读、统一认识和理解，提高分类界定工作水平和效率，为药监总局行政决策提供技术支持。

医疗器械分类界定管理工作培训交流会

2015年，医疗器械标准管理研究所组织召开医疗器械分类界定管理工作培训交流会。培训会议就医疗器械分类管理工作整体情况、医疗器械分类规则，医疗器械子目录的修订内容、体外诊断类产品的类别管理工作、Ⅰ类产品备案工作和医疗器械信息平台使用方法等内容进行深入交流。不仅加深对新《条例》实施后相关法规的理解，对监管人员在日常工作中遇到的分类管理问题予以归纳解决。也对医疗器械分类管理理论和实际操作统一认识，解决在新的监管形势下，企业面临新政策时的困惑。本次会议对进一步规范医疗器械分类管理，提升医疗器械分类管理工作水平具有重要意义。

医疗器械命名、编码工作

命名是医疗器械监管的重要基础性工作之一，为配合《医疗器械监督管理条例》实施，建成统一规范的国家医疗器械命名法，医疗器械标准管理研究所深入研究国内外相关进展，结合试点研究经验，完善医疗器械命名体系建设方案，提出技术研究工作推进计划。同时，配合国家食品药品监督管理总局，根据公众反馈意见对《医疗器械命名规则（试行）》（草案）进行分析论证及修改完善，对有源植入物等13个前期试点领域的命名技术研究成果进一步研讨论证，对手术器械等6个扩展领域及激光设备等13个新增领域开展命名技术研究工作，完善信息化平台功能作用，优化信息数据结构，完成620个命名术语集、1551通用名称的研制和相关数据录入，梳理规范了23171个注册产品名称，为医疗器械命名规则的发布及实施工作提供技术支持。

医疗器械编码工作不仅是国际医疗器械监管领域关注的焦点，也是我国加强医疗器械监管的重要措施。2015年，医疗器械标准管理研究所进一步完善医疗器械编码体系建设方案，细化编码模式、建设步骤等内容。深入研究医疗领域标识编码发展的客观规律，根据医疗器械监管管理条例和现有编码工作技术方案，借鉴IMDRF、美国等唯一标识的法规，参考药品编码规则，制定医疗器械编码规则，为进一步推进编码工作提供技术研究支持。

医疗器械标准科研课题

2015年，医疗器械标准管理研究所开展标准科研活动，申报的《战略性新兴医疗器械产业关键技术标准研究》获科技部立项（科技支撑计划2015BAI03B29），该课题是科技部唯一非产品研究支持项目。本项目以新型生物材料、远程医疗、新型医疗成像系统、新型微创手术设备、先进放射治疗设备、超微量免疫分析系统作为研究对象，以医疗器械产品安全有效性为出发点，对新兴医疗器械关键技术和关键环节等进行标准研究，制定产业和监管急需的关键技术标准，有效建立医疗器械科技成果与产业健康发展的纽带，研制的技术标准和开发的检测平台将有效提高检测效率，加快审评和注册，促进战略性新兴医疗器械，特别是我国自主创新医疗器械产品的科研成果及时转化为产业。

第十二部分　大事记

中国食品药品检定研究院 2015 年大事记

1 月 8 日

全国口岸药品检验所交流研讨会在海南省海口市召开。中国食品药品检定研究院有关领导及海南省食品药品监督管理局领导、各口岸药品检验所主要负责人及相关负责人等 50 余人参加会议。为期 2 天。

1 月 16 日

《科研工作管理办法》（中检办科研函〔2015〕17 号）、《学科带头人培养基金管理办法》（中检办科研函〔2015〕16 号）发布实施。

经党委常委会研究，并经国家食品药品监督管理总局人事司同意，聘任蓝煜为院长办公室主任，解聘其人事教育处处长职务；聘任李冠民为人事教育处处长，解聘其科研管理处处长职务。聘期三年。（中检人函〔2015〕18 号）

全国食品药品医疗器械检验工作电视电话会议在北京市召开。各省食药监局负责食品药品医疗器械检验检测工作的分管局领导，各省食品、药品、医疗器械、药用包材、辅料检验所（院、中心），及各省所辖地市食品、药品检验所在 31 个分会场共同参加本次会议。

1 月 20 日

第八届学术委员会组织召开 2015 年度院科技评优活动，各所、中心的 22 名报告人汇报了相关的研究成果及创新思路，院领导及院学术委员会委员共 28 位专家担任评委，评选出一等奖 2 个，二等奖 5 个、三等奖 8 个，全院职工近 100 人参加。

副院长王云鹤、械标所所长李静莉应法国标准化协会邀请赴法国参加国际电工协会工作会议。为期 5 天。

在 2014 年度北京市实验动物行业表彰大会上，中国食品药品检定研究院被授予“2014 年度北京实验动物行业先进集体”荣誉称号，王吉、刘甦苏被授予“2014 年度北京实验动物行业先进个人”荣誉称号。（京动协通字〔2015〕07 号）

1 月 26 日

主任李长贵、副主任技师张洁应英国国家生物制品检定所邀请赴英国参加第 19 届流感疫苗研讨会。李长贵就“H7N9 流感病毒疫苗参考品（SRID 法）研制”和“流感疫苗效力试验”作大会发言。为期 4 天。

1 月 27 日

召开 2014 年度领导班子民主生活会。会议以“严格党内生活，严守党的纪律，深化作风建设”为主题，以认真贯彻中央八项规定精神、坚决反对“四风”、持续抓好整改落实为重点内容，通过全面剖析存在问题，认真进行对照检查，积极开展批评与自我批评。会议由党委书记李波主持，国家食品药品监督管理总局党组成员、药品安全总监孙咸泽到会指导并讲话，国家食品药品监督管理总局督导组、人事司、机关党委、监察局负责同志全程到会指导。

1 月 28 日

2014 年国家医疗器械抽验产品质量评估报告评议会在昆明召开。国家食品药品监督管理总局医疗器械标准管理中心、部分省级医疗器械监管部门和技术审评部门的评议专家和承检单位、质量评估工作的 34 家医疗器械检验机构的 120 余名代表参加。由国家食品药品监督管理总局、天津、济南、上海、杭州、湖北、广州中心、中国食品药品检定研究院、总后所牵头，多家省级医疗器械检验机构参与检验的5种有源医疗器械产品、11种无源医疗器械产品、3种体外诊断类医疗器械产品的质量评估报告进入此次现场评议。按照统一顺序集中汇报，有源、无源、体外诊断三个评议组分别打分。综合在线评议和现场评议得分情况，当场公布结果。为期2天。

1月29日

接受CMA，CMAF，CNAS三合一实验室认可和资质认定扩项复评审。本次评审对中国食品药品检定研究院申请的药品、生物制品、实验动物、药品包装材料、医疗器械、诊断试剂、光机电、保健食品、食品、食品接触材料、化妆品等11个检测领域的3127项能力进行确认，其中CNAS认可能力2035项。为期2天。

1月

“高端医药产品精制结晶技术的研发与产业化”项目获得2014年度“天津市科学技术进步”一等奖，中国食品药品检定研究院为第五完成单位。

2月3日

按照《关于进一步加强因私出国（境）证件管理的通知》（食药监人便函〔2015〕25号）要求，将领导班子成员因私出国（境）证件交由国家食品药品监督管理总局人事司统一管理，其他员工因私出国（境）证件由人教处统一收缴、管理，同时建立员工因私出国（境）证件领取审批程序。

2月4日

中药所所长马双成入选人力资源和社会保障部公布的2014年国家百千万人才工程入选人员名单，并被授予“有突出贡献中青年专家”荣誉称号。（国家百千万人才工程第140298号）

2月15日

安评所所长汪巨峰应邀参加美国FDA组织的药物心脏毒性评价讨论会，并做大会报告。为期3天。

中国食品药品检定研究院2014年度总结大会在京召开。国家食品药品监督管理总局党组成员、药品安全总监孙咸泽出席会议并讲话。中国食品药品检定研究院党委书记、副院长李波做工作报告。中国食品药品检定研究院领导班子成员、在岗及返聘干部职工、研究生、进修人员以及编外聘用人员800余人参加大会。

2月25日

南楠被全国妇联授予“全国三八红旗手”荣誉称号。（妇字〔2015〕17号）

2月

“现代药物制剂研发关键技术及其应用”项目获得2014年度教育部高等学校科学研究优秀成果奖之“科技进步奖”一等奖，中国食品药品检定研究院为第三完成单位。

3月1日

副院长邹健、包材所所长孙会敏、标化所副所长陈亚飞和副主任姚尚辰应美国药典委员会邀请随国家药典会团组赴美国参加第七期美国药品标准管理培训班。为期21天。

3月2日

主任药师鲁静受国家食品药品监督管理总局派遣应新加坡卫生科学局邀请赴新加坡执行中药合作项目。为期3天。

副院长王军志、生检所副所长徐苗和主任梁争论应日本国立感染症研究所和加拿大卫生部生物制品和基因治疗产品局邀请赴日本、加拿大参加疫苗研究研讨会。访问日加期间，应外方邀请，王军志作名为“监管科学在新型病毒性疫苗研发中的作用”和“中国生物制品监管科学研究进展”的报告，徐苗作“中国食品药品检定研究院生物制品批签发和国际合作”的报告，梁争论作“中国EV71疫苗研发”的报告。为期8天。

3月3日

经党委常委会研究决定，根据《工作人员管理规定》第六十条规定，解聘张丽颖包装材料与药用辅料检定所副所长职务（保留副处级待遇）。（中检人〔2015〕9号）

3月8日

主任高华、助理研究员贺庆应德国国家血清

及疫苗研究所和英国国家生物制品检定所邀请赴德国、英国执行体外热原替代方法合作。为期6天。

3月9日

主任药师金红宇受国家食品药品监督管理总局派遣应新加坡卫生科学局邀请赴新加坡执行中药合作项目。为期5天。

3月14日

副研究员李加、刘欣玉应德国马克思－普朗克生物物理研究所分子膜生物系邀请赴德国进行乙型脑炎项目合作。为期74天。

接受CNAS能力验证提供者（PTP）认可现场评审。通过评审，共有24个产品59个参数获得CNAS认可，获得药检系统首张PTP证书。为期2天。

3月15日

主管技师唐静应世界卫生组织邀请赴意大利国家生物学免疫与评价中心高级卫生学院参加WHO b型流感嗜血杆菌结合疫苗多糖含量检测研修。为期7天。

3月17日

全国食品药品检验系统食品检验工作座谈会在重庆市召开。国家食品药品监督管理总局党组成员、药品安全总监孙咸泽出席会议并讲话。国家食品药品监督管理总局食品安全监管一司、二司、三司、稽查局、科标司相关人员，中国食品药品检定研究院党委书记、副院长李波，副院长王佑春及相关部门负责人，各省、自治区、直辖市及计划单列市、新疆生产建设兵团食品药品检验系统41家检验机构近80余名代表参加了本次会议。

3月22日

主管药师张琳、助理研究员郭隽应美国毒理学会邀请赴美国参加第54届美国毒理学会年会。为期5天。

4月2日

“正电子类放射性药品质量标准及检验技术培训会（第二期）”在北京市举办。来自医疗机构、放射性药品企业以及部分省级药检所约50名检验人员参加培训。为期2天。

4月13日

副院长王佑春作为WHO生物制品GMP指南修订起草组成员应世界卫生组织邀请赴瑞士参加WHO生物制品GMP指南修订起草组会议。为期5天。

4月14日

副主任高凯应世界卫生组织邀请赴瑞士WHO总部工作，就任岗位为WHO总部基本药物和健康产品司技术标准与规范处。为期352天。

4月17日

召开2015年党的工作暨廉政建设工作会议。党委书记李波主持会议并讲话，副院长王军志传达了国家食品药品监督管理总局第三次党风廉政建设工作会议主要精神，纪委书记姚雪良做党建工作报告，并部署2015年党风廉政工作。会上，院主要领导、分管领导和各部门负责人逐级签订了党风廉政建设责任书。院党委委员、纪委委员，各总支、支部委员，各所、处（室）、中心和各科室主要负责人，共123人参加会议。

4月21日

党委书记、副院长李波作为美国药典委员会大会正式成员代表和毒理专家委员会委员应美国药典委员会邀请赴美国参加美国药典委员会2015年大会，并应约翰·霍普金斯大学布隆博格公共卫生学院环境卫生学系邀请对其进行访问。为期5天。

4月22日

“1，6－O－二咖啡山梨醇酯及其衍生物，和用途”获得国家专利证书。（证书号第1640394号）

4月23日

2015年医疗器械检测机构比对试验工作会议在昆明召开。国家食品药品监督管理总局科技和标准司检验机构指导处处长曹晨光、中国食品药品检定研究院副院长王云鹤、云南省食品药品监督管理局副局长邢亚伟出席会议并讲话。云南省食品药品监督管理局有关处室负责人，本院器械检定所相关人员，全国各医疗器械检测机构负责人和医疗器械比对试验专家 70 余人参加会议。为期 2 天。

4 月 24 日

中共国家食品药品监督管理总局党组研究决定，免去王云鹤同志中国食品药品检定研究院副院长、中国药品检验总所副所长、国家食品药品监督管理总局医疗器械标准管理中心副主任职务，按有关规定办理退休手续。（食药监党任〔2015〕2 号）

4 月 25 日

助理研究员刘悦越、研究实习员王一平应英国国家生物制品检定所邀请赴英国进行疫苗质量控制和国际标准品项目合作。为期 78 天。

4 月 26 日

副院长王军志、副研究员王兰应世界卫生组织邀请赴瑞士参加 WHO 关于单抗类生物类似物指南修订暨生物治疗产品监管风险评估会议。王军志介绍我国抗体类生物治疗药物研发现状和监管需求以及我国生物治疗产品上市后风险监管和评价体系。会议成立由 11 位专家组成的起草小组分工完成初稿，王军志为起草专家组成员。为期 6 天。

4 月 28 日

中共中央、国务院在北京人民大会堂召开庆祝“五一”国际劳动节暨表彰全国劳动模范和先进工作者大会，李长贵被授予“全国先进工作者”荣誉称号。(证书第 0848 号)

2015 年第一期对发布严重违法广告企业的行政告诫会在京召开。国家食品药品监督管理总局稽查局、中国食品药品检定研究院监督所和 16 个省级局的 24 名代表参加，会议对发布严重违法广告行为的 39 家企业采取了行政告诫，责令被告诫企业立即停止发布违法广告，限时提交书面整改报告和不再发布违法广告的承诺书。

受药典委员会的委托，2015 年度药包材标准提高项目任务启动会议在合肥市组织召开。国家药典委员会、中国食品药品检定研究院包材所及全国 23 个省市药包材检验单位共 68 人参加此次会议。为期 2 天。

4 月 29 日

举办以“迎五四·传承·创新”为主题的团日活动。50 多名团员青年参加了团队素质拓展训练。

4 月

完成 2015 年硕士研究生招收工作，共录取 18 名研究生。

5 月 6 日

中国药理学会安全药理学专业委员会成立大会及第四届安全药理学国际学术研讨会在广州举办，210 人参会。为期 4 天。

5 月 11 日

香港特区政府卫生署署长陈汉仪、助理署长林文健和总药剂师陈凌峰一行三人来中国食品药品检定研究院访问交流。副院长张志军出面接见，并就有关中药安全及品质标准方面的合作进行了座谈。参加座谈的还有院长办公室、国际合作处、中药所科室负责人等。

5 月 12 日

美国食品药品监督管理局食品安全与应用营养中心副主任 Steve Musser 博士一行访问中国食品药品检定研究院。副院长王佑春和食化所所长张庆生会见了三位专家。双方就两国食品监管机构设置、保健食品管理、食品抽检、食品安全事件处理、基因组测序等方面进行了深入讨论，达成了重要共识，确定了长期合作研究关系。会谈后参观食化所生物和理化实验室。

主任饶春明应美国基因与细胞治疗协会邀请赴美国参加第十八届美国基因与细胞治疗协会年会。为期 5 天。

副主任陈华作为志愿者赴瑞士 WHO 总部工作。为期 180 天。

5月13日

中国食品药品检定研究院承办的“实验动物微生物检测技术研讨培训班”在北京市举行。来自国内16个省市48个单位的88名实验动物生产管理与检测技术人员和省级实验动物质量检测中心人员参加培训。为期4天。

5月14日

召开党委理论中心组学习扩大会暨廉政风险防控部署会。党委书记李波主持会议并讲话，副院长张志军同志传达了习近平总书记在省部级主要领导干部学习研讨班上的讲话精神。纪委书记姚雪良传达了国家食品药品监督管理总局廉政风险防控工作推进会精神，部署我院廉政风险防控工作。院党委委员、纪委委员、各所、处（室）、中心主要负责人、迁建办、新址办和天坛公司主要负责人，共40人参加会议。

召开党委常委会，会议宣读国家食品药品监督管理总局党组关于王云鹤同志退休决议的文件；讨论并通过王云鹤同志办理退休手续后返聘我院工作的有关事宜。会议决定原由王云鹤同志负责的医疗器械检定所、医疗器械标准管理研究所由张志军同志负责分管；包装材料与药用辅料检定所由邹健同志负责分管。会议决定原由张志军同志负责的中药民族药检定所、化学药品检定所由王军志同志负责分管。

5月20日

“第三届全国药检系统实验动物学术交流会”在北京市召开。共有来自全国28个省市、58个省级和市级食品药品、医疗器械检验检测机构共计100位代表参加会议。为期3天。

5月22日

基于与英国国家生物制品检定所（NIBSC）的合作框架，特邀请NIBSC两位资深专家Adrian Bristow博士和Chris Burns博士对生物制品标准物质研制和管理相关人员培训。来自生检所、标化所、化药所共约50人参加了此次培训。为期2天。

5月25日

全国食品药品检验机构信息化工作研讨会在济南召开。国家食品药品监督管理总局科标司和规财司、中国食品药品检定研究院相关部门、全国42家省级食品药品检验机构负责人及山东省所属市（地）级检验检测机构负责人100余人参加会议。为期2天。

5月27日

副院长邹健会见了应邀来访的德国磷脂中心主任Jürgen Zirkel博士一行四人并进行相关工作交流，并作题目为《欧洲药用辅料的注册管理制度以及磷脂类药用辅料的质量控制和其在药物制剂的应用》的学术报告。包材所主要负责人和相关技术人员参加会见，院内40多名技术人员参加了学术交流。

中国食品药品检定研究院组织召开关于液体制剂拉曼光谱无损快速筛查技术和方法专家论证会，会议对项目的科技成果进行论证，30个省（自治区、直辖市）的相关单位参与研究工作。

5月28日

《国家药品快检数据库网络平台》培训在北京市举行，培训包括快检平台手机APP、车载终端及网络平台的使用，共12个省、市所20名负责快检的技术人员参加。

5月29日

“药物非临床安全性评价靶点专项研讨会”为主题的第一届高级SD培训班在甘肃省兰州市举办，约80人参会。为期2天。

6月1日

党委书记、副院长李波、副院长王佑春会见了美国药典委员会（USP）中华区总经理冯兵兵博士一行。双方一致同意在信息交流、人员交流、学术活动等方面将进一步加强合作和沟通。院办、食化所、标化所主要负责人，以及综合业务处有关负责人员陪同参加此次会见。

6月5日

举办第九套广播体操比赛。比赛邀请北京体

育大学创办第九套广播体操的四位老师作为大赛评委会，全院18支代表队共400人参加了比赛。中药所代表队荣获一等奖，生检所一队、标化所代表队分别荣获二等奖，生检所二队、后勤工会和监督所代表队分别荣获三等奖。

由中国食品药品检定研究院、中国医药保健品进出口商会中药饮片分会、中国中药协会中药饮片专业委员会、全国医药技术市场协会药物技术创新服务专业委员会主办、东阿阿胶股份有限公司承办的“2015年动物药质量控制热点问题及检测关键技术会议”在山东省东阿县召开。来自国家食品药品监督管理总局相关单位的专家及相关生产企业代表共100余人参加了会议。为期3天。

6月6日

同种异体骨修复材料系列标准复审研讨会暨骨组织库分会在武汉市召开。参加本次会议有来自产、学、研及审评机构的各方代表共计30余人。骨组织库分会举行了换届改选会议，医疗器械检定所主任药师杨昭鹏被聘为新一届骨组织库分会的顾问，研究员王春仁被聘为副主任委员，研究员徐丽明被聘为委员。

6月9日

全国中药材及饮片性状鉴别培训班在亳州召开，共有来自全国各省市级药检机构及药品生产企业约800名专业技术人员参加了培训。为期7天。

6月10日

经党委常委会研究决定，根据《工作人员管理规定》第六十条规定，解聘柴玉生离退休干部管理处处长职务（保留正处级待遇）。（中检人〔2015〕24号）

6月11日

《药物分析杂志》精品科技期刊项目顺利通过第三期验收，《药物分析杂志》获中国科学技术协会《中国科协精品科技期刊工程第四期（2015－2017年度）“学术质量提升项目”》，证书号：Ⅳ－XSZL－089。

6月12日

召开“三严三实”专题党课暨动员部署会议。国家食品药品监督管理总局机关党委常务副书记丁逸方到会指导，党委书记、副院长李波讲授了专题党课，并对开展“三严三实”专题教育进行动员部署。纪委书记姚雪良主持会议，院党委委员、纪委委员，各总支、支部书记，科室副主任以上干部，共计130人参加会议。

6月14日

纪委书记姚雪良、安保处副处长陈国庆和助理研究员杨美琴应英国国家生物制品检定所和瑞典卡罗林斯卡学院邀请赴英国、瑞典执行实验室安全管理交流任务。为期8天。

6月15日

中国食品药品检定研究院《稿件审批系统》上线运行。

6月16日

受国家食品药品监督管理总局委托，党委书记、副院长李波会见了来访的瑞士全球卫生事务大使、瑞士内政部公共卫生局副局长兼国际司司长塔妮娅女士一行6人。国家食品药品监督管理总局国际合作司副司长秦晓岑、处长何莉参加会见。会后，外宾一行参观了中药所实验室和中药标本馆。国合处、食化所及化药所相关负责同志，以及中药所和器械所等相关科室负责同志陪同参加了上述会见。

6月22日

中药所所长马双成、主任魏锋应国际HPTLC技术协会与西太区草药协调论坛第二小组（中草药质量控制）委员会邀请随国家食品药品监督管理总局团组赴瑞士参加西太区草药协调论坛FHH第2分委会会议。马双成主持第二部分会议并在第四部分会议上作“中国中药的质量控制”的报告，魏锋博士作“中国对照药材的研制技术要求”的报告。为期5天。

6 月 28 日

研究员李永红应韩国食品药品安全部邀请赴韩国参加全球生物大会。李永红介绍中国基因治疗药物的研发情况、相关的监管法规框架以及质量控制的要求。为期 5 天。

6 月 30 日

召开学习先进典型动员部署会，学习全国先进工作者、生检所呼吸道病毒疫苗室主任李长贵同志和全国三八红旗手、化药所麻醉与精神药品室主任南楠同志的先进事迹，并对在全院开展向李长贵和南楠同志学习活动进行部署。党委书记、副院长李波出席会议并讲话，院党委委员、纪委委员，科室副主任以上干部，生检所呼吸道病毒疫苗室和化药所麻醉与精神药品室全体职工，共计 138 人参加会议。

2015 年国家医疗器械抽验工作座谈会在济南召开。承担 2015 年国家医疗器械抽验检验工作的 30 个省（市）局及 33 家医疗器械检验机构共 100 余名代表和来自国家食品药品监督管理总局医疗器械监管司、规划财务司以及山东省食药监管局的嘉宾出席会议。

7 月 1 日

首次全国 GLP 质量保证从业人员职业资质认证考试在海口市举办。全国共有 39 名从事 GLP 质量保证工作的人员报名参加，17 人通过考试并获得资质证书。

7 月 2 日

中国食品药品检定研究院组织召开以“依法开展食品检验，服务食品安全监管”为主题的公众开放日活动。

7 月 6 日

2015 年国家药品抽验工作会在京召开。国家食品药品监督管理总局稽查局、科技标准司、新闻宣传司、规划财务司、中国食品药品检定研究院、药典委、核查中心部分领导及各省（自治区、直辖市）食品药品监管部门、承担 2015 年国家药品抽验任务的药品检验机构等 200 余人参加。为期 3 天。

7 月 7 日

化药所所长杨化新、副主任谭德讲应杜克大学医学院生物统计与生物信息学系、马里兰大学药学院和英国国家生物制品检定所邀请赴美国、英国执行药检统计学项目合作。访问杜克大学医学院生物统计与生物信息学系期间，杨化新代表党委书记、副院长李波向 Elisabath E. DeLonghi 博士和 Shein – Chung Chow 博士颁发中国食品药品检定研究院特聘客座研究员的聘书。为期 8 天。

《医疗器械检验机构能力建设标准研究》国家食品药品监督管理总局政策研究课题结题评审会在京召开。国家食品药品监督管理总局科技和标准司副司长颜敏出席会议，来自中国食品药品检定研究院和全国 8 个省份的共 9 家药品、医疗器械检验机构的领导和专家参加会议。《医疗器械检验机构能力建设标准研究》课题顺利通过结题验收。

7 月 9 日

2015 年医疗器械标准信息化管理系统工作研讨会在武汉市召开。全国医疗器械标准化技术委员会秘书处挂靠单位标准室、中国食品药品检定研究院信息中心共计 60 余人参加会议。

7 月 13 日

全国食品药品医疗器械检验工作座谈会在辽宁省丹东市召开。国家食品药品监督管理总局副局长、党组成员、药品安全总监孙咸泽出席会议并讲话。中国食品药品检定研究院党委书记李波及领导班子成员出席会议。各省级（含副省级）食品、药品、医疗器械、药用包材及辅料检验所（院），总后、武警药检所，以及通过国家食品药品监督管理总局资格认可的各有关医疗器械检验机构负责人参加会议。为期 2 天。

7 月 19 日

包材所所长孙会敏作为 2015 ~ 2020 年度美国药典会药用辅料专家委员会委员应美国药典委员会邀请赴美国参加 2015 ~ 2020 年度美国药典

会辅料专家委员会首次方针会议。为期5天。

7月22日

WHO药品质量保证相关工作规范培训研讨会在中国食品药品检定研究院举行，来自中国食品药品检定研究院、国家药典会、北京所、天津所、总后所、河北院、辽宁院、吉林院、河南院等单位共50余人参加了此次会议。会议邀请WHO药品质量保证行动计划负责人Sabine KOPP博士、专家Herbert SCHMIDT博士及研究员金少鸿做报告。

7月26日

副院长邹健、质管处处长张河战和副处长王青应德国国家血清及疫苗研究所和英国政府化学家实验室德国药品标准物质生产中心邀请赴德国执行欧洲食品药品检验实验室能力评价项目合作。为期5天。

7月27日

2015年全国广告审查监管培训班在北京召开。国家食品药品监督管理总局稽查局、高研院、工商局广告司、中国食品药品检定研究院监督所和31个省级局约100人参加。为期5天。

7月28日

经国家食品药品监督管理总局人事司同意，中国食品药品检定研究院2015年度公开招聘工作，经过公布招聘职位信息、资格审查、笔试、面试、考核与体检等环节，确定王赵等18人为中国食品药品检定研究院拟录用人员。

7月30日

根据中组部、共青团中央《关于开展第16批博士服务团服务锻炼工作的通知》（组通字〔2015〕32号），经自愿申报、组织推荐，国家食品药品监督管理总局人事司同意，张欣涛参加第16批博士服务团，挂职江西省吉安市食品药品监督管理局副局长。

8月12日

由中华中医药学会主办，中国食品药品检定研究院、中华中医药学会中药分析分会、甘肃省药品检验研究院、甘肃省药品质量协会承办的第八次中药分析学术交流会在兰州市召开。来自全国高等院校、研究院所、药检系统、医药企业等单位的200多位代表参加了此次会议。为期3天。

8月13日

第四届药检系统大型分析仪器高级培训班在云南省昆明市举办。培训中西部地区2个省（自治区）和18个地市级药检机构共52位专业人员。

海南省药学会承办，海南医学院、《中国药事》编辑部等协办的2015年中国药学会药事管理专业委员会年会暨“推进法治社会建设、依法管理药品”学术研讨会在海南省海口市召开。《中国药事》编辑部为本次年会征集相关主题论文166篇，评选出优秀论文43篇，推选优秀组织奖9个。为期3天。

8月17日

根据中国食品药品检定研究院援疆工作计划，由新疆维吾尔自治区食品药品检验所承办的中药检验技术培训班在乌鲁木齐市召开。本次培训班是中国食品药品检定研究院专门针对新疆维吾尔自治区各级食品药品检验所中药检验人员进行的培训。为期2天。

8月20日

2015年食品药品检验系统药理毒理专业学术年会与中国药理学会药检药理专业委员会在西宁市联合举办。为期3天。

8月28日

《药物分析杂志》入选2015年《中国学术期刊影响因子年报》统计源期刊，证书号：LY 2015-YWFX，证书有效期：2016年8月。

8月31日

中国食品药品检定研究院学术委员会秘书处组织专家通过验收材料评审、答辩评审的形式，对2013年立项和2012年延期的43个课题进行结题验收，39个课题通过结题验收，4个课题给予延期。为期3个月。

8月

安评所所长汪巨峰应邀在美国华盛顿DC参加中美实验动物法规讨论会，并做大会报告。

7月27日至31日、8月24日至28日，在井冈山分两批举办了领导干部教育培训班。国家食品药品监督管理总局机关党委、中国食品药品检定研究院和药品评价中心党员领导干部共157人参加培训。培训以“扎实开展‘三严三实’专题教育、全面提高党员领导干部党性修养”为主题，采取专题教学、现场教学等多种形式开展学习。

9月1日

副研究员周晓冰、助理研究员张颖丽应德国柏林科技大学邀请赴德国执行人体生物芯片合作项目。为期40天。

9月6日

经2015年7月21日党委常委会研究决定，根据《工作人员管理规定》第六十条规定，解聘贺争鸣实验动物资源研究所所长职务（保留正处级待遇）。由李保文主持工作。（中检人〔2015〕48号）

副主任谭德讲被中国海洋大学聘任为兼职教授。

9月8日

副主任辛晓芳、副研究员徐颖华应澳大利亚临床免疫学和过敏学协会邀请赴澳大利亚参加2015年澳大利亚临床免疫学和过敏学协会年会。为期5天。

9月9日

2015年医疗器械援疆培训班在乌鲁木齐市召开。中国食品药品检定研究院副院长张志军和新疆区局副局长党倩英出席会议并讲话。来自新疆、吉林、云南和甘肃的学员共68人参加培训。为期3天。

9月11日

中国食品药品检定研究院学术委员会秘书处组织召开2015年度中国食品药品检定研究院中青年发展研究基金课题申报答辩评审会，16位课题申请人进行了现场答辩。给予15项课题以立项支持。

9月13日

器械所所长杨昭鹏、副所长母瑞红和副主任徐丽明应国际标准化组织外科植入物标准化技术委员会邀请随国家食品药品监督管理总局器械注册司团组赴德国参加国际标准化组织外科植入物和矫形器械标准化技术委员会年会。为期5天。

副院长王佑春、食化所所长张庆生应澳大利亚昆士兰大学、新西兰安硕公司和新西兰林肯大学邀请赴澳大利亚、新西兰进行食品安全检测技术交流合作。为期8天。

9月15日

“新型体外热原检测技术平台的建立与应用”项目获得2015年中国药学会科学技术二等奖，完成人高华、贺庆、刘倩、张横、张媛、蔡彤、李冠民、吴彦霖、王冲、樊华等。

9月16日

召开“三严三实”专题教育第二次集体学习研讨会。会议学习传达上级有关指示要求，部分中心组成员围绕会议主题，联系工作实际做了发言。国家食品药品监督管理总局副局长、党组成员、药品安全总监孙咸泽同志出席会议并讲话。院党委委员、各部门主要负责人共33人参加会议。

有关中药标准中乌头碱、士的宁、马钱子碱等三种剧毒类对照品的替代方法研讨会在北京召开。国家药典委员会代表，有关药学专家，部分省级药检机构、有关生产企业及中国食品药品检定研究院相关部门人员参加。

9月20日

副主任梁成罡应世界卫生组织邀请赴瑞士参加WHO生物治疗药物国际标准物质未来发展方向非正式磋商会议。梁成罡对我国生物标准物质现状、标准物质对我国药品监管和新药研发的支持作用、中国食品药品检定研究院生物标准物质研发能力、参与国际生物标准物质研制的贡献进行了介绍，并对生物治疗药物标准物质未来的发展提出了建议。为期4天。

9月21日

根据国家食品药品监督管理总局国际合作司要求，中药民族药检定所接待新西兰鹿业协会亚洲区市场经理格瑞斯、驻华代表何瑞轩、新西兰驻华使馆俞莉一行三人，并就新西兰鹿茸基原是否符合中国国家药品标准要求、将新西兰鹿茸作为传统中药进口，同时用于药品及保健品的可行性、进口程序及支持性文件要求等议题进行了讨论。中药所所长马双成、天然药物室副主任等参加讨论，并就新西兰鹿茸基原问题和按照中药材进口所需相关程序给予明确答复。

9月22日

举行首届以“聚焦当前食品药品安全领域前沿热点和‘四品一械’监督检验科技创新”为主题的科技周活动。邀请中国食品药品检定研究院战略咨询专家委员会委员等6位院士，世界卫生组织、国际吸入制剂联盟、英国国家生物制品检定所、军事医学科学院、北京大学、武汉大学等9位国内外知名专家学者，以及21位中国食品药品检定研究院的首席科学家、学科带头人、国家重大科研项目负责人进行主题报告、学术交流。中国食品药品检定研究院及部分系统内研究所约400余人参加交流活动。为期4天。

9月24日

英国国家生物制品检定所（NIBSC）所长史蒂文、商务部主管Amanda King女士以及疫苗专家兼我院客座教授Dorothy Xing博士一行来访。党委书记副院长李波、副院长王军志以及生检所、国际合作处、标化所等部门主要负责人和生检所部分专家出席会谈。并在2015科技周“生物药”主题日活动中，党委书记副院长李波和所长史蒂文分别代表中国食品药品检定研究院和NIBSC签署合作备忘录。所长史蒂文应邀参加中国食品药品检定研究院科技周大会报告暨新址启用仪式，并作题为“管理科学与标准化：全球化的挑战需要全球化的解决方案”的报告。为期3天。

9月25日

中国食品药品检定研究院组织实施的“国家药品快检数据库网络平台项目”验收汇报及验收会在北京召开。党委书记、副院长李波，副院长张志军、王佑春出席会议。以中科院院士陈凯先为组长的专家组对项目进行了验收，平台正式运行。

9月26日

中国食品药品检定研究院在大兴新址举办中国食品药品检定研究院科技周大会报告暨新址启用仪式。国家食品药品监督管理总局副局长、党组成员、药品安全总监孙咸泽，中国药品监督管理研究会会长、原国家食品药品监督管理总局局长邵明立，大兴区区委书记、北京经济开发区工委书记李长友，大兴区区委副书记、区长、北京经济开发区工委副书记谈绪祥，世界卫生组织基本药物和健康产品司Dr. IvanaKnezevic、英国国家生物制品检定所所长Dr. StephenInglis、国家食品药品监督管理总局科技标准司司长于军、中国食品药品检定研究院党委书记、副院长李波，中国药品监督管理研究会执行副会长、原中国食品药品检定研究院院长、党委书记李云龙，国家食品药品监督管理总局规划财务司副巡视员王桂忠、大兴区副区长谢冠超和俞永新院士以及中国食品药品检定研究院干部职工近500余人参加启用仪式。

9月27日

由国家食品药品监督管理总局主办，中国食品药品检定研究院承办的国际植物药监管合作组织第二工作组研讨会在北京市召开。来自中国、古巴、沙特、坦桑尼亚、马来西亚和中国香港从事植物药监管的官员及专家共10余人参加了此次研讨会。研究员马双成向参会代表就我国中药质量控制的整体情况以及未来发展方向进行了介绍。为期3天。

9月28日

世界卫生组织（WHO）基本药物和健康产品司技术标准处生物制品技术标准负责人Ivana Knezevic博士和生物制品技术标准组科学家高凯博士来访。副院长王军志主持会议。党委书记、副院长李波、生检所相关负责人及相关科室负责人共计11人参加会议。

9月29日

国际植物药监管合作组织第二小组成员一行5人来中国食品药品检定研究院中药所访问，并参观中药标本馆。

2015年国家医疗器械抽验课题研讨会在广东省召开。江苏、重庆、广东等省（市）食品药品监督管理局和北京、辽宁、山东、上海、广东、江苏、甘肃省（市）医疗器械检验机构的专家30余人参加了会议。

9月

《药物分析杂志》被2015年9月北京大学出版社出版的《中文核心期刊要目总览》（2014版）收录。

10月3日

助理研究员王学硕随国家食品药品监督管理总局团组赴新西兰执行中新食品安全奖学金项目培训。为期73天。

10月10日

经2015年9月30日院长办公会议讨论通过，聘任标准物质授权签字人1名，标准物质技术报告签发人6名，部门质量负责人8名，内审员42名。

包材所按照国家食品药品监督管理总局要求组织编写完成《国家药包材标准》一书，该书做为首个行业标准自2015年12月1日起实施。

10月11日

国际合作顾问研究员金少鸿作为WHO专家、副研究员魏宁漪作为观察员应世界卫生组织邀请赴瑞士参加WHO药品标准制定专家委员会第50届会议。研究员金少鸿应邀在WHO纪念WHO药品标准专家委员会成立50周年以“倡导优质药品、拯救生命”为主题的新闻发布会上介绍了中国研发的药品快检技术，公开了将应WHO药品招标小组的要求，为世卫组织打击假冒伪劣的青蒿素类药物建立快检技术体系的消息。为期5天。

副院长王军志作为WHO生物制品标准化专家委员会委员和副所长徐苗应世界卫生组织邀请赴瑞士参加WHO生物制品标准化专家委员会会议。大会特别邀请副院长王军志作题目为“合作共赢，共创WHO合作中心美好未来”的报告。为期7天。

副主任宁保明随国家食品药品监督管理总局药化注册司团组赴美国参加药品审批制度及审评技术培训。为期21天。

10月12日

经2015年9月30日院长办公会议讨论通过，成立第五届学位评定委员会。（中检办人函〔2015〕159号）

质量管理处协办的中国药学会第二届药物检测质量管理学术研讨会在陕西省西安市召开。本次会议共有来自全国各级药品检验机构、大专院校、科研机构及药品生产企业从事药物检测质量管理的工作者提交论文近90篇。为期2天。

2015年医疗器械标准化综合知识培训班在北京市召开。来自24个医疗器械标准化技委会及秘书处承担单位、国家/省级医疗器械检测中心、医疗器械监管及审评、大专院校、临床使用单位、国际认证机构以及医疗器械生产企业的代表和中检院医疗器械标准管理研究所共180余人参加培训。

10月13日

WHO体外诊断试剂预认证培训研讨会在北京市举行。来自中国食品药品检定研究院、审核查验中心及部分在京诊断试剂生产企业等单位共40余人参加了此次研讨会。为期3天。

由甘肃省药品检验研究院承办的第二届全国药检系统民族药检验与研究学术研讨会在甘肃省张掖市召开。来自全国各省（自治区）、直辖市、市（地）级药品检验所及部分民族药企业的主管领导及技术骨干共120余名代表参加了会议。为期3天。

第二届全国药包材与药用辅料检验检测技术研讨会在上海召开。国家食品药品监督管理总局科技标准司、国家药典委员会以及来自全国药检所、药包材和药用辅料检验机构的140余名代表参加了会议。为期2天。

10月14日

受国家食品药品监督管理总局委托，党委书记、副院长李波会见来访的荷兰药品审评监督局局长雨果·赫茨博士一行4人。双方就中国食品药品检定研究院的职能和日常工作、中国药品检验检测体系以及荷兰药品监督管理机制和药品审评监督局的职责进行了介绍和交流。化药所、综合业务处、国合处、生检所相关负责同志以及中药检定所相关科室负责同志陪同参加了上述会见。

中药民族药检定所通过英国FAPAS重金属元素检测实验室能力验证。

10月15日

《中国食品药品检定研究院（国家食品药品监督管理总局医疗器械标准管理中心）主要职责内设机构和人员编制规定》（食药监人〔2015〕238号）经国家食品药品监督管理总局党组研究同意印发。

10月18日

党委书记、副院长李波率团赴台湾参加第4届海峡两岸医药品检验技术交流研讨会，质管处处长张河战在会上作题为“大陆实验室认可体系现状说明”的报告。为期5天。

10月19日

《药物分析杂志》编辑部和北京普析通用仪器有限责任公司共同主办的“2015年《药物分析杂志》优秀论文评选学术研讨会暨第六届普析通用杯药物分析优秀论文颁奖会”在北京市召开，主编金少鸿、副主编王佑春、丁丽霞、曾苏、粟晓黎等70余名编委专家出席了会议。全国各地高等院校、科研院所、药品检验机构和相关企事业单位120余位代表参加会议。为期4天。

10月21日

新址食堂等4项工程，分别通过五方质量验收、消防验收、园林验收、规划验收、工程档案验收、节能备案，并通过质量监督站的竣工验收。

10月22日

2015年首届职工秋季运动会在天坛体育中心举行。国家食品药品监督管理总局机关工会主席金国英到会指导并讲话。副院长张志军、纪委书记姚雪良以及北京市药检所、北京市器械所、总后药检所、武警药检所领导出席开幕式并现场观看比赛。运动会共设立比赛项目22个，其中个人项目16个，集体项目6个。来自院分工会和驻京药检系统的20支代表队、950余名运动员和观众参加了运动会。经过激烈角逐，生检所代表队和总后药检所代表队分别获得团体总分第一名，食化所和北京器械所代表队分别获得团体总分第二名，人教－业务联合队和北京药检所代表队分别获得团体总分第三名，院办－党办联合代表队、化药所代表队、标化所代表队和武警药检所代表队分别获得优秀组织奖。

10月26日

中药所所长马双成等参加中国香港特别行政区政府卫生署在中国香港举办的《香港中药材标准》第9次国际专家委员会会议。研究员魏锋等三位专家被聘为国际专家委员会（IAB）委员。由中国食品药品检定研究院承担的14个品种（瓜蒌皮、三白草、桃儿七、洋金花、山银花、肉豆蔻、豆蔻、百部、闹羊花、柏子仁、淫羊藿、山豆根、天仙子（生）、青箱子）通过专家审议。为期4天。

10月27日

举办“三严三实”专题教育廉政党课。纪委书记姚雪良讲授专题廉政党课。党委书记、副院长李波出席党课并讲话，院党委委员、纪委委员，科室副主任以上干部，共计120人参加党课。

10月28日

国家快检数据库网络平台培训在宁夏回族自治区银川市召开，中国食品药品检定研究院、宁夏区药监局、各省级药品检验所相关技术人员和项目管理人员70余人参会。为期2天。

10月

《药物分析杂志》被中国科学技术信息研究所收录为“中国科技核心期刊（中国科技论文统计源期刊）”，证书编号：G087－2015。（有效期至2016年12月）

11月1日

研究员贺争鸣和研究员岳秉飞应美国实验动物科学学会邀请赴美国参加美国实验动物科学学会第66届年会。为期5天。

副研究员喻钢和助理研究员梁昊宇应大会邀请赴新西兰参加2015年第十八届空肠弯曲菌与幽门螺杆菌及相关致病菌国际会议。为期5天。

11月4日

中国食品药品检定研究院电子邮件系统全面升级，升级后每个用户容量扩展到263G，支持50M普通附件，超大附件最高可以支持2G，全面支持移动端访问，垃圾邮件阻挡效果、稳定性、安全性全面提升。域名为@ nifdc. org. cn（域名@ nicpbp. org. cn保留使用）。

11月6日

召开党委常委会通报汤莉有关情况的调查结果。研究中国食品药品检定研究院“三定”有关情况。会议决定，成立“三定”实施领导小组和工作小组，并审议通过《中国食品药品检定研究院中层干部选拔任用实施方案》。

11月8日

食化所副所长丁宏应加拿大SCIEX公司和加拿大国家研究委员会邀请赴加拿大执行食品检测技术交流合作任务。为期5天。

副院长张志军、标化所所长肖新月和副主任药师姚静随国家食品药品监督管理总局团组应英国政府化学家实验室、欧洲药品质量管理局和通用电气医疗系统公司邀请赴英国、法国进行食品药品检验检测体系建设与管理以及标准物质研发交流。访问LGC期间，肖新月作题为“中国食品药品检定研究院标准物质研制概况”的报告。为期7天。

11月12日

《人力资源社会保障部国家计生委等七部门关于表彰埃博拉出血热疫情防控先进集体和先进个人的决定》，授予张春涛“埃博拉出血热疫情防控先进个人”称号。（人社部发〔2015〕92号）

中国食品药品检定研究院中药民族药检定所在江西省南昌市组织召开全国17家中药材专业市场中药质量信息工作研讨会。来自全国17家中药材专业市场所在的省药检所（院）、地市药监和药检部门及中国食品药品检定研究院等20余家药品检验机构的主要负责人和相关技术人员等60余人参加会议。为期2天。

11月16日

召开团青工作会。纪委书记姚雪良、党办主任柳全明出席并讲话。团委书记赵晨做共青团工作报告并部署了当前工作。院团委委员、30岁以下的青年团员参加会议。

中国食品药品检定研究院与中国医疗器械行业协会联合在北京组织召开国家体外诊断试剂标准物质企业座谈会，全国五十余家公司参加此次工作座谈会并就有关内容进行交流。

11月19日

“第四届生物材料和组织工程产品质量控制研讨会”及2015年中国生物材料大会在海口市

召开，医疗器械监管系统代表、各大科研院所及生产企业代表逾140余人参加会议。为期3天。

2015年中国药品质量安全年会在广州市召开。国家食品药品监督管理总局副局长、党组成员、药品安全总监孙咸泽到会并讲话，广东省食品药品监督管理局局长段宇飞、中国食品药品检定研究院党委书记、副院长李波致辞，中国食品药品检定研究院副院长张志军主持年会。来自各级药品、医疗器械、药包材与辅料检验检测机构、药品生产企业、药品研发单位及大专院校和科研院所专业技术人员等近1500人参加会议。

11月24日

通过了由中国合格评定国家认可委员会（CNAS）和各相关专家组成的评审组对中国食品药品检定研究院标准物质/标准样品生产者（RMP）能力认可的模拟评审。

11月26日

中国食品药品检定研究院承担的国家公益性行业科研专项项目“双打”中药品检验检测技术方法研究（项目编号：2012104008，项目负责人：李波）顺利通过项目组织单位国家质量监督检验检疫国家食品药品监督管理总局的结题验收。

11月29日

CNAS实验室专业委员会药品专业委员会在海南省海口市召开2015年第三次会议。专委会主任、中国食品药品检定研究院副院长邹健，副主任袁松宏，王志斌，专委会委员，参与有关专项工作的相关单位人员等共计50余人出席会议。为期3天。

11月30日

中药所所长马双成、副研究员汪祺应WHO国际植物药监管合作组织邀请随国家食品药品监督管理总局团组赴沙特参加第八届国际植物药监管合作组织年会。马双成代表中国CFDA作国家报告。中国为第二工作组主席国，汪祺汇报第二小组的工作进展。为期5天。

12月1日

召开党委常委会。会议审议并通过中层干部选拔任用方案和拟聘任正处级干部方案。研究并通过了仿制药质量研究中心筹备方案。

网站公布《体外诊断试剂国家标准物质品种目录》。

2015年国家指定功能类别保健食品监督抽检和风险监测质量分析报告交流评议会在北京市召开。国家食品药品监督管理总局食监三司有关领导、中国食品药品检定研究院相关人员、各省（自治区、直辖市）食品药品检验院（所）、总后勤部卫生部药品仪器检验所、深圳市药品检验研究院等80余人参加。为期2天。

院长办公会议审议通过了2016年编外人员聘用计划。（中检人函〔2015〕410号）

12月2日

“一种头孢米诺钠晶体及其制备方法与应用”获得国家专利证书。（证书号第1863728号）

12月4日

召开“三严三实”专题教育第三次集体学习研讨会。李波书记主持会议并讲话，院党委常委张志军、王佑春、邹健、姚雪良紧紧围绕“严以用权、真抓实干，实实在在谋事创业做人”的主题，联系工作实际做了重点发言。院党委委员、各所、处（室）、中心主要负责人共28人参加会议。

12月10日

中药所所长马双成率队参加在杭州市召开的由国家食品药品监督管理总局主办，浙江省食品药品监督管理局协办的西太区草药协调论坛第十三次常委会工作会议。马双成作题为“中药质量控制的新技术和新方法”的报告，博士魏锋作题为“中药对照药材的研制和技术要求”的报告，助理研究员王莹和康帅分别作题为“对照提取物的研制”和“中药的基原研究和形态学鉴别”的报告。为期2天。

12 月 11 日

与烟台大学签订“联合培养研究生协议”。

李晓波、徐建忠荣获 2015 年度北京实验动物行业协会先进个人。王吉等申报的《猫疱疹病毒Ⅰ型 4 种检测方法的建立及应用研究》荣获 2015 年度北京实验动物行业协会科技奖二等奖。

12 月 16 日

中共国家食品药品监督管理总局党组研究决定，免去王军志同志中国食品药品检定研究院副院长、中国药品检验总所副所长职务。经报中央组织部同意，王军志同志延迟至 2018 年 9 月退休。（食药监党任〔2015〕34 号）

根据《国家食品药品监督管理总局直属事业单位专业技术职务任职资格评审办法》（食药监办人〔2015〕71 号）以及《关于召开 2015 年国家食品药品监督管理总局专业技术职务任职资格评审会议的通知》（食药监人便函〔2015〕195 号）要求，组织开展国家食品药品监督管理总局专业技术职务任职资格评审工作。经过材料申报、审核、公示等程序，共有 77 人参评研究、药师、技师和工程师 4 个系列，经过专家投票，共有 11 人获得正高专业技术职务任职资格，27 人获得副高专业技术职务任职资格，4 人获得中级技术职务任职资格。（食药监人便函〔2016〕10 号）

12 月 24 日

WHO 传统医药部主任张奇来中国食品药品检定研究院中药所交流访问，双方就相互关心的问题进行充分沟通。随后张奇参观中药标本馆。

12 月 25 日

经党委常委会研究决定，根据《工作人员管理规定》第六十条规定，解聘鲁葵人事教育处副处长职务（保留副处级待遇）。经党委常委会研究决定，免去李胜月后勤服务中心副主任职务。（中检人〔2015〕72 号）

综合业务楼等 16 项工程与地下通道工程，分别通过五方质量验收、消防验收、园林验收、规划验收、工程档案验收、节能备案，并通过质量监督站的竣工验收。

12 月 28 日

信息中心承担的“食品药品检验信息化网络建设项目”完成可研编制和协调评审工作，实现总投资和中央投资双增长。

全年

共办理 117 人次赴美国、波多黎各、加拿大、英国、法国、瑞士、德国、意大利、西班牙、奥地利、瑞典、丹麦、匈牙利、古巴、澳大利亚、新西兰、爱尔兰、新加坡、沙特、日本、韩国、中国香港和中国台湾共 23 个国家及地区参加 WHO/国际会议、合作项目、学术交流及研修，在 WHO/国际/学术会议上中国食品药品检定研究院专家应邀作 33 个大会报告。共接待来自美国、英国、瑞士、德国、荷兰、澳大利亚、新西兰、日本、古巴、沙特、坦桑尼亚、马来西亚、泰国、香港、世界卫生组织、国际吸入制剂联盟等 10 余个国家/地区及国际组织的技术官员、专家学者 103 人次来院考察访问、学术交流及授课讲座，作专题报告 50 余个；接待国（境）外政府重要官员 13 人；组织举办及承办 10 次国际/WHO 研讨会及双边会议培训班，累计培训 1000 余名全国技术骨干。

审批国家药品标准物质报告 469 批，其中首批研制报告 193 批，换批研制报告 276 批，送专家审评 662 人次，完成 693 个标准物质的原料备案，分装 677 个品种，205 万支；包装 563 个品种，168 万支，实现标准物质对外供应支数 135 万支。

完成 2015 年国家药品标准物质质量监测工作，历时半年，涉及品种共计 273 个，共 25 家省市级药检所与中国食品药品检定研究院签署项目委托书，受托完成其中 250 个品种；其余 23 个品种由中国食品药品检定研究院业务科室自核。

完善与 RMP 质量体系有关的所有文件，再进行分类与对应，做到中国食品药品检定研究院标准物质文件与 CNAS－CL04 条款要素的一一对应，实现了全要素的质量控制。

标准物质生产方面，除建立《RMP 质量手册》和与之有关的《实验室安全管理手册》外，还建立对应 RMP 有关程序文件 39 个，对应 SOP137 个（含记录表格 322 个），且全部进行受控，RMP 质量文件总数达 198 个。

针对 2015 版《中国药典》一部和二部拟新增标准物质的 343 个品种名单，圈定 217 个新增品种纳入 2015 年首批品种研制计划并于 2015 年 2 月 9 日下达。

2015 年中国食品药品检定研究院完成新址设备总集成、新址项目监理、等级保护项目咨询及集成的招标工作，完成新址机房、虚拟化桌面客户机、等级保护设备的采购及调试等工作。已经开通新址外网网络，新、现址两地内网也已联通。

第十三部分　地方食品药品检验检测

北京市药品包装材料检验所

概　况

2015年，北京市药品包装材料检验所在北京市食品药品监督管理局的领导下，认真贯彻党的十八大和十八届三中、四中、五中全会精神，紧紧围绕“让首都市民享受更高水准的食品药品安全保障”的根本目标，遵循安全和服务“两个至上”的基本准则，继续以实验室能力建设为基本点，以立足科学检验、服从监管需要为核心，不断强化技术能力和服务水平的提升，做好药品质量安全保障的技术支撑工作，完成各项工作任务。2015年，北京市直接接触药品的玻璃药包材监督抽检101批次，合格率为98.0%，比2014年提高了0.9%。

检验检测

2015年，北京市药品包装材料检验所按照北京市食品药品监督管理局“强化监管，坚守底线，确保首都市民饮食用药安全”的要求，在规定的时限内完成101批次抽检检验任务，检验结果为99批次样品合格，合格率为98.0%，比2014年提高了0.9%。持续几年的监督抽检结果表明，北京市场药用玻璃包装材料的总体质量状况呈现良好发展态势，但部分产品质量问题依然存在。根据抽检情况，对药用玻璃产品的风险进行了分析，提出了风险防控建议并形成分析报告上报北京市药品监督管理局。2015年承接委托检验任务635批，其中包括21批次注册检验。

实验室资质认定复评审和扩项评审

5月30日至31日，经过两天的现场评审，北京市药品包装材料检验所通过实验室资质认定复评审和扩项评审，在保持原有检验资质的基础上取得了食品包材及微生物相关项目的检验资质，认定项目由原来的330项增加到384项，增加的54项主要为食品包装材料检验项目。北京市药品包装材料检验所在食品包装材料检验、微生物检验方面的检验技术能力得到提升，完善和扩展了检验职能，进一步增强为食品药品质量安全提供有力保障的技术支撑能力。

能力验证

2015年，北京市药品包装材料检验所参加国家认可委与中国食品药品检定研究院组织的121℃颗粒法耐水性的能力验证活动，以及线热膨胀系数的实验室比对活动，结果均为满意。121℃颗粒法耐水性的能力验证在参加能力验证的实验室中测试数据与中心值最为接近，得到了组织方的认可与肯定。另外，还与其他实验室之间开展了水蒸气透过量、微生物限度的比对结果活动，结果满意，进一步推动了检验技术能力的提升。

科研能力建设

2015年，北京市药品包装材料检验所进一步加强科研能力建设。一是继续与企业合作，共同开展药物相容性基础性研究工作，如与北京华润高科天然药物有限公司等国内6家知名药企共同开展玻璃药包材与药物相容性相关离子迁移性、吸附性科研工作。二是根据国家药典委标准复核要求，开展玻璃药包材的砷、锑、铅、镉、铈、铝离子测定方法的研究工作，形成《关于玻璃药包材金属离子测定方法标准复核意见》并提供给国家药典委和标准起草单位。

标准化工作

2015 年，在国家药典委和国家标准委的领导和大力支持下，北京市药品包装材料检验所承担的全国玻璃仪器标准化技术委员会、全国包装标准化技术委员会玻璃容器分技术委员会秘书处，组织完成了各项标准化任务。一是按计划组织完成了国家食品药品监督管理局药包材标准复核 1 项、标准提高 2 项。二是按计划完成 9 项国家标准的报批工作和 12 项国家标准制修订起草工作。三是参与中国医药包装协会玻璃容器专委会《医药玻璃》一书的编写工作。

11 月 13 日，北京市药品包装材料检验所承办的 2015 年标准审定会在北京市举行。参加会议的有全国玻璃仪器标准化技术委员会、全国包装标准化技术委员会玻璃容器分技术委员会领导、委员和专家共 54 人。会议主要内容一是总结 2015 年工作，提出 2016 年工作要求。二是对《药用低硼硅玻璃管》等 3 项国家标准进行审定。三是对《玻璃容器内表面耐水侵蚀性能用火焰光谱法测定和分级》等 3 项国家标准进行复审。四是通过秘书处拟申报 20 项国家标准和行业标准的项目计划。

北京市医疗器械检验所

概　况

2015 年，北京市医疗器械检验所在国家食品药品监督管理总局的指导下，在北京市食品药品监督管理局的领导下，完成的各项检验检测任务，为行政监管提供技术支撑，有效保证公众用械安全有效，各项工作取得长足发展。截至年末，全所职工 234 人，技术人员比例达到 94.9%；经认可的国行标项目达 1110 项；拥有办公实验面积 1.6 万平方米；检验设备 3000 余台套，价值近 1.7 亿元。作为归口单位，共组织完成了 300 余项医疗器械国家/行业标准的制修订工作。

领导干部任免

11 月，任达志同志任北京市医疗器械检验所所长；免去刘毅同志北京市医疗器械检验所所长职务。孙京昇同志任北京市食品药品监督管理局医疗器械注册和监管处副处长，免去其北京市医疗器械检验所副所长职务。

检验检测

2015 年，北京市医疗器械检验所承接注册检验、委托检验 10224 批次，与 2014 年相比增加 1753 批次，增幅 20.7%。共完成国抽、市抽及专项检验 1031 批次。其中完成国抽 207 批次，合格率为 88.4%；完成市抽 404 批次，合格率为 96.04%；完成试剂等专项检验 420 批次。此外，积极开展在用医疗器械检验与技术评价工作，完成国家监督抽验 64 批次输液泵现场检验和调研工作；完成北京市 65 台在用呼吸机和 21 台在用血液分析仪的检验工作。

成立医用设备分技术委员会

1 月 10 日，国家标准化管理委员会正式批准成立全国测量、控制和实验室电器设备安全标准化技术委员会医用设备分技术委员会，编号为 SAC/TC338SC1，秘书处设在北京市医疗器械检验所，该分技委国际对口单位为 IEC/TC66/MT10。该分技委的成立，对加强测量、控制和实验室电器设备领域医用设备安全标准化工作，提高产品性能和安全水平具有重要意义。

举办体外诊断试剂检验机构开放日活动

5 月 21 日，由国家食品药品监督管理总局组织、北京市食品药品监督管理局承办的“体外诊断试剂检验机构开放日”活动，在北京市医疗器械检验所举行。活动旨在提高公众对体外诊断试剂的关注度，进一步提升全社会的体外诊断试剂使用安全意识。北京市政协委员，医院、社区、社会团体人士和消费者代表，以及首都新闻媒体记者参加开放日活动。

成立中关村医疗器械产业技术创新联盟标准化技术委员会

10月28日，中关村医疗器械产业技术创新联盟批复成立中关村医疗器械产业技术创新联盟标准化技术委员会，其秘书处挂靠北京市医疗器械检验所。该标委会由包括中关村医疗器械领域的科研单位、大专院校、研发生产企业共43家成员单位组成。该标委会目前主要工作为组织开展制定可穿戴医疗设备和医用软件的标准、技术规范及指南等，是北京市首个针对医疗器械领域成立的团体标准化组织。

天津市药品检验所

概 况

2015年，天津市药品检验所以党的十八大和十八届三中、四中、五中全会精神为指导，深入学习贯彻习近平总书记系列重要讲话精神，按照天津市市场和质量监管委员会统一部署，重点抓好六件大事。一是加强能力建设，注重科研效能提升，检品量首次突破2万件；二是充分发挥质量监督技术保障作用，全年监督检验完成3149批次，维护辖区百姓饮食用药安全；三是以天津市“8.12”重大火灾爆炸事故为警示，制定和落实安全各项配套措施，强化安全药检；四是落实绩效工资改革；五是扎实开展“三严三实”专题教育；六是精心谋划“十三五”规划蓝图，圆满完成全年各项工作任务。天津市药品检验所被中华全国妇女联合会授予“全国三八红旗集体”荣誉称号，中药室郑新元同志被共青团天津市委员会授予2014年度“天津市青年岗位能手”荣誉称号。

领导班子调整

2015年，天津市药品检验所领导班子进行调整。徐志理同志不再担任党委书记职务，退休。韩津生同志不再担任工会主席职务，退休。目前领导班子成员为邵建强任所长兼党委副书记（主持工作），唐素芳任业务副所长，张国勇任行政副所长。

检验检测

2014年11月21至2015年11月30日，天津市药品检验所完成检验21471批，比去年同期提高了27%。其中，进口检验完成8280批，与去年同期持平。

药品类，完成国家药品计划和专项监督抽验157个品种1974批，不合格26批；省内监督和办案抽验10个品种49批，不合格5批。

保健食品类，完成国家保健食品监督抽检和风险监测任务20个类别282批，不合格8批，其中107批风险监测项目。中秋保健食品专项监督抽检16个省市2个类别144批样品非法添加化学物质和胶囊壳中的铬含量检测和总结，均合格。银杏叶国家专项抽检监测2个类别15批样品检测，不合格1批。保健酒、配制酒专项监督和办案样品12批，不合格6批，检出分别添加硫代艾地那非或西地那非。

化妆品类，完成国家化妆品监督抽检面膜类产品和防晒类产品200批，涉及70个检测指标，不合格44批。祛痘/抗粉刺类产品和祛斑/美白类监督抽检250批，其中150祛斑/美白类监督抽验与风险监测项目同时进行，不合格6批。辖区日常监督抽验及风险监测计划272批6类产品的样品，收检265批。

包材类，完成86批，不合格4批。

应急检验

“中秋、十一”期间，天津市药品检验所接到监管部门的应急检验任务，第一时间启动应急响应，在相关科室协调配合，完成了天津市市场和质量监管委员会抽验的28批某生产企业生产的黄体酮注射液、黄体酮原料和大豆油（供注射用）的检验任务；完成了天津市津南区市场监管局送检的9批某生产企业的盐酸二甲双胍，滨海新区市场监管局送检的3批某公司生产的格列本脲原料药的应急检验任务。检验结果均为合格，为监管部门快速处置突发事件、稳定局面提供了可靠技术支撑。

实验室认证认可

2月，天津市药品检验所药物安全评价监测中心取得了国家《药物非临床研究质量管理规范认证证书》（GLP认证），成为天津市首家通过国家GLP认证的、为市场和质量监管技术支撑服务的药物非临床安全性评价研究及监测机构。3月，通过实验室认可、实验室资质认定和食品检验机构资质认定“三合一”现场评审。11月，无缺项通过了国家食药监总局组织的化妆品行政许可检验机构资格认定现场核查。天津市药品检验所已具备了药品检验、餐饮服务食品检验、化妆品行政许可检验、国产非特殊用途化妆品备案检验、保健食品注册检验、GLP药物非临床安全性评价监测、医疗器械检测7项资质，涵盖8个领域867项检验检测能力，满足行政监管需要。

科研工作

2015年，天津市药品检验所坚持科研与检验并重的发展思路，积极开展科研工作。一是完成天津市科委科技项目《中药配方颗粒剂的研究》，目前进入验收阶段。出版了《天津市中药配方颗粒质量标准》（暂行）第5册，填补了我国中药配方颗粒质量标准的空白，并得到了国家药典会的重视。张伟秘书长到所听取了专题汇报，对天津市药品检验所在全国率先开展配方颗粒研究提出表扬。二是参与了天津市开展的千项标准行动计划，上报立项国家标准328项、地方标准50项，成为天津市市场和质量监管委员会中上报立项课题第一名。

口岸药检所改造项目通过验收

6月2日，国家食品药品监督管理总局组织对天津市药品检验所口岸药检所改造项目进行验收。监督管理总局规划财务司副司长王岿然带队一行13人到天津市药品检验所，通过查看现场、专家组提问、查阅档案资料等方式进行现场评审。10月27日，国家食药监总局办公厅发来复函（食药监办财函〔2015〕627号），同意“天津口岸药品检验所改造项目”通过验收。天津药品检验所成为全国16家口岸食药检所首家通过的检验机构。

与天津医科大学签订合作协议

天津市药品检验所与天津医科大学签订合作协议，成为“天津医科大学药学硕士实践基地”，开启了合作办学之路，邵建强所长被聘为“药学硕士联合指导教师”。双方将在药品、科研、培训等诸多领域开展交流，合作共赢，共同打造高层次、应用型、创新型科研人才，服务天津医药经济发展。

公益药品检验

7月3日，天津市药品检验所接到8批多吉美（通用名：甲苯磺酸索拉非尼片，生产厂家：BAYERPHARMAAG）进口检验通知单。多吉美作为中华慈善总会与拜耳医药保健有限公司共同设立的“中华慈善总会多吉美患者援助项目”用药，由拜耳医药保健有限公司免费提供，用于对不能手术的晚期肾细胞癌和无法手术或远处转移的肝细胞癌贫困患者的免费或慈善药物援助，自2007年4月该项目设立至今，已惠及癌症患者2万余名。在得知这8批进口药物将用于慈善援助时，天津市药品检验所安排相关科室通力配合，仅用12天完成了全部项目检验，出具产品合格的检验报告书，并主动免收了22800元的检验费。7月21日，中华慈善总会发来感谢函，感谢天津市药品检验所在中华慈善总会多吉美援助项目中做出的贡献。

安全风险排查

天津市“8.12”重大火灾爆炸事故发生后，市药品检验所制定了《实验室危险化学品管理规程》，并纳入《质量手册》，进行规范管理。同时，进行了化学试剂和危险品临时库储存环境的提升改造和配套设施的更换增添，以及食堂车辆等安全风险排查工作，将风险降到最低。

天津市医疗器械质量监督检验中心

概　况

2015 年，天津市医疗器械质量监督检验中心认真贯彻落实党的十八大、十八届四中全会精神，按照国家食品药品监督管理总局及天津市市场和质量监督管理委员会的安排部署，紧紧围绕保障公众用械安全这一中心任务，抢抓机遇，开拓进取，顺大势，求发展，大力加强技术支撑体系建设和党风廉政建设，完成全年的各项工作任务。

领导班子调整

9 月 14 日，天津市医疗器械质量监督检验中心党支部书记、主任齐宝芬同志退休。经天津市市场和质量监督管理委员会研究，指派委医疗器械产品监管处处长梁长玲同志兼任单位临时负责人。

党建及反腐工作

2015 年，天津市医疗器械质量监督检验中心把深入学习贯彻习近平总书记系列重要讲话精神作为首要政治任务，扎实开展理论学习培训，与全面推进医疗器械检验工作的科学发展相结合；处级领导深入开展“三严三实”主题教育，全面提高干部职工政治素质和业务水平。同时，中心充分认识党风廉政建设和反腐败斗争面临的形势，认真贯彻中纪委五次全会精神，始终在思想、政治和行动上与中央、市委保持高度一致，严格执行《关于落实党风廉政建设主体责任和监督责任的实施办法》。

检验检测

2015 年天津市医疗器械质量监督检验中心受理注册检验、委托检验检品 5557 批次。承担 202 批次国家医疗器械质量监督抽验，其中无源医疗器械 140 批次，合格 128 批次，合格率 91.4%；有源医疗器械 62 批次，合格 54 批次，合格率 87.1%。承担 119 批次地方医疗器械质量监督抽验，其中无源医疗器械 80 批次，合格 76 批，合格率 95.0%；有源医疗器械 39 批次，合格 31 批次，合格率 79.5%。

科研课题

2015 年天津市医疗器械质量监督检验中心围绕影响产品主要技术指标和质量的因素，在产品的安全性能方面继续开展探索性的科研工作。《标准高频源研究》《牙科手机性能检测系统》两项科研课题于 1 月初、2 月初组织了专家课题鉴定会，均取得国际先进的评价，并在 5 月份完成了天津市科技成果登记并获得证书。

国际标准提案立项工作

天津市医疗器械质量监督检验中心作为 ISO/TC249/WG4 的对口单位，成立了 TC249 与 IEC62D 联合工作组 JWG6，并承担召集人。2015 年，由中心起草的 ISO/NP20498 至 2（电脑控制舌象采集系统第 2 部分光源环境）国际标准，通过了国际标准提案立项；另外有 N274，N275，N278 等 3 个国际标准均在准备中。

能力验证与比对试验

2015 年，天津市医疗器械质量监督检验中心参加国际能力验证 3 项，分别是钢中 O、N 含量的测定（国际比对）、金属维氏硬度测试（国际

比对）、金属维氏硬度测试（国际比对），结果均满意。参加中国食品药品检定研究院组织的比对试验2项，分别是电气间隙和爬电距离实验室间比对、促甲状腺素定量检测，结果均满意。

信息化建设

2015年，天津市医疗器质量监督械检验中心进一步推进信息化建设。加大投入升级系统，完善LIMS管理系统，实现日常办公、业务受理、样品管理、数据统计分析等功能并全面推广使用，提高中心信息共享、信息管理水平；进行门户网站的维护，及时发布行业法规政策及中心工作动态，完善信息服务体系。

标准化工作

2015年，天津市医疗器械质量监督检验中心进一步加强挂靠的4个标准化技术委员会秘书处的工作能力建设。全国外科植入物和矫形器械标准化技术委员会（SAC/TC110）、全国医用电器标准化技术委员会物理治疗设备分技术委员会（SAC/TC10/SC4）完成换届委员征集和上报工作，并开展了秘书处人员的培训工作。全国中医器械标准化技术委员会申请筹建工作已经基本完成，提交国家标准化管理委员会最终审核，ISO/TC249归口的中医器械国际标准立项工作和标准科研立项工作正常开展。

2015年，中心共计完成医疗器械行业标准制修订项目22项，其中外科植入物领域15项，物理治疗领域7项；完成医疗器械行业标准立项17项，其中外科植入物领域10项，物理治疗领域7项。

河北省药品检验研究院

概　况

2015年，在河北省食品药品监督管理局的高度重视和领导下，在中国食品药品检定研究院的指导下，河北省药品检验研究院以习近平总书记“三严三实”重要论述精神为指导，进一步增强职业坚守，服从监管需要，服务公众健康需要，为保障全省人民群众饮食用药安全做出贡献。一年来，通过全院干部职工的共同努力，完成了各项工作任务，先后获得国家食品药品监督管理总局“药品质量分析工作表现突出单位”、河北省食品药品监督管理局“2014年全省食品药品检验检测能力提升年活动优秀组织单位”等荣誉称号。5月11日，中国医药报检验巡礼专栏对河北省药品检验研究院进行了题为《下好全省药检“一盘棋”》的专题报道。

检验检测

2015年，河北省药品检验研究院完成各类检验任务7084批次，其中，药品4730批次，保健食品1271批次，化妆品898批次，其他184批次。化学药品检验量有所增加，化妆品检验量与2014年相比增加了近30%。

在仿制药质量和疗效一致性评价工作中，率先完成“苯磺酸氨氯地平片”等3个品种的仿制药质量一致性评价工作，作为先进单位在全国仿制药一致性评价审评会上作大会交流。

2015年，河北省药品检验研究院对河北省200余家生产、批发企业及医疗、使用单位进行了覆盖抽样，并按时完成了9个品种1010批次的评价检验任务。首次作为“国家药品评价抽验完善标准专题（中成药）组”的组长单位，负责18个省级药检机构检验标准的筛选、汇总及撰写该项课题组总结报告等工作。承担的4个品种质量分析中，3个品种的分析报告分在全国参加总评。

应急检验

2015年，河北省药品检验研究院积极配合省、市食药监管及公安等部门完成问题银杏叶二次加急检验、苗特葛灵胶囊、海狗补肾胶囊等应急检验113批次，保健食品非法添加200余批次的检验检测任务，为行政监督执法部门提供了技术支撑。在银杏叶提取物和银杏叶药品专项监管行动中，在专项抽验任务下达前，河北省药品检验研究院针对银杏叶片补充检验方法开展全省范围内的应急检验演练，使相关药品检验机构提前熟悉和掌握检测方法，提高技术监督能力，增强主动作为的意识。

建立全国首个保健食品非标检验方法

2015 年，河北省药品检验研究院承担完成了国家、省级保健食品监督抽验风险监测的检验任务，并在壮阳类产品中检出 1 种新那非类衍生物。针对此项检验，省院研究建立了相应的保健食品非标检验方法。7 月 24 日，通过了国家食品药品监督管理总局专家评审组的评审，这也是全国首个保健食品非标检验方法。

柏子仁质量标准研究

10 月 26 日至 29 日，香港中药材标准第 9 次 IAB 国际会议在香港举行，河北省药品检验研究院承担的柏子仁质量标准研究在此次会议上进行汇报并通过了专家审核。河北省药品检验研究院对柏子仁生药、理化试验、薄层色谱、重金属与有害物质、农药残留、黄曲霉毒素、指纹图谱、含量测定等多个方面进行研究，起草并制定的质量标准通过了香港政府实验室验证、数据比对、专家审核等程序，完成了港标起草的全部任务。

培训交流

2015 年，河北省药品检验研究院先后举办各类专业技术讲座、课题研讨和生产企业质检人员培训班 7 期，培训专业技术人员 1098 人次，接收应届毕业生专业实习及各类进修培训人员 33 人次，派出 22 人次参加各级专业技术培训班和对口交流。

科研课题

2015 年，河北省药品检验研究院先后组织完成了“省级科研课题立项”5 项，科研课题验收 2 项，并荣获省级科技进步二等奖 1 项，省级科技进步三等奖 2 项，发表国家级专业技术论文 14 篇。承担的“十二五”课题国家重大新药创制子课题《中成药标准研究平台建设》《中成药质量安全监测和风险控制技术平台》进入收尾阶段。

规范化建设

2015 年，河北省药品检验研究院围绕权力运行重点、关键节点、重要岗位，对现有制度进行“废、改、立”。一年来，重新制定和完善了《仪器设备、试剂试药易耗品采购及审批程序》，《大型检验仪器采购招标程序管理办法（试行）》等规定，并将院《党风廉政工作》和《廉政规定》等制度汇编成册，发至每个人手中，强化了规范化制度建设，使得各项工作都有规可循，有法可依。

强化系统内部指导

2 月 5 日，河北省药品检验研究院首次开展了“全省药检系统检验技术知识竞赛”。竞赛内容以中药检验、化学检验及综合检验管理知识为主，采取现场问答形式进行。来自全省各市（食品）药品检验所（中心）33 名代表参加。此次知识竞赛通过视频系统实时向各市所进行了同步转播。

2 月 26 日至 28 日，河北省药品检验研究院集中开展了全省实验室质量管理体系培训，此次培训由河北省药品检验研究院 22 位主讲人进行授课，并利用全省视频会议系统向 12 家市、县级药检机构进行全程同步转播，培训人员达 300 余人，这也是首次针对质量管理体系开展全员、全系统的集中培训。

河北省医疗器械与药品包装材料检验研究院

概　况

2015 年，河北省医疗器械与药品包装材料检验研究院深入贯彻落实全国食品药品医疗器械检验工作电视电话会议和河北省食品药品监督管理暨党风廉政工作会议精神，围绕着服务监管中心任务，完善措施狠抓落实，加强检验检测能力建设，有效发挥技术支撑作用，扎实推进党风廉政建设，在全院干部职工的共同努力下，较好地完成了全年各项工作目标任务。完成河北省食品药品监督管理局下达的医疗器械、药品包装材料监督检验991批次；完成国家医疗器械监督检验82批次；完成委托、注册检验1526批次；接收医疗器械技术审评项目607件；完成国家药包材两个注册标准起草和一个药包材标准复核任务；开展了河北省食品药品监督管理局下达的五个科研项目；完成了电磁兼容实验室和实验室质量检验管理系统建设；通过了河北省质量技术监督局组织的实验室资质认定复评审；完成了省级医疗机构能力建设项目、医疗器械及药包材抽验项目和大型仪器设备购置项目的采购工作；参加了中国食品药品检定研究院和中国合格评定认可委员会组织的能力验证、实验室比对等活动。

检验检测

2015年，河北省医疗器械与药品包装材料检验研究院完成河北省食品药品监督管理局下达的省医疗器械监督检验693批次（含国家局体外诊断试剂评估和综合治理诊断试剂省级抽验40批次）同比增长14.16%；完成河北省药品包装材料监督检验216批次，同比增长8.54%。其中，省医疗器械监督检验653批次，合格606批次，不合格47批次，总合格率92.8%；省药品包装材料监督检验216批次，合格209批次，不合格7批次，总合格率96.8%。从监督抽验的结果看，医疗器械较上一年的总合格率94.9%略有降低，药品包装材料总体质量好于去年。完成国家医疗器械（一次性使用注射器、输液器）监督检验82批次。完成医疗器械注册、委托检验440批，同比增长6.53%，药品包装材料委托、注册检验1086批次，同比增长10.03%。全年出具检验报告2435份。

接收医疗器械技术审评项目607件，其中首次注册284件，许可事项变更141件，延续注册176件，完成技术审评并出具技术审评报告408件。

科研工作

2015年，河北省医疗器械与药品包装材料检验研究院承担并按时完成了国家药典委药品标准提高项目《口服液瓶用扭断铝盖》、《口服液瓶用易刺铝盖》的起草任务和国家药典委行业标准《口服液药用聚酯瓶》的复核工作。开展了河北省食品药品监督管理局下达的《聚氯乙烯包装材料和容器中邻苯二甲酸酯类的测定研究》《淀粉多糖在软胶囊胶皮制备中的应用研究》《空间电磁场对心脑电小信号的干扰抑制研究》《新型材料TTP-PEE输液器的安全性评价》《湿性敷料的透湿性方法研究》五个项目的研究工作。参与并完成中国食品药品检定研究院承担的《硅凝胶填充乳房植入物专用要求硅凝胶填充物性能要求第1部分易挥发性物质限量要求》标准起草验证工作。

能力建设

2015年，河北省医疗器械与药品包装材料检验研究院加强能力建设。在仪器设备方面，完成电磁兼容实验室电波暗室、屏蔽室的安装、场地测试、验收；完成电磁兼容实验室仪器设备的检定、安装调试、内部验收及实验操作人员的培训等工作；开展了电磁兼容检验项目扩项准备工作。完成省级医疗机构能力建设项目、医疗器械及药包材抽验项目和大型仪器设备购置项目的采购工作包括扫描电子显微镜、全自动血凝分析仪、金相显微镜、原子吸收光谱仪、红外光谱仪、电感耦合等离子体发射光谱仪等大型仪器设备44台套；补充购置小型仪器设备21台套。完成实验室质量检验管理系统的建设，实验室管理系统正式投入运行使用。根据国家医疗器械技术审评指导原则对义齿检验项目的新要求，购置了X光机等检验设备。

在能力认证方面，通过了河北省质量技术监督局组织的实验室资质认定专家组现场评审，取得了包括医疗器械、药包材、洁净环境、化妆品等领域330个产品，578637项参数的检验资质；通过了河北省质量技术监督局飞行检查及实验室分类评级，确定为BB类实验室。根据医疗器械、药包材标准的变化，完成了实验室资质认定认可项目变更备案申报，共涉及医疗器械9个品种、药包材83个品种及96个参数96的变更备案。

队伍建设

2015年，河北省医疗器械与药品包装材料检验研究院制定实施了2015年度《业务培训计划》。组织编写了《医疗器械法规汇编》，开展了医疗器械法规培训和知识竞赛活动。充实了检验人员，新增研究生学历专业人员3名。参加了国家局诊断试剂监管知识视频培训和国家局及山东、上海医疗器械检测中心组织的国抽检测相关知识的培训，河北省食品药品监督管理局组织的医疗器械监管人员培训，认证认可研究所举办的期间核查培训和中国食品药品检定研究院组织的药包材“玻璃棒线热膨胀系数测定”、医疗器械“电气间隙爬电距离实验”和济南兰光公司组织的“水蒸气透过量的测定”、氧气透过量的测定比对试验，以及“电气间隙爬电距离”、“121CC颗粒法耐水性测定”两项能力验证项目。组织物理室检验人员到北京器械所、北大口腔器械检测中心学习定制义齿产品的检验方法。

内蒙古自治区食品药品检验所

概　况

2015年，内蒙古自治区食品药品检验所在内蒙古自治区食品药品监督管理局和中国食品药品检定研究院的领导、支持下，全所同志认真开展“三严三实”专题教育活动，沉着应对各种检验检测工作中的各种风险挑战，完成下达的食品、药品、保健食品、化妆品、医疗器械、药包材和洁净等各项检验检测和相应的抽验任务。在思想教育层面，努力加强职工思想教育，提高职工思想觉悟，开展了党的群众路线教育实践活动等多种形式党建工作。开展多项科研工作，促进整体技术能力建设。积极开展实验室质量管理体系保障建设，提升实验室检验检测水平。在提升职工各项素质上想办法、下功夫，多次开展各种技术培训和外派业务人员进修学习，整体技术能力有显著提高。

检验检测

2015年，内蒙古食品药品检验所共承接各类检验3833批次，与2014年相比减少459批次，减幅10.7%；其中药品1630批，增幅为47.1%；化妆品767批，增幅为51.0%；保健食品639批，增幅为6.0%；食品410批，减幅为73.5%；医疗器械及包材348批，减幅27.3%；洁净检测39次，增幅为50.0%；其他类委托检测15批，减幅为44.4%。

药品检验承接国家药品计划抽验709批，占药品检验总量的43.5%，与2014年相比增长609.0%；注册检验280批，占17.2%，同比下降31.8%；自治区计划抽验288批，占17.7%，同比下降4.3%；监督抽验17批，占1.0%，同比下降45.2%；委托检验191批，占11.7%，同比增长18.6%；复验3批，占0.2%；专项抽验（胶囊铬、跌打丸专项）128批，占7.9%，同比增长166.7%；复评审现场试验14批，占0.9%。

化妆品检验承接国家化妆品监督抽验共3期600批次，与2014年相比增长19.0%；自治区计划抽验（新增）100批，稽查抽验59批，委托检验2批，复评审现场试验6批。

保健食品检验承接国家保健食品抽检监测共

2期532批，与2014年相比下降8.3%；自治区保健食品监督抽验（新增）共100批，专项抽验1批，稽查抽验6批。

食品检验承接国家面制品铝添加专项抽验397批，委托检验（刑事诉讼）3批，稽查抽验1批，委托检验4批，复评审现场试验5批。

医疗器械及包材检验承接国家医疗器械计划抽验51批，注册检验75批，监督抽验39批，委托检验121批，专项任务56批，其他检验3批；承接药包材注册检验3批。

党团工妇换届

按照基层党支部建设有关要求和所工作实际，内蒙古食品药品检验所党总支对党支部的组成科室进行了调整，并组织各支部进行了换届选举工作。3月18日，分别召开了第六届团支部代表大会、第九届工会会员大会和妇女委员会代表大会，选举产生了新一届团支部、工会委员会和第三届妇女委员会。

质量管理外部评审

2015年，内蒙古食品药品检验所经历了三次外部评审活动。6月3日，内蒙古质量技术监督局委派专家对我所进行化妆品和医疗器械扩项评审，化妆品67个参数、医疗器械10个参数、洁净区/室环境10个参数，增加检验标准4个。7月18日至19日，通过了CNAS实验室认可监督现场评审。8月25日，通过了内蒙古质量技术监督局“2015年食品检验机构资质认定专项监督检查”，同时获提名为内蒙古名牌实验室。12月22日，通过进一步专家论证和现场审核，内蒙古质量技术监督局授予内蒙古食品药品检验所为“内蒙古名牌实验室”。

科研课题

2015年，内蒙古食品药品检验所参与药品标准提高工作，接受10个中成药4个化学药标准起草、4个化学药标准复核任务；完成了香港中药材标准闹羊花的起草研究工作，并通过审核。

科研课题研究中，完成中国食品药品检定研究院民族药室牵头组织的国家食品药品监督管理总局注册司专项科研课题《九省区民族药质量标准现状调研与分析》工作，撰写蒙药质量标准调研及分析报告一份，收载于《全国九省区民族药质量标准现状调研报告与品种汇编》，并在《中国药事》杂志发表论文一篇。完成中国食品药品检定研究院中青年课题“常见蒙药材外观性状及显微彩色图谱研究”。参与国家食品药品监督管理总局课题“常见肉与肉制品种属来源检测与分析”，承担了兔肉定性与定量DNA检测方法的建立，并对猪肉、羊肉、牛肉、鸡肉、鸭肉的定性定量方法进行了验证工作，同时完成了牛肉羊肉检测掺假用质控样品的协作标定工作。

人员培训

2015年，内蒙古食品药品检验所外派参加各类会议及培训共计100多人次；内部对新入所员工及中级职称以下人员进行相关知识培训，还进行了15个继续教育项目培训；对盟市所及企业的培训和代培实习生共37人，接受内蒙古医科大药学院实习生8名并组织了论文答辩。举办两期《中国药典》（2015年版）培训班，10月份在通辽举办了全区抗生素、微生物培训班，参加人员共计180人次，11月在呼市举办中药、化药和四部通则培训班，参加人员共计240人次。

辽宁省食品检验检测院

概　况

2015年，辽宁省食品检验检测院紧紧围绕辽宁省食品药品监督管理局重点部署，以能力建设为中心，认真履行食品安全检验技术监督职责，重点完成了食品安全抽检监测检验任务，不断完善内部管理，不断强化党风廉政建设和作风建设，积极推进全省系统建设，进一步规范全省抽检监测管理，完成了全省食品安全检验检测技能竞赛组织工作，为辽宁省食品安全监管提供多方面技术支撑。

检验检测

2015年，辽宁省食品检验检测院完成各类检验总计3173批次。其中，国家监督抽验2248批次，省级监督抽验612批次，委托检验68批次。承接公安部门“拉皮、馒头等食物中过量使用含铝食品添加剂”和“咸鸭蛋中残留过氧化氢、苏丹红”等食品犯罪案件侦察委托检验10批次，承接针对火锅底料、月饼、膨化食品等食品安全专项整治检验50批次，承接其他委托检验8批次；食品生产许可检验245批次。

承办全省技能竞赛活动

自5月开始，辽宁省食品检验检测院组织开展全省食品安全检验检测技能竞赛各项工作，按照《辽宁省食品安全监管技能竞赛活动总体方案》要求，先后编制了《辽宁省食品安全检验检测技能竞赛项目方案》，编写了《竞赛项目复习大纲》、《考试题库》，组织召开项目组工作会议，举办师资培训班。全省食药监系统省、市、县三级57家食品检验机构的774名专业技术人员积极参加预复赛，参与率达91.1%。11月18日至20日，全省食品安全检验检测技能竞赛决赛在沈阳举办，经过初赛、复赛选拔出的30家机构、93名选手参加决赛。

加强食品安全风险分析研判

2015年，辽宁省食品检验检测院组织开展食品安全风险管理研究，整理分析风险评估、解析报告等技术资料和参考文献140余篇，组织编写了风险管理报告；开展问题食品风险隐患分析研判，针对“干海参中铝残留量超标”“鸡肉及制品中检出金刚烷胺”等18份问题报告进行风险隐患分析评估，为后续处置提供依据；在“绥中东戴河新区海鲜大排档食物中毒”“辽阳等地食用毒蘑菇致多人死亡事件”“辽阳文圣区小屯镇居民家庭酸汤子中毒”“辉山乳业硫氰酸盐超标”等多起食品安全突发事件的应急处置中，先后选派6名技术人员参与调查分析，提出技术建议，为全省食品安全应急处置工作的妥善处理提供了技术保障。

社会服务

2015年，辽宁省食品检验检测院组织开展“食品安全知识进社区”和“实验室开放日”等食品安全知识宣传活动。通过“辽宁日报”等媒体作了题为《食品抽检“不合格”是怎么来的》、《如何鉴别毒蘑菇》的科普宣传。组织编写食品从业人员食品检验相关培训材料，提供外部专家评审服务。与沈阳药科大学和大连工业大学等高校建立合作关系，为食品相关专业学生教育培养提供支持。

科研工作

2015年，辽宁省食品检验检测院积极开展科研立项，与东北大学联合申报的《核壳结构的NIFE@ SIO2新型复合纳米吸附材料的制备及吸附机理研究》立项为国家自然科学基金资助项目；申报的《辽宁省“十三五”社会发展领域科技发展规划编制研究至食品安全领域》立项为省级科学技术计划项目。全院发表“食品中维生素E检测方法综述”等学术论文14篇。完成2014年院内立项课题《食品中N至亚硝胺类物质的测定》和《凝胶渗透色谱（GPC）净化至超高效液相色谱串联四级杆质谱检测农产品中10种真菌毒素测定》方法研究。

系统业务能力指导

作为全省食品检验检测机构规范化建设的牵头单位，辽宁省食品检验检测院按照省局要求，起草了《辽宁省食药监系统食品检验检测机构规范化建设标准》，组织全省规范化建设试点单位进行遴选，确定13家机构为试点单位。12月18日，举办了辽宁省食品检验检测机构规范化建设标准宣贯培训班，对全省54家食品检验机构的120人进行宣贯培训。此外，组织开展了2014年全省食品安全抽检监测承检机构工作质量考核，举办了全省食品微生物检验技术交流会。开展实验室代培，对鞍山等12个市级、1个县级食品检验机构53名检验人员进行代培。

辽宁省医疗器械检验检测院

概　况

2015年，辽宁省医疗器械检验检测院紧紧围绕辽宁省食品药品监督管理局重点部署，以“巩固传统优势保证技术支撑”作为全年工作中心，以开展“三严三实”专题教育为契机，着力夯实检验基础、注重技术支撑能力提高、提高检验效率、积极拓展检验项目，完成了年初既定的工作内容，各项工作均取得了较好的成效。

检验检测

2015年，辽宁省医疗器械检验检测院共完成各类检验报告2694批次。其中，注册检验1093批次，委托检验（试验）713批次，监督抽查472批次（国家抽验任务74批，省级抽验任务304批，市抽任务94批）。监督抽查承检批次较2014年增加231批次。

承办IEC国际标准论坛

5月16日，首届IEC（International Electrotechnical Commission）国际医疗器械标准论坛在上海举办。本届论坛由IEC国际电工委员会TC62医用电气技术委员会、全国医用电器标准化技术委员会和全国医用X线设备及用具标准化分技术委员会联合主办，由国药励展展览有限责任公司、辽宁省医疗器械检验检测院和上海市医疗器械检测所承办。论坛聚焦医疗器械国际标准，重点围绕企业参与国际标准化活动的机制与策略，IEC60601第三版国际标准与前沿科学技术带来的挑战与影响展开讨论。来自国家标准委、国家食品药品监督管理总局医疗器械标准管理中心、IEC亚太中心、通用医疗集团（中国）、国际电工委员会TC62及62B标技委、上海市医疗器械检测所，ISO/IEC医用机器人标准联合工作组和辽宁省医疗器械检验检测院的八位专家做了报告。

承办IECSC62B国际会议

6月15日至19日，辽宁省医疗器械检验检测院承办IECSC62B国际会议。作为IECMT37和MT41工作组会议，此次会议主要讨论医用诊断射线设备对于辐射剂量防护的最新要求以及IEC60601至2至54：2009和IEC60601至2至43：2010两份国际标准的修订。IECSC62B主席康雁博士、IECTC62秘书长NORBERTBISCHOF博士、FDA官员DONALDL MILLER、英国放射学院副院长ANDYROGERS、美国GE，荷兰PHILIPS，德国SIEMENS等外国专家共13人，及国家食品药品监督管理总局标准管理中心余新华副所长、国家食品药品监督管理总局医疗器械审评中心专家以及上海医疗器械审评中心专家等相关人员参会。

举办X线技委会年会暨标准审定会

11月9日至13日，辽宁省医疗器械检验检测院在沈阳举办了2015年全国医用电器标准化技术委员会医用X线设备及用具标准化分技术委员会年会暨标准审定会。国家食品药品监督管理总局医疗器械审评中心专家、北京市食品药品监督管理局相关专家、X线技委会全体委员，行业专家以及标准第一起草人等69人参加会议。根据会议日程安排，X射线技委会对标准体系进行了探讨，并对五份标准送审稿进行审议。

通过“三合一”监督扩项现场评审

7月18至19日，辽宁省医疗器械检验检测院通过实验室认可、资质认定和授权的“三合一”监督扩项现场评审。本次评审依据《检验和校准实验室能力认可准则》（ISO/IEC17025：2005/CNAS至CL01：2006）及其CNAS的相关检测领域应用说明（CNAS至CL09：2006微生物、CNAS至CL10：2012化学、CNAS至CL11：2006电气、CNAS至CL12：2006医疗器械、CNAS至CL16：2006电磁兼容）和《实验室资质认定评审准则》、有关的法律法规等，4名国内医疗器械行业专家对辽宁省医疗器械检验检测院实施了全部要素、全部科室、全部地点的现场评审。

义齿增扩项和体外诊断试剂增扩项

6月下旬，辽宁省医疗器械检验检测院向辽宁省质量技术监督局提出了38个产品、53份标准、718项参数的检验能力扩项申请。8月8日至9日，辽宁省质量技术监督局委派8名专家依据实验室认证认可的相关法律法规和《实验室资质认定评审准则》对检测院进行了计量认证扩项现场评审。申请扩项的项目参数全部获得批准。包括义齿、检测/诊断试剂（盒）等无源医疗器械，医用激光、环氧乙烷灭菌器等有源医疗器械和生物性能、洁净室、电磁兼容等。特别是定制式义齿产品检验能力获得批准，标志着辽宁省医疗器械检验检测院获得义齿产品的检验能力。此外，此次扩项还大幅度扩充了检测/诊断试剂（盒）的检验能力和医用X射线诊断设备相关的最新有效版国际标准，具有出具英文报告的能力。

翻译IEC第三版国际标准

为紧跟X射线产品技术发展和国际标准的更新，辽宁省医疗器械检验检测院完成IEC第三版国际标准的全部翻译工作。这些IEC最新标准已通过CNAS认可并纳入到承检目录中，可为射线类产品出具英文报告，为国内企业产品出口提供技术服务。在标准起草方面，2015年辽宁省医疗器械检验检测院按时完成了移动式摄影X射线机等5份标准的起草工作，同时辽宁省医疗器械检验检测院三位工程师在IEC（国际电工委员会）TC62标准工作组中参与国际标准起草工作。

吉林省食品检验所

概　况

2015年，吉林省食品检验所以党的十八大和十八届三中、四中、五中全会精神为指导，在吉林省食品药品监督管理局统一领导下，认真贯彻国家食品药品监督管理总局“四有两责”要求，以为政府部门决策提供技术支撑、为企业提供技术服务为己任，以保障人民群众饮食安全为目的，完成各项检验检测任务。全年共完成24类产品10403批次的监督抽检、3576批次的风险监测任务。其中，承担国家本级、总局转移地方、吉林省食品药品监督管理局食品安全监督抽检7626批次，合格率96.6%；承担保健食品监督抽检397批次，合格率98.5%；化妆品监督抽检510批次，合格率98.4%。

检验检测

2015年，吉林省食品检验所承接各类委托检验1870批次（食品生产许可证检验510批次，食品委托1244批次，保健食品委托检验110批次）。其中配合吉林省公安厅、吉林省食品药品监督管理局、吉林省食品稽查总队等政府职能部门打击假冒伪劣、掺杂使假等专项检验163批次。

完成国家食品药品监督管理总局监督抽检和风险监测任务共5307批次。其中：国家食品药品监督管理总局任务1502批次（国家本级1027批次，合格率为98.8%。食品专项350批次，合格率为71.8%。保健食品专项：125批次，合格率100%）。

完成总局转地方监督抽检和风险监测任务3855批次（食品3133批次，合格率为97.3%。保健食品272批次，合格率97.8%。化妆品450批次，合格率98.5%）。

承接吉林省食品药品监督管理局食品安全监督抽检和风险监测任务3176批次（食品2920批次，合格率98.3%。食品专项196批次，合格率92.4%。化妆品专项60批次，合格率98.4%）。

炒货食品坚果制品抽检与风险监测

2015年，吉林省食品检验所作为全国炒货食品坚果制品抽检监测牵头单位组织全国各检验机构开展炒货监督抽检采集样品2474批次，发现不合格样品98批次，产品合格率为96.04%。与2014年合格率93.45%相比，提高2.59%。其中，生产环节抽检样品962批次，合格率95.01%；流通环节抽检样品1512批次，合格率96.69%；餐饮环节抽检样品0批次。抽检企业中，41家大型生产企业358批次样品，发现不合格样品1批次，合格率为99.72%；137家大型经营企业410批次样品，发现不合格样品10批次，合格率为97.56%。

国家实验室现场评审

2015年，按照国家实验室管理相关规定，吉林省食品检验所组建运行半年，符合申请国家实验室的条件。5月22日至24日，8名专家组成国家实验室现场评审组，通过现场评审，确认吉林省食品检验所食品（保健食品）、食品添加剂、化妆品3个检测领域共1079个产品、1080个参数的技术能力。8月下旬，吉林省食品检验所获得了国家实验室认可证书。

保健食品复核检验机构现场核查

11月2日至4日，国家食品药品监督管理总局派出6名专家组成的保健食品复核检验机构现场核查组，对吉林省食品检验所进行现场核查。经核查，专家组推荐功效成分或标志性成分检验项目63项，卫生学检验项目95项，稳定性检验项目84项。

食品检验能力建设

2015年，吉林省食品检验所持续加强检验能力建设。由国家食品药品监督管理总局投资5241万元，采购168台（套）设备，截至年底设备总值达到8870万元。同时，投资200万元建设信息化系统，扩建机房，建立云桌面、云平台，实现了青之、数据传输平台、OA等功能聚合。

为跟踪检验技术前沿，多渠道查新检验标准3200余项、及时作废不适用标准230余项，保证了检验标准可靠有效。2015年，参加国家认监委、认可委、国家食药监总局和中国食品药品检定研究院组织的22个项次、51个参数的能力验证，结果均为满意。参加英国弗帕斯等国际机构组织的国际比对获得满意结果。组织吉林省9个市州食药监系统42家食品检验机构开展“白酒中总酸、总脂”的检测能力验证活动。

在原有实验室质量管理体系基础上，根据吉林省食品检验所任务特点，对《质量手册》、《程序文件》、《实施细则》、报告把关审批程序、技术委员会进行再进行修订完善、再调整，制发《抽检监测不合格样品限时报告实施细则》。

组织开展了《国家抽样检验管理办法》《实验室认可准则及管理体系文件》《新食品安全抽检检测工作规范》《化妆品卫生规范新版》《CNAS至CL09认可准则在微生物检测领域的应用说明》等培训15次，900余人次参加。

按照实验室质量管理体系文件要求，坚持按月开展检验报告实效考核，及时发现和纠正“两个考核”过程中存在的不足，确保考核质量。检验报告时效考核和质量考核工作达到了考核规定要求。

吉林省药品检验所

概 况

2015年，吉林省药品检验所在吉林省食品药品监督管理局统一领导下，以科学检验理念为指导，以检验检测能力建设为核心，以科学研究和教育培训为依托，以战略合作为契机，实施检验科研双轮驱动战略，完成全年各项工作任务。全年完成7094份检验报告，较2014年完成7404份检验报告同比减少310份，减幅为4.3%。

机构调整及人员任免

2015年3月，吉林省药品检验所增设了微生物检验室、药用辅料室、信息科和所志办公室。

任命所长、党委副书记1人，免去所长1人：中共吉林省食品药品监督管理局党组2015年10月16日研究决定，任命高君芝同志为吉林省药品检验所所长（试用期一年）、党委副书记，免去徐飞同志吉林省药品检验所所长职务（吉食药监党组〔2015〕53号）。

任命党委书记1人，免去副所长1人：中共吉林省食品药品监督管理局党组2015年10月16日研究决定，任命孔庆国同志为吉林省药品检验所党委书记，免去孔庆国同志吉林省药品检验所副所长职务（吉食药监党组〔2015〕50号）。

聘任内设中层干部正职8人、副职7人、连续聘任中层干部正职7人、副职5人。调整内设中层干部正职2人。

检验检测

2015年，吉林省药品检验所完成省药品计划抽验2059批，国家药品计划抽验444批，生物制品批签发检验1740批，委托检验929批，注册检验1001批，应急检验374批，行动计划复核等342批，不合格294批，不合格率为4.14%；完成莫昔芬片、米索前列醇片、坦索罗辛缓释制剂、通窍耳聋丸等4个品种的国家药品计划抽验质量分析报告；完成白鲜皮、复方氨酚烷胺片等10个品种的吉林省药品计划抽验质量风险点研究报告；完成了基本药物吡嗪酰胺片和硝酸异山梨酯片2个品种的仿制药质量一致性体外评价方法和标准的研究报告。

科研工作

2015年，吉林省药品检验所申请的特色民族药材朝鲜白头翁检验方法的示范性研究等4个国家重大科技项目通过了立项；完成3个品种的拉曼光谱建模；完成异阿魏酸等11个对照品协作标定；承担国家药品标准提高起草品种10个；承担吉林省中药材地方标准起草品种14个。

培训与交流

2015年，吉林省药品检验所派出业务骨干外出研修培训113人次，组织内部技术培训138人次；在全国药检系统专题大会做经验交流有10人次；选派1人赴香港参加香港中药材标准第九次IAB国际会议和技术交流。

实验室认可认定二合一评审

10月24日至25日，吉林省药品检验所接受由中国合格评定国家认委员会和吉林省质量技术监督局组织的实验室认可、实验室资质认定二合一评审。本次评审申请扩项5项［外源性DNA残留量、重组人粒细胞刺激因子生物学活性、重组人粒细胞巨噬细胞刺激因子生物学活性、乙肝表面抗体（抗HBS）（酶联免疫法）］。扩项后吉林省药品检验所检验能力已扩大至368个项目/参数。其中，生物制品领域已达到70个项目/参数。

实验室能力验证与比对

2015年，吉林省药品检验所共有10项目10个技术参数参加外部能力验证和比对活动，除参加中国食品药品检定研究院组织的“羟丙甲基纤维素中羟丙甲基含量测定”比对项目结果未反馈外，其余参加的9个项目9参数的验证和比对项目均获满意结果。

实验环境建设

2015年，吉林省药品检验所新购置仪器设备78台（套），价值1668万元。截至2015年底，省药品检验所共有仪器设备730台（套），价值7500余万元。

实验室建设方面，新建200平方米地下危险化学品和危险毒麻制品中转库；建立安装补排风系统；按照《中国药典》2015版要求对微生物室的洁净区及业务室冷库分别进行了升级改造。

此外，完成业务信息管理平台十个模块、批签发管理平台二个模块、智能政务协同办公平台二个模块的调研、编制和培训工作；完成局域网和电话的改造、网络设备、移动办公设备的购置工作。

吉林省医疗器械检验所

概　况

2015年，吉林省医疗器械检验所坚持以党的十八大、十八届三中、四中、五中全会精神为指导，认真落实上级指示，围绕吉林省食品药品监督管理局“创业、创新、争一流”思路，以检验工作为中心，以提升能力为重点，着力落实“十二五”规划目标，圆满地完成年度各项任务。

检验检测

2015年，吉林省医疗器械检验所共完成省质量监督抽验676批次，其中无源产品300批次、有源产品276批次、在用医疗设备65批次、洁净环境监测20批次，分子筛制氧系统15批次。

国家监督抽验任务中，在规定的省级检验机构承担5个品种基础上，吉林省医疗器械检验所争取到7个品种、169批次检验任务，并按时保质保量完成7个品种、133批次检验、报告上报、数据上传及质量评估报告呈报工作。7月份，国家食品药品监督管理总局发文，所承担的2014年国抽项目半导体激光治疗机质量评估报告被评为优秀。

2015年，吉林省医疗器械检验所共受理预评价99批次、技术要求复核130批次；受理注册检验419批次、委托检验56批次，出具检验报告书429份；受理环境监测206批，出具报告书171份。

担任测定盒试剂检测牵头单位

2015年，吉林省医疗器械检验所被国家食品药品监督管理总局列为体外诊断试剂产品使用环节尿（BUN）测定盒试剂检测牵头单位之一，与八大国家中心并列承担检验任务，是建所16年来首次。具体负责承检尿素（BUN）测定试剂盒产品37批次，覆盖10个省（区）、21个生产企业；省级监督抽验承检辖区产品9种、34批次，覆盖5个生产企业。

医疗器械比对试验

2015年，吉林省医疗器械检验所参加陕西中心组织的“可吸收性外科缝线”规格与直径比对试验；中国食品药品检定研究院组织的“电气间隙爬电距离”比对试验、CNAS组织的“海峡两岸”电子电器产品球压比对试验等4次，结果均为“满意”。尤其是在由中国合格评定国家认可委员会组织的能力比对试验中，获得了优秀报告的书面表彰。

医疗器械标准制定与审核

4月，吉林省医疗器械检验所协助吉林省食品药品监督管理局完成《振动式排痰机产品注册技术审查指导原则》、《腹膜透析机产品注册技术审查指导原则》、《尿液分析仪产品注册技术审查指导原则》编制和审核工作。12月，由省器械所负责起草的定制式活动义齿、电脑中药熏蒸（洗）多功能治疗机、紫外线治疗仪三个产品的地方标准制订项目获得吉林省质监局支持立项，并列入2016年度吉林省地方标准立项计划，此项工作将为吉林省首次制定医疗器械地方标准做出应有贡献。

医疗器械检验项目收费测算

2015年，为解决医疗器械检验项目无收费标准和现行收费标准偏低的问题，吉林省医疗器械检验所组织相关人员完成了411个常用项目研究测算，其测算方法在中国食品药品检定研究院组织召开的全国医疗器械抽验项目支出定额标准研讨会上，得到了国家食品药品监督管理总局规财司和中国食品药品检定研究院领导的肯定，测算公式和方法被国家食品药品监督管理总局采用，并确定该所为化学项目主要测算单位。

医疗器械检验区域合作

1月上旬，吉林省医疗器械检验所与吉林大学仪电学院签署战略合作协议，作为教学基地，加强与吉林大学的技术交流，资源共享，互利合作，促进形成检、学、研的有机融合。

3月16日，应天津医疗器械质量监督中心邀请，吉林省医疗器械检验所参加国家食品药品监督管理总局“十二五”期间《医用电气设备和医用电气系统中声音报警和视觉报警的测试工装研究》、《标准高频源研究》和天津市科委《牙科手机性能测试系统研究》科研课题验收工作。通过这次合作，使省器械所技术能力水平得到提升。

4月初，针对国家强制执行YY0505至2012电磁兼容检测标准，所长郭宝生带队主动到辽宁所洽谈，建立合作关系，将无法检测的项目进行分包，填补了目前电磁兼容检测项目空白。

5月上旬，甘肃省医疗器械检验所一行4人来吉林省医疗器械检验所调研，就体外诊断试剂检验流程、检验方法及他们遇到问题，进行广泛深入探讨和交流，充分展示了省器械所体外诊断试剂检验能力。

6月初和7月底，吉林省医疗器械检验所同白山市、通化市计量测试所共同开展了彩色多普勒超声临床设备现场比对测试和评价工作。通过这次相互沟通和学习，加深了省器械所检验人员对标准的理解，探索了检验方法，提升了实际操作能力。

医疗器械企业帮扶

10月26日至31日，吉林省医疗器械检验所组成3个组，实地调研走访了9个市（州）16家医疗器械生产企业，组织87家生产企业进行集中座谈。与企业就产品技术难题和技术服务难点、技术创新与合作新思路、检验检测工作存在问题等进行了深层次的探讨交流。

11月5日至6日，吉林省医疗器械检验所在长春免费举办了一期电磁兼容检测知识培训班，邀请辽宁省医疗器械检验检测研究院2位电磁兼容检测专家为培训班授课，省内医用电气生产企业和医疗器械监管部门、检验检测及技术审评机构共130人参加培训。对解决当前电磁兼容检测方面存在的困惑和难题，提高医用电气产品质量、提升监管能力、检验检测和技术审评业务水平起到积极推动作用。

队伍建设

5月至7月，吉林省医疗器械检验所开展为期3个月岗位练兵活动。将已经通过认证认可，但尚未开展的检验项目和日常检验中的难点作为重点，共选择15个品种、56个检验项目进行岗位练兵。同时，安排1名副所长和2名检验员到中国食品药品检定研究院医疗器械检定所进行为期3个月的脱产进修学习。结合检验需求，派出参加各类学习、培训69人次，所内集中授课4次。

10月，吉林省医疗器械检验所作为职称

“评聘结合”试点单位，开展了专业技术职务“评聘结合”工作。经评审，全所有5人晋升为正高工程师、5人晋升为高工程师，1人晋升为工程师。

黑龙江省食品药品检验检测所

概　况

2015年，黑龙江省食品药品检验检测所秉承“做食药人、抖食药神、固食药本、铸食药魂”的精神理念，全面贯彻科学检验精神，按照黑龙江省食品药品监督管理局和中国食品药品检定研究院相关要求，依托设备优势、人才优势，充分发挥食药监管的技术支撑作用，完成全年各项工作，未发生重大食品药品安全事件。

检验检测

2015年，黑龙江省食品药品检验检测所完成检品12645批，检品总量与2014年基本持平。抽验检验完成8506批，不合格200批，其中食品4345批，不合格48批，问题样品71批，同时承担了承检品种的抽样工作；药品2852批，不合格120批，包括突发事件检验2起，完成检验42批次，检验结果均符合规定；药包材86批均合格；医疗器械201批，不合格4批。注册检验完成1093批。委托检验完成1737批。其他类检验完成1309批。

国家药品评价性抽验方面，黑龙江省食品药品检验检测所作为基本药物专题的组长单位，承担了4个品种检验任务。

科研课题

2015年，黑龙江省食品药品检验检测所共承担国家科技部“十二五”科技重大专项“中成药标准研究平台建设的研究”等科研项目10大项。其中承担省自然基金项目“β－内酰胺类抗生素混合杂质对照品的制备与质控应用研究”完成头孢曲松钠、盐酸头孢替安等混合杂质对照品的制备，作为有关物质检测中的系统适用性对照品应用于质控分析，使β－内酰胺类抗生素杂质控制由单一、高成本研究手段向系统、经济低廉、可操作性更强的杂质谱控制转变成为可行。

2015年黑龙江省食品药品检验检测所完成快检光谱建模86个，至此共完成276个光谱建模，实现了黑龙江省基本药物和常用药物的全覆盖。在2015年全国快检工作会议上，做了经验介绍。

质量管理体系建设

2015年，黑龙江省食品药品检验检测所通过实验室资质认定“四合一”评审、保健食品注册检验机构资质认可、化妆品行政许可资格认定和医疗器械地点变更等四次现场评审。黑龙江省食品药品检验检测所在7个领域的检验检测能力总计2572项，其中食品1589项、药品185项、医疗器械523项、化妆品117项、药品包装材料与容器120项、洁净区室环境17项、生活饮用水21项。

能力验证

2015年，黑龙江省食品药品检验检测所共组织报名参加能力验证16项（其中，CNAS组织的能力验证2项，英国LGC组织的能力验证1项，中国食品药品检定研究院各部门组织的能力验证11项，国家质监总局组织的食品能力验证1项），国家标准品协定3项，结果均为满意。

开展检验机构和药品生产企业化验室实验室间比对工作

2015年，黑龙江省食品药品检验检测所本着“严密组织、力求实效”的宗旨，历经一年，完成了全省119家药品检验机构和生产企业化验室实验室间比对工作（根据反馈的实验室情况调查表显示，92%的实验室为首次参加该类型的质量控制活动），设立了四个比对项目：“药品的无菌检查”、“药品的细菌内毒素检查”、“高效液相色谱法测定甲硝唑氯化钠注射液中甲硝唑含量”、“高效液相色谱法测定小儿化毒散中松香酸含量”，侧重考察各参加实验室对高风险注射剂安全性项目的检测能力、常规液相方法的检测能力和对新发布药品检验补充标准的理解、执行能力。

通过项目组汇总、统计了各实验室的反馈结果，并详细审阅了实验室提供的原始记录，将发现的问题归纳为“技术分析与建议”，融入各项目技术报告中。在10月上旬，组织了总结培训交流会，总结经验、宣贯实验间比对的工作方法、帮助获得可以和不满意结果的实验室查找原因。

此项实验室比对工作得到了中国食品药品检定研究院、黑龙江省食品药品监督管理局和各参加实验室的广泛认可，为省级食药检测机构如何配合中国食品药品检定研究院完成能力验证向QC实验室的延伸，为检测机构如何配合省食药监局提高药品检验机构和生产企业化验室提高检测能力，做了一次有意义的探索性尝试。

检验技术培训

为规范食品安全抽样检验工作，提高食品安全监督抽检和风险监测的抽样检验工作能力，2月1日，黑龙江省食品药品检验检测所举办了“食品安全抽样检验相关技术培训班”。来自全省13个市地食品药品检测单位及黑龙江华测检测技术有限公司共81人参加了培训。内容涉及食品抽样、受理、食品理化检验、食品微生物检验以及国家数据平台应用等相关内容。11月8日举办全省检验机构实验室间比对工作的总结交流培训会。13个地市所及85家药品生产企业总计近260人参加了培训会。

上海市食品药品检验所

概　况

2015年，上海市食品药品检验所在上海市食品药品监督管理局统一领导下，以自觉服从监管需要，服务公众健康，扎实推进能力建设，忠实履行职责为目标，完成常规检验任务、各项重大任务和突发事件应急检验任务。

检验检测

2015年，上海市食品药品检验所共受理样品69698件，其中进口药品51723件，抽验2344件，委托1020件，质控1021件，批签发1482件（流感疫苗25件），食品5288件，保健食品1570件，化妆品2675件。检品总量与2014年大体持平。

在国内药品检验方面，承担了3个国家评价性抽验品种：注射用核糖核酸Ⅰ/Ⅱ/Ⅲ、卡铂、安神补心丸（胶囊、颗粒、片）、黄氏响声丸，已完成全部研究。另外还完成迎两节专项、胶囊剂专项、中药材饮片专项、妇女儿童用药专项、小牛血类药品检测和检查专项、血液透析及相关治疗用浓缩物涉案等多个药品抽验专项任务。承担了盐酸氨溴索片、卡托普利片、拉米夫定片、司他夫定胶囊等4个品种的仿制药一致性评价工作。首次将近红外光谱的方法用于带量采购药品的批间一致性评价。按时完成2015年中央转移地方快检任务及带量采购任务。

在进口药品检验方面，在全体党员中开展“我的检验无超期、我的岗位无差错”评比竞赛活动，检验周期明显缩短。自贸区实验室顺利实现所有无菌检查样品的检查环境由洁净室向隔离器的转变，提升做好自贸区服务工作的水平。

承担全国水产及水产制品监督检测牵头单位

在2014年工作基础上，上海市食品药品检验所继续发挥全国水产品及水产制品监督检测牵头单位引导有方、协调有力的作用，完成国家食品药品监督管理总局下达的水产品中抗生素等兽药残留专项抽检工作和海米等水产干制品专项抽检工作，并召开专家研讨会。

国际滑联世界花样滑冰锦标赛保障

2015 年，上海市食品药品检验所承担了国际滑联世界花样滑冰锦标赛食品安全保障工作，负责运动员食品中包括 β 受体激动剂、合成固醇类激素、糖皮质激素、玉米赤霉醇类在内的 4 类 34 种食源性兴奋剂及微生物进行检测。保障工作期间，共完成 120 批赛事保障样品的检验，7 批不合格。赛后收到赛事组委会主任、上海市副市长的致谢信褒奖。

加强检验检测能力建设

2015 年，上海市食品药品检验所持续进行保健食品非法添加等安全性检测能力建设及技术储备；揭秘中药牛黄与朱砂、雄黄毒效机理、配伍理论及质量控制关键技术研究；全面建立中药保健食品技术服务平台，帮助企业攻关难题；帮助兄弟单位进行中药安全性及质量控制技术研究；促进国际交流与合作，形成中药质量控制研究合力。

能力验证

2015 年，上海市食品药品检验所共参加外部能力验证 28 项，大型实验室间比对 6 项，其中 13 项已完成并获得满意的评价结果，其他均在等待结果反馈。积极参与国际能力比对，首次参加亚太实验室能力比对“卷心菜粉中农药残留”检测的国际能力比对，以满意的结果通过该项能力考核，为中国大陆地区的唯一单位。参加 FAPAS 国际比对“橄榄油中 75 种农药残留量的测定”，以全部筛出并准确定量的满意结果通过能力比对（此项比对全球通过率仅 30%）。

科研课题

2015 年，上海市食品药品检验所获国家人社部博士后管理办公室批准设立博士后科研工作站。科技论文方面，所职工作为第一作者/通讯作者发表论文 77 篇，SCI 论文 4 篇；获奖论文 26 篇；提交发明专利申请 5 项，实用新型专利 1 项，3 项进入授权登记；申请省级以上科技奖项两项；待结题课题 7 项，顺利结题 5 项；独立申请省部级以上科研课题 11 项，其中 1 项已获得立项。联合企业及其他科研院所申报并获立项支持课题有 8 项，上海市食品药品监督管理局局课题立项 6 项，药典会方法学专项课题立项 9 项，共计获得课题资助金额千余万元。所内在研外部项目逾 50 项。

技术成果转让

响应上海市委市政府努力将上海市建设成为综合性开放型科技创新中心的号召，结合“科创二十二条”中“完善科技成果转移转化机制”的规定，加快实施技术成果转让，探索现有研究成果转化的新路。今年共申请 5 项科技成果登记，签订技术转让合同。

上海市医疗器械检验所

检验检测

2015 年，上海市医疗器械检测所完成各类样品检验 5315 件，其中国产产品注册检验 1643 件，进口产品注册检验 993 件，国家监督检验任务 253 件，本市监督检验 824 件，客户委托检验 704 件，进口商检检验 898 件。

扩项评审及实验室比对

6 月，上海市医疗器械检测所顺利通过了中国合格评定国家认可委员会（CNAS）组织的监督评审及扩项评审。目前获 CNAS 认可的检测服务能力情况为金银花露实验室 554 项，外高桥实验室 61 项。扩增检测项目与参数共计 75 项，其中金银花露实验室扩增 57 项，包括 X 射线诊断设备、CT 设备、磁共振设备等一系列电气电子设备的 IEC 标准。外高桥实验室扩增 18 项，首次拓展了无源领域6个项目，并进一步扩增光学等领域的项目。

2015年，上海市医疗器械检测所共参加医疗器械检验能力验证和实验室比对项目11项次，结果均为满意。

科研课题

2015年，上海市医疗器械检测所共承担标准制修订任务21项，包括强制性国家标准GB9706.1《医用电气设备第1部分：基本安全和基本性能通用要求》的修订及14项行业标准和6项在用医疗器械产品技术要求的制修订。

2015年，上海市医疗器械检测所还重点参与了国家食品药品监督管理总局组织的有源植入物、医用电子仪器、外科和计划生育器械技术领域的医疗器械命名研究工作。通过对3790张医疗器械注册证产品名称的梳理，形成了382个通用名称。

2015年，上海市医疗器械检测所申请获批课题包括中国食品药品检定研究院政策咨询研究课题《医疗器械到样率与复验问题研究》等共4项；在研课题包括市科委课题项目《药物支架涂层微粒脱落及安全性研究》等6项；已完成中国食品药品检定研究院政策咨询研究课题《医疗器械到样率与复验问题研究》；所内自行立项课题有《人工耳蜗试验方法研究》等6项。

助推医用机器人产业发展

5月8日，在上海举办的第三届全国先进制造业大会上，举办了先进医用机器人专题论坛。参加本次论坛的有来自国内及亚洲医学界、工程学界的众多知名专家学者。上海市医疗器械检测所黄嘉华所长作为嘉宾应邀主持论坛并参加了圆桌讨论。国家食品药品监督管理总局医疗器械标准管理中心李静莉所长与会并做了“中国医用机器人标准体系建设思考”的主题发言。数十位嘉宾围绕医用机器人的临床应用、国内外技术发展、法规认证等主题分享了多年的研究成果，并针对医用机器人目前的问题和未来发展方向提出了各自的观点，并与现场与会人员就“标准法规与市场准入”进行讨论。

上海市医疗器械检测所于2014年起积极参与国家863项目腹胸腔微创手术机器人课题研究工作，配合课题牵头单位哈尔滨工业大学，与中国食品药品检定研究院医疗器械检定所等一起承担了相关子课题的研究任务，上海市医疗器械检测所黄嘉华所长和何骏副所长作为专家具体承担手术机器人电气安全及风险分析技术研究工作。本课题是技术标准机构与技术研发机构合作模式上的一次创新，标准化和技术检验工作的前移，对于有效控制产品风险，及时开展产品上市前评价，有力促进创新产品产业化意义重大。同时也为上海创建“具有全球影响力的科技创新中心”，助推医疗器械产业创新发展发挥了一定积极作用。

江苏省食品药品监督检验研究院

概　况

2015年，江苏省食品药品监督检验研究院坚持以食品药品检验能力建设为中心，以“服务监管，改革发展，能力引领，素质优先”为发展方针，把依法依规，高质高效贯穿于检验全流程，圆满完成了年初确定的目标任务，各项工作取得了重要进展，为行政监管及时准确提供检验数据，未发生重大检验差错。

检验检测

2015年，江苏省食品药品监督检验研究院共完成各类检验10005批次。其中，监督检验3073批（食品监督抽检及风险监测1461批，保健食品安全风险监测及监督抽验651批，化妆品安全风险监测572批，药品监督及专项抽验386批，复验3批）；许可检验3807批（食品添加剂许可检验352批，保健食品注册检验42批，药品注册检验1894批，辅料注册检验46批，药品口岸检验1473批）；合同检验2796批（药品合同检验1648批，辅料检验15批，咨询检验1133批）；委托检验34批；液体制剂拉曼光谱建模样品120批；能力验证、实验室间比对、扩项模拟试验等98批；实验室资质认定评审现场试验70批；化妆品行政许可资格评审现场试验7批。

开展食品监管与食品质量安全监控

2015年，江苏省食品药品监督检验研究院成立食品抽查秘书处，完成《2014年江苏省食品安全抽检监测分析报告》；配合省局制订国家、省级食品抽检监测任务方案，省级监督抽查任务比选方案，国家抽检监测承检机构遴选方案，江苏省食品安全检验检测资源整合和机构建设规划，全省食品快检设备招标方案等计划与方案。积极做好食品质量安全监控工作，为食品安全把好审核关口。及时完成食品相关许可材料的审核上报及全省食品添加剂生产许可受理，并对乳制品、肉制品、糕点等6类产品进行风险评价，并对食品市场进行动态分析。

专项检验

2015年，江苏省食品药品监督检验研究院参与银杏叶制剂专项监督抽验工作，受理、检验、报告审核、数据上报均第一时间完成，全面按时完成应急检验任务，受到国家食品药品监督管理总局的表扬。积极做好应急检验任务，对发生不良反应的生脉注射液和骨肽注射液的热原、过敏反应、异常毒性等安全性项目进行检验。高度重视仿制药一致性评价工作，并取得阶段性成果，成立院领导小组，认真设计确定酒石酸美托洛尔片、奥美拉唑肠溶胶囊等仿制药一致性评价工作方案，开展相关技术复核、方法探索等专题研究工作，组织对相关企业的技术培训。

科研课题

2015年，在国家药品标准研究工作方面，江苏省食品药品监督检验研究院完成国家药典委员会下达的化药、中药药品及辅料标准提高3个品种的起草工作和5个品种的复核工作，以及分析检测技术指南编写等相关工作；参与中国食品药品检定研究院组织的“含金银花中药制剂中检测山银花方法专题研究”子课题“复方鱼新草片中山银花检测方法”的研究工作。在省级药品标准研究工作方面，配合省局药品注册处完成了省中药材质量标准的制修订工作，配合省局药品注册处和省局认证审评中心开展医疗机构制剂标准提高工作。

江苏省第四期“333工程”科研项目资助项目“食品中18种多环芳烃的快速检测技术研究”，省新药研究与临床药学重点实验室开放研究课题“柴胡对对乙酰氨基酚肝损伤保护作用的机制研究”等一批科研项目处于研究阶段，并取得阶段性成果。完成中国食品药品检定研究院委托的“保健食品违禁物质检测技术研究”“含金银花中药制剂中山银花检查方法的研究”等一批科研项目，受到较高的评价。“微波消解罐”“微生物药敏活性实验用固定支架”获国家知识产权局专利。

举办院长接待日活动

2015年，江苏省食品药品监督检验研究院建立院办接待日制度，每月一位院长接待食品医药企业、社会各界及单位员工的建议意见，并作为一项长期的制度予以实施，旨在进一步加强省院与服务对象的联系，增进相互间的互动交流，倾听客户与社会各界对业务受理、检验检测、工作作风、党风廉政等各项工作的意见建议，并通过这一渠道提高食品药品企业研发、生产与质量体系管理等方面能力。

加强对市级检验机构与医药企业的技术指导

2015年，在以往省级专家走基层指导、接受基层技术人员来院培训与院长定向联络等指导机制的基础上，江苏省食品药品监督检验研究院采取“同平台，共进步”的方式，推动市级检验机构的技术发展。在国际药典研究方面，携同淮安、苏州等市级检验机构开展研究合作；在检验质量保证、实验室数据完整性与信任等国际前沿技术交流合作方面，邀请市级检验机构骨干一起参加研讨；承办全省药品质量检验技术培训，邀请国家药品质量检验领域知名专家为全省药品检验机构、科研机构与医药企业技术培训。

2014 至 2015 年度，江苏省食品药品监督管理局在全省食品药品监管系统组织开展了“全省食品检验检测体系调研”工作，由我院张玫、李睿同志共同参与完成的《江苏省食品检验检测体系现状调查及分析报告》被省委组织部、省委宣传部表彰为优秀调研成果。

江苏省医疗器械检验所

概　况

2015 年江苏省医疗器械检验所深入学习贯彻党的十八大和十八届三中、四中、五中全会精神，围绕提升检验检测能力建设中心目标，注重加强对医疗器械安全的技术保障、对产业发展的技术服务，力争为医疗器械监管提供可靠技术支撑。全年共受理检验业务 7456 批次，比上年同比增长 31.2%；制定人才培养中长期规划，确保人才引得进、留得住、流得动，用得好；参加能力验证、比对试验，提升实验室能力建设水平；完善绩效考核，强化激励机制，提高检验工作效率；按照特色建所、错位发展的思路，稳步推进泰州、苏州分所建设。

医疗器械检验

2015 年，江苏省医疗器械检验所共受理注册检验、企业委托检验、监督抽验、洁净度检测以及药品包装材料检测等各类检验业务 7456 批次，与 2014 年的 5683 批次相比，同比增长 31.2%。完成手术显微镜等 6 个品种 107 批次的国家监督抽验工作；完成 X 射线诊断设备等 29 个品种 218 批次的省级监督抽验；完成体外诊断试剂国家级专项监督抽验 40 批次；完成省级专项监督抽验 58 批次。

科研课题

2015 年，江苏省医疗器械检验所向江苏省科技厅申报的《江苏省医疗器械检验所能力提升项目》获得 50 万元资金资助，“高强度聚焦超声治疗仪扫描模式优化的研究”科研项目，获得 2015 年度江苏省第四期“333 工程”科研项目资助计划，并获资助立项。

标准制修订

2015 年，江苏省医疗器械检验所作为第一起草单位，向国际电工委员超声技术委员会申请“自易法测量超声换能器的电声参数和声输出功率”国际标准 IEC/TS62903 起草工作，标准进入立项程序。作为国家食品药品监督管理总局 IEC60601 第三版转化小组成员单位，申请转化 IEC60601 至 2 至 66 助听器专业安全要求，目前已完成相应技术准备。参与中国食品药品检定研究院组织的 YBB00032005 至 2015《钠钙玻璃输液瓶》标准编制，于 12 月 1 日正式实施。参加国家标准《工业、科学和医疗（ISM）射频设备电磁骚扰特性限值和测量方法》修订工作。

能力验证比对试验工作

2015 年，江苏省医疗器械检验所参加由 CNAS、中国食品药品检定研究院、中金公司组织开展的电气间隙爬电距离、玻璃棒线热膨胀系数测定等能力验证及比对试验 10 次，结果均为“满意”。

推进设立全国医用电声标技委

江苏省医疗器械检验所曾先后于 2013 年、2014 年分别向国家食品药品监督管理总局医疗器械标准管理中心和全国电声学设备标委会递交专项申请，拟申请筹建全国医用电声设备标准化技术委员会，并于2015年正式成为全国电声学设备标准化委员会的委员，同时被推选为助听器工作小组的组长单位。2015年底，向国家食品药品监督管理总局标管中心和器械司汇报有关情况，并向国家食品药品监督管理总局提交了设立医用电声标准化技术委员会的请示。

信息化建设

2015年，江苏省医疗器械检验所在前期完成调研、立项、招标、设计方进场办公工作基础上，全面启动LIMS系统建设。从技术运作、质量管理、支持服务等方面深入做好实验室管理系统开发工作，实现信息技术与检验工作有效契合。

分所建设

1月10至11日，江苏省医疗器械检验所通过CNAS（中国合格评定国家认可委员会）实验室认可现场评审。完成泰州、泰州2014年度实验室资质认定（计量扩项）的整改工作，获得计量项目产品52项，参数12项；苏州分所完成CNAS现场评审，通过6类16项产品参数；12月19日至20日，苏州分所完成实验室认可扩项现场评审，此次现场评审专家组对苏州分所的检测环境、检验设备、人员能力及质量体系运行情况等要素进行审核，共计通过电磁兼容、医用电声、医用光学、医用X射线诊断设备、CT、磁共振等12大类84项产品参数。

按照建设“全省体外诊断试剂检测中心”的目标定位，江苏省医疗器械检验所泰州分所开展生化、免疫、细胞及病理等项目的检测工作。全年共完成367批次的体外诊断试剂检验任务，同比增长约70%。苏州分所建成10米法电波暗室、电气安全、放射屏蔽、全消声、半消声、光学、环境试验、轮椅等专业实验室，并完成资质认定，其中电磁兼容实验室成为全国首个具备助听器产品电磁兼容检测能力的专业实验室；轮椅实验室是全国轮椅检验项目最全的实验室。目前苏州分所已成为TUV、SGS、UL等国际知名认证机构的签约实验室，可从事出口认证的检测工作。

电磁兼容技术培训

8月5日至7日，江苏省医疗器械行业协会与该所在苏州举办医疗电气设备电磁兼容技术培训班，来自全省的80余名医疗器械专业技术人员参加培训。此次培训主要围绕电磁兼容基础知识、医用电气设备电磁兼容标准、医疗设备电磁兼容设计整改实例等方面的内容展开，并在苏州分所电磁兼容实验室为学员提供现场实地教学。

江苏省委副书记石泰峰到苏州分所参观调研

4月16日，江苏省委副书记石泰峰一行来到江苏省医疗器械检验所苏州分所参观调研，询问检验业务开展情况以及建设发展中遇到的实际问题，参观苏州分所用于助听器和听力计检测的全消声室、轮椅检测实验室、10米法电磁兼容实验室等专业实验室，听取了相关负责人对专业实验室建设情况的介绍，并希望该所结合苏州高精尖医疗器械生产企业集聚的特点，不断加大专业人才引进力度，努力提升医疗器械检验检测能力。

浙江省食品药品检验研究院

概　况

2015年是“十二五”规划收官之年，也是浙江省食品药品检验研究院搬入新址、迈入新发展的第一年。一年来，在浙江省食品药品监督管理局的领导下，浙江省食品药品检验研究院以创建“一流能力、一流管理、一流业绩、一流队伍、一流水平”为抓手，坚持检验与研究齐头并进，人才发展、党的建设等同步推进，埋头苦干，务实工作，各项工作取得成绩。2015年6月，整体搬迁至浙江省杭州市滨江区平乐路（街）325号新检验检测大楼。全年共完成各类检验任务29407批次，同比2014年增长20%。

检验检测

2015年，浙江省食品药品检验研究院完成药品各类检验检测22197批次，其中国内药品6117批次，进口药品14734批次，药包材1346批次。承担了国家级评价检验857批次，省级监督检验167批次，省级评价检验1522批次。

食品检验检测完成3653批次，其中承担了食品安全风险监测715批，食品安全监督抽检2547批。

保健食品检验检测完成1811批次，其中承担了国家保健食品监督抽检监测652批次，省级抽验305批次，省级监督检验149批次。

化妆品检验检测完成1746批次，其中承担了国家级抽验1292批次，省级抽验330批次。

应急检验

在应急检验检测中，浙江省食品药品检验研究院按照随到随收、随收随检、随检随出的要求，积极应对和主动承担各类突发事件的检验检测任务，完成各地公安部门、食品药品监管部门紧急送检的保健食品、性保健品及火锅底料等各类应急检验任务1015批，以及银杏叶、黄体酮、食品违法添加罂粟壳（粉）等14个专项抽验1680批，为行政监管提供了及时、有效、充分的技术依据。

参加世界卫生组织会议

4月，浙江省食品药品检验研究院院长洪利娅以观察员身份赴日内瓦WHO总部参加“药品筛查技术、抽样技术及药品各论”专家研讨会，会议审定了23个品种的国际药典质量标准，其中7个品种由浙江省食品药品检验研究院起草，7个品种均拟收入国际药典。

科研课题

2015年，浙江省食品药品检验研究院关注浙江特色药材产业发展，协助浙江省食品药品监督管理局，会同地市院（所）共同完成2015版省中药炮制规范起草编写工作，共计收载品种632个，与中国药典接轨。同时，大力推动科研成果转化，药物组合物、一次性单剂量药用低密度聚乙烯滴眼剂瓶和牛奶转移装置获国家发明专利，实现专利零的突破。

承办全国化妆品动物体外试验培训班

10月20日至23日，浙江省食品药品检验研究院承办的化妆品动物体外试验培训班（第三期）在杭州市举行。本次培训班由中国食品药品检定研究院与美国体外科学研究院（IIVS）联合主办。国家食品药品监督管理总局黄敏副司长、中国食品药品检定研究院王佑春副院长分别出席开班仪式和结业仪式。培训内容主要包括已被OECD收录的眼刺激试验中牛眼角膜混浊和渗透性试验（BCOP）和三维眼角膜刺激性试验（RHCE）、过敏试验中的直接多肽反应试验（DPRA）等，首次在国内开展，具有很强前沿性和针对性。来自全国20多家省市药检机构及省内化妆品检验相关单位的30余名专业技术人员参加了培训。

参加食品安全知识展

12月，浙江省大型食品安全知识展览在杭州浙江世贸国际会展中心举行，浙江省食品药品检验研究院首次单独参加此类大型展览。省院的展厅主要分工作展示、实验演示、专家咨询三块内容。国家食安办副主任、国家食品药品监督管理总局副局长滕佳材和省长李强、省政协主席乔传秀、常务副省长袁家军、省人大常委会副主任茅临生等领导亲临省院展厅参观并作重要指示，要求省院进一步提升能力，更好地为全省食药安全、产业发展服务，并表示今后将加大支持。浙江卫视、浙江影视、杭州电视台等多家媒体对省院展示作了专题报道。据统计，前来省院参观的群众达3000多人次，接受群众咨询800多人次，发放资料300多份，得到了群众的一致好评。

浙江省医疗器械检验院

概　况

2015年，浙江省医疗器械检验院在浙江省食品药品监督管理局的统一领导下，围绕“保障人民群众用械安全”和“助力医疗器械行业发展”为目标，完成各项工作任务，未发生重大医疗器械安全事件。年度共受理检验任务8433份，完成监督抽验任务1759批次，包括组织牵头角膜接触镜、手术显微镜等7个品种的国家监督抽验项目179批次。

检验检测

2015年，浙江省医疗器械检验院日常检验工作呈持续增加状态。共完成日常检验任务7765批，较年初下达的4100批任务超额3665批。共受理检验任务8433批，比去年全年增长27.8%。医疗器械监督抽验方面，共完成1759批，较年初下达任务1400批次超额359批。此外，年中突击完成国家食品药品监督管理总局委托的突发事件“天津晶明新技术开发有限公司产品眼用全氟丙烷气体”应急检测任务，得到总局表扬。

实验室能力建设

2月份，浙江省医疗器械检验院通过搬迁后的扩项评审，CNAS和CMA扩项各180项。8月底顺利通过国家实验室复评审和扩项评审，检验能力由原来的402项增加到582项，资质认定达到608项，扩项内容主要涉及生物相容性实验能力、X射线、骨科植入材料、电气安全评价等方面的水平。

科研课题

2015年，浙江省医疗器械检验院起草、审定和上报行业标准共计5项，超额完成年度责任制考核重点目标任务（目标4项）。参加ISOTC/172/SC5美国会议，现场讨论3项由器械院主导起草的国际标准草案的比对测试结果，并作数据分析，年底前完成了会议要求增加“渐晕”技术参数的方案修改和实验论证，赢得一定的国际声誉。承担的《模拟临床气腹的气腹机测量装置研究》等5项浙江省科研院所专项顺利通过省科技厅验收。浙江省省科协软课题《浙江省医疗器械产业发展与对策研究》项目顺利通过省科协专家组验收。《医用聚氯乙烯医疗器械产品安全性评价研究》等4个省科技厅科研项目获得立项，获得科研项目经费220万元。

年度共发表科研论文13篇。

分院建设

2015年，浙江省医疗器械检验院继续推进分院建设。宁波实验室确定建设方向、仪器设备目录、组织架构和管理框架，推进完成实验室设计、装修工程和仪器设备的招标。余杭分院海创园院区上半年完成实验室内部设计和内部装修，主要建设生物材料和组织工程检验实验室、电气安全和无菌检验实验室；余杭分院高新区院区基本建设图纸设计完毕，启动试验大楼的基建建设工作，主要建设大型仪器设备、移动医疗检验实验室，电气安全、EMC、例行实验室等。

推出服务新举措

2015年，浙江省医疗器械检验院推出一系列新措施助推医疗器械产业发展。一是为企业提供技术信息。编辑、出版《医疗器械科技和发展前沿》双月刊，已出版4期。二是创新八项服务措施。推出产品研发期的综合技术服务，建立重点客户重点服务机制，提供免费查询、产品技术要求编写指导等服务。三是积极推进创新券使用。制作创新券宣传页，免费向企业发放，积极配合属地和各地市科技局的创新券推广工作。先后建立“接触镜材料萃取”“输注类器具药物相容性评价”“人工晶状体完全萃取及溶出试验溶剂选择”等服务项目，扩大创新券使用范围。四是开展标准宣贯和指导工作。组织30多家企业召开内窥镜器械、准分子激光等领域的行业标准宣贯会。针对内窥镜系统、眼科仪器、眼科植入物（人工晶状体等）、医用激光仪器和设备等领域的标准开展问卷调查，赴浙江、江苏以及上海等省市10家企业进行实地调研。

安徽省食品药品检验研究院

概　况

2015年，安徽省食品药品检验研究院以深入开展“三严三实”专题教育活动为契机，稳步推进能力建设、制度建设、科研创新和党的建设，完成全年各项目标任务，未发生重大食品药品安全事件。通过扩项评审，已取得食品、药品、保健食品、化妆品、医疗器械、药包材等六大领域1158类产品，1924项参数的检验能力，同时积极开展国家实验室认可与进口药品口岸检验机构的申报准备工作。

检验检测

2015年，安徽省食品药品检验研究院完成“四品一械”共19616批，其中国家局及安徽省食药监局安排监督抽检任务13397批，委托检验6219批。食品监督抽检8908批、委托检验1852批，保健食品监督抽检288批、委托检验182批，药品监督抽检2689批、委托检验2345批，医疗器械监督抽检757批、委托检验667批，药包材监督抽检110批、委托检验1098批，化妆品监督抽检645批、委托检验21批，洁净度委托检测54批。

通过实验室资质认定扩项评审

11月24日，安徽省食品药品检验研究院顺利通过了实验室资质认定扩项评审的现场评审。本次扩项评审共批准化妆品15个产品和188个参数、食品16个产品和116个参数，这些能力的提升对强化食品和化妆品监管有极大的促进作用。

成立第一届学术委员会

6月3日，安徽省食品药品检验研究院举行了第一届学术委员会成立大会。会议介绍了省院第一届学术委员会委员产生的程序和专家组成情况，并宣读了学术委员会章程。院领导和全体学术委员会委员出席了成立大会。

获得发明专利

5月8日，安徽省食品药品检验研究院徐国兵博士申报的《一种治疗糖尿病伴高血脂症的药物组合物及其制备方法》，获得国家知识产权局颁发的发明专利证书（专利号：ZL201210002391.1）。该专利是在2008年度安徽省科技计划课题《宁前胡总香豆素分离分析及药动学研究》的基础上，开展后续药效学研究取得的创新成果，为安徽特色药材前胡的合理开发和临床治疗糖尿病伴高血脂症提供了技术支撑。

国家食品药品监督管理总局副局长焦红一行来院调研督导工作

3月25日，国家食品药品监督管理总局副局长焦红一行6人，来安徽省食品药品检验研究院调研督导医疗器械检测工作。安徽省政府副省长花建慧和省食品药品监督管理局局长徐恒秋陪同。焦红副局长首先充分肯定了省院医疗器械检测工作取得的成绩，对省政府和省局高度重视技术支撑体系建设表示感谢，同时希望省院持续加强能力建设：一要实现能力基本覆盖，完成“十二五”规划目标提出的覆盖本省医疗器械95%以上的能力建设要求，努力成为国家监督抽验、体系认证检查等重要工作的组成力量；二要逐步完善全省医疗器械检测体系布局，建设并发挥区域中心对全省医疗器械监管覆盖的补充和辅助作用；三要紧盯医疗器械行业的国际化趋势，通过提升省级技术单位的能力和水平，不断充实国家技术力量储备，力争走出国门，更好地发挥技术监督作用。

召开2015年度药包材标准提高项目任务启动会

4月27日至29日，由中国食品药品检定研究院主办、安徽省食品药品检验研究院承办的2015年度药包材标准提高项目任务启动会在合肥市召开，来自全国药检所、药包材检测检验机构的68名代表出席了会议。会上，中国食品药品检定研究院包材与辅料检定所孙会敏所长介绍了药包材标准提高项目的整体情况，强调了药包材标准提高的重要性和紧迫性，说明了2014至2015年度药包材标准提高任务分配情况。各标准提高起草单位依次对6个方法标准、33个药包材品种分4个小组进行讨论，与会专家就汇报中存在的问题及修订方案、具体操作细节等方面展开了逐一讨论和审核。

开展培训月活动

3月，浙江省医疗器械检验院开展能力提升培训月活动。邀请有关专家来院开展了“食品药品监管执法与检验研究院的职能定位”“坚定理想信念提升道德修养，践行社会主义核心价值观”“实验室认可准则”“实验室信息管理系统（LIMS）”等专题培训，从宏观、微观两个层面提高职工素质和水平。

举办全省检验技术培训

9月15日至16日，安徽省食品药品检验研究院在合肥市举办全省药品检验技术培训班，来自全省17个市、县药检机构相关业务领导及药品检验技术骨干共74人参加了培训。省院黄少玉院长、业务部主要负责人及药品检验与研究所班子成员出席培训班，并分别参加了座谈研讨。

10月12日至13日，安徽省食品药品检验研究院在合肥举办了全省资质认定新评审准则宣贯培训班，来自各市、县食品药品检验机构的技术负责人和质量负责人共140余人参加了培训。

福建省食品药品质量检验研究院

概　况

2015年，福建省食品药品质量检验研究院以十八大和十八届四中、五中全会精神为指导，按照习近平总书记“用’四个最严’加强食品药品监管”的要求，紧紧围绕福建省食品药品监督管理局和中国食品药品检定研究院的工作要求和部署，抓落实、强技术、优格局、促发展，着力推进食品药品检验检测各项工作，守住了不发生较大以上食品药品安全事故的底线，完成全年各项工作任务。2015年福建省药品、保健食品、化妆品抽验合格率达到96.94%、99.43%、99.82%，同比分别提高1.08%、0.86%、1.22%。在紧紧围绕检验检测工作的同时，扎实推进精神文明建设，被福建省委、省政府授予第十二届省级文明单位。

检验检测

2015年，福建省食品药品质量检验研究院完成药品、保健食品、化妆品等检品数首次突破万批，达11007批，同比增加21.8%，创下新纪录。其中完成药品7880批次、保健食品1448批次、化妆品977批次、医疗器械702批次。完成福建省监督抽验4343批次，不合格144批次，合格率为96.68%，其中中药材（饮片）第二次“防风行动”专项监督抽验完成672批次，不合格124批次，合格率为81.55%。完成保健食品监督检验703批次和专项检验任务47批次，其中监督检验不合格4批次，合格率99.43%。完成化妆品监督抽验共564批次，不合格1批次，合格率为99.82%。

提升医疗机构制剂标准

针对《福建省医院制剂规程》（1984 年版）标准落后、无法有效控制制剂质量的情况，福建省食品药品质量检验研究院自 2014 年开始，历时两年，对 909 个批准文号的品种进行了梳理，对其中 44 个品种不完善的质量标准进行了全面修订，共复核检验 228 批次；对 84 个品种共 297 批次样品进行了标准复核检验，同时对涉及同名异方品种的处方及工艺进行了统一。全面提升后的福建省医疗机构制剂质量标准，提高了医疗机构制剂质量，进一步保障了公众用药安全。

开展第二次中药材（饮片）专项监督抽验

5 月至 8 月，福建省食品药品质量检验研究院开展了第二次中药材（饮片）专项监督抽验“防风行动”，抽样覆盖全省九市一区涉及 34 家生产企业、29 家经营和 55 家使用单位，共完成了 672 批次，检验中发现的主要质量问题仍然是以伪品冒充正品、掺伪、非正品替代正品、染色、掺杂增重、霉变、二氧化硫残留超限、含量低、采收方法不妥等质量问题，共检出 124 批次不合格，不合格率为 18.45%，同比降低了 7.9%。说明防风行动对打击假劣中药材（饮片）、规范中药材（饮片）市场起到了积极的作用，技术支撑在行政监管中的作用得以有效发挥。

对台和援藏工作

利用对台合作交流“桥头堡”的地缘优势，福建省食品药品质量检验研究院积极承担了首次由台湾地区输入大陆的台湾地产中药材质量标准复核与检验等相关工作，开展了牛樟芝等输入大陆的药材质量标准复核前期准备工作。此外，还积极承担输台中药材和在平潭自贸区销售的台湾“三品一械”的检验检测工作。

在援藏方面，2015 年完成林芝地区派来的三名业务骨干为期半年的培训任务；10 月份专门派出专家组前往林芝市食品药品检验所，现场指导实验室资质认定工作，帮助其顺利通过了现场评审。

福建省医疗器械与药品包装材料检验所

机构调整

根据《中共福建省委机构编制委员会办公室关于省食品药品监督管理局所属事业单位调整设置的批复》（闽委编办〔2014〕215 号），福建省医疗器械与药品包装材料检验所为福建省食药监局直属的财政核拨正处级事业单位，标志着福建省唯一的省级医疗器械与药品包装材料的官方检验机构成立。

1 月 28 日福建省医疗器械与药品包装材料检验所取得检验检测机构资质认定证书。可承接医疗器械与药品包装材料产品注册和质量监督检查等的技术性、事务性、辅助性工作。

检验检测

2015 年福建省医疗器械与药品包装材料检验所共发出检验报告 712 份，合格率达到 95.93%。承接注册检验 240 批，委托检验 226 批，复验 3 批。完成国家监督抽验 40 批，合格率为 87.5%；完成省级监督抽验 203 批，合格率为 94.58%。

江西省食品检验检测研究院

检验检测

2015 年江西省食品检验检测研究院完成国家“元旦、春节”专项监督抽验 200 批次，不合格率为 2%，国家食品安全监督抽验 816 批次，不合格率为 6.1%，完成国家食品安全监督风险监测 1423 批次，问题样品率 1.9%，省级食品安全监督抽验 6100 批次，不合格率 4.3%，省级食品安全监督风险监测 831 批次，问题样品率 1.8%，省级月饼专项监督抽验 20 批次，不合格率 15%。

新址通过资质认定

10 月 22 日，江西省食品检验检测研究院整体搬迁新址。11 月 27 日在新址举行揭牌仪式。江西省食品药品监督管理局领导、部分机关处室负责人、省食检院全体职工参加了揭幕仪式。

12 月 19 日至 20 日，江西省食品检验检测研究院顺利通过省级检验检测机构资质认定。江西省质量技术监督局委派的评审专家组一行 5 人对江西省食品检验检测研究院进行了食品检验检测机构资质认定评审。评审组依据《检验检测机构资质认定评审准则》和《食品检验机构资质认定评审准则》对食检院进行了全面审核：查看了检验现场；审查了管理体系文件；抽查了人员技术档案、仪器设备档案、检验报告及原始记录；查阅了内审和管理评审等体系运行记录；安排了现场试验、盲样测试；并对授权签字人、质量监督员、内审员及技术管理人员进行了考核。评审组认为省食检院组织机构健全，人员及仪器设备配置、量值溯源、设施和环境条件等满足要求；具备申报食品检验检测机构资质的技术能力。

江西省药品检验检测研究院

概　况

2015 年，江西省药品检验检测研究院在江西省食品药品监督管理局领导下，以实际行动践行“三严三实”专题教育的总体要求，以“让江西人民享受更高水准的食品药品安全保障”为根本，完成全年各项工作任务，未发生重大食品药品安全事件。2015 年江西省药品、医疗器械、药包材、食品及保健食品抽验合格率达到 99%、94%、92.5% 和 98.6%

检验检测

2015 年，江西省药品检验检测研究院完成各类检品 13024 批次，比 2014 年增加 21.1%，创下历史新高。按检验项目统计，全年共完成 142882 项次，比 2014 年增加 28.2%。全年共完成抽验检品 9820 批次。完成了国家食品药品监督管理总局食品安全抽验任务 568 批次（总局本级）；完成了国家食品药品监督管理总局药品评价性抽验检品 547 批次、食品安全抽验检品 700 批次、保健食品抽验 441 批次以及化妆品抽验 450 批次（中央转地方），其中药品抽样完成 812 批，抽样数量排名全国第六；完成了省级抽验任务 2612 批次，其中药品 650 批次，药包材 150 批次，医疗器械 812 批次，食品 1000 批次。全年共检出不合格检品 163 批次：药品 10 批次，医疗器械 49 批次，药包材 12 批次，食品、保健食品 92 批次。国家食品抽验不合格率较往年有所提高。

召开全国 17 家中药材专业市场中药质量信息工作研讨会

11 月 12 至 13 日，由中国食品药品检定研究院主办、江西省药品检验检测研究院承办的全国 17 家中药材专业市场中药质量信息工作研讨会在南昌召开。中国食品药品检定研究院中药民族药检定所所长马双成出席会议并做总结，省药检院院长钟瑞建、副院长罗跃华出席会议。会议围绕药材专业市场现状及问题、监管经验、信息沟通及共享机制、检验与监管策略等展开讨论，一致认为应尽快建立全国 17 家中药材专业市场的信息沟通和共享机制，将问题药材扼杀于源头。

能力验证

9 月，江西省药检院通过了中国合格评定国家认可委员会实验室认可的监督评审。

12 月，江西省药检院首次参加英国 LGC（LABORATORY OF THE GOVERNMENT CHEMIST）组织的干燥失重和红外光谱国际能力验证，取得满意结果。

此外，2015 年江西省药品检验检测研究院共参加由中国食品药品检定研究院等单位组织的中药六味安消胶囊测定、盐酸曲马多溶液含量测定等 11 次能力验证，玻璃棒线热膨胀系数测定、羟丙甲基纤维素中羟丙氧基含量测定等 4 次实验室比对，以及国家食品药品监督管理总局组织的 3 次盲样考核。

科研课题

2015 年，江西省药品检验检测研究院 2 项科研课题获得省科技厅立项资助；8 项科研课题获江西省食品药品监督管理局立项资助；2 项省科技支撑计划项目通过省科技成果鉴定；申报的 2 项 2015 年度省科技进步奖通过网评、会议初评和终评；完成 2 项国家发明专利的申请工作。

全年共发表科研论文 28 篇，其中 SCI 期刊 4 篇，国家级期刊 22 篇，省级期刊 2 篇。按照国家药典会下达的国家药品标准提高工作的计划，完成了 28 个质量标准提高起草品种（中药 10 个，化药 18 个）的选报工作。

江西省医疗器械检测中心

概 况

2015 年，江西省医疗器械检测中心以党的十八大和十八届四中、五中全会精神为指导，在江西省食品药品监督管理局统一领导下，以保证医疗器械的安全、有效，保障人体健康和生命安全为根本目标，完成全年各项工作任务，未发生重大医疗器械安全事件。

机构调整

3 月 26 日，根据江西省机构编制委员会办公室关于省医疗器械检测中心机构编制事项调整的批复（赣编办文〔2015〕16 号）文件精神，即江西省医疗器械检测中心牌子及职能划转给江西省药物研究所（简称研究所），研究所名称正式变更为江西省医疗器械检测中心（江西省药物研究所），法定宗旨和业务范围变更为：“开展医疗器械、食品检测、中西医药研究，促进食药事业发展。承担医疗器械审批和质量监督工作中的检查检测以及技术审评，医药研究、医药产品及食品质量检测等工作；指导全省医疗器械生产、经营、使用单位的质量检验技术”。

检验检测

2015 年，江西省医疗器械检测中心（江西省药物研究所）承接注册检验、委托检验 533 批次。完成国家医疗器械抽验（中央补助地方项目）及江西省医疗器械监督抽验检验 1410 批次，其中国家医疗器械抽验 168 批次，江西省医疗器械监督抽验 1242 批次，合格率分别为 95. 8% 和 92. 3%。完成江西省在用医疗设备质量监督专项 7 个品种 127 批次检验。完成“2015 年江西省食品药品监督管理局食品安全监督抽检和风险监测计划（第二批）”中的任务，江西省卫计委“2015 年全省地方性食品安全风险监测”专项检验等共计 1255 批次，任务完成率为 100. 3%。完成 2015 年国家医疗器械抽验（中央补助地方项目）14 个品种 120 批次抽样任务，任务完成率 100%；完成 2015 年体外诊断试剂质量评估和综合治理专项 10 个品种和 1 个原料 54 批次抽样任务，任务完成率 94. 7%。

能力建设

12 月 18 日，江西省质量技术监督局组织对江西省医疗器械检测中心检验检测资质开展现场审查。审查组通过听取汇报、现场查看实验室环境条件和设备设施，查阅文件和相关材料及记录、安排现场试验、召开座谈会、考核授权签字人等多种方式，依据《检验检测机构资质认定评审准则》和《食品检验机构资质认定评审准则》对技术能力和管理水平进行了全面评审和考核。审查组认为江西省医疗器械检测中心组织机构健全，人员及仪器设备配置、设施和环境条件等满足要求；具备申报医疗器械、食品检验检测机构资质的技术能力。2016年1月25日，江西省医疗器械检测中心取得江西省质量技术监督局颁发的《检验检测机构资质认定证书》。该证书含有非食品检测项目3大类235个项目共282个参数的检验能力，食品检测53个参数，其中非食品检测项目为无源医疗器械、有源医疗器械和洁净区检测。

山东省食品药品检验研究院

概　况

2015年，山东省食品药品检验研究院深入贯彻落实党的十八大和十八届三中、四中、五中全会精神，坚持服务于食品药品监管需要，服务于食品药品检验检测体系发展需求，强化系统指导作用，抢抓机遇，攻坚克难，聚精会神搞建设，一心一意谋发展，较好地完成各项任务，为确保公众饮食用药安全提供有了强有力的技术支撑。

检验检测

2015年，山东省食品药品检验研究院完成食品、药品、保健食品、化妆品等各类检验工作27602批次。其中食品17060批次，包括国家食品抽检监测6200批次，省食品抽检监测2573批次，委托检验6984批次，生产许可检验1303批次；药品6350批次，包括监督抽验1141批次，注册检验1734批次，委托检验2478批次，风险抽验997批次；保健食品2526批次，包括监督抽检1370批次，委托检验1156批次，注册品种8个；化妆品1666批次，包括监督抽检1227批次，委托364批次，行政许可75批次。与2014年同期相比较，总检验批次量增长16.3%。其中食品增长29%，药品增长3.3%，保健食品增长7.7%，化妆品增长19.5%。委托检验业务与去年相比增长迅猛，其中食品委托检验增长128%，保健食品增长57%，化妆品增长98%。此外，完成国家药品标准起草品种11个，复核品种6个；保健食品国家标准复核12个。

基础设施建设

2015年，山东省食品药品检验研究院二期工程得到山东省发改委立项批复。工程建筑面积初步确定为15764平方米，拟建设食品、保健食品、化妆品实验室以及实验辅助用房，经初步设计和概算，总投资为9546万元。通过与省发改委、省财政厅沟通，争取到基本建设项目资金8248.06万元。山东省食品药品检验研究院成立基建领导小组，下设基建办公室，各项工作积极推进。取得了建设用地规划证、国有土地使用证、建设工程规划证，通过了施工图联审。在项目专业招标过程中，坚持科学、公平、公正、公开、透明，在和各检验科室充分沟通基础上，多次邀请专家进行评审，确定了科学合理的实验室工艺布局。严格按照采购流程进行监理、总包、基坑支护以及8个专业分包项目招标。目前相关招标采购工作基本完成，工程已于2015年1月破土动工，力争2016年建设完成。

山东省食品药品检验研究院现有的药品实验楼于2004年施工建设，限于当时的资金情况，在设计上对通排风、气体、水电、温度等特殊实验室需求考虑不充分，布局也不符合先进检测实验室设计理念。山东省食品药品检验研究院申请对现有药品楼进行改造，力争用一年的时间将现有实验室改造成为科学、安全、环保的先进检测实验室。药品楼改造项目获得山东省食品药品监督管理据同意，省财政厅也已经批复药品楼改造资金计划。通过前期多次专家进行论证，完成初步设计工作。

资质认定及体系管理

7月，山东省食品药品检验研究院通过资质认定扩项现场评审，新增了38个产品、5个产品的124个参数和71个方法的资质，具备包括食品、保健食品、药品、化妆品、洁净区检测等领域的1464个产品，95个产品中1814个参数，833个方法检验资质，基本实现了全覆盖。

9月，山东省食品药品检验研究院通过中国合格评定国家认可委员会（CNAS）实验室认可复评审和扩项，获得了包括药品122项参数和食品438项参数的实验室能力认可，其中食品检测能力为省院首次获得实验室认可。

2015年，山东省食品药品检验研究院参加英国FAPAS能力验证2项，英国政府化学家实验室（LGC）能力验证3项，CANS能力验证3项、中国食品药品检定研究院能力验证11项，中国食品药品检定研究院实验室比对10项，收到结果报告均为“满意”。其中英国FAPAS、LGC能力验证工作为药品专业首次参加国际能力验证，满足了申请口岸检验机构条件。

专项检验与应急检验

2015年，山东省食品药品检验研究院完成国家食品药品监督管理总局调制面制品专项50批次，发现不合格样品18批次；月饼专项45批次，发现不合格样品5批次；畜禽肉专项200批次，发现不合格样品5批次；复原乳专项1批次，未发现不合格样品；果蔬专项80批次，未发现不合格样品。完成省局保健食品中秋专项142批，发现不合格样品5批次；肉制品掺假专项46批次，发现不合格样品23批次；鸡爪专项20批次，发现不合格样品2批次；蜂蜜专项121批次，发现不合格及问题样品14批次；明胶空心胶囊和胶囊剂专项抽验83批，未发现不合格样品。

2015年，山东省食品药品检验研究院完成山东省食品药品监督管理局“银杏叶提取物及其制剂中槲皮素等游离黄酮的检测”61批次，发现不合格样品8批次；山东省食品药品监督管理局包子中铝专项100批次，发现不合格样品14批次；山东省食品药品监督管理局土榨花生油黄曲霉毒素专项90批次，发现不合格及问题样品31批次；山东省稽查局委托52批银杏叶制剂的应急打假检验任务，样品全部不合格；山东省食品药品监督管理局40批胶类样品的应急检验任务，未发现不合格样品。完成食品、保健食品、药品的非法添加打假工作1106批次，其中食品非法添加342批次，配合省局食品生产处完成配制酒专项检查140批次，火锅底料样品142批次，阿胶糕类样品60批；保健食品非法添加185批次；药品非法添加237批次。由于非法添加检验基本上都属于应急检验，对检验时效要求高，山东省食品药品检验研究院安排专人承担此项工作，在第一时间内出具检验报告，保证了所有涉案检品检验工作顺利进行。

科研工作

在研和申请科研项目。山东省食品药品检验研究院继续开展国家“十二五”重大专项课题“中药质量安全检测和风险控制技术平台”、“便携式薄层色谱至拉曼光谱联用仪及其药品快检支撑系统”、山东省自然科学基金课题“中成药质量控制技术及相关品种质量标准研究”等研究工作。申报获批多个科研项目。其中“基于片段设计的甲硫氨酰TRNA合成酶抑制剂的设计、合成与活性研究”被列为山东省自然基金课题；申请山东省重点研发计划“食品中非食用物质非定向检测关键技术研究”获批；“地骨皮质量基本状态数据探索研究”列入中央本级重大增减支项目；“以瓜蒌为例构建中药外源性有害残留物分析评价体系”列入山东省中医药科技发展计划项目。与山东大学、第四军医大学联合申报的山东省科技重大专项“消化道肿瘤氨基酸多样性大数据库及其精准医学相关技术的研究”获批；与山东中医药大学联合申报“基于体内外成分转化的丹参酒炙增效炮制原理研究”被列为2015年度国家自然基金项目；与山东步长制药股份有限公司联合申报项目“中药大品种稳心颗粒标准化体系建设”被列为2015年国家中医药管理局中药标准化项目；与山东方健制药有限公司联合申报项目“新型制剂质量控制关键技术研究及示范”获山东省科技发展计划资助。

科研成果。2015 年，山东省食品药品检验研究院“食品中化学添加物及药物残留检测技术研究与应用”项目获得山东省科技进步二等奖、“药品杂质控制与评价关键技术平台建设及其应用”项目获得科技进步三等奖；参与完成的“新型体外热原检测技术平台的建立与应用”、主持完成的“药品杂质控制与评价关键技术平台建设及其应用”分获 2015 年中国药学会科学技术二等奖和三等奖；获得山东省药学会科学技术进步奖 9 项，其中一等奖 2 项，二等奖 2 项，三等奖 2 项。2015 年底，邀请专家鉴定了“HFA 替代的系列气雾剂的质量研究”课题，研究成果被鉴定为国际先进水平，已经申请了省科技厅成果登记，拟申报 2016 年省科技进步奖。

标准制修订。山东省食品药品检验研究院首次参加国际药典标准起草任务，完成更昔洛韦及其制剂质量标准的起草并已提交世界卫生组织（WHO），提高了参与制定国际标准的能力。参与起草的《食品安全国家标准食品中环已基氨基磺酸钠的测定》（其中第三法液质方法为省院主持起草）通过审评和报批，即将发布。

快检开发和快检工作。食品快检技术方面，开展了食品中黄曲霉毒素试剂盒的评价工作，通过发函、调研、制定实施方案等措施，从全国选取了 11 家生产企业的产品进行了评价，评价指标包括产品的适用范围、价格及具体性能指标（包括变异系数、准确度、检出限及重现性等）。开展了蔬菜中有机磷农残快检技术和装备评价工作，通过征集和形式审查，选取了国内 17 家供应商、27 款快检产品进行评价，现已完成第一阶段的评价工作，收集有效数据 4000 多条，下一步将对通过初评的四款产品进行全面的验证和评价。药品快检技术方面，完成了 2015 年山东省药品快检工作近红外建模和拉曼建模工作。其中近红外光谱模型 151 个（规定任务 140 个），拉曼光谱模型 10 个。近红外共采集 14720 张光谱；拉曼建模采集 270 张光谱。

对外交流合作

国际国内学术活动。山东省食品药品检验研究院受邀参加美国匹兹堡分析仪器年会，在“食品和化妆品分析技术进展”专题会上，做了题为“新型色谱分离材料在食品安全分析领域的应用”专题报告，取得了很好的国际影响。受邀参加省政府组织的鲁台经贸洽谈会专题活动“精致农业论坛”，做了题为“高通量分析在食品安全领域的应用”和“中国食品标准体系”的大会报告，展示了省院在食品安全领域的科研能力以及在监管方面发挥的重要技术支撑作用，受到台湾食品业界的高度评价。

对外技术交流合作。2015 年 10 月，山东省食品药品检验研究院受“第四届海峡两岸医药品检测技术交流研讨会”要求，赴台参加学术交流，进一步加强双方合作，提升影响。为提高全省食品药品监管水平，推动食品药品检测能力提升，省局领导和省院相关人员赴荷兰、瑞士进行了交流访问，通过访问对欧洲食品药品生产监管和检验检测机构的整体情况有了初步了解，初步建立了交流合作机制和渠道，为今后的进一步深入交流打下了良好基础。2015 年，省院还选派专业人员随团赴美参加了国家药典委员会第七届美国药品标准管理培训。

食品安全宣传

2015 年，山东省食品药品检验研究院配合山东省食品药品监督管理局和山东电视台，组织拍摄了五集“食品药品知识专家一点通”科普片，分别为“揭开食品添加剂之谜”“藏在食品标签里的秘密”“五花八门油酱醋 + 各有高招仔细挑”“如何品评白酒”“如何购买保健食品”，作为食品安全宣传周活动的一部分，已在媒体和“山东食品药品”官方微信平台发布。

人才队伍建设

2015年招聘编内职工16人，编外职工37人，其中博士、硕士研究生达90%以上，职工总数较2014年度增长20%。2015年推荐申报食品、药品等系列高级职称30人，推荐率占申报人数88%，根据各专家评审会反馈的评审信息，评审通过率达55%，专业技术人才队伍规模呈现稳步增长趋势，高学历人才储备达到新高度。截至年底，正式编内职工151人，编外职工121人，编内职工具有高级职称资格68人，中级以上职称占专业技术人员总数的90%以上。

加大优秀人才引进和培养力度，先后与FDA食品专家王功明博士、山东大学娄红祥教授、泰山学者张磊教授、中科院大连化物所梁鑫淼研究员等一批知名学者、教授签订特聘专家协议

实现编内编外职工工资福利同工同酬政策。按照山东省人社厅《关于维护机关事业单位未纳入正式职工管理人员劳动保障权益的通知》文件精神，实现了编内、编外职工同工同酬，向省编办争取购买岗位118个，提升编外职工归属感、认同感。实施同工同酬后，省院编外人员离职率降到零，较好地克服了专业技术人才外流现象。同时这一政策在2015年编外人员招聘工作中也发挥了优势，报名人数大幅提升，为选拔优秀人才提供了前提保障。

山东省医疗器械产品质量检验中心

概 况

2015年，山东省医疗器械产品质量检验中心深入贯彻学习党的十八大、十八届三中、四中、五中全会及习近平总书记系列讲话精神，认真开展“三严三实”专题教育活动，全面贯彻落实国家食品药品监督管理总局、中国食品药品检定研究院和省局工作会议要求，坚持以医疗器械检验工作为中心，较好地完成了各项任务，全面建设水平再上新台阶。中心副主任施燕平获“富民兴鲁”劳动奖章，化学室主任骆红宇被评为山东省有突出贡献的中青年专家，生物室主任侯丽被推荐为全省食药监系统先进个人。2015年共出具报告7699份；受理样品总量7429批次。完成监督抽验1034批次。完成设备采购2540万元，仪器设备总资产约1.4亿元。

检验检测

2015年，山东省医疗器械产品质量检验中心共出具报告7699批次；受理样品7429批次。其中完成监督抽验样品检验1034批次，其中，国家抽验252批次，山东省抽验782批次。

标准制修订工作

2015年，山东省医疗器械产品质量检验中心承担19项国家标准和行业标准，其中输液器具技委会制修订12项标准（行业标准10项，国家标准2项）；卫生材料及敷料行业标准2项和生物学评价标准5项（行业标准2项，国家标准3项）。卫生材料及敷料行业标准2项和生物学评价标准5项于11月上旬在成都完成会议审定。输液器具12项标准于11月下旬在福州完成会议审定。根据国家食品药品监督管理总局医疗器械标准管理中心2016年的标准立项工作要求，完成GB14232.1《人体血液及血液成分袋式塑料容器第1部分：传统型血袋》和GB/T16886.3《医疗器械生物学评价第3部分：遗传毒性、致癌性和生殖毒性试验》等2项国家标准的立项申报工作。组织对9项行业标准进行预立项调研，形成标准草案稿或技术大纲，通过标准立项会议审查，初步确定9项标准制修订项目。

标准宣贯

9月中旬和11月上旬，山东省医疗器械产品

质量检验中心分别在南京和成都组织召开针对2015年新发布的输液器具及包装14项标准、生物学评价5项标准以及卫生材料及敷料4项标准宣贯会。来自全国生产企业、监管部门、科研院校和检验机构的代表300余人参加宣贯培训。

医疗器械生物学评价标准化技术委员会工作

4月29日，国家食品药品监督管理总局医疗器械标准管理中心专家组对秘书处挂靠在检验中心的全国医疗器械生物学评价标准化技术委员会的工作进行试点考核评价。经过考核，专家组一致认为，技委会在标准制修订、标准的宣贯与实施、参加国际标准化活动和内部运行管理方面的工作科学规范，成效显著。

6月8日至12日，全国医疗器械生物学评价标准化技术委员会秘书处组织5人中国代表团，参加ISO/TC194在瑞典隆德举行的第26年年会及工作组会议，参与近10个工作组的标准制修订讨论，代表中国进行国际标准投票。报名参加新版ISO10993至5细胞毒性国际标准的ROUND至ROBIN试验工作。

生物材料学会生物材料生物学评价分会成立

11月4日至5日，中国生物材料学会生物材料生物学评价分会成立大会在成都召开。生物材料学会生物材料生物学评价分会秘书处挂靠山东省医疗器械产品质量检验中心，承担国家食品药品监督管理总局医疗器械标准管理中心组织的医疗器械命名、分类目录修订工作。

课题研究

2015年，山东省医疗器械产品质量检验中心开展的“十二五”国家科技支撑计划项目《医疗器械质量评价标准研究与医疗安全产品开发》中的“口腔类材料及输注器具质量控制关键技术研究（2012年1月1日至2014年12月31日，中心副主任施燕平负责）”、“新增塑剂、新型增塑剂PVC粒料及产品的全性能及生物相容性研究（2013年6月至2014年12月，化学室主任骆红宇负责）”、“动物源性医疗器械免疫原性检测与评价技术研究（2012年1月1日至2014年12月31日，中心副主任施燕平负责）”等3项子课题的研究，于3月份通过验收。向国家食品药品监督管理总局医疗器械司申报《医疗器械生物学新型评价技术及检测平台的建立》等国家重点研发计划，优先启动研发任务课题。向省科技厅申报“胶原蛋白中金属元素安全性评价和标准化的研究及其推广应用”和“SPR生物传感技术在手足口病早期快速检测中的应用研究”两项课题，获得立项资助。开展省科技厅自然科学基金项目“基于ELISPOT技术的小鼠局部淋巴结试验生物标志物的研究和反应机理的探索”课题试验研究。根据上级要求，组织对医疗器械生物学评价重点实验室工作进行总结，形成年度报告，上报省科技厅。

检验能力建设

2015年，山东省医疗器械产品质量检验中心通过国家认监委和中国合格评定委员会组织的计量认证和CNAS实验室认可“二合一”复评审和扩项评审，最终确认115项新增能力，检验中心检验能力达到725项。通过3M法电磁兼容实验室评审，初步具备了医疗器械（小型医用电器）电磁兼容的检测能力。

2015年，参与CANS及中国食品药品检定研究院组织的多项能力验证及比对试验，扩大能力验证项目和能力验证范围。申报能力验证项目6个，比对试验项目3个，已完成的3项能力验证试验均取得满意结果。

人才队伍建设

2015年，山东省医疗器械产品质量检验中心制定《关于深化用人制度和绩效工资改革的报告》、《关于购买技术辅助类岗位的方案》和《关于购买岗位工资报酬分配的方案》，逐步完善激励机制。制定专业技术岗位竞聘工作方案，完成34名专业技术岗位竞聘上岗工作，实现绝大多数同志职称与岗位一致，形成梯次搭配合理的专业技术人才队伍。注重抓好培训工作，坚持请进来与走出去相结合，先后16次邀请国外专家到检验中心授课、交流，安排170余人次外出参加各类专业培训。按照公正、公开、透明、民主的原则选拔人才，严格按程序面向社会招考3名初级专业技术人员，招聘8名合同制硕士研究生。实行上岗考核制度，新检验员经过考核合格，方可持证上岗开展检验工作，30名检验员通过考核。

河南省食品药品检验所

概　况

2015年，在河南省食品药品监督管理局统一领导下，河南省食品药品检验所认真贯彻落实中央十八届三中、四中、五中全会精神，深入开展“三严三实”专题教育活动、“三查三保”专项活动，认真进行“懒政怠政为官不为”问题专项治理，紧紧围绕检验中心工作，克服人员少、场地小等困难，采取开展“百日会战”等切实措施，完成食品、保健食品、药品、化妆品等18009批次检验任务，是2014年的3倍。

领导班子调整

6月份，河南省食品药品监督管理局对河南省食品药品检验所领导班子进行了调整，调整后，领导班子成员7人：李振国担任所长/党委副书记，田振戈担任党委书记，宋汉敏、张艳、周继春担任副所长，张春荣担任纪委书记，闻京伟担任工会主席。

检验检测

2015年，河南省食品药品检验所完成食品、保健食品、药品、化妆品等检验检测18009批次，其中按类别分：食品11047批、保健食品2580批、药品2677批、化妆品1185批、药包材及辅料380批、其他类别140批。按业务分类：抽检监测15545批（其中国家抽检任务7753批次：醋酸奥曲肽注射液、利胆排石片、磷酸川芎嗪注射液、注射用辅酶A等4个品种国家药品抽验计划任务498批，不合格4批，不合格率0.80%；化妆品国家监督抽检风险监测450批，不合格样品9批，不合格率2%；国家保健食品监督抽检风险监测440批，不合格11批，不合格率4.6%；国家食品安全监督抽检与风险监测任务24大类6365批次，其中监督抽检6202批次、不合格20批次、不合格率0.32%，风险监测5203批次，发现问题样品44批次、问题样品检出率为0.85%）、委托检验1477批、注册检验915批、其他检验72批。此外，承担并完成国家食品药品监督管理总局的药品快检技术应用研究70个近红外和30个拉曼光谱快检模型建立。

科研工作

2015年河南省食品药品检验所承担、参加多项科研工作，其中有香港卫生署《三白草质量标准研究》、国家科技重大专项《中药质量标准研究和信息化体系建设平台》、河南省科技攻关项目《艾附暖宫软胶囊新制剂的研发》、河南省科技计划项目《多组分生化药物注射剂安全性及有效性的研究》等课题，参加中国食品药品检定研究院的科技部《国家重大科学仪器设备开发专项》；国家食品药品监督管理总局药品快检技术研究应用专项和《食品检验机构建设标准》编制；完成科技服务合同10项，国家药品标准制修订及复核23个（修订药典标准2个、复核药典标准10个、药品标准提高10个、化妆品起草1个），发表论文69篇，取得科技成果奖4项。

队伍建设

2015年，河南省食品药品检验所从中国药科大学、北京中医药大学、上海中医药大学定向招录药学、中药专业人员6名，面向社会公开招聘食品检验人员41名，现在岗人员237人，专业技术人员170余人。

口岸药品检验所申报准备工作

2015年，河南省食品药品检验所成立口岸药检所项目领导小组，印发《口岸所申报工作实施方案》，对照口岸所的设置标准，逐条落实到责任人，进行口岸药检所申报准备工作。年内完成了国内和国际实验室比对工作，进行东区实验楼装修搬迁，采购《中国药典》《美国药典》项目覆盖仪器，推进覆盖项目扩项工作，开展检验人员专业英语、进口检验涉及法律法规培训。

援疆工作

2015年，河南省食品药品检验所为哈密市药品检验所进行技术培训，派出两位国家药典委员会委员到该所现场培训指导、接受哈密市委组织部派出培训干部一名学习8个月。进行物质援助，提供对照品174支计26132元、色谱柱3套计5358元，为其购买新版药典6套计13180元。

党建工作

2015年中国共产党河南省食品药品检验所委员会认真落实党建工作制度，加强基层组织建设。5月份，根据所领导班子建设情况，按照《中国共产党基层组织工作条例》和河南省委《实施办法》，召开河南省食品药品检验所党委换届党员大会，选举产生新一届党委。并坚持科室主要负责人任支部书记的工作格局，以科室为单元，在全所建立15个基层党支部，全部由科室主要负责人担任支部书记。

召开年度工作会议

2月6日，河南省食品药品检验所召开了2015年度工作会议，河南省食品药品检验所领导班子成员和干部职工共130余人参加了会议。会议分析总结了2014年的工作情况，研究部署了2015年工作重点，传达了2015年全国和全省食品药品监督管理暨党风廉政建设工作会议精神，并对2014年度党、政、工8个先进集体和50名先进个人进行表彰。

实验室认证认可

3月21日至22日，河南省食品药品检验所通过中国合格评定国家认可委员会（CNAS）实验室认可监督评审。4月17日至4月19日，通过河南省质量技术监督局实验室资质认定（计量认证）复查扩项和食品检验机构资质认定复查扩项现场技术评审，6月1日取得证书，共取得食品、保健食品、药品、化妆品10个领域1573个资质参数。

食品安全监督抽检和风险监测工作

5月12日，河南省食品药品检验所组织召开了2015年河南省食品安全监督抽检和风险监测工作座谈会，河南省食品药品检验所领导班子成员、河南省口岸食品检验检测所班子成员及各省辖市食品药品检验所（检测中心）领导班子成员70余人参加了会议。会议通报了2015年全省食品形势，各省辖市所汇报了本所2015年食品抽检工作能力，包括检验人员、仪器设备、检验能力、实验场地、微生物检验环境设施等资源情况和月检验承受工作量，并就下一步打算进行了研讨。6月4日至5日，河南省食品药品检验所在郑州举办了河南省食品安全监督抽检和风险监测工作培训会。河南省食品药品监督管理局有关领导、河南省食品药品检验所相关人员，各省辖市食品安全监管机构负责人，及参加全省食品安全监督抽检和风险监测抽样工作的抽样人员200余人参加了培训会。

国家药品抽验注射剂专题工作研讨会

9月11日至13日，河南省食品药品检验所承办的药品抽验注射剂专题工作研讨会在开封市召开，中国食品药品检定研究院有关领导、河南省食品药品检验所所长和相关专家、2015 年国家评价性抽验注射剂专题各承检单位代表共 37 人参加了会议，会议研讨了 15 个注射剂品种的基本情况、研究方案、目前的工作进展、存在的问题及下一步打算，明确了 2015 年注射剂专题工作方案以及工作重点。

开展百日会战活动

为保障食品检验、药品化妆品检验、口岸药检所申报、东区实验室搬迁等“四大任务”，河南省食品药品检验所会同河南省口岸食品检验检测所组织开展“百日会战”活动，9 月 11 日，河南省食品药品检验所召开“百日会战”动员大会，两所干部职工 260 余人参加了会议，印发《百日会战效能督查办法》《百日会战休假规定》，取消周六休息、国庆节只放 3 天假、要求各部门建立工作台账和工作进度表，效能督查组根据台账进行督查，督查结果在单位显示屏等予以通报；按照工作效能评选“每周之星”张榜公告表扬等措施，调动职工工作热情。截至 12 月 20 日会战结束，各类国抽如期完成，实验室搬迁、口岸药检所申报扎实推进。

举办《中国药典》(2015 年版)标准转版培训会

12 月 21 日至 23 日，河南省食品药品检验所在郑州举办了河南省食品药品检验系统检验检测机构资质认定新办法新准则宣贯暨《中国药典》(2015 年版) 标准转版培训班。各省辖市、省直管县（市）食品药品检验所（检验检测中心）质量负责人、技术负责人、质量管理部门负责人及省食品药品检验所相关人员共 110 余人参加了培训。通过培训，落实《中国药典》（2015 年版）标准转版海口会议精神和河南省质量技术监督局关于做好检验检测机构资质认定新办法新准则宣贯培训工作的通知要求，促进河南省各级食品药品检验系统做好检验检测机构资质认定新办法新准则及 2015 版中国药典实施后体系文件、标准转版工作。

河南省医疗器械检验所

机构调整

河南省医疗器械检验所拥有东、西两个办公实验场所。东区（新址）位于郑州市郑东新区农业南路和熊耳河路东南，办公和实验室面积 8000 平方米；西区（原址）位于郑州市金水区经一路 5 号，占地面积 5800 平方米，办公和实验室面积 3100 平方米。2015 年，河南省医疗器械检验所东区检测中心工程装修完成，新购置仪器设备 50 余台套，总价值 1700 余万元，用于扩展化妆品和药包材项目检验能力。根据两地办公和检验能力扩项要求，河南省医疗器械检验所内设科室由 10 个增加至 13 个，其中东区设置科室 9 个，西区设置科室 4 个，检验科室增设体外诊断试剂检测室。

4 月，中共河南省医疗器械检验所党总支改建为中共河南省医疗器械检验所委员会，设置党委书记、党委副书记、纪委书记等职务，所党委会成员暨所领导班子成员由 5 人增至 6 人。

检验检测

2015 年，河南省医疗器械检验所共受理 4322 批产品检验，较 2014 年受理 3726 批相比，同比增长 596 批，增幅为 15%。各级监管部门下达或委托的质量监督检验 1686 批（包括国家食品药品监督管理总局和 4 个省市监管部门的医疗器械质量监督检验任务），同比增加 12.4%。其中，完成国家医疗器械监督抽验 3 个品种（一次性使用手术服、医用防护口罩和一次性使用阴道扩张器等）75 批次，向牵头单位提交 3 项探索研究报告；完成河南省省局本级医疗器械抽验任务 27 个品种 425 批，包括对 60 家县级医疗机构在用医疗器械的现场检验，其中现场检验30批超声诊断设备，发现9批存在质量问题，现场检验30批X射线诊断设备，发现23批存在质量问题；完成河南省地市级医疗器械抽验27个品种894批；完成河北省药监局委托的河北省国家体外诊断试剂专项监督抽验16批；完成湖北省沙洋县药监局委托的4批全自动生化分析仪现场检验；完成江苏省南通市海门市市场监督管理局委托的可吸收性外科缝线、创可贴产品监督检验；完成海南省药监局委托的7批医用分子筛制氧设备进行现场检查；此外，还接受监督检验复验8批。在服务监管工作中，河南省医疗器械检验所生物检测室徐玉茵被大河网评为“河南省十大食品药品监管卫士”。

2015年，在省以下食品药品监管分级管理的新形势下，河南省医疗器械检验所探索省级所服务国家药监总局、省药监局、各地市、县药监局四级政府监管的“一手托四家”模式，取得的经验在“2015年全国食品药品医疗器械检验工作座谈会”大会上宣读。

队伍建设

2015年河南省医疗器械检验所招录大学毕业生26人，调入2人，调出3人，在职职工总人数达到102人。其中，编内人员71人，合同制人员23人，返聘人员1人，临聘人员7人。在职职工中，高级以上职称有17人，中级职称有19人，硕士以上学历人员37人，本科及以上学历人员84人。为加强人才培养，先后派出70余人次参加省级以上培训，组织内部培训360余人次。新增2名国家级医疗器械生产质量规范检查员，新增5名省级食品生产许可核查员监督员，新增25名医疗器械生产许可核查员监督员。

湖北省食品药品监督检验研究院

概　况

2015年，湖北省食品药品监督检验研究院以党的十八大和十八届四中、五中全会精神为指导，在省局党组的正确领导下，中国食品药品检定研究院的指导下，以保障公众饮食用药安全为目标，以“抓改革、严管理、提质效、促发展”活动为抓手，切实履行食品药品监督检验职责，圆满完成年度工作任务，为保障公众饮食用药安全当好了监督哨。全年完成各类检品12174批，检品数量同比增长26%。

生物城院区启用

2015年，湖北省食品药品监督检验研究院完成生物城院区一期工程综合实验楼和综合业绩楼建设，并于10月15日正式启用。湖北省食品药品监督管理局副局长曹敬兰、药化生产监管处处长王元廷与省食品药品监督检验研究院党委书记李丹平、院长姜红一起为省食品药品监督检验研究院生物城院区揭牌。

检验检测

2015年，湖北省食品药品监督检验研究院完成国家药品抽验1034批；省计划药品抽验3760批；生物制品批签发检验530批；注册检验990批；标准提高检验114批；委托（合同）检验、复验、认证认可及能力考核检验共完成药品检验1623批，药包材检验399批，洁净度检测984批，医疗器械检验270批，消杀产品检验22批。国家药品计划抽验合格率98.6%，国家药品监督抽验/监测合格率95.2%，省药品计划抽验及监督抽验/监测合格率99%。

食品检测承担了国家食品药品监督管理总局下达的食品的监督抽检和风险监测工作任务，国家化妆品监督抽检和风险监测样品的检验检测任务；开展了2014年食品安全监督抽检和风险监测工作中问题品种的跟踪抽检，国产非特殊用途化妆品的备案检验，化妆品的委托检验。全年完成食品、保健食品、化妆品检验共计2457批。

科研工作

2015年，湖北省食品药品监督检验研究院3个项目通过了省科技厅立项，1个项目通过了武汉市科技局立项。推进了11个省市科技部门立项项目和5个院青年基金项目的研究工作，3个省、市科技部门项目的通过科技部门结题验收，3个院中青年基金通过本院结题验收。承担了蛇胆川贝液、蚓激酶（片剂和胶囊剂）、聚乙二醇（散剂）、低密度聚乙烯药用滴眼剂瓶等4个品种的国家药品评价抽验的研究型检验，黄芩药材及饮片的国家中药材及饮片专项抽验研究型检验工作。开展了降血糖类药品、板蓝根颗粒、红花注射液等10类药品的研究型性检验工作。由我院起草的红花非法染色检验方法被批准为国家药品补充检验方法。承担了18个品种的标准提高，19个品种的标准提高复核工作。完成了51个近红外模型的研究和5个拉曼光谱模型的建立。完成“炔诺酮”原料的国际药典修订和“炔诺酮片”国际药典的起草工作。中成药质量控制综合评价模式的建立及应用获得湖北省中医药科学技术奖三等奖。实用新型专利“一种集成化的化学反应快速检测装置”获授权证书。

人事教育

2015年，湖北省食品药品监督检验研究院启动了第二轮海内外优秀博士引进计划。招录招聘16名硕士以上专业技术人员充实到监督检验工作岗位。继续实施在职学历教育、访问学者出国交流、青年技术人员到企业实训、药检系统领导力提升高级研修等培训计划，全年共选送15名专业技术人员参加博士硕士学历教育，61人次参加各类专业培训，举办专题讲座和培训班9期，培训1100余人次。完成了第二期赴美访问学者交流学习计划；举办了第四期青年专业技术人员赴企业实训活动；在上海交通大学举办了全省药检系统第三期领导力提升高级研修班，培训全省各市（州）药检所所长、省院班子成员及部门负责人共40余人。

党建和党风廉政建设工作

2015年，湖北省食品药品监督检验研究院印发了主体责任和监督责任职责分工，明确了院党委的主体责任，纪委的监督责任和部门职责。完成了各党支部纪检委员的选配，明确了党支部纪检委员职责。层层签订党风廉政建设工作目标责任书。开展了党员示范创建活动，21个党员示范岗挂牌示范。开展了“三抓一促”、政治纪律和政治规矩集中教育、“三严三实”专题教育活动；开展新进工作人员岗前廉政谈话，高风险岗位集体廉政谈话等活动。举办政治纪律和政治规矩集中教育学习报告会，邀请省纪委审理室副主任作《正确认识和规范自身行为努力适应全面从严治党新常态》辅导报告；邀请武昌区检察院副检察长作《守法慎行，远离职务犯罪》专题讲座；组织各部门负责人到洪山监狱接受警示教育，组织各部门负责人、党支部书记参观了中共五大会址和廉政教育基地。

2015年度工作会

2月12日，湖北省食品药品监督检验研究院2015年度工作会在生物城院区会议室召开。湖北省局副局长傅建伟出席会议并讲话。院党委书记李丹平做工作报告，院长姜红主持会议；副院长余庆斌宣读《2014年度先进工作者表彰决定》，通报2014年科研立项、论文发表等事项；省局药化生产监管处副处长万方华、院领导聂晶、曹全胜、定天明，工会主席周杰，顾问张立群出席会议；全院干部职工共150余人参加会议。会议要求全院在2015年按照“抓改革、严管理、提质效、促发展”的总体思路，强化检验职能，提升服务质量；强化科技强院，注重创新发展；强化人才工程，形成技术梯队；强化依法治院，规范三项管理；抓好体系建设，加快改革发展；抓好党建和党风廉政建设，确保风清气正；抓好文化建设，构建和谐药检等七个方面的工作。

湖北医疗器械质量监督检验中心

概　况

2015 年，湖北医疗器械质量监督检验中心坚持以党的十八届四中、五中全会及习总书记系列重要讲话精神为指导，在湖北省食品药品监督管理局的统一领导下，全面完成了全年的各项工作任务，全年没有发生一起原则性差错和安全事故，没有发生一例企业客户的投诉举报干部职工违规违纪案例。

检验检测

2015 年湖北中心受理各类检验任务 2062 批次，与 2014 年相比增长 627 批次，全年增幅 43.6%。其中，受理委托检验和注册检验任务 1591 批次，包括：有源医疗器械 687 批次、无源医疗器械 904 批次。检验任务受理批次已圆满完成了 2015 年初签订的工作目标，比去年全年任务增长了 42.9%；湖北省常态性医疗器械监督抽验任务 287 批次，检验合格率为 92%；湖北省在用评价性医疗器械监督抽验 116 批次，检验合格率为 70%；国家监督抽检 43 批次，检验合格率为 72%；能力验证、技术服务 25 批次。

标准制修订

2015 年，湖北省食品药品监督检验研究院完成了《超声理疗设备》《超声理疗设备 0.5MHZ 至 5MHZ 频率范围内声场要求和测量方法》《超声功率测量高强度治疗超声（HITU）换能器和系统》和《超声水听器第 2 部分：40MHZ 以下超声场的校准》4 项标准送审工作。完成了“医疗器械命名”规则研究的相关工作；开展“医疗器械标准质量调研工作”，对归口的标准开展问卷调查和实地调研等工作；开展了“超声多普勒胎儿监护仪产品注册技术审查指导原则”与“超声理疗设备产品注册技术审查指导原则”的修订工作；按照国家食品药品监督管理总局医疗器械监管司和标准管理中心的统一安排，开展“在用医疗器械检验技术要求的编制”工作。

实验室质量监督活动及能力验证

2015 年，湖北中心共开展 195 次日常质量监督活动，覆盖了《实验室资质认定评审准则》《检测和校准实验室能力认可准则》的全部要素；对完成的检验报告进行严格的抽样检查，共抽查涉及委托检验、注册检验、注册补充检验等类别的 115 批检验报告，均未发现有关报告总结论错误、单项结论错误、修改报告等问题；科技与质量管理科不定期组织质量监督员对实验室进行现场监督，发现问题即时纠正；定期发布了四期质量简报，及时通报湖北中心内部检验工作中存在突出的质量问题等。

2015 年，湖北中心完成 21 项实验室内部质量监控活动，结果均为满意。参加外部能力验证和实验室间对比共 6 项，其中 5 项结果为满意，1 项有问题（整改完成并通过）。

检验资质认证认可

2015 年，湖北省食品药品监督检验研究院完成 CNAS 实验室认可（复评审 + 扩项）、CMA + CAL（初评、复评审 + 扩项）、省资质的五合一现场评审，检验能力范围新增了 92 项检验能力。无源检测室的动物实验房于 2015 年全面完工，总建筑面积 960 平方米，顺利通过了湖北省科技厅实验动物使用许可资质评审，资质证书获得后即可开展医疗器械生物学评价的动物实验。

搭建技术服务平台

2015 年，湖北省食品药品监督检验研究院加强横向联合，搭建技术服务平台，推动单位发展。与恩宁、赛盛等公司签订了《EMC 整改合作协议》，协助企业开展EMC第三方整改，有效地提高了检测进度。与东软医疗签订声学检测合作协议，为其提供产品研发过程中的相关测试数据，给其在产品研发过程中提供了有利的技术支持。加入《华中地区大型科学仪器设备协作公用网》，通过对检验机构实验室资源的开放，为企业提供必要的研发测试设备与设施，解决创新研发单位在设施设备、检验能力方面欠缺的问题。加入《市科技局产业链》，给生物健康产业的企业提供了检测平台。与高校紧密联合，成立武汉理工大学研究生工作站。与武汉市科技技术局、武汉东湖新技术开发区管理委员会三方签订了《科技创新券服务合作协议》。与北京速迈、石家庄华行、西安灭菌等单位签订系列产品检验协议，扩大检验业务，同时包含技术服务项目。举办“医疗器械电磁兼容检验及整改研讨会”，提高生产企业的设计能力和产品质量，来自全国各地的60多家医疗器械生产企业的80多名业界人士参加了研讨会。

设立超声装备技术分会质量与标准专业委员会

10月18日，中国医学装备协会超声装备技术分会会长钱林学向湖北医疗器械质量监督检验中心授予“中国医学装备协会超声装备技术分会质量与标准专业委员会”会牌，标志着中国医学装备协会超声装备技术分会质量与标准专业委员会正式落户湖北医疗器械质量监督检验中心。专业委员会成立后，将推进整合国内超声装备行业资源，对行业标准和国家标准的需求进行充分调研，并通过开展对上市前超声设备的质量评估等工作，助力国家及时出台一整套完善而可操作性强的超声装备行业标准，实现对整个超声产业（产、学、研、监、用）质量与标准体系链的建设，形成一套完善的质量评价机制。

人才队伍建设

湖北医疗器械质量监督检验中心以引进高层次人才为突破口，全面加强人才队伍建设。2015年，引进了11名专业技术人员。通过多年的人才引进和培养，现已凝聚了一批从事生物医学、电子技术、机构制造、高分子材料、微生物学、药学、电磁兼容、综合管理等多学科的优秀专业技术人才，培养了一只优秀的医疗器械检验、新技术研发、质量控制、综合管理等领域的复合型专业人才队伍。

湖南省食品质量监督检验研究院

概　况

2015年，湖南省食品质量监督检验研究院在湖南省食品药品监督管理局的坚强领导和中国食品药品检定研究院的指导下，本着“抓业务、保质量，讲政治、保专项，再扩项、强能力，强支撑、树龙头，强科技、促转型”的工作思路，圆满完成了全年各项工作任务，未发生较大质量事故。实现了一流的规范管理、一流的形象展示、一流的技术实力、一流的人才队伍、一流的服务质量。在2015年度国家监督抽检、风险监测工作中，于11月15日率先完成抽检任务、按照总局提出的食品监督抽检监测以问题为导向的总体要求，问题样品检出率达9.35%、不合格样品检出量达733批次。针对抽检情况，全年共上报质量分析报告15份，约21万字。有针对性地提出了专项整治及监督抽检产品质量水平和整顿措施。针对抽检中发现的问题，全年编辑《湖南食品抽检监测专报》15期，有效的为食品安全监管及风险排查进行有针对性分析、发出了预警。同时，勇担全省食药监系统食检机构“技术龙头”职能职责，加强湖南省食药监系统食品检验机构联合、联动、联系，配合省局成功开办了全系统市州所业务培训班，组织全省食药监系统食品检验技术人员跟班培训，共培训系统内检验人员、质量管理人员300多人。充分发挥了省局食品抽检监测秘书处的职能作用，组建了“省食品抽检监测工作群”“省局系统食检技术交流”两个QQ群，为树立一批技术指导示范实验室建设了技术交流阵地。

检验检测

2015年，湖南省食品质量监督检验研究院共完成各类检验17275批次，近30万个检验项目。检验业务总量较2014增幅20.22%。其中完成抽检监测检验（含监督抽检、风险监测、专项抽检等）11943批次，较2014增幅5.54%；各类委托检验5332批次，较2014年增幅74.7%。共出具各类监督抽检报告7429份，其中不合格报告633份，不合格食品率8.52%，低于2014年13.30%的不合格率。出具风险监测报告4514份，其中问题样品报告100份，问题样品发现率2.22%，低于2014年4.05%的问题样品发现率。

通过国家实验室认可复评审及扩项评审

湖南省食品质量监督检验研究院拥有一流的技术实力和资质能力，现有7000多平方米的检测实验室，检测设备原值6000多万元。5月9日至5月10日，湖南省食品质量监督检验研究院通过了国家实验室认可复评审及扩项评审。现有资质认定检验能力1012种产品3121项检验参数。国家实验室认可产品456种、819项参数，与2013年认可能力相比新增参数326项。

获批全国首批检验检测机构诚信国标应用试点单位

我国认证认可领域首个诚信国家标准《检验检测机构诚信基本要求》（GB31880至2015）于2015年9月21日发布并于11月1日开始实施。11月22日，检验检测机构诚信建设研讨会在西北工业大学国际会议中心举行。国家认监委实验室与检测监管部、中国标准化研究院负责人以及来自全国各地不同行业的8个首批国标试点检验检测单位代表共计近30人参加了此次研讨会。湖南省食品质量监督检验研究院王芳斌院长作为国家认监委全国首批检验检测机构诚信国标应用试点单位代表出席会议。湖南省食品质量监督检验研究院是国家认监委选入的全国首批检验检测机构诚信建设试点单位，是全国食药监系统唯一的一家。

获准注册为湖南省自然科学基金依托单位

根据《国家自然科学基金条例》的有关规定，经专家审核，并报湖南省自然科学基金委员会审批，湖南省食品质量监督检验研究院于1月14日获准注册成为湖南省自然科学基金依托单位（注册代码：4042A）。

制定“十三五”发展规划

1月18日，《湖南省食品质量监督检验研究院“十三五”发展规划》通过院务会审议通过。该规划现状分析切合实际，主要任务目标明确，保障措施切实可行，明确了在“十三五”期间建设“技术保障基地、科技创新基地、标准制定基地、人才成长基地、国际交流基地”五大基地，打造“食品安全监管技术支撑平台、食品安全风险评估及预警平台、食品安全突发事件应急处置平台、重大活动食品安全保障平台、食品安全大数据分析平台、食品安全舆情信息动态监测平台”六大平台的发展目标。

科研课题

2月13日下午，受湖南省发展和改革委员会的委托，湖南省食品药品监督管理局组织专家对“湖南省‘十三五’食品安全检测能力提升与食品安全风险预警体系建设研究”课题进行了结题评审。该课题为湖南省“十三五”规划前期重大课题研究项目（合同编号：HNFZGH至2014），由湖南省食品药品监督管理局刘湘凌副局长亲自担任负责人，抽调湖南省食品检验院多名专家和技术骨干组成课题组开展研究。该课题分析了国内外和本省食品安全监管体系、食品安全检测能力与食品安全风险预警体系现状，提出了湖南省食品安全检测能力提升与食品安全风险预警体系建设规划指导思想和发展目标，符合湖南省经济社会发展的需要，对湖南省“十三五”食品安全检测能力提升与食品安全风险预警体系建设提出的规划思路和政策建议具有科学性和可操作性。

12 月中旬，由湖南省食品质量监督检验研究院主持研究的两项科研项目《湖南省大米中镉来源风险评估研究》和《食品生产企业技术服务平台的建设》先后通过湖南省科技厅和长沙市科技局组织的专家验收。《湖南省大米中镉来源风险评估研究》对湖南省大米中镉污染的来源进行了较为全面系统的调查和研究，探讨了镉污染的主要来源，并充分利用合适合理的统计手段建立了数学模型和概率分布函数，绘制了湖南省大米镉含量的分布图，为湖南省大米镉的风险监测提供了有效的数据支撑。《食品生产企业技术服务平台的建设》依托湖南省食品检验院本身的技术优势，通过检测技术支持服务平台、技术培训服务平台和技术咨询服务平台三个子平台的建设，为湖南省中小食品企业提供食品标准制定服务、新产品开发及食品检验员培训、技术咨询服务等一站式定制服务，对提高中小食品企业创新能力、改进产品质量、改善生产条件、提升技术附加值、增强市场竞争能力等起到了积极作用。

召开湖南省食品检验机构工作座谈会

8 月 13 日至 14 日，湖南省食品质量监督检验研究院组织召开了全省食品药品监督管理系统食品检验机构工作座谈会。会议传达了 2015 年全国食品药品医疗器械检验检测工作座谈会的主要精神。食检领域专家就有关食品安全标准、《检验检测机构资质认定管理办法》进行了解读，通报了 2015 年上半年全省食品安全抽检监测情况，并为市级食品药品监管机构在资质认定、标准解读以及抽检监测工作提供了具体指导。与会人员进行了分组讨论，就市州各食品检测机构在机构划转、食品检验资质认定扩项、监督抽检、信息化建设等方面的工作情况、困难、问题进行深入交流座谈。湖南省食品药品监督管理局综合处、科技标准处、湖南省食品检验院主要负责人以及来自全省食药监系统的 16 个市级所（中心）的主要负责人共 80 余人参加了此次座谈。

召开 2015 年度科技工作大会

8 月 17 日，湖南省食品质量监督检验研究院召开了 2015 年科技工作大会。会议总结了近年来的科研工作情况，介绍了近期为加快科研工作发展步伐出台的政策和规定，对下一段的科研工作做出了部署、提出了要求。会上，与已获得省科技厅、省食药监局等部门立项的 10 个科研项目负责人签订了项目责任书，发放了科研报账卡，并与自选立项的 17 个院内科研项目负责人签订了项目任务书，并为到会的 5 家与湖南省食品检验院建立了科研技术合作关系的食品生产企业举行了“科研技术合作单位”授牌仪式。

举办食品检验标准及实验室管理培训班

3 月 31 日至 4 月 3 日，湖南省食品质量监督检验研究院按照湖南省食品药品监督管理局科技标准处统一安排部署，组织专家团队进行授课。培训内容涵盖了食品安全抽样理论、食品安全标准体系、检测数据处理、食品理化及微生物检验及在各自领域中的质量控制等。为湖南省食药监系统检验检测机构整体水平提升打下了基础。

举办三期全省 2015 年
食品检验技术人员跟班培训

4 月至 7 月，湖南省食品质量监督检验研究院根据省局的总体安排，面向全省各市州食品检验检测机构举办了三期食品检验技术人员跟班培训。培训内容涵盖了光谱及常规理化检测、生物安全检测基本理论及实际操作、色谱分析等。作为湖南省食品检验技术机构的“领头羊”，湖南省食品质量监督检验研究院以此次跟班培训为契机，加强对市州所技术指导，牵头打造湖南省食药监系统食品检测技术联盟，同时，依托多年食品检验及管理经验，建立食品检验技术交流平台。

举办“含铝食品添加剂食品安全监督专项抽检”培训班

8月2日至8月3日，由湖南省食品药品监督管理局食品抽检监测秘书处组织举办的2015年湖南省含铝食品添加剂食品安全监督专项抽检培训在长沙举行。来自衡阳、邵阳、岳阳、怀化、郴州、永州6个市级食品药品检验检测机构的有关人员参加了此次培训。本次培训的内容涵盖了样品采集、检验方法标准的解读、中国食品药品检定研究院检测检验数据管理平台数据录入三个方面的内容，对此次专项抽检工作具有很强的指导作用。

开展食品安全抽检监测盲样考核

7月到10月，由湖南省食品药品监督管理局综合处组织、湖南省食品质量监督检验研究院具体实施，开展了全省食品安全抽检监测盲样考核。考评范围包括承担2015年省局及市州局食品安全抽检监测工作任务的食品检验机构以及各市州局直属食品药品检验机构。考核测评结果在全省系统进行了通报，并作为考核各地抽检监测工作的重要依据。通过考核，加强全省食品安全检验机构质量管理，提高食品安全监督抽检和风险监测工作效能。

推行人力资源改革

湖南省食品质量监督检验研究院有职工113人（其中退休人员5人），研究员级高级工程师4人，高级工程师7人，博士研究生4人，硕士研究生60人，硕士研究生（含）以上学历占在职职工59.3%，本科（含）以上学历占在职职工88.9%。专业技术人员学历高、层次高。1月16日至1月23日，湖南省食品质量监督检验研究院秉承“公正、公平、公开、双向选择、竞聘上岗”的原则，在全院范围内实行了内设机构正、副科级职务全部竞聘、全员双向选择岗位，实现了内部挖潜、盘活存量。同时，还启动了非在编人员岗位定级工作，制定印发了院《非在编员工岗位定级管理办法》，为非在编员工开启了职业生涯通道，增强非在编人员的归属感和安全感，促进非在编人员形成你追我赶的学风和蓬勃向上的工作干劲，进而实现人才强院战略。

湖南省医疗器械检验检测所

概　况

2015年，湖南省医疗器械检验检测所围绕全年工作部署，以开展检验检测业务为主线，着力提升专业技术水平，不断拓展检验检测范围，顺利通过了国家认可委组织的实验室认可，完成了2015年国家医疗器械抽验和2015年省级专项抽验、监督抽验等重点工作。

机构改革

经湖南省食品药品监督管理局党组决定，湖南省编办批准，2015年10月，湖南省医疗器械与药用包装材料（容器）检测所更名为湖南省医疗器械检验检测所，机构由副处级升格为正处级，划转了相关职能和人员编制，人员编制增至30名。

检验检测

2015年，湖南省医疗器械检验检测所完成2015年国家抽验一次性使用输液器、电子体温计、天然胶乳避孕套3个品种的检验工作和质量分析总结报告；完成湖南省医疗器械专项行动监督抽验葡萄糖测定试剂、尿素测定试剂、白蛋白测定试剂等5个体外测定试剂和彩色平光隐形眼镜、天然胶乳橡胶避孕套、定制式固定义齿、定制式活动义齿4品种的检验工作和质量分析总结报告；完成2015年湖南省稽查局医疗器械监督抽验一次性使用无菌阴道扩张器、一次性使用人体静脉血样采集容器、电子血压计、可吸收医用缝合线、壳聚糖敷料5个品种的检验和质量分析总结报告。2015年1月1日至11月27日，共发出报告1319批。其中包材413批，委托检验194批，注册检验165批，抽查检验21批，国家标准复核3批，比对试验1批，现场和模拟检验29批。器械906批，委托检验183批，注册检验184批，省抽349批，国抽111批，比对试验3批，现场和模拟检验71批，复验5批。2015年比2014年检验总量上升了44%，注册检验量增长57.9%，委托检验量增长34%。其中包材注册检验量增长161%；器械委托检验量增长83%。

广东省药品检验所

概　况

2015年，广东省药品检验所在广东省食品药品监管局的领导下，紧紧围绕保障公众饮食用药安全，以“四个最严”为统领，以问题为导向，以能力建设为主线，坚持改革创新，不断开拓进取，各项工作取得显著成效。一是新址建设顺利推进，已进入内部装饰装修的关键阶段。二是落实机构改革要求，完成所名称变更和职能调整。三是推进标准研究工作，起草的药用辅料滑石粉中致癌物石棉的检测填补了我国药用辅料检测石棉的空白。四是首次承担中国合格评定国家认可委员会（CNAS）能力验证项目实施，成为当前广东食品药品监管系统唯一的能力验证实施方。五是推出国内首个省级药检所微信平台至“广东药检”，被纳入省政府新闻办公室“广东发布”微信公众号，为一线执法人员提供方便快捷的参考依据，为公众提供获取中药材真伪鉴别知识的快速通道。六是被国家食品药品监督管理总局授予“2014年度国家药品抽验工作表现突出单位”荣誉称号。

检验检测

2015年，广东省药品检验所全年完成检品38687件，同比增长13.02%。从检验类型来看，注册检验4230件，增长7.47%；监督检验12519件，增长124.44%；化妆品行政许可816件，增长8.08%。从检品类别来看，化妆品3605件，增长63.24%；保健食品2903件，增长25.29%；食品6687件，增长262.64%。全所总提速率达18.25%，其中，法定提速率19.85%，进口提速率38.43%。

检验能力建设

2015年，广东省药品检验所通过实验室资质认定、食品检验机构资质认定复评审暨扩项、标准变更和授权签字人变更的现场评审，完成扩项33项，实验室能力项目已涵盖药品、生物制品、洁净区（室）环境、食品/保健食品、化妆品等8大领域1605项。全年参加外部能力验证20项。

风险防控能力建设

2015年，广东省药品检验所按照国家食品药品监督管理总局和广东省食品药品监督管理局的要求，强化风险防控能力建设。一是加强补充检验方法、非标方法研究。为解决检验过程中发现的问题，主动加强补充检验方法、非标方法研究，已完成“保健食品中叶酸的测定”“穿山甲非法添加色素检测方法”“肉制品中20种色素的检测方法”“火锅底料中石蜡检测方法”及化妆品中防腐剂检测方法改进等5种方法的起草和建立。二是加强对检验数据的统计分析。选取基本药物品种、高风险品种、市场占有率高的品种，开展质量趋势分析，探索建立产品质量评价分析与追踪平台，对检验检测结果进行总结、分析、应用，提升对数据的研究分析和挖掘能力。三是积极引入信息化思维和手段。选取抗病毒口服液、坎地沙坦酯片、注射用头孢曲松钠、脂肪乳注射液4个品种作为产品质量评价分析与追踪平台的示范性研究品种，并启动了检验检测云平台关键技术研究。

应急检验能力建设

2015年，按照国家食品药品监督管理总局要求，广东省药品检验所开展银杏叶药品专项检验，发现不合格药品103批次，约占国家公告的不合格产品数量的50%。全年共受理涉案检验123个品种，其中不合格样品达61批，受理不良反应事件跟踪检验15批次，参与了东莞市凤岗案件以及佛山、汕尾的非法添加检验。初步形成较为有效的应急联动机制，并起草《广东省食品药品安全事件应急检验预案》，得到国家食品药品监督管理总局应急管理部门的充分肯定。

科研平台建设

2015年，广东省药品检验所向广东省科技厅、省卫计委、省中医药管理局等各类科技主管部门共申报课题45项，立项24项，资助经费458.5万元，资助金额达100万元的项目有3项。申报国家自然科学基金项目、广东省自然科学基金各1项，首次申报广东省食品药品检验检测技术创新专项资金和广州市越秀区科信局项目。与中山大学合作的博士后创新实践基地进展顺利，1名博士后已正式进站。整合全所检测资源，构建滥用药物风险监测关键技术的研究平台。积极开展广东省生物医药检测技术及安全评价服务平台构建。

快筛研究继续向纵深发展。获国家专利4项。承担国家食品药品监督管理总局2015年化学药品建模工作，完成了60个近红外、20个拉曼光谱建模。继续完善非法添加数据库，已建立非法添加数据库410种、产品数据库360种。开展化妆品中11种激素类胶体金试纸研发。快筛课题研究再获2项重大立项资助。

信息化建设

经前期准备，广东省药品检验所网站项目二期、内网门户、视频会议系统、网络版色谱柱管理软件、科学数据管理系统、网络及信息安全项目、试剂二维码管理、会议管理平台、电子标本馆等9个项目已完成招标，准备进入实施阶段。继续完善新版LIMS项目用户需求。在5月召开的全国药检系统信息化工作座谈会上，广东省药品检验所作为3家药检所发言单位之一，介绍信息化建设历程。

粤港澳技术交流合作

为落实《粤澳食品安全工作交流与合作框架协议》，广东省药品检验所邀请澳门民政总署、海关、经济局、旅游局以及澳门消费者委员会的13名学员代表参加中药材鉴定培训班。构建广东省生物医药检测技术及安全评价服务平台课题项目组赴澳门科技大学进行技术交流，商讨标准研究、人员互派等合作事宜。积极参与《香港中药材标准》起草项目，进一步促进与香港卫生署合作。

召开生物制品批签发会议

1月5至7日，广东省药品检验所在深圳组织召开2014年度全省生物制品批签发工作研讨会，总结广东省药品检验所2014年度批签发工作及全省生物制品企业GMP检查、飞行检查中暴露的问题，建议监管部门和生产企业强化风险意识和质量意识，共70余人参加会议。

广东省医疗器械质量监督检验所

概　况

2015年是“十二五”计划的收官之年，也是广东省医疗器械质量监督检验所新领导班子调整后的第一年。广东省医疗器械质量监督检验所坚持以党的十八届三中、四中全会和习近平总书记系列重要讲话精神为指导，认真贯彻落实国家食品药品监督管理总局和省局的决策部署，紧扣2015年全省食品药品监管“七抓一确保”工作重心，聚焦“五年大跨越”具体目标，重点做好“两抓一保一促”，即抓管理、抓技术、保质量、促发展。改革攻坚，创新管理，促进检验工作继续稳步发展。全所实现日常检验收入同比增长41%，业务受理宗数13869批次，同比增加27%。监督检验收入同比增长约30%；全年完成标准制修订项目32项；通过CNAS和国家计量认证评审，全所承检项目达到2022项；组织参加能力验证/实验室间比对24项，均获满意结果；二期工程完成量达80%；硬件建设更上台阶，智能检验全面提速。

医疗器械检验

2015年，广东省医疗器械质量监督检验所业务受理宗数13869批次，同比增加27%。其中承担国家、省、市三级医疗器械监督检验任务共2351批次。国家监督检验347批次，主要是空心纤维血液透析器、小型蒸汽灭菌器等8个产品；广东省1306批次，主要涉及医用电子血压计、血液净化装置的体外循环血路、神经肌肉刺激器等10个产品的专项监督抽验。广州市352批次，包括软性角膜接触镜、一次性使用呼吸道吸引导管等12个产品以及婴儿培养箱、急救和转运用呼吸机等10个项目的在用医疗器械监督检验。

同时，组织赴青海、贵州、吉林和江苏4个省8个地级市16家医疗机构的在用供氧用氧类医疗器械开展现场检验和调研，实际现场抽验供氧用氧设备38批次，完成国家局委托的2015年国家医疗器械抽验供氧用氧设备现场检验及调研工作。此外，监督检验科牵头，组织电气安全、影像、医用电子等检验室分别赴云南、甘肃、江西、湖南等地开展跨区域在用医疗器械检验，完成63家医院148批次检验任务。医用材料、三水等检验室为海南、湖南等外省监管部门提供技术服务。跨区域在用医疗器械检验合作的开展，再次有力展现广东省医疗器械质量监督检验所技术输出和交流的能力，为在用医疗器械的安全使用提供有力保障。

标准制修订

2015年，广东省医疗器械质量监督检验所完成标准制修订项目32项，其中国家标准4项、行业标准13项，在用检验技术标准3项，地方标准12项。其中，已完成12项国家标准、13项行业标准的制修订并上报国家食品药品监督管理总局科标委审批，5项地方标准已批准并于12月14日发布实施。其余的标准已经通过起草、征求意见、形成标准送审稿。

科研课题

2015年，广东省医疗器械质量监督检验所申报省级和市级科研课题17项目，获立项12项，申报成功率达71%。其中，广东省科技计划10项（5项主承担、5项参与）、广州市科技计划2项（2项参与）。在省级以上期刊发表论文28篇，成功申请专利2项。

分中心发展建设

2015年，广东省医疗器械质量监督检验所包材中心检验业务量、范围、项目进一步扩大，业务量同比增长21.8%。同时扩大检验范围，通过非特化妆品检验扩项，组织参加一个国际实验室比对和五个国内实验室的比对，均取得满意结果。此外，起草国家药典委药品标准提高项目9项，协助省局起草《广东省药包材生产质量管理指南》，用于指导全省药包材企业提高生产质量管理水平，目前已发布实施。中山等各分中心完成基础建设和设备配备，全部通过国家实验室认证。深圳、三水、东莞检验室业务分别同比增长

16.22%，25.78%、36.28%，湛江检验室完成多批抽验任务。

与SGS通标公司签订合作协议

4月27日，广东省医疗器械质量监督检验所与SGS通标公司战略合作签约仪式在深圳“医疗器械法规与技术高峰论坛”现场举行。双方合作真正实现“一检双报告、一检双认可”，即客户只要办理一次送检，广东省医疗器械质量监督检验所即同时出具中英文双式报告。SGS公司将直接认可广东省医疗器械质量监督检验所出具的英文报告的有效性，并作为CE认证报告，达到一次检测、多种认可的目的。本次合作将为国产医疗器械产品进军欧盟市场克服管理、质量、安全和功效的障碍，协助国产医疗抢占国际市场。

举办主题家用医疗器械安全宣传开放日活动

作为2015年全国“安全用药月活动”广东省系列宣传活动之一。10月26日，由广东省食品药品监督管理局主办、广东省医疗器械质量监督检验所承办的“关注家庭保健重视医械安全”主题家用医疗器械安全宣传开放日活动在广东省医疗器械质量监督检验所食品药品宣传科普基地举行，来自社会各阶层代表以及院校代表80多人参加。

召开战略合作伙伴研讨会

12月3日至4日，广东省医疗器械质量监督检验所战略合作伙伴研讨会在广州市举行，来自食品药品监管、医疗器械检验领域、行业协会、学会、生产企业代表共500多人参加了会议。近年来，为了适应监管和产业发展的新常态，省医械所由“监督型”向“服务型”工作模式转变，由“职能型”向“服务型”检验机构过度。从服务理念、机制、制度、方式和手段等方面，大胆创新，在全国医疗器械检验领域率先推出了“十大便企、十大惠企业、十大优企”举措。

《广东省药包材生产质量管理指南》定稿

12月4日，由广东省食品药品监督管理局主办，广东省医疗器械质量监督检验所包装材料容器检验中心承办的“《广东省药包材生产质量管理指南》结题会”在广州市举行。《广东省药包材生产质量管理指南》起草工作从2014年1月启动，由广东省食品药品监督管理局以课题的形式委托省医械所包材中心起草。起草工作历时近两年，从立项开题、反复研讨、形成初稿、征求意见到最终定稿结题，经过多次反复修改、补充、完善和论证，最终定稿。

广西壮族自治区食品药品检验所

概　况

2015年，广西壮族自治区食品药品检验所（以下简称为广西食品药品检验所）着眼“一带一路”战略，着力打造技术支撑核心能力，发挥实验室信息化中“数据”的作用。以广西区党委书记彭清华、国家食药总局副局长焦红调研为契机，全所干部职工团结一心，首次开展转基因能力验证获满意结果，多次参加国际能力验证获满意结果，获批为广西首批博士后创新实践基地，顺利完成各项工作任务。

检验检测

2015年，广西食品药品检验所完成14347批检验任务，比2014年同期增长44.8%。按检品类别来分，其中，食品6495批，同比增长72.9%；药品3791批，同比增长10%；保健食品789批，同比增长34.4%；化妆品1856批，同比增长175%；医疗器械616批，同比增长至9.5%；药包材275批，同比增长至17.2%；洁净度525批，同比增长至9.8%。

按检验项目来分，其中，抽查检验10368批，同比增长80.6%；注册/许可/标准复核检验1515

批，同比增长7.6%；委托/合同/额外检验2011批，同比增长2.3%；进口检验97批，同比增长至35.3%；复检/复验54批，同比增长200%；认证认可及能力考核检验302批，同比增长43.7%。

成为首批广西博士后创新实践基地

9月25日，广西食品药品检验所获批为广西首批博士后创新实践基地，成为广西获此殊荣的12个单位之一。基地旨在进一步加大高层次人才引进力度，增强企事业单位技术创新能力和核心竞争力，促进产学研相结合。近年来，广西食品药品检验所强化人才队伍建设，2011年获准成立广西食品药品安全评价人才小高地；2013年获批为广西食品药品安全检测工程技术研究中心，填补了广西工程技术研究中心中食品药品检验检测领域空白。在专业技术队伍中，有享受国务院政府特殊津贴专家，国家药典委员，国际GMP检查员，硕士生导师等30余人构成的专家群体。广西食品药品检验所将依托广西博士后创新实践基地，加强与区内外已设博士后科研流动站的高校和科研院所合作；加大博士后研究人员及高层次人才引进力度；通过多种方式，加大对基地建设资金的投入，设立工作和科研专项经费，为博士后研究人员科研工作营造一个良好的工作、生活氛围。在基地建设平台上，广西食药检所将持续坚持科学检验、为民服务的核心价值理念，不断增强检验技术研发的创新能力，逐步建成以“检验、评价、鉴定”为主业的综合研究型检验检测机构。

获全国民族药检验系统研讨会优秀论文一等奖

10月13日，在中国食品药品检定研究院主办的第二届民族药检验系统学术研讨会上，广西食品药品检验所选送的三篇学术论文分别荣获会议优秀论文一、二等奖及省推优奖。其中《玉叶金花属植物资源调查及生药学研究》荣获一等奖；《外标法和对照提取物法测定岗松油中α-蒎烯、β-蒎烯、桉油精和芳樟醇含量比较分析》荣获二等奖；《瑶药保暖风质量标准研究》荣获省推优奖。

技术评审

1月17日至18日，广西食品药品检验所通过CMA化妆品扩项评审；4月25日至26日，通过CNAS监督及扩项实验室现场评审；5月9日至10日，通过CMA+CMAF扩项现场评审，新开展项目166项。截至12月31日，广西食品药品检验所共取得CNAS认可1366项、CMA认证1602项，实验室保障能力进一步提升，对外合作向纵深推进，进一步树立了检验核心技术支撑形象。

广西壮族自治区党委书记彭清华来所调研

5月20日，广西壮族自治区党委书记、人大常委会主任彭清华调研广西食品药品检验所。彭清华调研了业务受理大厅、食品室、中药民族药室，了解检验技术能力、人才队伍、仪器设备、基础设施建设等情况，观看食用植物油中黄曲霉毒素、脂肪酸组成以及中药材中二氧化硫残留、龟角胶和鹿角胶中掺入牛皮、驴皮等检验过程，指出广西食品药品安全形势虽然总体呈现稳定向好势头，但仍处于食品药品安全问题“多发期”与监管能力“薄弱期”相互叠加时期，新出现的问题给行政监管执法带来了新的问题，而行政监管工作的落实需要检验机构提供可靠的技术支撑。他强调，广西各食品药品检验机构要严把食品药品安全检验关，始终把“服从监管需要、服务公众健康”作为一切工作的出发点和落脚点，紧紧抓住检验检测能力建设这条主线不动摇，积极运用新技术、新手段实现科学检验、高效检验，加快建立统一权威的检验检测体系，切实维护人民群众饮食用药安全，增强人民群众的信任和信心。

国家食品药品监督管理总局副局长焦红调研

10月26日，国家食品药品监督管理总局副局长焦红调研广西食品药品检验所。焦红一行查看了医疗器械室、中药民族药室，现场观摩实验室 LIMS 信息系统的运行，了解技术能力、环境设施和队伍建设等工作开展情况。焦红指出，作为技术支撑机构，要认真领会总局以及广西区局的部署要求，积极响应国家“一带一路”战略，立足广西的区域和政策优势，强化自身建设，提升医疗器械等技术能力，努力发展检验检测事业。充分运用现代化信息技术，强化实验室信息化建设，着力挖掘实验室科学数据，依靠科技创新提升能力和技术水平。

海南省药品检验所

概　况

2015 年，海南省药品检验所坚持践行科学检验精神，履行药品监管职责，保障人民群众用药用械安全。全年完成各类检验工作 6000 件；国家药品评价抽验品种“磷酸肌酸钠”获满意评价；首次完成海南省药品质量状况白皮书的起草工作；信息化工作有创新，开发应用了药品抽样手持 APP 系统；通过实验室认可监督评审；新增各类仪器设备 142 台；完成了职能调整和单位分设工作。

机构职能调整

为提高海南省食品安全监管水平，建立和完善食品安全监管技术支撑体系，2014 年 8 月，经海南省机构编制委员会批复同意，成立海南省食品检验检测中心。2015 年，海南省药品检验所将食品、保健食品检验职能及 45 名人员编制和相应资产等划转海南省食品检测中心，4 月 20 日，单位名称“海南省食品药品检验所”变更为“海南省药品检验所”。

检验检测

2015 年，海南省药品检验所全年共完成检品 6000 件，其中：进口药品口岸检验 777 件，国内药品检验 3917 件，化妆品检验 961 件，保健食品检验 275 件，洁净度检测 45 件，医疗器械检测 10 件，咨询检验 15 件。完成国家食品药品监督管理总局下达专项任务 16 项，包括：国家药品评价抽验、化妆品安全风险监测、银杏叶片抽验等。完成省局下达专项抽验任务 9 项，包括：基本药物抽验、中药饮片抽验、医院制剂抽验等。完成“2014 年海南省药品质量状况白皮书”起草工作。完成博鳌亚洲论坛食品安全保障任务。

科研工作

2015 年，海南省药品检验所承担国家食品药品监督管理总局下达的仿制药质量一致性评价任务 1 项（氨茶碱片），完成国家食品药品监督管理总局、中国食品药品检定研究院、海南省食品药品监督管理局下达的药品快检技术应用、药品标准提高、进口药品标准复核、黎药药材标准研究等科研任务 21 项，开展横向科研协作研究项目 19 项，1 项科研课题获 2015 年海南省自然科学基金立项资助，1 项科研课题通过海南省科技厅成果验收。

培训工作

2015 年，海南省药品检验所举办了干部管理能力提高、药检技术研修、药品抽样 3 期专题培训班，对海南药检系统 150 余名业务技术骨干进行了专项培训；对全所业务技术人员进行了 2015 年版《中国药典》全员培训；派员 150 余人次外出参加各类专题培训、学术交流和学习调研活动。

四川省食品药品检验检测院

概　况

2015 年是全面贯彻落实党的十八大、十八届四中五中全会精神的重要一年，是实施国家药品安全、食品安全监管“十二五”规划的攻坚之年。一年来，在四川省食品药品监督管理局的领导下，四川省食品药品检验检测院紧紧围绕食品药品监管工作大局，以党的十八大精神为指导，认真落实四川省局党组的决策部署，全面履行检验检测技术支撑职责，完成了全年各项工作任务，未发生重大食品药品安全事件。

机构改革

四川省食品药品检验检测院按照四川省食品药品监督管理局党组《关于印发四川省食品药品检验检测院内设机构主要职责和人员编制规定的通知》（川食药监发〔2015〕12 号）要求，制定了《内设机构改革实施方案》、《后备人才选拔条件》、《拟新任中层干部聘用程序》等文件，进行了内设机构调整，2015 年年底，四川省食品药品检验检测院内设机构改革工作基本完成，“三所两中心”的组织构架总体形成，中层干部交流调整到位，同时选拔提任了一批年轻优秀的后备人才充实中层干部队伍。12 月 11 日，在四川省食品药品监督管理局机关党委的指导下，四川省食品药品检验检测院召开全体党员大会，选举产生了院党委第一届党委委员、纪委委员，健全了党委班子。

基础建设

四川省食品药品检验检测院食品安全检（监）测能力建设项目于 2014 年 12 月获四川省发改委立项批复，项目总投资约 8950 万元，2015 年已完成仪器设备 109 台/套的采购，实验室建设项目进入设计交稿阶段，预计 2016 年 3 月开工，2017 年建成并投入使用。四川省发改委立项批复，项目总投资 2713 万元，2015 年已完成了设计、施工一体化招标和监理招标，12 月 30 日正式开工，预计 2016 年底投入使用。两个项目建成后四川省食品药品检验检测院实验和辅助用房面积将达到 33000 平方米。

检验检测

2015 年四川省食品药品检验检测院全年完成并发出报告书的各类检品共计 30809 批。其中药品 6133 批（注册检验 1934 批）；药（食）包材 1589 批；医疗器械 1789 批；食品 17749 批；保健食品 863 批；化妆品 1423 批；生物制品批签发 1149 批（疫苗 541 批、血液制品 608 批）；洁净度 108 批；中药地理标志 6 批。

科研工作

2015 年四川省食品药品检验检测院开展科研工作如下：参与了中国食品药品检定研究院中药民族药所牵头的国家科技重大专项课题“中药安全检测技术平台及标准平台”中“中药材及饮片染色增重检测技术平台”的研究工作。参与了麦冬、川贝母的专属性质量研究及有害残留的专项检测和分析工作。参与四川省科技厅“花椒深加工关键共性技术及产业化项目研究”课题等科研项目 7 项。完成标准提高、方法学验证等横向科研 334 项。论文《山莨菪根的生物碱类含量分析及 HPLC 指纹图谱研究》荣获 2015 年第二届药检系统民族药检验与研究学术研讨会优秀论文一等奖。首次与上海第一人民医院眼科（上海市眼底病重点实验室）进行眼科蛋白质组学与眼科病理蛋白谱库的建立与标准化研究。首次参加完成了中国食品药品检定研究院组织的保健食品中 10 个品种的质控样、质控方法的验证及标化研究工作和 8 种保健食品基质中 9 种元素 ICPMS 测定方法的研究。首次参与中国食品药品检定研究院组织的百科词条撰写工作。首次对生物相容性良好的金属材料钽进行比格犬骨植入研究。

质量管理体系建设

2015 年四川省食品药品检验检测院先后通过 4 次现场评审，现获得认证认可的检测能力覆盖了食品、药品、食品添加剂、保健食品、化妆品、医疗器械、药包材、生物制品、洁净室（区）环境、生活饮用水、餐饮用品等共11个领域，取得资质认定4529个项目/参数，CNAS认可项目和参数1597个。参加了CNAS、CNCA、FAPAS、LGC、中国食品药品检定研究院等外部比对和能力验证项目27个，开展了四川省系统内比对2次。

队伍建设

截至2015年年末，四川省食品药品检验检测院在编员工179人，其中正高20人，副高36人，中级40人，退休24人，编外聘用人员159人。本年度通过交流学习、外派培训、人才引进等方式强化队伍建设，选拔了3名优秀人才分别前往麻省总医院威尔曼光医学中心、美国毒理学研究中心和美国麻省医药与健康科学大学进修培训1年；招聘2名博士研究生，同时建立科学培养各层次人才的长效机制；选派3名技术骨干到CDE协助工作；组织了435人次外出学习；针对全省食药检系统举办九期专业技术培训班，培训基层监管人员及检验人员1000余人次；接收外来学习人员125人次；接待各级领导检查、调研和兄弟单位参观交流257人次。

贵州省食品药品检验所

检验检测

2015年，贵州省食品药品检验所共受理药品、食品、保健食品、化妆品、药包材等样品7101批次（含能力验证样品49批次），完成7051批次。与2014年受理批次相比，减少了101批次，整体减幅为1.4%。其中，样品受理量居前的分别为省级监督抽验72.4%、注册检验至5.3%、委托检验至24.1%、国家监督抽验至25.9%、复核检验至31.9%、风险监测至50.5%。各检验领域样品的受理情况比例分别为药品41.1%（共2919批）、餐饮食品42.1%（共2991批）、保健食品7.8%（共554批）、化妆品7.7%（共545批）、药包材1.3%（共92批）。

标准研究及评价工作

2015年，贵州省食品药品检验所完成了贵州省《餐饮服务单位食品（凉菜、现榨饮料、食用冰）加工卫生规范》（下称《餐饮规范》）的研究工作，形成了《餐饮规范》的初稿。积极参与食品安全标准研究，申报了贵州省卫计委“2015年贵州省食品安全地方标准”并获得立项支持2项：食用冰加工规范，现榨饮料加工规范。为切实服务于餐饮食品监管，提高餐饮单位抵御风险的能力，保障公众饮食安全做好技术支撑。

按照国家药典委的安排，贵州省食品药品检验所作为课题合作单位（主要由食品室负责）协助上海所完成了《中国药典》2015版附录课题“中药中常用色素检测方法的研究”，该课题已全面完成，课题的研究内容已经收入《中国药典》2015年版，四部通则9303色素测定法指导原则。

科研课题

2015年，贵州省食品药品检验所作为主持单位共获得各类科研项目53项，经费资助333万元，均再创近年新高。承担完成了药典委《中国药典》（2015年版）标准起草3项、复核8项，其中与上海所共同主持完成的《中国药典》2015年版附录科研课题，“中药中常用色素检测方法的研究”，收载入《中国药典》2015年版四部通则9303色素测定法指导原则，系我所承担的项目首次收入《中国药典》通则（原称附录）；承担药典委2015年度标准提升研究的标准起草26项（中药10项、化学药16项）、标准复核9项。中国食品药品检定研究院课题2项；环境地球化学国家重点实验室、省科技厅和省人社厅课题各1项，共3项；贵州省卫计委食品安全地方标准立项2项。通过科研工作的开展促进检验思维，提升了检验队伍的研究能力。

举办食品检验人员专业技术培训班

2015年，贵州省食品药品检验所开展对市（州）食药检所技术人员的培训工作，为提高各市（州）食品药品检验所技术人员行检验检测能力，进一步提高贵州省基层食品药品检验人员业务技术水平，贵州省食品药品检验所在贵阳市举办了“全省食品、保健食品检验人员专业技术培训班”“中药材真伪鉴别专业技术培训班”；针对质量管理和仪器设备应用方面，专门举办两期“全省质量管理人员培训班”“全省仪器设备应用技术培训班”。针对于药检新标准、新形势，与时俱进，与2015年年底举办“新版检验检测机构资质认定管理办法及评审准则暨CNAS最新要求宣贯会”。参会代表来自贵州省食品药品检验所及全省9个市（州）食品药品检验所，共260余人次。为贵州省食品药品检验实验室搭建了工作及技术交流的平台，充分发挥省级食品药品检验所的技术支撑作用。

质量管理

贵州省食品药品检验所坚持“质量第一”的方针，积极和国际接轨，参加全球最权威的实验室能力验证计划。2015年度全年共参加英国农业渔业和食品部实验室（FAPAS）以及英国政府化学家实验室（LGC）组织的能力验证共计41个项目，截至12月30日，收到FAPAS和LGC结果显示：在贵州省食品药品检验所参加的FAPAS20个项目（主要涉及食品添加剂至色素、兽药残留、油脂等）中，满意16个，可疑结果1个，不满意结果2个，未给出统计结果1个。满意率为80%；在我所参加的LGC21个项目（主要涉及硝酸盐、亚硝酸盐、色素、防腐剂、化妆品金属元素等）中，满意19个，另外2个项目，因参加的实验室较少，主办方未给出统计结果，故贵州省食品药品检验所满意率为100%。这标志着我所食品和化妆品的检验检测能力达到国际先进水平。

食品检验机构资质认定扩项评审

2015年，贵州省食品药品检验所完成贵州省《餐饮服务单位食品（凉菜、现榨饮料、食用冰）加工卫生规范》（下称《餐饮规范》）的研究工作，形成了《餐饮规范》的初稿。积极参与食品安全标准研究，申报了贵州省卫计委“2015年贵州省食品安全地方标准”并获得立项支持2项：食用冰加工规范，现榨饮料加工规范。为切实服务于餐饮食品监管，提高餐饮单位抵御风险的能力，保障公众饮食安全做好技术支撑。

云南省医疗器械检验所

概　况

2015年，云南省医疗器械检验所紧紧围绕省局党组“重党建、严监管、促规范、保安全、谋发展”的工作思路以及“监督管理科学化、权力运行公开化、责任落实网格化、队伍建设专业化、安全治理社会化”的“五化”要求，狠抓检验能力建设和人才队伍建设，认真履职，较好地完成了多项检验任务。2015年云南省医疗器械、药包材抽验合格率达到98.92%和94.9%，医疗器械同比提高0.87%，药包材同比下降5.1%。

检验检测

2015年，云南省医疗器械检验所共受理各类检品及洁净室检测1192批。其中：药包材341批、医疗器械731批、动物实验7批、洁净室检测113批。2015年，承接注册检验、委托检验349批次，与2014年相比增加58批次，增幅19.93%。其中，注册检验198批次。

国家实验室认可

2015年，云南省医疗器械检验所加强能力建设，推进CNAS国家实验室认可工作。12月26日至27日，中国合格评定国家认可委员会

（CNAS）专家评审组一行4人进行了现场评审。评审组对实验室管理体系运行情况和技术能力进行了全面细致的审核，包括实验室质量体系文件、人员状况和技术能力、仪器设备、环境设施，同时核查了实验室记录，还采用多种形式对人员、现场试验进行了考核。本次评审，通过了医疗器械、药品包装材料、洁净间环境等三大类认可，其中医疗器械产品21项，单独检测方法检测63项；药品包装材料产品18项，单独检测方法33项；洁净环境1项，单独检测方法10项，综合统计通过各类检测项目共计39个产品106个方法657个项目。

促进医药产业发展

2015年，云南省医疗器械检验所发挥技术服务职能，推进云南医药产业发展。受理完成企业的委托检验和注册检验，为企业日常质量监管和注册审批提供技术支持；做好企业技术服务工作，帮助省内企业解决技术难题；大力开展洁净间检测，服务范围深入到边远地区，受到地方企业好评；积极开展标准评价工作，受理完成64批次医疗器械产品技术要求预评价工作及26批次标准修订工作。

承办医疗器械抽验产品质量评估报告评议会

1月22日，2014年国家医疗器械抽验产品质量评估报告评议会在昆明市召开，会议由中国食品药品检定研究院食品药品技术监督所主办，云南省医疗器械检验所承办。承担2014年国抽的34家医疗器械检验机构，120余名代表参加了会议，国家食品药品监督管理总局器械司副司长孙磊，中国食品药品检定研究院副院长张志军，云南省食品药品监督管理局副局长邢亚伟出席会议。

陕西省食品药品检验所

检验检测

2015年，陕西省食品药品检验所共完成各类检品10627批（件）。其中药品8108批，占76.3%；食品1073批，占10.1%；保健食品818批，占7.7%；化妆品457批，占4.3%；保健用品171批，占1.6%。

在2015年全国指定功能类别保健食品监督抽检和风险监测工作中，陕西省食品药品检验所抗氧化类保健食品质量分析报告获得了二等奖的优异成绩。在国家食品药品监督管理总局开展银杏叶药品专项治理工作中，陕西省食品药品检验所应急检验及时高效，比总局规定的期限提前了一周，在6个承检机构中排名第一，受到表扬。

获陕西省科学技术一等奖

2015年，陕西省食品药品检验所所长、主任药师刘海静牵头主持完成的《药品质量控制技术体系的构建与标准提升的研究》项目荣获陕西省科学技术一等奖。该项目基于国家级、省部级15项科研课题的支持，以提升药品质量标准为目的，从药品标准的三要素安全性、有效性和质量可控性入手，构建完善的药品质量控制技术体系，实现全方位、多角度对药品研发、生产、经营和使用全程控制。陕西省食品药品检验所建立的省级化学药品杂质谱库，有效推动了国家药品标准中“杂质谱控制”的实施进度，对促进国内新药研发和提高仿制水平具有积极意义。同时，填补了陕西中药材标准空白，破解了制约陕西中药材产业发展中质量标准混乱、有效成分不明等瓶颈问题，为企业新药创制提供核心技术保障。

食品抽检监测秘书处工作

按照陕西省食品药品监督管理局部署，陕西省食品药品检验所协助组织全省开展国家和省级食品安全抽样检验、食品生产许可检验、委托检验、进出口检验等共计36748批次，对检验结果进行了统计分析，形成《2014年陕西省食品安全风险分析报告》并印发全省。开展陕西省食品抽检信息平台搭建工作，编写印发了《信息平台使用手册》，并为各市局和承检机构进行了多次培训。组织开展食品实验室考核比对活动，省内外30余家食品检验机构参加，比对结果作为全省各级食品药品监管部门遴选和管理食品承检机构的重要依据，促进承检机构检测水平进一步提升。

药品化妆品秘书处工作

9月，按照陕西省食品药品监督管理局部署，陕西省食品药品检验所设立药品化妆品秘书处，协助陕西省局做好国家和省级药品、化妆品抽验工作，保障全省检验检测体系的正常运行。制定了《药品化妆品秘书处工作规程（试行）》，规范了秘书处日常工作运行机制。协调、解决抽验中出现的问题，培训承检机构的检验检测人员。做好质量公告数据的整理、汇总和上报。

标准化研究工作

2015年，陕西省食品药品检验所组织做好《陕西中药材标准》编撰工作，对近百个中药品种进行技术标准复核，组织专家对陕西省企业生产过程中急需制剂原料及近年来研究成熟的药材品种进行梳理。该项工作填补了陕西省中药材标准空白，破解制约陕西中药材产业发展中质量标准混乱、有效成分不明等瓶颈问题，引领陕西省中药技术法规研究方向，为新药创制提供了核心技术保障，成为中药行业发展的“助推器”。

与第四军医大学联合实验室揭牌

4月22日，陕西省食品药品检验所与第四军医大学联合实验室、药学教学实践基地正式揭牌成立，陕西省食品药品检验所所长刘海静、第四军医大学药学院院长王玉琨致辞并揭牌。联合实验室、教学实践基地的揭牌预示着双方在药品科研及人才培养领域的合作进入新的发展阶段，双方将积极推进研发互动平台建设，实现硬件、信息和人员优势互补，资源共享。这次共建联合实验室，将促进陕西省药品安全迈上新的台阶。

快速检测公共服务平台

陕西省食品药品检验所推进全省食品药品快速检测公共服务平台建设。2015年开发定性及半定量快检产品35种，申报国家发明专利和实用新型专利5项，已授权1项，并在基层食药局开展应用研究。结合中国食品药品检定研究院牵头的重大科技专项中的子课题“快检筛查技术的研究与建立”，研制出2种二氧化硫快检试剂盒，受到专家的充分肯定。为提高现场快速检测的准确性，省所积极开展食品参考物质研究工作，已研制开发了数十种食品参考物质，并且逐步解决了各类食品参考物质在研发、生产、定值和储存过程中存在的一系列问题。针对目前全国快检试剂产品无统一标准的现状，省所启动了食品安全快检产品的验证评价工作，制定了《食品安全快速检测产品技术验证指导原则》，首次开展了涉及全国23家企业48类快检产品的征集、验证工作，并将征集到的352个产品验证结果由省局下发文件至全省各级监管机构，促进了食品快检产品应用的不断规范，为各级食品药品监管部门执法手段的准确有效提供了可靠依据。省所参与了国家食品药品监督管理总局《食品快速检测方法评价管理办法》的制订工作，并获得国家食品药品监督管理总局经费资助9.2万元。

加强对基层的业务指导和培训

2015年，陕西省食品药品检验所加强对基层的业务指导和培训，召开全省食品药品检验工作座谈会，交流工作进展，开展专题培训，充分发挥了全省龙头带动和业务指导作用。赴延安、榆林调研食品快速检测能力建设，增选了延安、榆林两市及其4个县（区）作为快检示范点。针对宝鸡市凤翔县局、延安市局开展了两期食品快速检测技术暨抽检技术培训班，受到基层普遍欢迎。积极培养药学人才，全年接收地市所进修42人，药品生产企业38人，大专院校实习生176

人，提供一对一的技术指导和培训。选派1名优秀青年技术骨干赴西藏阿里开展技术援藏工作。

陕西省医疗器械检测中心

概　况

2015年，陕西省医疗器械检测中心深入贯彻落实党的十八大、十八届三中、四中全会精神，以习近平总书记系列重要讲话为指导，在陕西省食品药品监督管理局的领导下，充分做好应对检验检测机构改革新形势的准备，紧紧围绕检验检测工作和基建项目开展工作，稳步推进各项工作持续健康发展，工作成绩再上新台阶。检验检测任务量由原来的每年600余批次增加到近千批次，业务地域范围扩大至10余个省份，检验检测能力进一步提升；新实验楼建设项目已接近尾声。

检验检测

2015年，陕西省医疗器械检测中心承接省内外注册检验、委托检验246批次（有源类产品37批次，无源类产品209批次）。其中注册检验166批次，委托检验80批次。

2015年，陕西省医疗器械检测中心承担国家医疗器械监督抽验任务64批次，与2014年相比增加29批次，增幅82.86%。其中有源样品13批次，涉及4个省市4家生产企业；无源样品51批次，涉及16个省市26家生产企业。在2015年陕西省医疗器械监督抽验工作中，陕西省医疗器械检测中心完成507批次检测任务，其中有源产品107批次，合格率为93.5%；无源产品400批次，合格率为98%。

10月至11月中旬，陕西省医疗器械检测中心按照陕西省食品药品监督管理局《关于做好2015年陕西省在用医疗器械现场检验工作的通知》（陕食药监办发〔2015〕164号）要求，对全省11个地市26家医疗机构的B型超声诊断设备、眼科仪器验光仪、Ⅱ级生物安全柜、生物显微镜等在用医疗器械开展了现场调研性检验。本次行动共检测119批次，比原计划超额完成27批次。涉及医疗机构共26家，其中西安市4家、咸阳市2家、宝鸡市2家、杨凌示范区1家、铜川市2家、延安市2家、榆林市3家、渭南市3家、商洛市2家、安康市3家、汉中市2家。三级医院17家，二级医院9家。检测分析报告及时上报陕西省食品药品监督管理局，为陕西省的在用医疗器械监管提供参考和技术保障。

基建项目情况

陕西省医疗器械检测中心实验楼建设项目是陕西省食品药品监督管理局“十二五”规划重点建设项目。2015年，中心继续保持高度负责和精益求精的态度，牢固树立“质量重于泰山”的理念，在保证质量和安全的前提下，全力以赴加大工作力度，基建项目以主体收尾、各专业实验室论证、实验大楼内外装修设计论证招标等工程为重点，完成多项重大工作。一是基本完成土建安装工程。包括外墙装修、室外工程、空调设备安装、管道冷热水工程、风机和实验室风管通风工程、配电箱、桥架、预埋管线、消火栓自喷系统等工程；二是完成各大系统设计方案和招标工作。逐步完善普通实验室装修设计方案、高压变电站施工设计、智能化设计方案、气体消防设计方案、水系统方案等外墙施工方案，并全力按规范程序完成招标工作；三是积极完成装修工程。包括洁净实验室管道通风施工、纯水系统全部管道施工、货梯安装、智能化、普通装修工程等。截至目前，各项工程有序推进，力争在2016年完成施工收尾和搬迁入驻等工作。

培训教育工作

2015年，陕西省医疗器械检测中心完成了“四种人才”（普通型、研究型、专家型和骨干综合型）结构布局，鼓励有锐意进取的干部员工自我加压，结合实际找准定位，逐步提升能力水平。通过集中培训、外派学习、外请专家等方式，中心全年组织政治培训14次，综合素质培训7次，业务培训20次，外派51人次参加学习培训。其中，选派8名技术骨干赴北京市医疗器械检验所进行专业技能学习，6名检测人员赴深圳、重庆、宁波等地的医疗器械企业进行实地培训，20余人次参加实验室认可评审员和内审员培训，29人参加国家级和省级医疗器械生产质量管理规范检查员培训。

实验室能力建设

2015年，为迎接省质监局实验室资质认定复评审工作，陕西省医疗器械检测中心制定“百日行动”工作方案，在5月下旬提前完成了实验室资质认定复评审现场检查，并对评审组开出的基本符合项按时限完成整改，如期取得539项（不含YZB标准）资质认定计量认证证书。2015年陕西省医疗器械检测中心还与中国食品药品检定研究院、北京市医疗器械检验所、四川省食品药品检验检测院、贵州省医疗器械检测中心、吉林省医疗器械检验所等上级和兄弟单位开展了学习交流，技术水平得到了提升。

科研工作

2015年，陕西省医疗器械检测中心申报的“退热贴检验规范”、“诊断和治疗激光设备检验规范”、“在用医用内窥镜检验规范”等5个地方标准制定项目通过陕西省质监局标准处立项，“全自动牙科材料固化过程检测仪器的研发与实现”项目通过陕西省科技厅立项，中心员工在各类期刊发表论文20余篇。2015年中心还参与国家食品药品监督管理总局《医疗器械检验检测工程项目建设标准》的编制工作，积极调研并上报了相关参数方案。

精神文明建设

2015年，陕西省医疗器械检测中心坚持以道德建设为重点，以创建文明单位为目标，不断激发员工干事创业的活力。中心员工积极向西安外事学院贫困生捐款；开展创建精神文明建设“公约”签名；征文演讲等活动十余项，进一步增强了员工的荣誉感和使命感。《陕西日报》专题报道了器械中心为西安外事学院患病贫困学生献爱心的活动。中心员工在陕西省食品药品监督管理局网站发表稿件45篇、中国食品药品检定研究院网站3篇、《陕西食品药品监管》3篇，《陕西医疗器械信息》9篇，中心网站发文200余篇，更好地宣传了中心，传播了正能量。10月底，中心被陕西省食品药品监督管理局精神文明单位检查小组评为省局内部文明单位，受到通报表彰。

举办医疗器械生产质量管理规范检查员培训班

11月15至17日，陕西省医疗器械检测中心牵头举办了陕西省医疗器械生产质量管理规范检查员培训班。参训学员共200余人，通过培训和闭卷考试，最终85人取得资格。这是陕西省医疗器械体系核查工作由陕西省医疗器械检测中心承担后举办的首届培训会，本次培训会壮大了陕西省体系核查检查员队伍，还提高了检查员的专业素质能力。

青海省食品检验检测院

机构调整

青海省食品检验检测院前身青海省食品质量检验中心，2011年在青海省产品质量监督检验所食品质量检验中心基础上成立，属全额拨款正县级公益类事业单位，隶属于青海省质量技术监督局。2014年3月按照食品监管职能调整要求，成建制划转至青海省食品药品监督管理局。2015年11月2日，青海省机构编制委员会下文《关于青海省食品药品监督管理局所属事业单位机构改革方案的批复》（青编委发〔2015〕24号文），更名为青海省食品检验检测院，为省食品药品监督管理局管理的正县级公益一类事业单位，批复编制 39 人。主要承担食品生产加工、流通消费、餐饮行业食品及保健食品的国家和省级监督抽查、风险监测等专项抽检工作；承担食品安全突发事件检验工作；承担食品生产许可发证检验；承担食品检验检测技术、标准的研究工作；受委托承担委托检验业务；承担全省食品检验工作的业务指导。

目前青海省食品检验检测院共有工作人员 46 人，其中正式职工 23 人、聘用人员 23 人。硕士研究生学历 5 人、高级工程师 7 人、高级经济师 1 人、副主任药师 2 人、主管药师 1 人、工程师 3 人。现有仪器设备 170 余台，价值近 3600 万元。现有检验场所 1500 平方米，新建面积 9670 平方米食品实验室正在建设，将在 2017 年 10 月完成建设并搬迁使用。具备 214 个产品 222 个参数的食品检验资质。

检验检测

2015 年，青海省食品检验检测院累计完成食品质量安全监督抽查、风险监测、发证检验、委托检验等 6516 批次，检验任务完成量与 2014 年 5713 批次相比，增长 14.06%。

完成 2015 年国家食品安全监督抽检和风险监测工作。包括粮食及粮食制品、食用油和油脂制品、水果及其制品、饮料、调味品、酒类、焙烤食品、食品添加剂、餐饮食品共 9 类 628 批次检验任务，检出不合格和问题产品 11 批次，不合格及问题产品检出率为 1.74%。其中：监督抽检 469 批次产品，4 批次不合格，合格率为 99.15%，不合格率为 0.85%。风险监测 506 批次产品，7 批次检出问题项目，问题产品检出率为 1.38%。

完成 2015 年含铝食品专项抽检 3500 批次任务。包括生产、销售环节膨化食品、小麦粉、小麦粉制品（馒头、花卷、包子、发糕等）、焙烤食品（饼干、面包、蛋糕等）；餐饮环节餐饮服务单位自制的小麦粉制品（馒头、花卷、面条、包子、发糕等）、焙烤食品（饼干、面包、蛋糕等）、油炸小麦粉制品（油条、油饼、炸糕、麻花等），其中不合格产品 511 批次，包括餐饮环节 447 批次、流通环节 53 批次、生产环节 11 批次。产品合格率为 85.4%，不合格率为 14.6%。

完成省级监督抽检和风险监测任务 994 批次，其中完成“元旦”“春节”专项抽检和白酒产品专项抽检共 6 类产品 340 批次，食品生产监管处安排的 10 类产品 80 批次监督抽检及 8 类产品 54 批次风险监测抽检任务，流通消费处安排的 9 类产品 250 批次监督抽检，餐饮食品监管处安排的 2 类产品 270 批次监督抽检任务。

完成食品生产许可发证检验和各类委托检验工作任务。全年共完成食品生产许可发证检验 256 批次，251 份符合发证条件，5 份不符合发证条件，社会各类委托检验任务 791 批次。

检验资质认证认可

2015 年，青海省食品检验检测院强化管理体系运行的执行和监督力度，规范检验工作秩序和行为，使检验工作合规合法。组织制定了质量监控、人员培训、仪器设备检定、期间核查、能力验证等工作计划。按照工作目标和国抽抽检监测工作要求，对院体系文件进行了修改，申请了食品检验机构资质认定扩项工作，新增加了 90 个产品 104 个参数的检验资质，使我院具备了 214 个产品 222 个参数的食品检验资质，基本满足承担国家和省级抽检监测工作任务的要求。

实验室能力验证

2015 年，青海省食品检验检测院积极参加了植物油中苯并芘，白酒中 DBP、DEHP 塑化剂，植物油中 BHA、BHT 等 7 项 14 个参数能力验证和测量审核，均取得了满意的结果，参加了国家食品药品监督管理总局组织的沙门菌、金黄色葡萄球菌20份盲样考核任务，按计划组织实施了15项内部质量控制。

青海省药品检验检测院

概 况

2015年，在青海省食品药品监督管理局领导下，青海省药品检验检测院领导班子带领全体职工，开展“三严三实”主题教育，落实全国食品药品医疗器械检验工作电视电话会议和全省食品药品监督管理工作会议精神，坚持以检验质量为中心，以提升技术支撑能力为重点，完成各项工作任务，被青海省食品药品监督管理局评为2015年度先进集体。

机构改革

根据青海省编制委员会《关于青海省食品药品监督管理局所属事业单位机构改革方案的批复》（青编委发〔2015〕24号）和青海省食品药品监督管理局《关于局属事业单位机构改革调整设立及名称变更的通知》（青食药监人〔2015〕182号）文件精神，“青海省食品药品检验所”于2015年12月22日更名为“青海省药品检验检测院”。为正县级公益一类事业单位，人员编制102名。

主要业务范围：承担国家和省级药品、化妆品、医疗器械、药品包装材料、药用辅料等产品质量标准起草及监督检验、注册检验、评价检验、安全风险监测检验和复合检验；承担国家相关部门委托协作标定工作；承担辖区内下级药品检验机构业务指导和生产企业质量部门检验检测技术指导工作；承担委托检验业务；承担藏药标准、资源和藏药文献研究工作；承办青海省藏药标准委员会日常工作。

基础设施建设

2015年，青海食品、医疗器械检验检测大楼建设工程立项。建筑面积24545.37平方米，实际使用面积17790平方米，其中青海省食品检验检测院食品检验检测实验室面积9670平方米，青海省药品检验检测院医疗器械和化妆品检验检测实验室面积8120平方米。

2015年，青海省药品检验检测院完成食品、药品、化妆品、医疗器械仪器设备采购2717.6万元，其中国家和省级下达资金1972万元，自筹资金745.6万元。主要添置液相色谱三重四级杆质谱联用仪、气相色谱三重四级杆质谱联用仪、拉曼光谱仪、尘埃粒子计数器、电感耦合等离子体光谱仪、原子吸收分光光度计等仪器设备。

检验检测

2015年，青海省药品检验检测院完成药品、医疗器械、保健食品和化妆品检验检测3219批次。其中2015年国家药品计划抽验承检品种妇康宁片、百花定喘片（丸）、吗啡，跟踪抽验专项品种明目蒺藜丸、替米沙坦胶囊，独家品种专项消痛贴膏、癃清片7个品种367批次检验任务；明胶空心胶囊和胶囊剂药品专项监督检查494批次；国家医疗器械抽验23批次；省级医疗器械抽验156批次；空气洁净度检测538批次；保健食品监督抽验和安全风险监测265批次，快检200批次；化妆品检验任务450批次；省级药品抽验100批次；注册检验和送检样品514批次；其他检验112批次。

科研工作

2015年，青海省药品检验检测院完成《中国药典》2015年版20个标准起草和11个复核品种任务；完成国抽品种妇康宁片、百花定喘片（丸）、吗啡质量分析和探索性研究任务；2015年国家药典委员会标准研究项目27个品种获批，其中中药起草8个品种、复核10个品种，化学药复核9个品种；完成国家食品药品监督管理总局下达15个品种药品快检技术应用建模研究任务，建立12个品种近红外光谱快检模型、3个品种拉曼光谱模型；参与完成《藏药安全与质量控制关键技术研究及应用》课题，获得青海省科技进步一等奖；完成青海省科技厅课题《青海省基本药物藏成药品种质量安全分析评价研究》，成果达到“国际先进”水平，完成《10种藏成药安全性分析检测研究》等4项课题，成果达到“国内领先”水平；与青海省内药品生产企业合作开展《提高盐酸哌替啶原料药质量标准研究》等4项特殊（高风险）药品安全监管专项研究工作；作为副主编单位参与编写出版中国食品药品检定研究院《科学检验精神丛书至大道为民篇》。

技术服务协作

2015年，青海省药品检验检测院配合青海省食品药品监督管理局开展保健食品、药品生产、经营企业《药品生产质量管理规范》（GMP）、《药品经营质量管理规范》（GSP）认证和专项检查工作。组织技术专家，赴青海省各州（市）食品药品检验机构开展实验室建设、实验室资质认定、评审扩项、仪器设备配置、检验能力提升专项技术培训等帮扶指导，并组织基层技术人员观摩青海省药品检验检测院实验室内审。

举办实验室开放日活动

5月15日，青海省食品药品检验所联合西宁市城北区举办“共建诚信家园、同铸食品药品安全”实验室开放日活动。城北区区委、区政府、区人大、区政协领导及城北区各单位代表60余人参加此次活动。青海省电视台、中国产经新闻等多家媒体对此次活动进行报道。活动中，专业技术人员向大家演示药品检验工作流程。在中药室和藏药室大家重点了解塑化剂、胶囊中铬检测过程及分析方法、部分贵细药材及中药材真伪鉴别方法。并举办安全用药知识讲座，与参观人员就安全用药、真假药材鉴别等方面进行交流互动。

举办药品快速检验培训班

6月8日至9日，青海省食品药品检验所与中国食品药品检定研究院、青海省药学会联合举办“2015年青海省药品检验机构药品快速检验”培训班。青海省各州（市）食品药品检验所业务骨干、各化学药生产企业技术人员及青海省食品药品检验所业务人员90余人参加培训。

此次培训，是青海省省食品药品检验所与中国食品药品检定研究院首次合作在青海省药品检验机构及化学药生产企业开展药品快速检验培训，授课内容注重针对性、操作性和实践性。原中国食品药品检定研究院常务副院长、首席专家、青海省药品检验检测院客座教授金少鸿为大家授课；中国食品药品检定研究院赵瑜对近红外光谱建模方法及拉曼光谱建模方法等进行讲解，并操作演示；布鲁克公司和北京创腾科技有限公司工程师就近红外光谱仪校准维护和药品快检数据网络平台等内容进行培训。

总局副局长孙咸泽到所视察指导工作

10月13日，国家食品药品监督管理总局副局长孙咸泽在青海省食品药品监督管理局局长马海莉陪同下到青海省食品药品检验所视察指导工作。

孙咸泽在视察实验室过程中，重点了解食品、医疗器械检验检测专业技术人员编制情况和中藏药重点实验室开展研究工作情况。孙咸泽实地察看青海省食品药品检验所二期建设预留用地，了解青海省食品、医疗器械检验检测中心建设项目前期准备情况及存在困难。

孙咸泽希望青海省食品药品检验所要在青海省食品药品监督管理局领导下高度重视“仿制药一致性评价”工作，要通过复核检验，进一步提高检验检测能力；在食品检验检测方面要建立和完善藏区食用农产品加工标准；要以“所”变

“院”为契机，在方法学、标准提高等方面开辟出具有符合藏区特色的检验检测技术。他要求青海省食品药品检验所一定要把LIMS（实验室信息管理系统）建立起来，把全省检验工作平台建立起来，这样可以随时发现全省各地食品药品质量状况。

宁夏回族自治区药品检验所

概 况

2015年，在宁夏回族自治区食品药品监督管理局和中国食品药品检定研究院的正确领导与大力支持下，宁夏药品检验所认真贯彻落实国家食品药品医疗器械检验检测电视电话会议、区局年度工作会议、党风廉政建设工作会议精神和重大决策部署，在事业单位改革、职能调整和资源整合之际，全所干部职工精诚团结、负重拼搏，以提供及时有效技术支持、全力保障公众健康为根本，统筹安排，有效落实，紧盯重点，培育亮点，外树形象、内强素质，取得了可喜成绩和显著成效，为全区药品、保健食品、医疗器械监管提供了强有力的技术支撑。

检验检测

2015年，宁夏回族自治区药品检验所共完成国家和自治区下达的药品、食品、保健食品、医疗器械检验检测任务2759批，其中，药品2382批，保健食品280批，医疗器械97批，并针对各类专项检验任务开展了相应的探索性研究和数据分析汇总工作，撰写了近10万字的分析检查报告。

药品检验。完成更年安胶囊、更年安片、桑菊感冒片、保宫止血颗粒4个品种的国家药品评价性检验和区局下达各类药品抽验计划共2228批，其中国家评价性检验478批，中药饮片专项整治检验412批，日常监督、注册、委托检验1338批。

保健食品检验。完成保健食品检验任务255批，保健食品注册检验8批，风险监测247批。

医疗器械检测。完成国家及全区医疗器械抽验、注册、委托等检验任务239批并撰写了质量分析报告。

基本药物及重点品种快检建模。完成了2个品种的近红外光谱和1个品种的拉曼光谱快检建模工作。

中药资源普查

2015年，宁夏药品检验所在2014年基本完成6县（区）外业调查的基础上，对部分县域的样地、样方套、药材及种子进行补充调查，完成样地补充调查57个，样方套调查284个，标本补充采集约45种、200份，药材采集10种、种子采集40种。邀请区内外专家对已采集的标本进行甄别、鉴定，现已完成6县（区）药用植物标本鉴定、核对、消毒、标签粘贴、装订及采集目录的整理工作，标本涉及92个科859种；完成1080个样方套及标本信息数据上传工作。宁夏药品检验所在资源普查中技术依托单位的作用发挥，普查工作的数量、质量、进度等均受到中药资源普查领导小组督导组的充分肯定和表扬。目前正在对今年的调查数据进行录入，并同时进行对标本实物进行整理、分类及各县中药资源普查技术报告、工作报告撰写工作。

科研课题

2015年，宁夏回族自治区药品检验所完成苦参素葡萄糖的质量标准提高工作；完成了复方珊瑚姜溶液、尿素咪康唑软膏复合制剂、药典品种枸杞子、部颁品种正气片中原料紫苏叶油等4个品种的标准复核及资料上报工作，同时对部颁品种人参健脾片、舒肝健胃丸、上清胶囊、石龙清血颗粒4个起草品种的复核意见进行反馈并上报药典委员会。

宁夏药品检验所王英华主任药师主持并与日

本东邦大学药学部合作取得的科研成果“枸杞籽及其提取枸杞油后残渣中提取α－葡萄糖苷酶活性抑制剂的方法及其用途”获得一项国家发明专利，该专利为宁夏药品检验所与日本东邦大学共同取得的第二项国家发明专利，对于开发预防与治疗2型糖尿病的药物和保健食品具有重要意义。该专利成果的获得展现了宁夏药检所的整体科研实力，有效提升了宁夏药检所在药物基础研究领域的影响力和核心竞争力。今年以来，组织相关技术人员积极申报2015年度宁夏自然科学基金项目4项，涉及生物医药、中医药理论关键技术、宁夏主产中药材的品质控制、活性成分研究等诸多领域。

能力建设

根据年度质量管理工作计划，宁夏回族自治区药品检验所全年共参加药品、化妆品、药品包装材料等领域共计4个检测项目的能力验证工作，其中，中药室的六味安消胶囊的含量测定能力验证计划结果为满意。化学室的NIFDC至PT至034《盐酸曲马多含量测定》能力验证，化妆品室的国家CNAS化妆品中铅的测定实验室能力比对以及医疗器械室的“121℃颗粒法耐水性测定”药包材能力验证试验等已按期完成实验相关工作并将数据提交至中国食品药品检定研究院。

队伍建设

2015年，宁夏回族自治区药品检验所在职专业技术人员50人，其中正高6名（含返聘人员1名），副高12名，中级18人，初级14人。新考录硕士研究生3名，本科生2人。接收劳务派遣人员19名。

全年共参加区外各类技术培训和业务交流活动80余人次，邀请社会专家和本所高层次专业人员，开展新仪器、新方法、法律法规、体系文件、计算机信息等方面的培训100余人次；为全区涉药单位培训专业人员15人次，接受高校学生实习21人次。

新疆维吾尔自治区食品药品检验所

概　况

2015年，新疆维吾尔自治区食品药品检验所以党的十八大、十八届三中、四中全会和习近平总书记系列重要讲话精神为指导，认真开展“三严三实”专题教育和“守纪律讲规矩”主题教育活动。确定了以“打基础”为主线，绩效考核为牵引，质量管理为鞭策的“能力建设和质量管理年”活动，全面加强以绩效考核为中心的制度建设，狠抓检验检测工作任务和维药标准制订提高项目完成的工作思路，完成了全年各项工作任务，未发生重大食品药品安全事件。

检验检测

2015年，新疆维吾尔自治区食品药品检验所共完成各类检品6524批次，是2014年完成量的204%，增长104%。其中：食品1244批次；药品2262批次；医疗器械318批次；保健食品758批次；化妆品1104批次；对外技术服务747批次；应急检验4批次；模拟运转及现场考核87批次。

其中，首次开展了对83批防晒类产品中防晒剂和117批面膜类产品中防腐剂检测结果与标签标识、产品批件的比对工作；首次承担了非餐饮领域食品的检验品种；首次承担了电子血压计、医用超声雾化器等2个有源医疗器械产品的国家监督抽验任务。

实验室改造

2015年，新疆维吾尔自治区食品药品检验所针对现有实验场所窄小，大量仪器设备无法开箱使用，实验条件严重制约检验检测工作开展的瓶颈问题，在国家实验室建设资金尚未拨付的情况下，自筹资金250万元（经申请改变抽验专项资金用途），对现有附楼、地下室、门面房等共计2310平方米的非实验用房进行改造，增加实验室面积1800平方米，改变了食品、保健食品、医疗器械检验领域无专用实验场地问题，使自2009年以来堆积仓库总价值4000多万的仪器设备得以开箱使用。至此，全所在用总面积5844平方米，其中实验室4414平方米（原有总面积3534平方米，其中实验室2614平方米）。

食品职能和人员划转

2015年，新疆维吾尔自治区食品药品检验所根据《关于划转自治区产品质量监督检验研究院编制的通知》（新党办〔2015〕86号）精神，给我所划转事业编制10名（食品检测人员），完成食品科室职能和人员划转工作。改造食品检验检测实验室和办公室共1200平方米，拥有质谱、气液相、气液质、原子吸收仪等各类食品检验专用仪器设备120余台。为尽快掌握食品检验检测新领域、新知识，安排食品检验科专业技术人员前往河北院“一人一月”跟班学习，提升了食品检验检测能力水平。

国家药品评价抽验工作

2015年，新疆维吾尔自治区食品药品检验所秉承“检验促进科研，科研提升检验”的理念，深入开展“盐酸布桂嗪”和“通滞苏润江”2个药品的评价性研究工作。拓展研究中首次将替代对照品法配套软件的测试版应用于国评研究工作中，展示了替代对照品法和配套软件的应用价值和前景。其中中药室承担的“通滞苏润江”研究工作取得优异成绩，该项目质量分析报告被中国食品药品检定研究院选定在全国药品抽验品种质量分析报告现场交流评议会上交流。

科研课题

2015年，新疆维吾尔自治区食品药品检验所就疑难品种和待补充资料品种情况进行深入探讨，主动与协作外包及复核单位沟通，将2014年以前承担的131个维药品种项目分别上报药典会、中国食品药品检定研究院、新疆维吾尔自治区科技厅、新疆维吾尔自治区食品药品监督管理局局审评查验中心和复核单位审核，2009年以来的民族药科研课题全部完成并上报。

2015年全所发表学术论文16篇，其中核心期刊及以上8篇，SCI1篇（影响因子2.737）；孙磊获“2015年度中国药学发展奖食品药品质量检测技术奖杰出青年学者奖”；苏来曼·哈力克获“2015年第六届普析通用杯药物分析优秀论文二等奖”和“第11批自治区有突出贡献专家称号”；沙拉麦提·艾力获“中国民族药学会科学技术进步一等奖”。

技术支撑能力建设

6月12日至14日，新疆维吾尔自治区食品药品检验所通过新疆维吾尔自治区质量技术监督局组织的实验室资质认定复评审、食品检验机构资质认定复评审及扩项评审，确认新疆维吾尔自治区食品药品检验所具备药品、医疗器械、食品、保健食品、化妆品、药包材、生活饮用水、洁净区（室）环境监测等领域494个品种、1165个参数的检验能力。与2014年相比，增加了143个品种、326个参数。尤其是食品检验能力，品种由45个扩大到101个，参数由196个扩大到406个，增长了110%，技术能力满足行政监管需要。

获得保健食品注册检验机构资质

11月28日至30日，新疆维吾尔自治区食品药品检验所通过国家保健食品注册检验机构遴选现场核查，成为新疆唯一一家取得此资质的检验检测机构。本次遴选我所获得资质情况：安全毒理学检验项目9项；功能学动物试验项目5项；功效成分或标志性成分检测项目：维生素矿物质部分22项，原料或功能相关的标志性成分部分

27 项，微生物部分 10 项；卫生学检验项目：理化部分 84 项，微生物部分 10 项；稳定性检验项目：理化部分 78 项，微生物部分 8 项。

援疆工作

2015 年，新疆维吾尔自治区食品药品检验所落实援疆工作要求，深化援疆工作成果。一是在孙磊副所长的协调下，中国食品药品检定研究院在乌鲁木齐分别举办了以中药检验技术和医疗器械检测技术为主题的援疆培训班，全区检验检测系统参训人员 80 余人，有力提升了新疆维吾尔自治区食品药品检验检测系统专业技术能力水平。二是全国食品药品监管系统援疆工作会议期间，国家食品药品监督管理总局王明珠副局长专程来新疆维吾尔自治区食品药品检验所现场指导工作，详细了解了新疆维吾尔自治区援疆工作开展情况，存在问题以及受援建议，为食品药品检验工作提出了新要求。三是借助中国食品药品检定研究院援疆平台，由孙磊副所长牵头与国家药典会合作，开发了可在个人电脑上运行的数字化维药标准。该标准是全国第二部，省级第一部数字化标准，项目的设计和实施将充分确立我区在官方药品标准数字化进程中的地位，为推动药品标准的创新与发展发挥积极作用。四是中国食品药品检定研究院补助新疆维吾尔自治区食品药品检验所 30 万元业务经费。

加强信息化建设

2015 年，新疆维吾尔自治区食品药品检验所从技术运作、支持服务等各方面加强信息化建设，使信息技术与药检工作融合更加紧密。1 月，新疆维吾尔自治区食品药品检验所网站正式启用；4 月，“实验室动态管理系统”和“新疆文献标准信息服务网”两套标准系统正式启用。“实验室动态管理系统”拥有 400 个国内外标准化组织、120 条标准题录、60 万件标准文本，标准实时更新，“新疆文献标准信息服务网”拥有超过 110 个国内外标准组织发布的超过 35 万件国内外标准的题录和文本，可提供标准更新服务、标准文本采购服务等。

加强规范化建设

2015 年，根据新疆维吾尔自治区人力资源与社会保障厅、财政厅事业单位绩效工资实施办法，结合实际，制定《新疆维吾尔自治区食品药品检验所 2015 年绩效工资考核分配办法》，按照多劳多得、重贡献重实绩、向检验一线部门和管理技术骨干倾斜的原则，将工作岗位、履行职责和完成工作任务量与工资收入挂钩，从激励机制上解决我所目前存在的检验检测积极性不高、主动性不强，干好干坏、干多干少、干与不干一个样的局面，真正做到奖勤罚懒，优绩优酬。该办法取得明显成效，全年完成工作量同比增长 104%。

同时，针对有制度不好用、无制度可用和不按制度办事等突出问题，下大气力开展制度建设“立、改、废”工作，已制定出台《作息管理办法》《在职人员学历教育管理办法》《抽样检验工作管理办法》《教育培训管理办法》等制度 4 个。

国家食品药品监督管理总局领导调研指导工作

8 月 26 日，国家食品药品监督管理总局副局长王明珠率规财司、中国食品药品检定研究院等部门一行 4 人调研组，前往新疆维吾尔自治区食品药品检验所进行实地调研。新疆维吾尔自治区党委常委哈尼巴提·沙布开、自治区人民政府副秘书长姚晓君、自治区食品药品监督管理局党组书记于胜德、局长马龙、兵团食品药品监督管理局局长王雪峰等人陪同调研。

调研组听取了关于新疆维吾尔自治区食品药品检验所基本情况的汇报，详细了解了新疆维吾尔自治区食品药品检验所对口援疆工作开展情况、目前存在的问题及受援建议，实地察看了办公实验环境和检验检测仪器装备情况，对新疆维吾尔自治区食品药品检验所所在环境艰苦任务重的情况下，检验能力、技术水平仍能逐年提高给予高度评价，并提出了亟待加强工作方面的意见建议。

王明珠副局长指出，新疆维吾尔自治区食品药品检验所是新疆食品药品检验检测、科研教学领域具有影响力的机构，是食品药品质量可靠和安全的重要屏障。国家食品药品监督管理总局对新疆维吾尔自治区食品药品检验检测工作高度重视，将认真贯彻中央新疆工作座谈会精神，加强组织领导和协调，全面开展食品药品检验检测对口援疆工作，努力推进新疆食品药品检验检测事业发展。

自治区领导调研指导工作

3月13日，新疆维吾尔自治区人民政府副主席田文一行在新疆维吾尔自治区食品药品监督管理局党组书记于胜德、局长于英的陪同下，到新疆维吾尔自治区所调研指导工作。田文副主席对新疆维吾尔自治区食品药品检验所实验室环境、仪器装备、人员配备、技术能力、检测项目等情况进行了现场调研，对新疆维吾尔自治区食品药品检验所的检验检测能力、大型仪器设备的投入等方面给予了肯定。她强调，检验检测机构是现代服务业的重要组成部分，对于加强质量安全、促进产业发展、维护群众利益等方面具有重要作用。随着社会主义市场经济的不断发展，对检验检测工作的需求日益增长，检验检测机构呈现出良好发展势头。自治区所的未来发展要从以下几个方面着手：1. 要充分认识到自治区所在食品药品产业中的特殊地位和特殊作用，秉承服务社会、服务基层、服务企业的理念，适应公众饮食用药安全和全疆医药产业发展的需求。2. 要服从监管工作的需要，明确自身定位，为行政监管部门提供有力的技术支撑。3. 要强化能力建设，从实际出发，按发展需要，培养学科带头人和业务骨干，进一步提升检验检测能力和水平。4. 要抓住当前对口援疆的有利时机，利用现有自身优势，发挥职能作用，培育特色检验领域。

举办开放日活动

6月10日，由新疆维吾尔自治区食品药品监督管理局医疗器械监管处组织的“体外诊断试剂质量评估和综合治理工作”开放日活动在新疆维吾尔自治区食品药品检验所举行。新疆维吾尔自治区食品药品检验所具备医疗器械方面208个项目的检验检测资质，涉及有源医疗器械、无源医疗器械、体外诊断试剂等多个品种，形成了较强的医疗器械和体外诊断试剂安全监督检验能力，并顺利通过了实验室资质认定（CMA）和实验室认可（CNAS）扩项认定，能够对医疗器械和体外诊断试剂质量出具法定检验结论。新疆维吾尔自治区人大、政协、行风监督评议员代表，以及天山网、乌鲁木齐晚报、新疆人民广播电台等新闻单位的记者共计20余人参加活动。

中国人民武装警察部队药品仪器检验所

检验检测

2015年，中国人民武装警察部队药品仪器检验所完成药品检验检测任务328批次，为部队药品监督管理提供及时准确的药品检验数据。其中，完成基层部队送验药品和医院制剂检验任务283批次，医院非标准制剂注册检验8批次，首保药品检验检测32批次。与中国食品药品检验总所合作，完成国家药品标准物质中药对照品协作标定检验5个品种。

药品监督管理

2015年，根据总部卫生部要求，中国人民武装警察部队药品仪器检验所结合以往检查发现的部队药品管理方面存在的突出问题，制订出台《2015年武警部队药品监督检查和制剂室审验换证工作方案及检查细则》。

6月，派出2个检查组，对医院和支队（团）卫生队进行药品监督抽查。主要检查内容包括医疗机构制剂的配制使用、制剂许可证年检、特殊药品的管理、战储药材及野战器材急救背囊药品监督检查、基层卫生机构药品的管理情况。10月，根据《军队医疗机构制剂管理办法》和《武警部队医疗机构制剂注册管理办法（试行）》，审验换发《医疗机构制剂许可证》。11月，组织专家对医院制剂品种进行评审。

实验室能力建设

2015年，中国人民武装警察部队药品仪器检验所对所有计量仪器检定证书进行了评价确认，对实验室质量文件进行修订完善。参加了中国合格评定国家认可委员会（CNAS）组织的能力验证活动2项，结果全部满意。按照国家认证认可监督委员会的要求，进行了2015年资质认定获证检验检测机构的自查工作。

人才队伍建设

2015年4月，开展了“岗位练兵行动月”活动，组织进行培训、交流与考核，并将考核成绩予以公示，激发了全所人员的学习热情。6月组织业务人员分两批参加由国家药典委员会、总后卫生部组织的《中国药典》（2015年版）培训。全年按计划选送3名业务骨干到北京市药检所接受规范化培训。

军民融合式发展

中国人民武装警察部队药品仪器检验所秉承“质量建所、科技兴所”发展理念，坚持走军民融合式发展道路，加强与国家、军队药品仪器检验机构的技术协作，药检业务技术水平和能力稳步提高。

2015年1月，中国人民武装警察部队药品仪器检验所组织参加冬季野营拉练活动，圆满完成药品应急检测训练任务。中国食品药品检定研究院提供了有力的技术支持，无偿派出药品快检车全程服务和保障，无偿开放全国药品快检数据库系统，开拓了武警部队遂行多样化任务应急条件下药品快速检测的新路径。

第十四部分　全国食品药品检验检测机构数据统计

机构情况

机构总体情况

收集全国地市级以上检验检测机构共 470 个，其中副省级以上检验机构 103 个，地市级检验机构 367 个。生物制品批签发承检机构 8 个。口岸检验机构 19 个，其中药品检验机构 18 个，医疗器械检验机构 1 个。（表 14 – 1）

表 14 – 1　全国食品药品检验检测机构设置情况　（单位：个）

系统内外	主要职能	机构级别	归属上级部门						合计
			食药监局	市场监督局	军队	质量技术监督局	其他	不确定	
系统内	药品综合	国家级	1	0	1	0	0	0	2
		省级	30	1	1	0	0	0	32
		副省级	12	4	0	0	0	0	16
		地市级	289	35	0	0	1	20	345
		小计	332	40	2	0	1	20	395
	食品	省级	12	0	0	0	0	0	12
		副省级	5	1	0	0	0	0	6
		地市级	17	0	0	0	0	1	18
		小计	34	1	0	0	0	1	36
	器械	省级	21	1	0	0	0	0	22
	包材	省级	3	0	0	0	0	0	3
	辅料	省级	1	0	0	0	0	0	1
系统外	器械	省级	0	0	0	0	6	0	6
		地市级	0	0	0	0	0	1	1
		小计	0	0	0	0	6	1	7
	质量监督	地市级	0	1	0	0	0	0	1
	综合	省级	0	0	0	3	0	0	3
		地市级	0	0	0	0	2	0	2
		小计	0	0	0	3	2	0	5
合计			391	43	2	3	9	22	470

目前 16 个省份具有独立的食品检验机构 35 个，包括省级 12 个，副省级 6 个，地市级 17 个。27 个省级辖区内已有 229 家地市级检验机构具备食品、保健食品、化妆品的综合检验能力。

内设机构情况

全国共有 392 个检验机构设置了内设机构，其中 12 个单位设置了二级内设机构，包括中国食品药品检定研究院、省级单位 3 个，地市级单位 8

个。共有内设部门 3263 个，一级内设机构 3108 个，包括行政管理 901 个（29%），业务管理 759 个（24.4%），检验科室 1448 个（46.6%）；二级内设机构 155 个，包括行政管理 22 个（14.2%），业务管理 37 个（23.9%），检验科室 96 个（61.9%）。（图 14－1～图 14－3）全国检验机构具有独立的质量管理部门 245 个，质量管理部门从业人员数 570 人。其中副省级以上（以下均不含中国食品药品检定研究院）78 个，从业人员 267 人；地市级 166 个，从业人员 295 人；中国食品药品检定研究院 8 人。

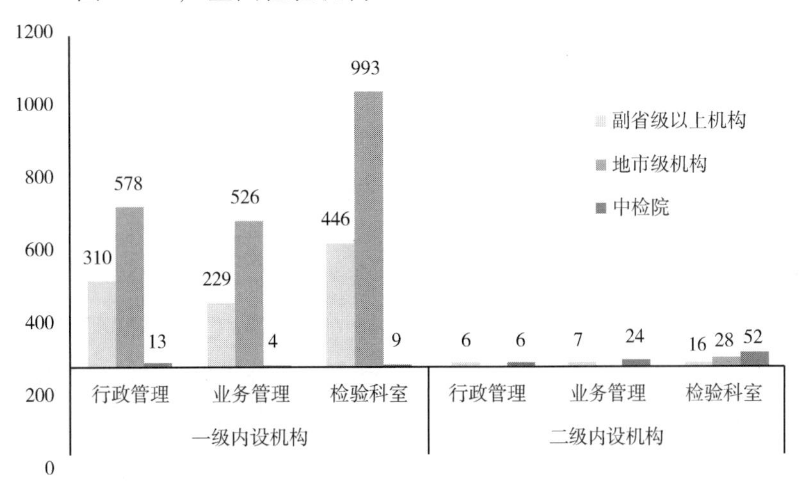

图 14－1　全国机构内设机构分类

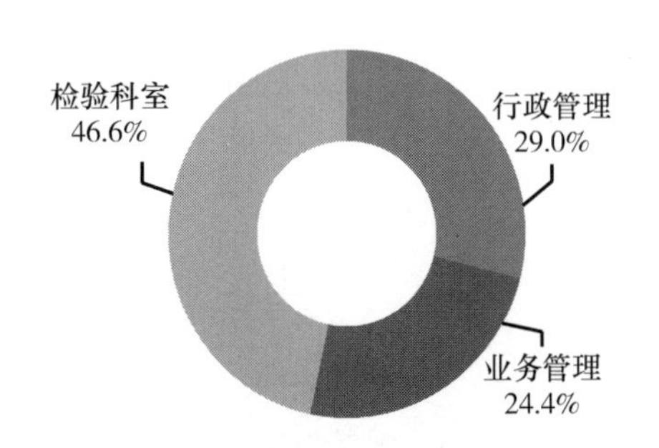

图 14－2　全国机构一级内设机构分类

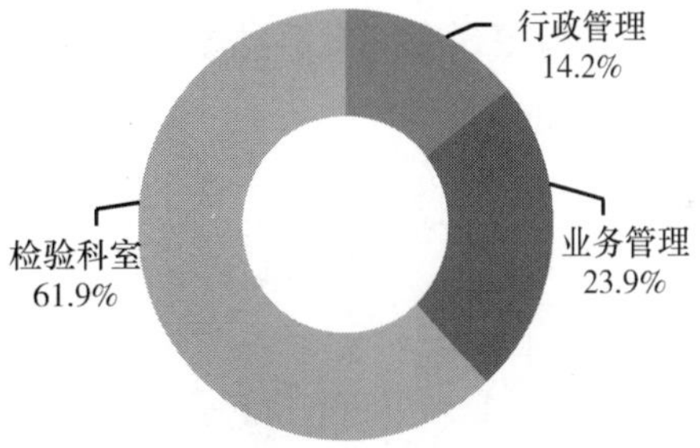

图 14－3　全国机构二级内设机构分类

根据 2011 年国家食品药品监督管理局批复的“三定”方案规定，中国食品药品检定研究院内设机构 26 个，包括 11 个所，2 个中心，13 个职能部门。内设部门 112 个，包括一级部门 26 个，二级科室 86 个。一级部门行政管理 13 个占 50%，业务管理 4 个占 15.4%，检验科室 9 个占 34.6%；二级科室行政管理 10 个占 11.6%，业务管理 28 个占 27.9%，检验科室 61 个占 60.5%。具有独立的质量管理部门 1 个，质量管理部门从业人员数 8 人。（图 14－4、图 14－5）

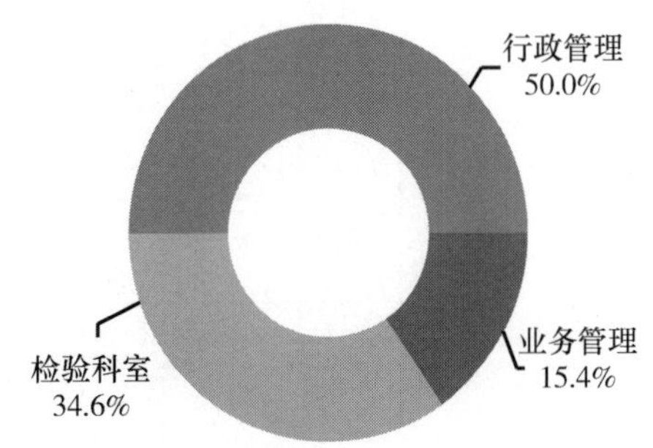

图 14－4　中国食品药品检定研究院
一级内设机构分类

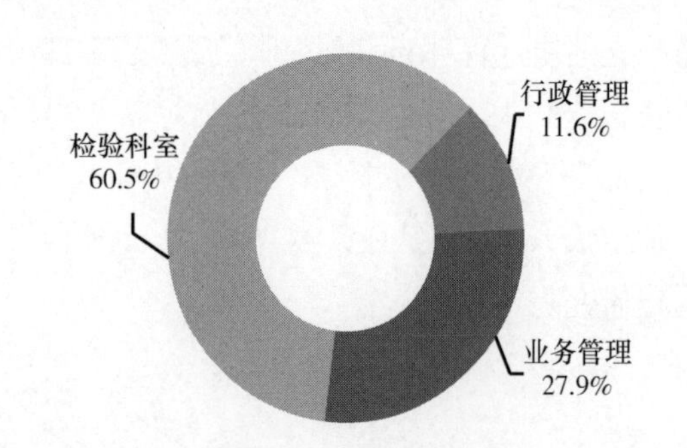

图 14 -5 中国食品药品检定研究院二级内设机构分类

党组织结构情况

全国检验机构本级党委 65 个，党总支 36 个，党支部 308 个。下辖党委 5 个，党总支 22 个，党支部 495 个。

副省级以上机构本级党委 50 个，党总支 16 个，党支部 26 个。下辖党委 5 个，党总支 11 个，党支部 378 个。

地市级机构本级党委 14 个，党总支 20 个，党支部 282 个。下辖党总支 8 个，党支部 91 个。

中国食品药品检定研究院本级党委 1 个，下辖党总支 3 个，党支部 26 个。

人员情况

人员总体情况

截至 2015 年 11 月 30 日，全国检验机构总编制数为 21781 人，从业人员期末人数 26832 人，在岗人员数 23894 人，其中在编人数 20224 人，合同制人员（编外）3670 人，劳务派遣人员 2751 人，返聘人员 177 人，外籍人员 10 人；不在岗职工 168 人；离退休人数 7582 人，包括退休 7260 人，离休 322 人。（图 14 -6、图 14 -7）

副省级以上机构总编制数为 8253 人，从业人员期末人数 11907 人，在岗人员数 10058 人，其中在编人数 7574 人，合同制人员（编外）2484 人，劳务派遣人员 1740 人，返聘人员 101 人，外籍人员 8 人；不在岗职工 86 人；离退休人数 3360 人，包括退休 3227 人，离休 133 人。（图 14 -8）

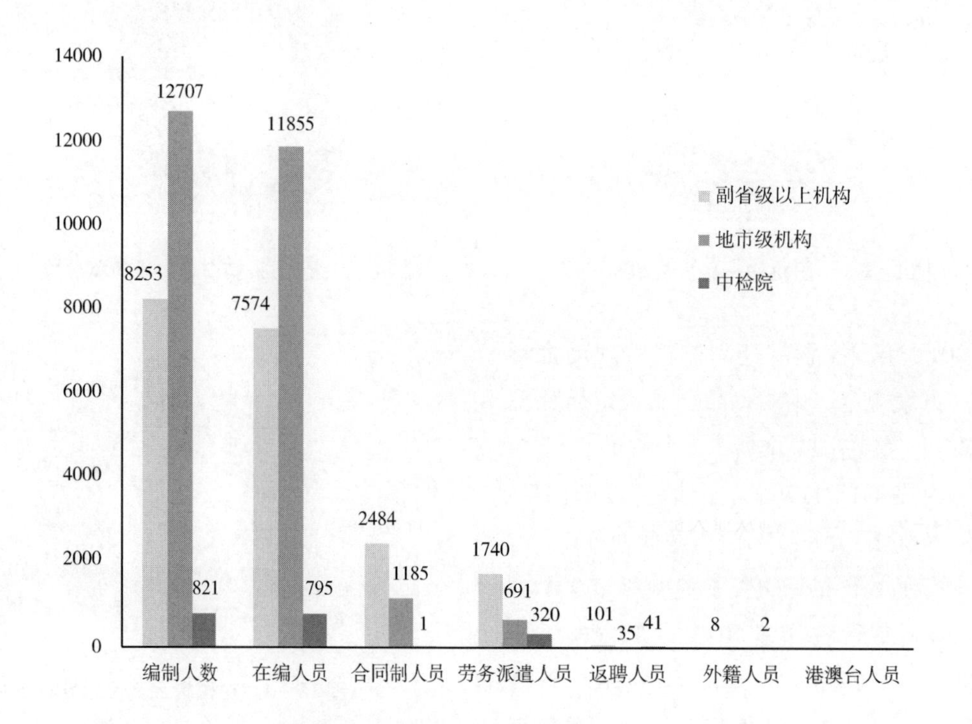

图 14 -6 全国机构从业人员期末人数

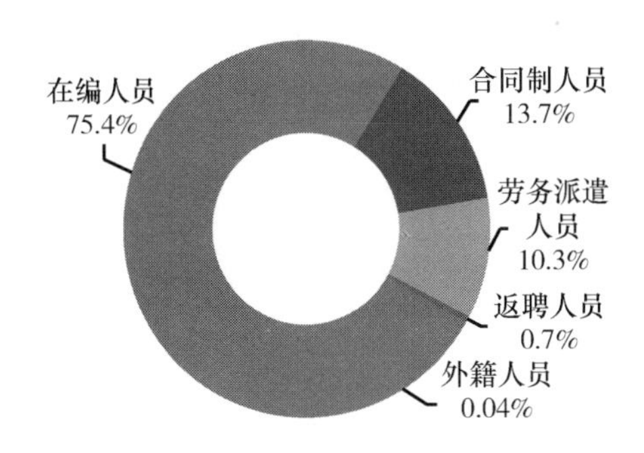

图 14－7　全国机构从业人员构成

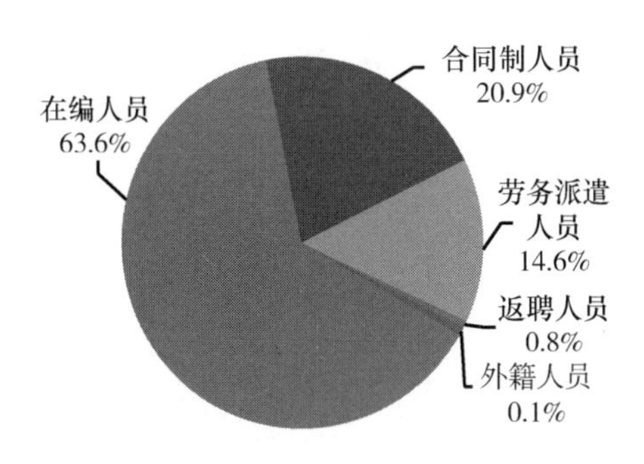

图 14－8　副省级以上机构从业人员构成

地市级机构总编制数为 12707 人，从业人员期末人数 13766 人，在岗人员数 13040 人，其中在编人数 11855 人，合同制人员（编外）1185 人，劳务派遣人员 691 人，返聘人员 35 人；不在岗职工 80 人；离退休人数 3800 人，包括退休 3625 人，离休 175 人。（图 14－9）

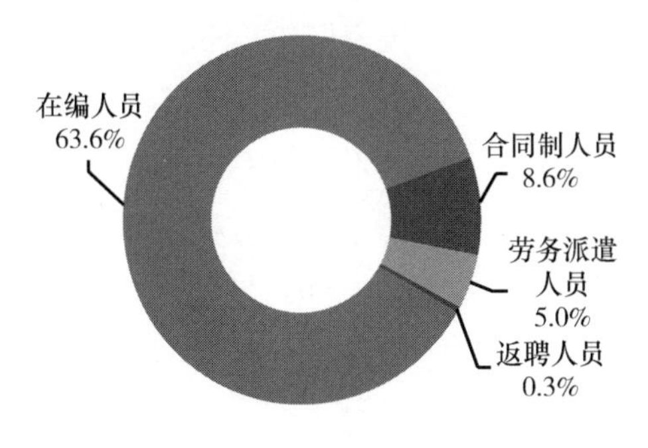

图 14－9　地市级机构从业人员构成

中国食品药品检定研究院的总编制数为 821 人，从业人员期末人数为 1159 人，在岗人员数为 796 人，其中在编人数为 795 人，合同制人员（编外）为 1 人，劳务派遣人员为 320 人，返聘人员为 41 人，外籍人员为 2 人；不在岗职工 2 人；离退休人数为 422 人，包括退休 408 人，离休 14 人。（图 14－10）

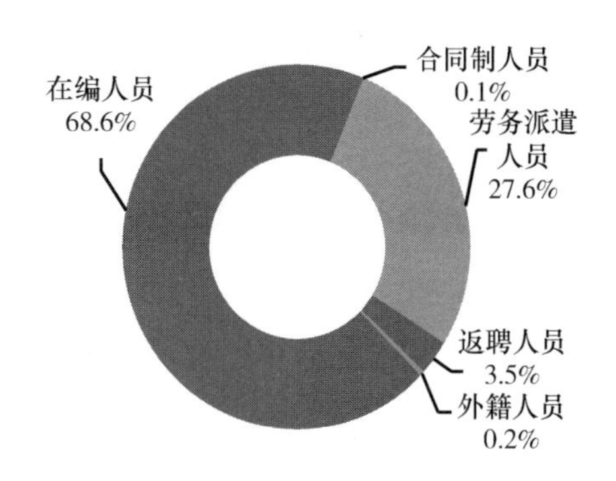

图 14－10　中国食品药品检定研究院从业人员构成

在编人员兼职情况

全国检验机构共兼职 4705 人次，拥有美国药典会委员 2 人，国家药典委员会委员 103 人，中国兽药典委员会委员 4 人，中国国家认证认可评审员 125 人，实验室资质认定员 492 人，食品检验机构资质认定评审员 399 人，中华医学会委员 19 人，中国药学会委员 88 人，中华预防医学会委员 19 人，药品注册现场核查员 723 人，国家级 GMP、GCP、GLP、GSP 检查员 304 人，省级 GMP、GCP、GLP、GSP 检查员 1554 人，国家局药品评审专家 80 人，国家局器械评审专家 31 人，国家局保健食品评审专家 104 人，国家局化妆品评审专家 113 人，国家局食品评审专家 280 人，国家局药包材评审专家 44 人，其他国家级学术机构委员 221 人。（图 14－11）

副省级以上检验机构共兼职 2568 人次，拥有美国药典会委员 2 人，国家药典委员会委员 73 人，中国国家认证认可评审员 97 人，实验室资质认定员 268 人，食品检验机构资质认定评审员 199 人，中华医学会委员 7 人，中国药学会委员 46 人，中华预防医学会委员 2 人，药品注册现场核查员 446 人，国家级 GMP、GCP、GLP、GSP 检查员 191 人，省级 GMP、GCP、GLP、GSP 检查员 583 人，国家局药品评审专家 56 人，国家局器械评审专家 24 人，国家局保健食品评审专家 93 人，国家局化妆品评审专家 107 人，国家局食品评审专家 216 人，国家局药包材评审专家 34 人，其他国家级学术机构委员 124 人。

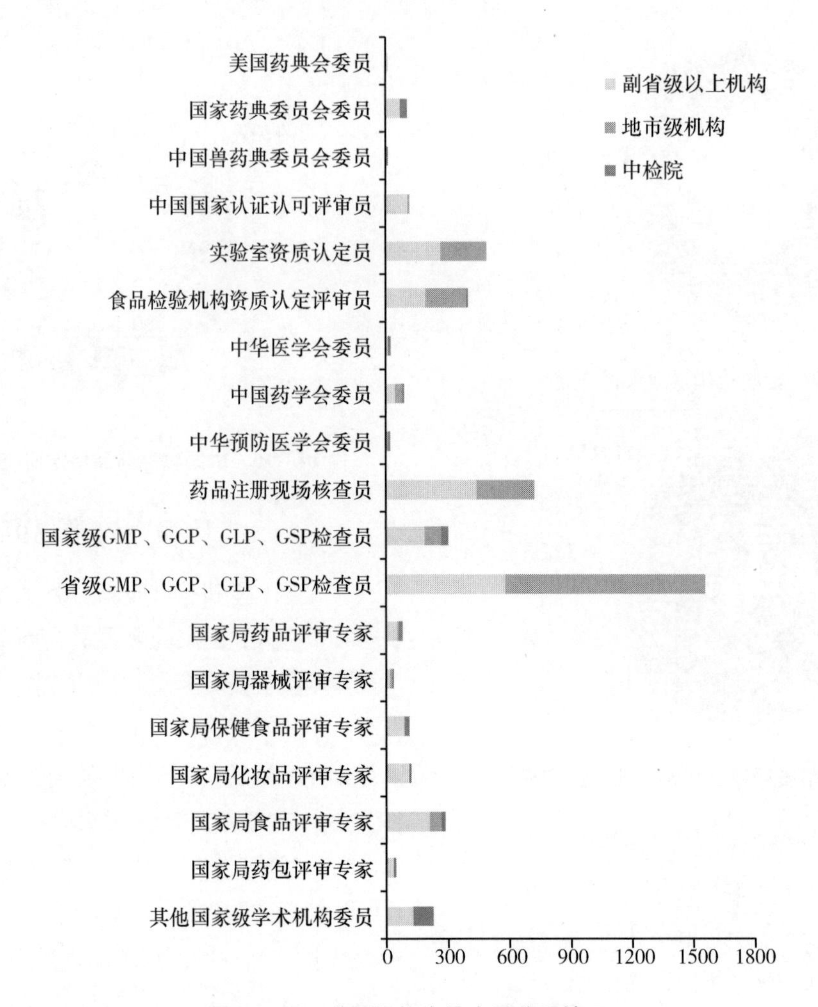

图 14－11 全国机构在编人员兼职情况

地市级检验机构共兼职 1856 人次，拥有中国国家认证认可评审员 13 人，实验室资质认定员 216 人，食品检验机构资质认定评审员 190 人，中华医学会委员 7 人，中国药学会委员 37 人，中华预防医学会委员 12 人，药品注册现场核查员 277 人，国家级 GMP、GCP、GLP、GSP 检查员 73 人，省级 GMP、GCP、GLP、GSP 检查员 971 人，国家局药品评审专家 4 人，国家局器械评审专家 2 人，国家局保健食品评审专家 1 人，国家局化妆品评审专家 2 人，国家局食品评审专家 49 人，其他国家级学术机构委员 2 人。

中国食品药品检定研究院共兼职 281 人次，拥有国家药典委员会委员 30 人，中国兽药典委员会委员 4 人，食品检验机构资质认定评审员 10 人，中华医学会委员 5 人，中国药学会委员 5 人，中华预防医学会委员 5 人，国家级 GMP、GCP、GLP、GSP 检查员 40 人，国家局药品评审专家 20 人，国家局器械评审专家 5 人，国家局保健食品评审专家 10 人，国家局化妆品评审专家 4 人，国家局食品评审专家 15 人，国家局药包材评审专家 10 人，其他国家级学术机构委员 95 人。

学历情况

全国检验机构在编人员博士后 74 人（0.4%），博士 477 人（2.4%），硕士 4273 人（21.2%），本科 11154 人（55.4%），大专 2964 人（14.7%），中专及以下 1176 人（5.8%）。编外人员博士后 3 人，博士 42 人，硕士 1200 人，本科 3016 人，大专 986 人，中专及以下 875 人。（图 14－12～图 14－14）

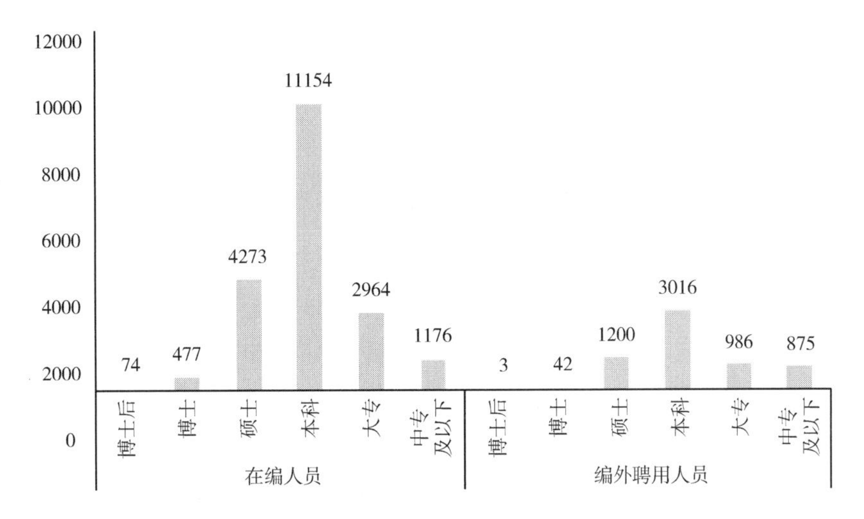

图 14－12　全国机构从业人员学历构成

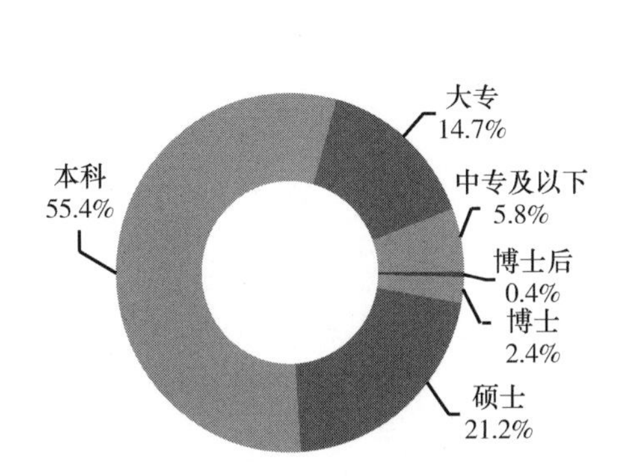

图 14－13　全国机构在编人员学历构成

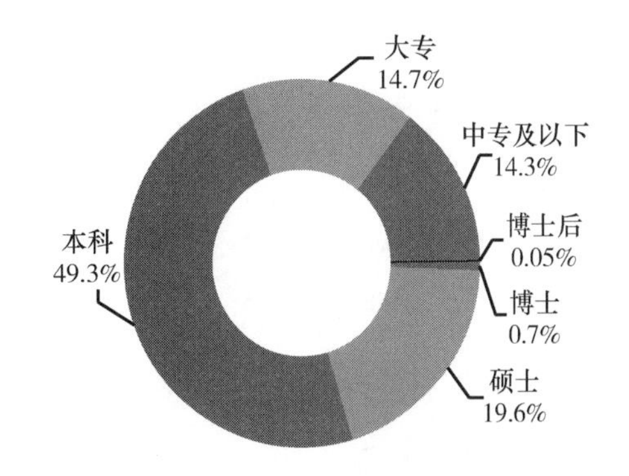

图 14－14　全国机构编外聘用人员学历构成

副省级以上检验机构在编人员博士后 26 人（0.3%），博士 320 人（4.2%），硕士 2546 人（33.2%），本科 3630 人（47.3%），大专 788 人（10.3%），中专及以下 363 人（4.7%）。编外人员博士后 2 人，博士 31 人，硕士 966 人，本科 1921 人，大专 599 人，中专及以下 452 人。（图 14－15）

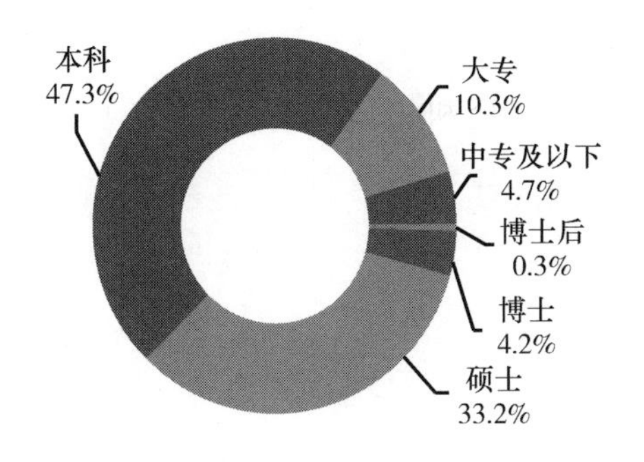

14－15　副省级以上机构在编人员学历构成

地市级检验机构在编人员博士后 4 人（0.03%），博士 52 人（0.4%），硕士 1482 人（12.7%），本科 7245 人（62.2%），大专 2114 人（18.1%），中专及以下 753 人（6.5%）。编外人员博士 7 人，硕士 205 人，本科 972 人，大专 333 人，中专及以下 270 人。（图 14－16）

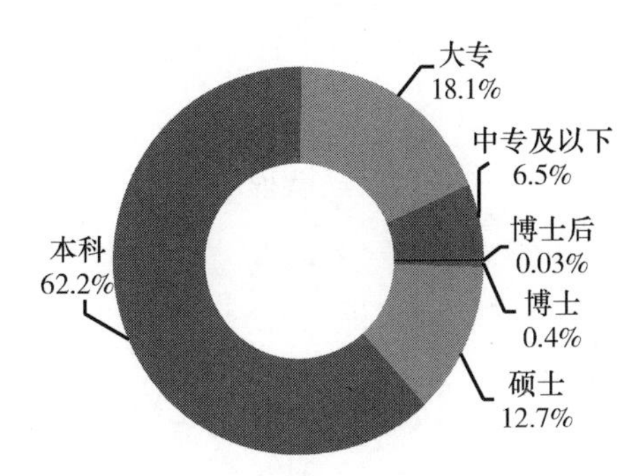

图 14－16　地市级机构在编人员学历构成

中国食品药品检定研究院在编人员博士后44人（5.5%），博士105人（13.2%），硕士245人（30.8%），本科279人（35.1%），大专62人（7.8%），中专及以下60人（7.5%）。编外人员博士后1人，博士4人，硕士29人，本科123人，大专54人，中专及以下153人。（图14－17）

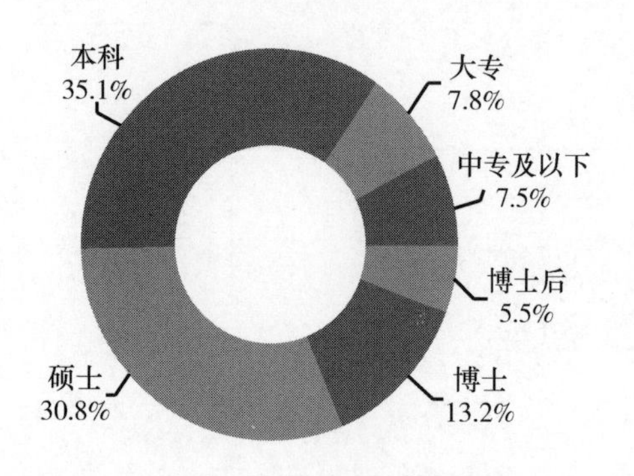

图14－17 中国食品药品检定研究院在编人员学历构成

岗位设置情况

全国检验机构现有专业技术岗位人员19883人（占岗位分布的80%，占从业人员总数74.1%），其中在编人员15743人（占专业技术岗位的79.2%），编外聘用人员4140人；管理岗位人员2805人（占岗位分布的11.3%，占从业人员总数10.5%），其中在编人员2399人（占管理岗位的85.5%），编外聘用人员406人；工勤技能岗位人员2154人（占岗位分布的8.7%，占从业人员总数8%），其中在编人员811人（占工勤技能岗位的37.7%），编外聘用人员1343人。（图14－18～图14－21）

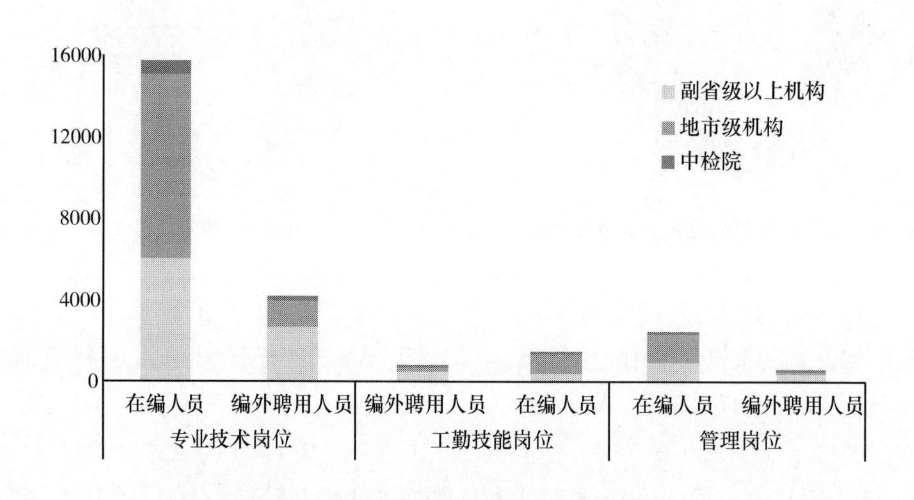

图14－18 全国机构从业人员岗位分布

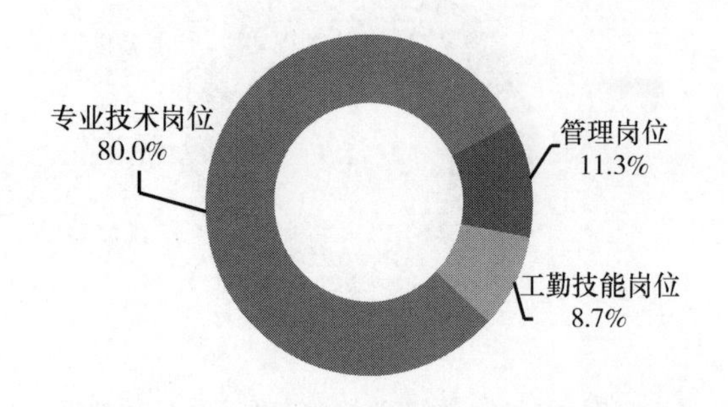

图14－19 全国机构从业人员岗位分布

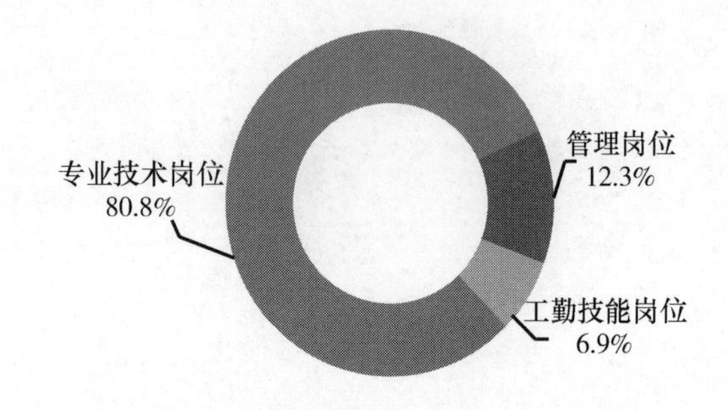

图14－20 全国机构在编人员岗位分布

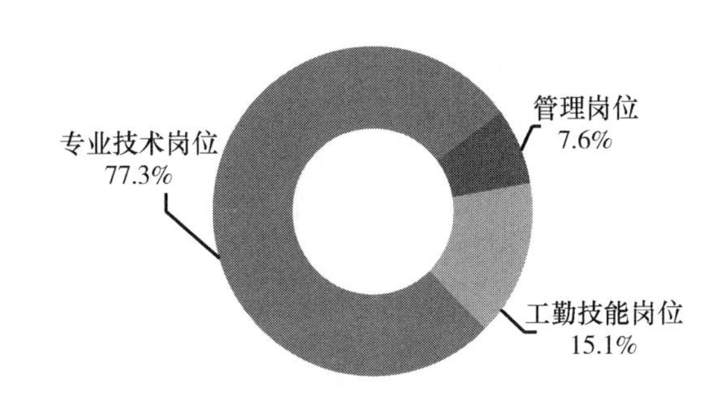

图 14－21　全国机构编外聘用人员岗位分布

1. 专业技术岗位情况

全国检验机构现有在编的专业技术岗位人员15743人（占在编人员77.8%），其中：正高级岗位1189人，副高级3053人，中级6262人，初级5239人。编外专业技术岗位人员4140人。（图14－22、图14－23）

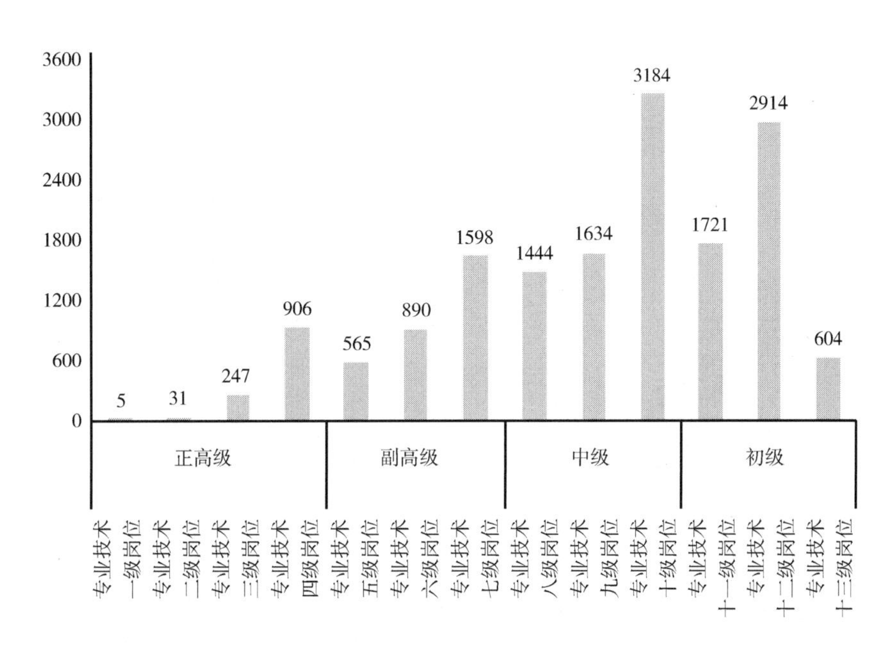

图 14－22　全国机构在编人员专业技术岗位人数

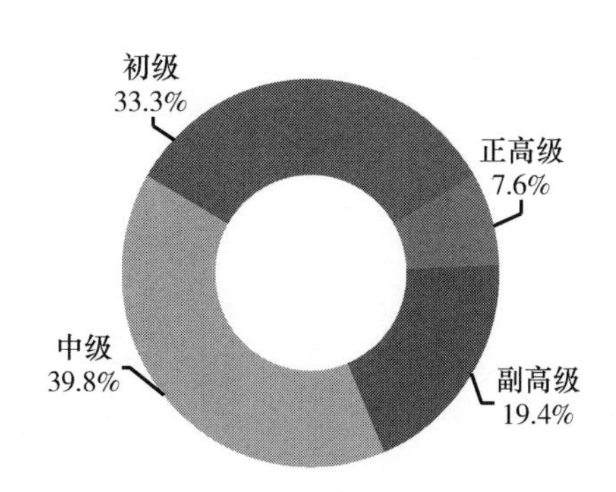

图 14－23　全国机构在编专业技术岗位人员分布

副省级以上检验机构现有在编的专业技术岗位人员6053人（占在编人员79.9%），其中：正高级岗位598人，副高级1423人，中级2415人，初级1617人。编外专业技术岗位人员2679人。

（图 14－24）

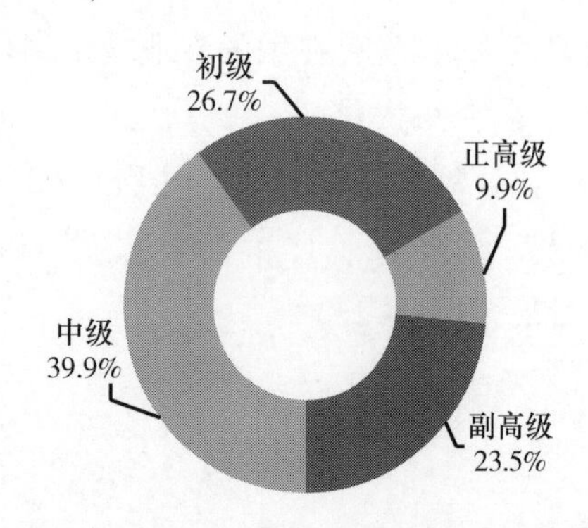

图 14－24 副省级以上机构在编专业技术岗位人员分布

地市级检验机构现有在编的专业技术岗位人员 8992 人（占在编人 75.8%），其中：正高级岗位 509 人，副高级 1505 人，中级 3437 人，初级 3541 人。编外专业技术岗位人员 1284 人。（图 14－25）

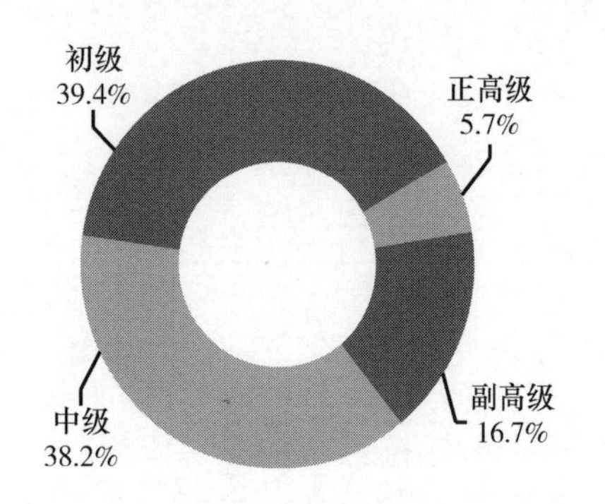

图 14－25 地市级机构在编专业技术岗位人员分布

中国食品药品检定研究院现有在编的专业技术岗位人员 795 人（占在编人员 87.8%），其中：正高级岗位 82 人，副高级 125 人，中级 410 人，初级 81 人。编外专业技术岗位人员 177 人。（图 14－26）

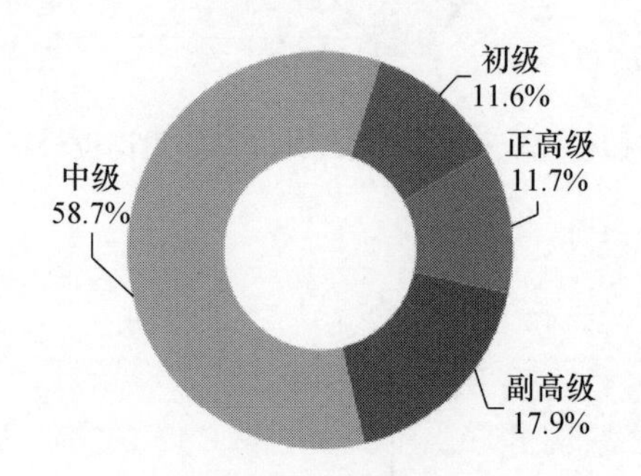

图 14－26 中国食品药品检定研究院在编人员专业技术岗位人员分布

2. 管理岗位设置情况

全国检验机构现有在编的管理人员 2399 人（占在编人员 11.9%），编外管理人员 406 人。（图 14－27、图 14－28）

副省级以上机构现有在编的管理人员 902 人（占在编人员 11.9%），编外管理人员 321 人。

地市级机构现有在编的管理人员 1437 人（占在编人员 12.1%），编外管理人员 76 人。

中国食品药品检定研究院在编的管理人员现有 60 人（占在编人员 7.5%），编外管理人员 9 人。

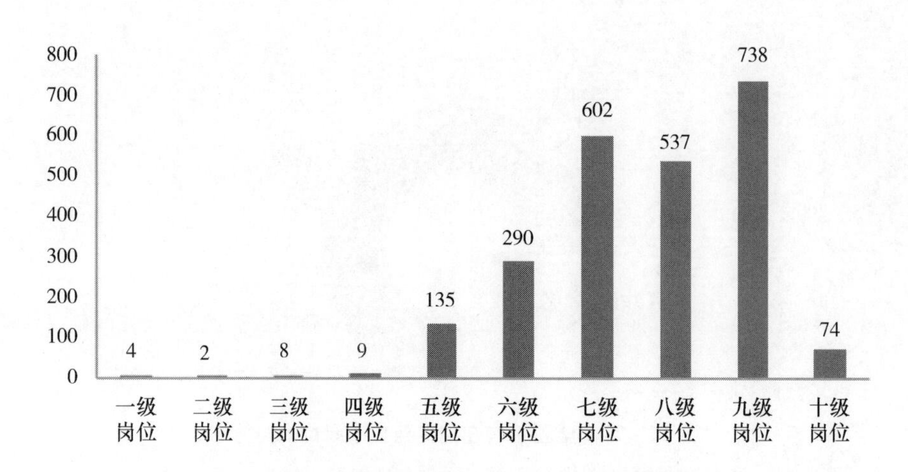

图 14－27 全国机构在编管理岗位人员总人数

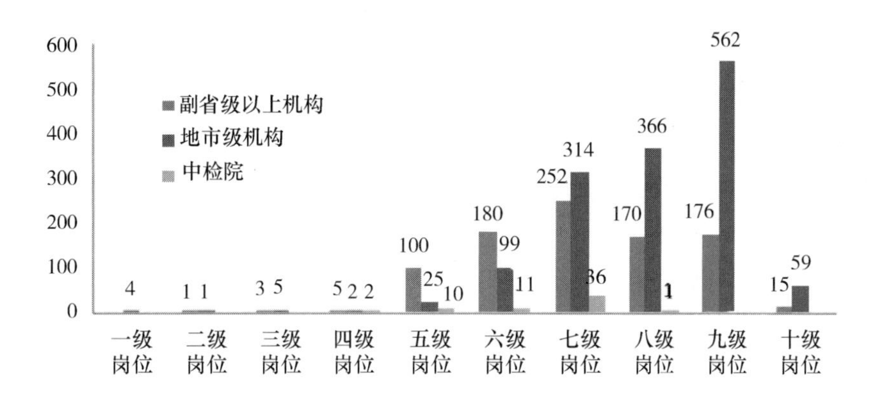

图 14－28　副省级以上机构在编管理岗位人员人数

3. 工勤技能岗位设置情况

全国检验机构现有在编工勤人员 1343 人（占在编人员 6.6%），编外工勤人员 811 人。（图 14－29～图 14－31）

副省级以上机构现有在编工勤人员 389 人（占在编人员 5.1%），编外工勤人员 390 人。

地市级机构现有在编工勤人员 925 人（占在编人员 7.9%），编外工勤人员 243 人。中国食品药品检定研究院现有在编工勤人员 29 人（占在编人员 3.6%）。编外工勤人员 178 人。

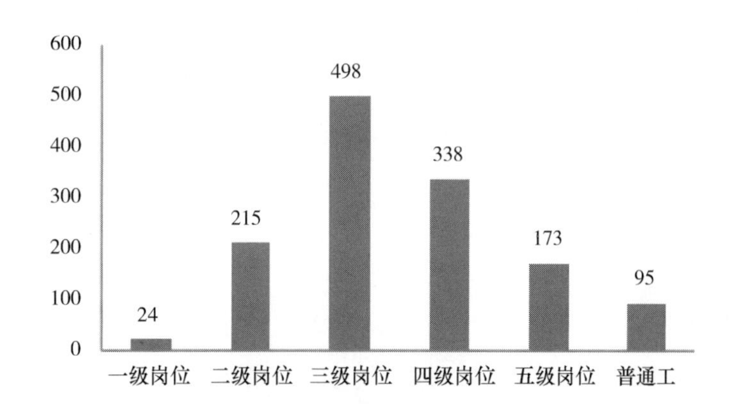

图 14－29　全国机构在编工勤技能岗位人员总人数

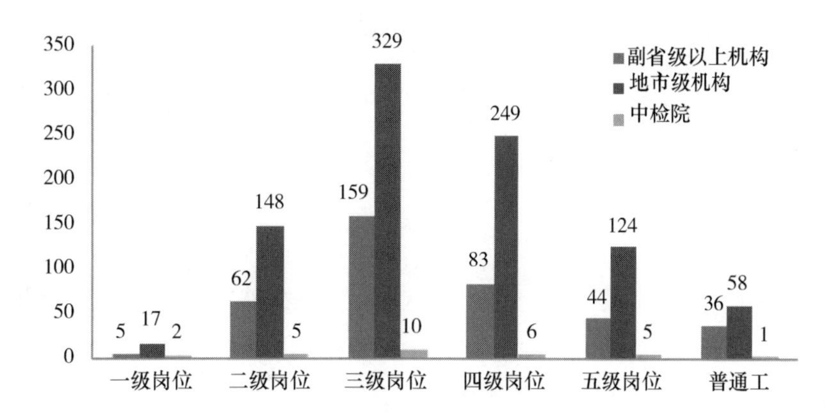

图 14－30　全国机构在编工勤技能岗位人员人数

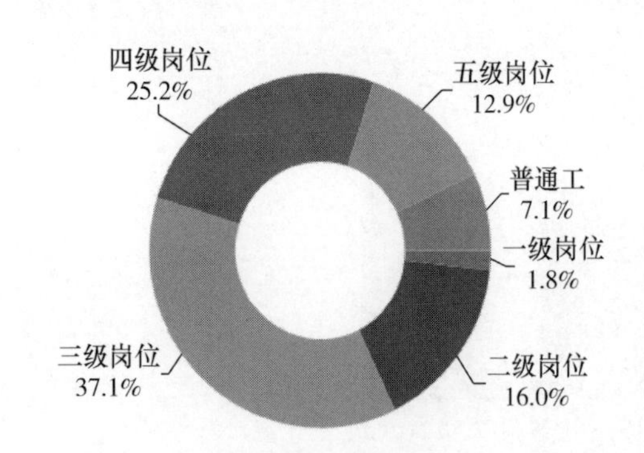

图 14－31　全国机构在编工勤技能岗位人员分布

政治面貌情况

全国检验机构在编人员现有中共党员 10766 人（占在编人员 53.2%），民主党派 824 人（4.1%），共青团员 1233 人（6.1%）。离退休中共党员 3201 人，离退休民主党派 266 人。（图 14－32、图 14－33）

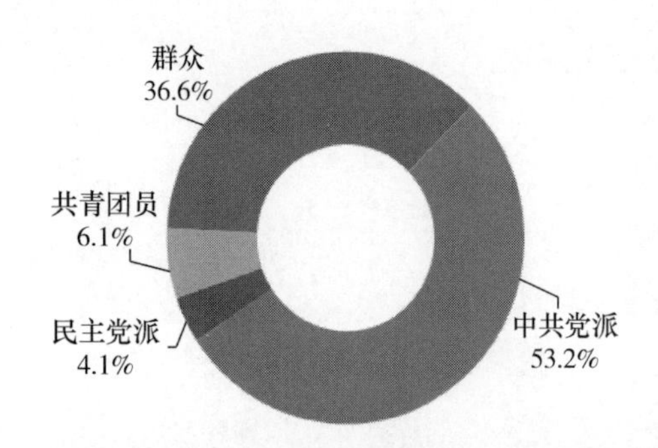

图 14－32　全国机构在编人员政治面貌分布

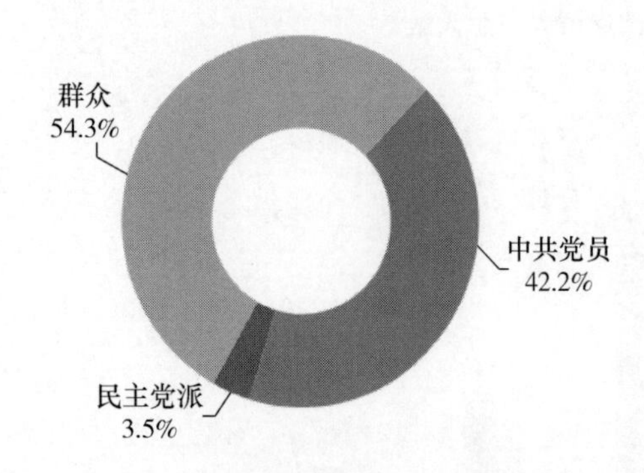

图 14－33　全国机构离退休人员政治面貌分布

副省级以上机构在编人员现有中共党员 4197 人（占在编人员 55.4%），民主党派 323 人（4.3%），共青团员 746 人（9.8%）。离退休中共党员 1292 人，离退休民主党派 127 人。（图 14－34）

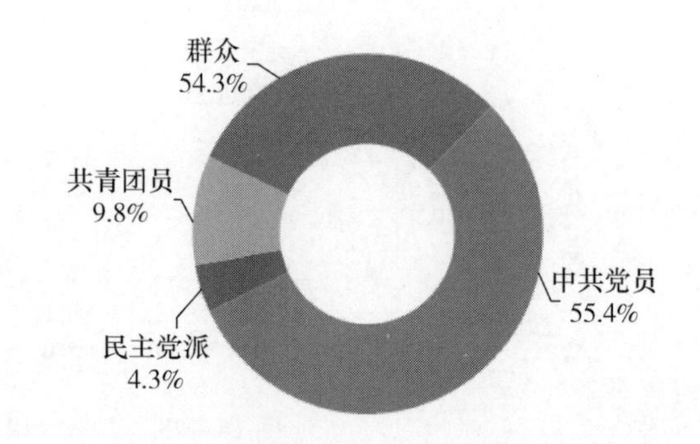

图 14－34　副省级以上机构在编人员政治面貌分布

地市级机构在编人员现有中共党员 6201 人（占在编人员 52.3%），民主党派 465 人（3.9%），共青团员 463 人（3.9%）。离退休中共党员 1748 人，离退休民主党派 96 人。（图14－35）

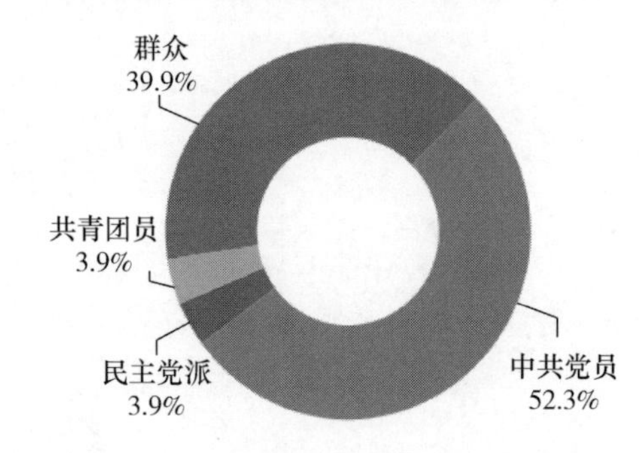

图 14－35　地级市机构在编人员政治面貌分布

中国食品药品检定研究院在编人员现有共产党员 368 人（占在编人员 46.3%），民主党派 36 人（4.5%），共青团员 24 人（3%）。离退休中共党员 161 人，离退休民主党派 43 人。（图 14－36）

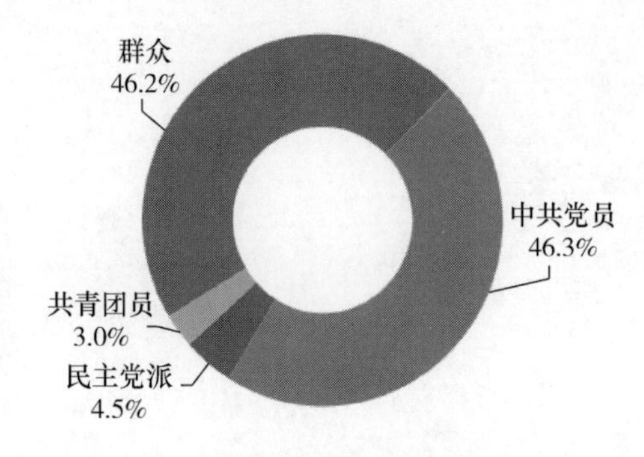

图 14－36　中国食品药品检定研究院在编人员政治面貌分布

人员培训情况

全国检验机构参加各类培训共22640次，累计受训201487人次。包括国际培训67次，受训258人次；国家级培训2473次，受训7404人次；省级培训5102次，受训18728人次；单位级培训5574次，受训102830人次；科室内部培训6490次，受训61481人次；其他培训2934次，受训10786人次。（图14－37～图14－40）副省级以上机构参加各类培训共7906次，累计受训78073人次。包括国际培训58次，受训249人次；国家级培训1429次，受训4128人次；省级培训1671次，受训6981人次；单位级培训1658次，受训32505人次；科室内部培训2423次，受训31711人次；其他培训667次，受训2499人次。

地市级机构参加各类培训共13297次，累计受训123414人次。包括国际培训9次，受训9人次；国家级培训1005次，受训3276人次；省级培训3431次，受训11747人次；单位级培训3878次，受训70325人次；科室内部培训3807次，受训29770人次；其他培训1167次，受训8287人次。

中国食品药品检定研究院主办各类培训1437次，包括国家级培训39次，单位级培训38次，科室内部培训260次，其他培训1100次。

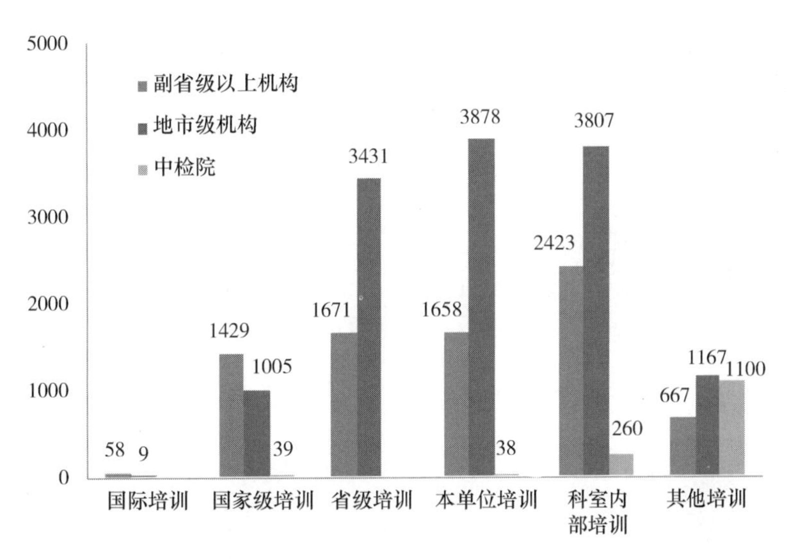

图14－37　全国机构参加培训次数

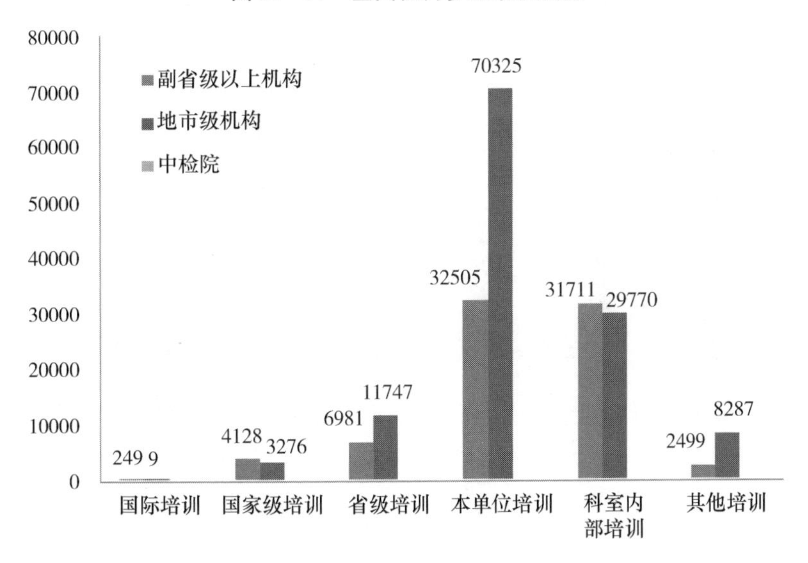

图14－38　全国机构受训人次

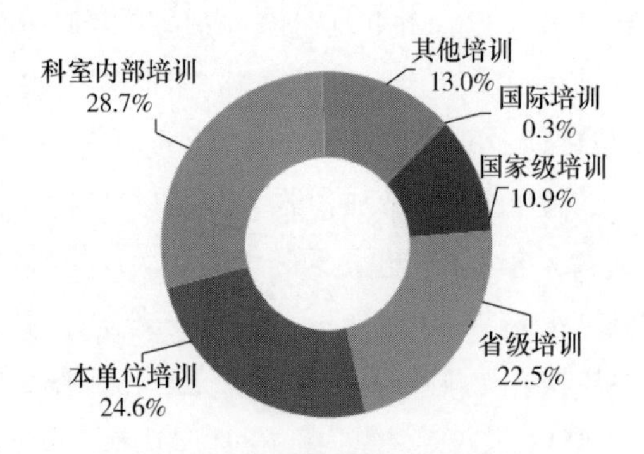

图 14－39　全国机构参加培训分布

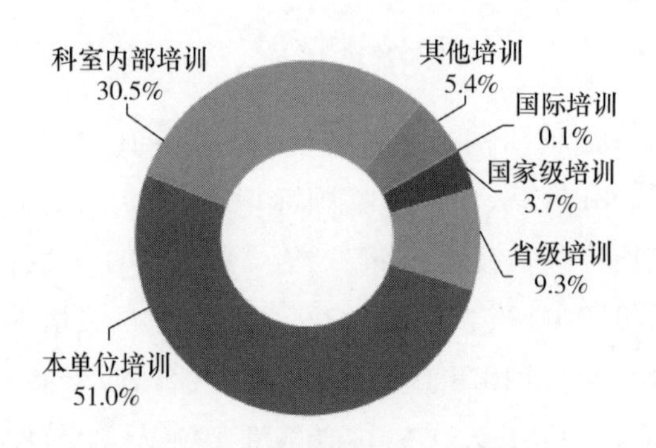

图 14－40　全国机构受训人次分布

资产情况

建筑情况

全国检验机构共有房屋面积 212.54 万平方米，其中自有房屋面积 177.18 万平方米（83.4%），租赁房屋面积 35.36 万平方米（16.6%）。按功能区域分，办公区面积 46.11 万平方米（24.4%）；共有实验室面积 142.69 万平方米（75.6%），其中生物安全实验室面积 8.42 万平方米（占实验室面积 5.9%），动物生产和实验设施面积 6.25 万平方米（占实验室面积 4.4%）。（图 14－41～图 14－43）

副省级以上机构共有房屋面积 111.42 万平方米，其中自有房屋面积 90.67 万平方米（81.4%），租赁房屋面积 20.75 万平方米（18.6%）。按功能区域分，办公区面积 22.4 万平方米（23.8%）；共有实验室面积 71.81 万平方米（76.2%），其中生物安全实验室面积 4 万平方米（占实验室面积 5.6%），动物生产和实验设施面积4.32 万平方米（占实验室面积6%）。

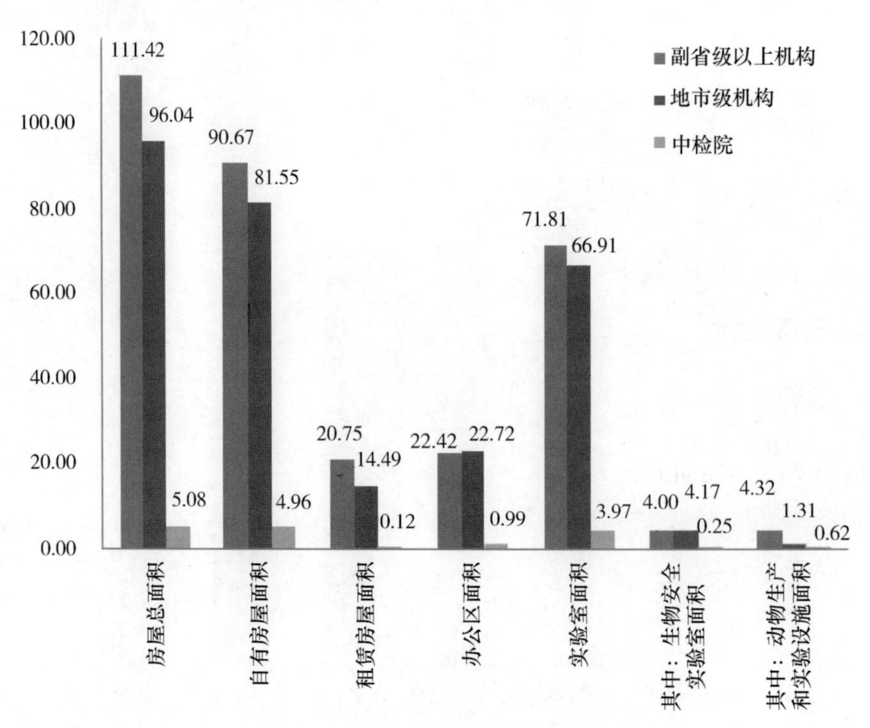

图 14－41　全国机构建筑面积情况

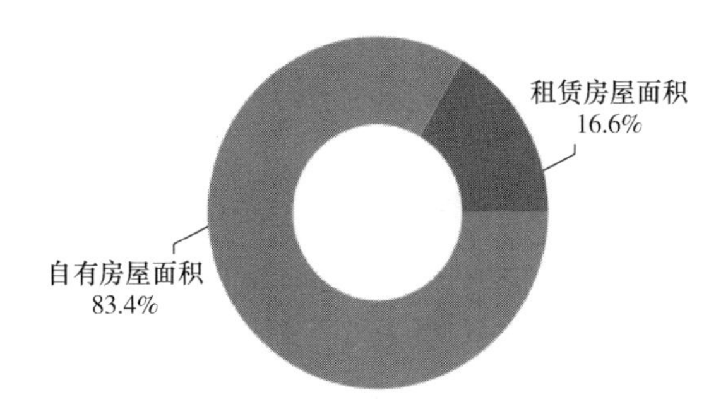

图 14－42 全国机构房屋建筑面积所有权情况

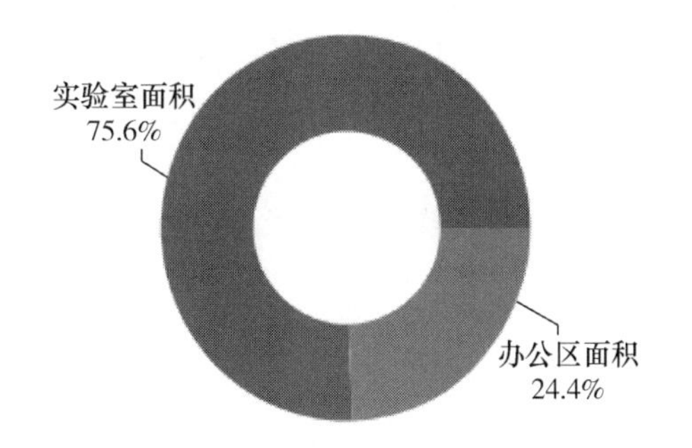

图 14－43 全国机构实验办公区域分配情况

地市级机构共有房屋面积 96.04 万平方米，其中自有房屋面积 81.55 万平方米（84.9%），租赁房屋面积 14.49 万平方米（15.1%）。按功能区域分，办公区面积 22.72 万平方米（25.3%）；共有实验室面积 66.91 万平方米（74.7%），其中生物安全实验室面积 4.17 万平方米（占实验室面积 6.2%），动物生产和实验设施面积 1.31 万平方米（占实验室面积 2%）。

中国食品药品检定研究院共有房屋面积 5.08 万平方米，其中自有房屋面积 4.96 万平方米（97.6%），租赁房屋面积 0.12 万平方米（2.4%）。按功能区域分，办公区面积 0.99 万平方米（20%）；共有实验室面积 3.97 万平方米（80%），其中生物安全实验室面积 0.25 万平方米（占实验室面积 6.3%），动物生产和实验设施面积 0.62 万平方米（占实验室面积 15.6%）。（图 14－44、图 14－45）

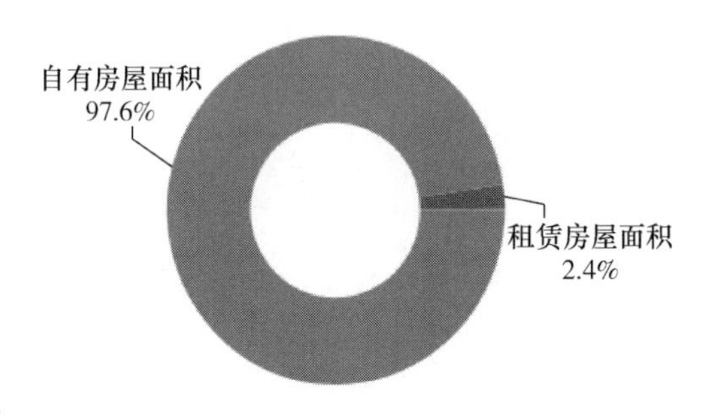

图 14－44 中国食品药品检定研究院房屋建筑面积所有权情况

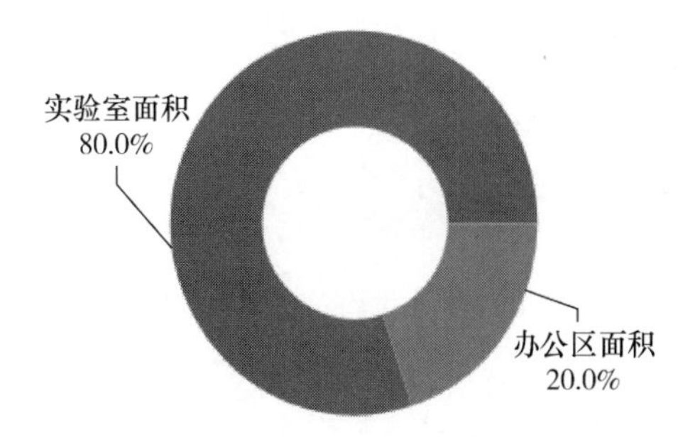

图 14－45 中国食品药品检定研究院实验办公区域分配情况

固定资产情况

全国检验机构实有固定资产总额 150.34 亿元，其中房屋及构筑物 38.97 亿元（25.9%），专用设备 67.28 亿元（44.8%），通用设备 39.32 亿元（26.2%），文物和陈列品 719.57 万元（0.05%），图书/档案 5924.59 万元（0.4%），家具、用具、装具及动植物 4.11 亿元（2.7%）；无形资产总额 1.2 亿元，其中软件 3536.2 万元（29.5%）。（图 14－46、图 14－47）

副省级以上机构实有固定资产总额 90.45 亿元，其中房屋及构筑物 25.18 亿元（27.8%），专用设备 38.09 亿元（42.1%），通用设备 23.94 亿元（26.5%），文物和陈列品 467.92 万元（0.1%），图书/档案 2180.91 万元（0.2%），家具、用具、装具及动植物 2.97 亿元（3.3%）；无形资产总额 8706.2 万元，其中软件 1979.51 万元（22.7%）。（图 14－48）

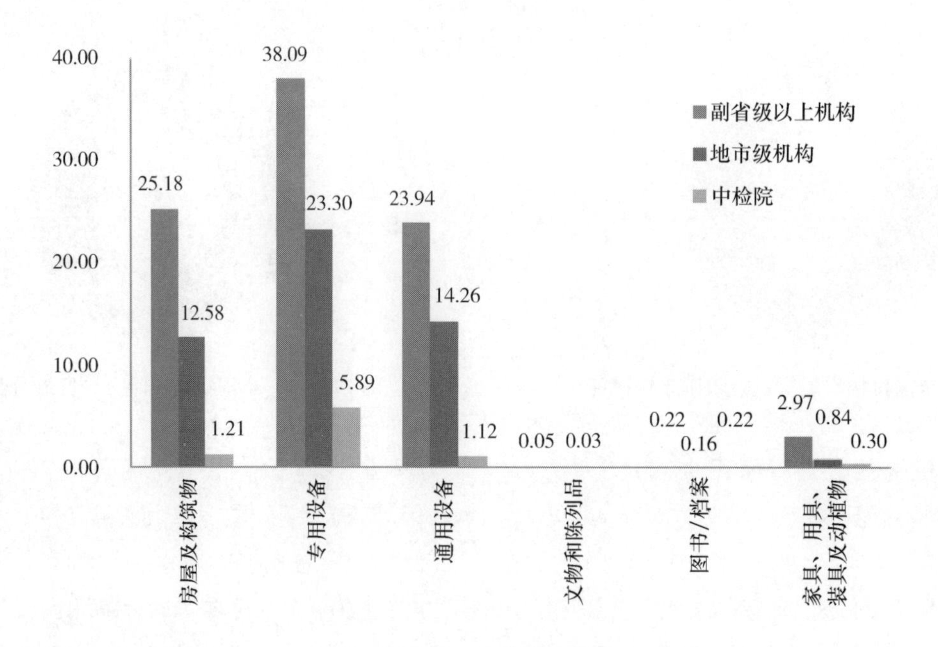

图 14－46 全国机构资产情况

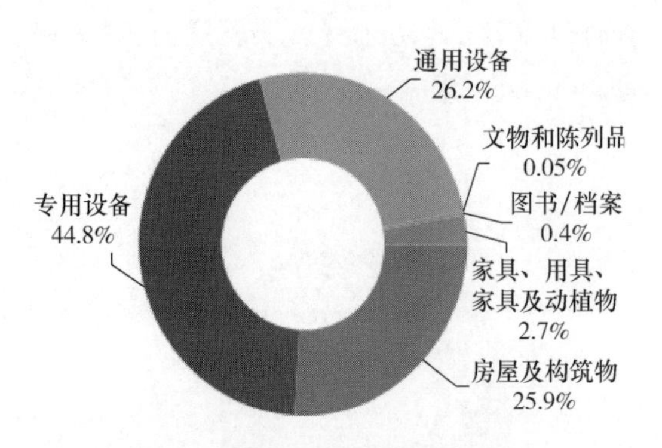

图 14－47 全国机构固定资产情况

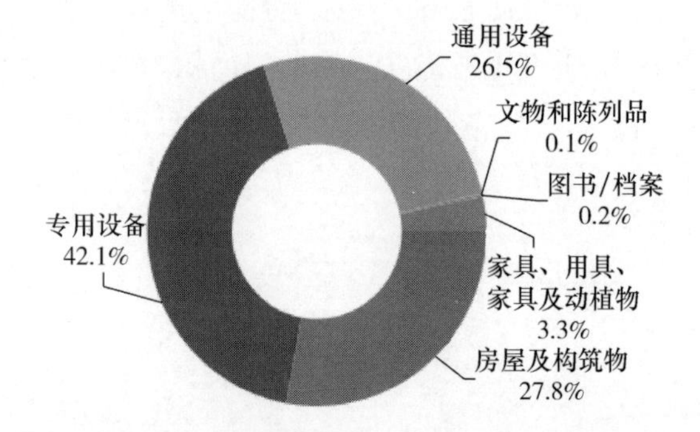

图 14－48 副省级以上机构固定资产情况

地市级机构实有固定资产总额 51.16 亿元，其中房屋及构筑物 12.58 亿元（24.6%），专用设备 23.3 亿元（45.5%），通用设备 14.26 亿元（27.9%），文物和陈列品 251.65 万元（0.05%），图书/档案 1574.51 万元（0.3%），家具、用具、装具及动植物 8413.69 万元（1.6%）；无形资产总额 1612.82 万元，其中软件 1022.5 万元（63.4%）。（图 14－49）

中国食品药品检定研究院共有实有固定资产总额 8.74 亿元，其中房屋及构筑物 1.21 亿元（13.9%），专用设备 5.89 亿元（67.4%），通用设备 1.12 亿元（12.8%），图书/档案 2169.17 万元（2.5%），家具、用具、装具及动植物 2991.2 万元（3.4%）；无形资产总额 1683.55 万元，其中软件 534.2 万元（31.7%）。（图 14－50）

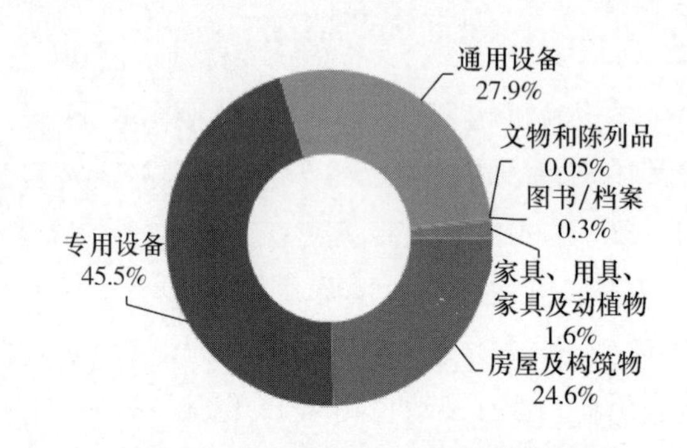

图 14－49 地市级机构固定资产情况

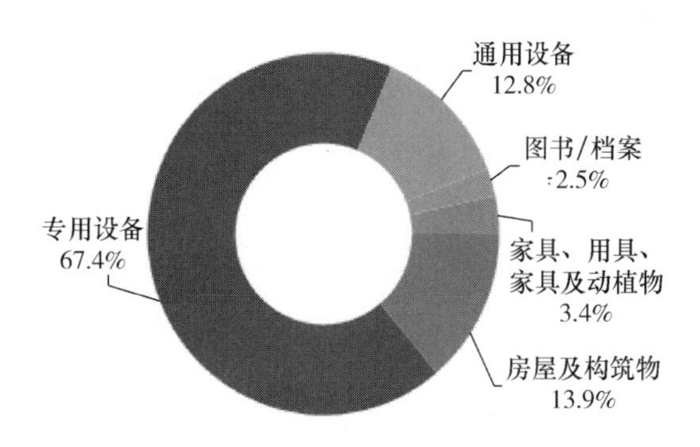

图 14－50　中国食品药品检定研究院固定资产情况

设备情况

全国检验机构共有设备 20.3 万台套，价值 106.94 亿元。其中实验仪器 12.48 万台套，价值 100.95 亿元；办公设备 7.82 万台套，价值 5.99 亿元。超过 50 万元的实验仪器 4801 台套，超过 50 万元办公设备 2848 台套。（图 14－51、图 14－52）

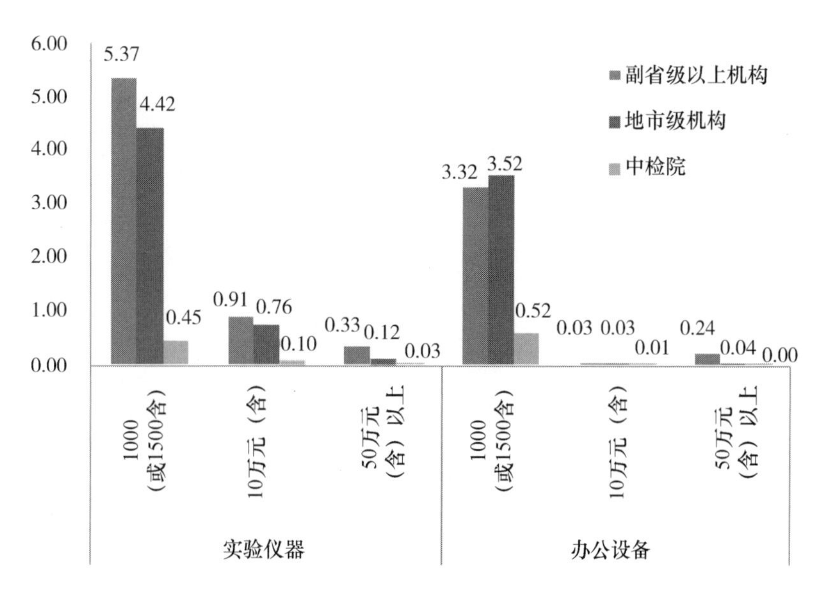

图 14－51　全国机构设备数量情况（万台套）

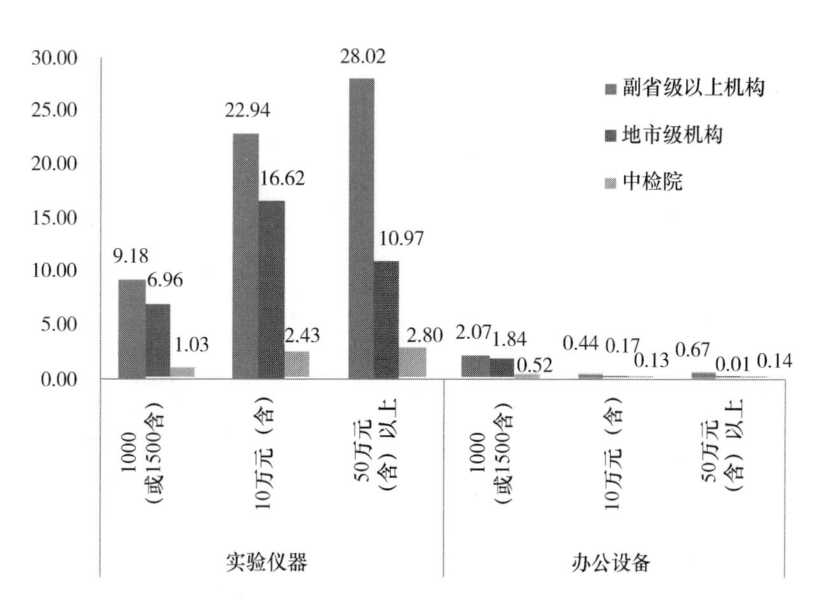

图 14－52　全国机构设备价值情况（亿元）

副省级以上机构共有设备10.2万台套，价值63.32亿元。其中实验仪器6.61万台套，价值60.14亿元；办公设备3.6万台套，价值3.18亿元。超过50万元的实验仪器3291台套，超过50万元办公设备2445台套。

地市级机构共有设备8.89万台套，价值36.58亿元。其中实验仪器5.3万台套，价值34.55亿元；办公设备3.59万台套，价值2.03亿元。超过50万元的实验仪器1237台套，超过50万元办公设备386台套。

中国食品药品检定研究院共有设备12051台套，同比增长3.2%，总价值7.04亿元，同比增长5%。其中实验仪器5728台套，同比增长4%，价值6.26亿元；办公设备6323台套，同比增长2.5%，价值7862.13万元。超过50万元的实验仪器273台套，同比增长4.2%，超过50万元的办公设备17台套，同比增长21.4%。（图14－53、图14－54）

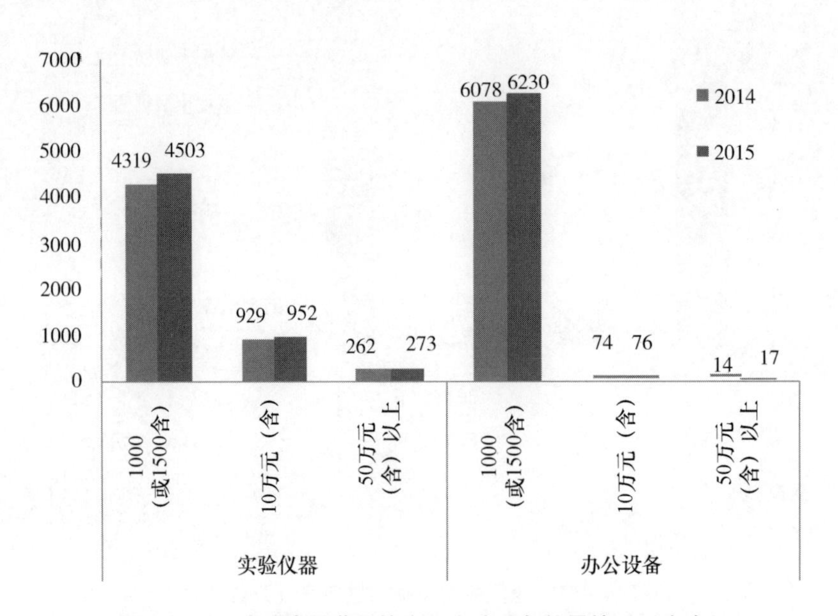

图14－53 中国食品药品检定研究院设备数量情况（台套）

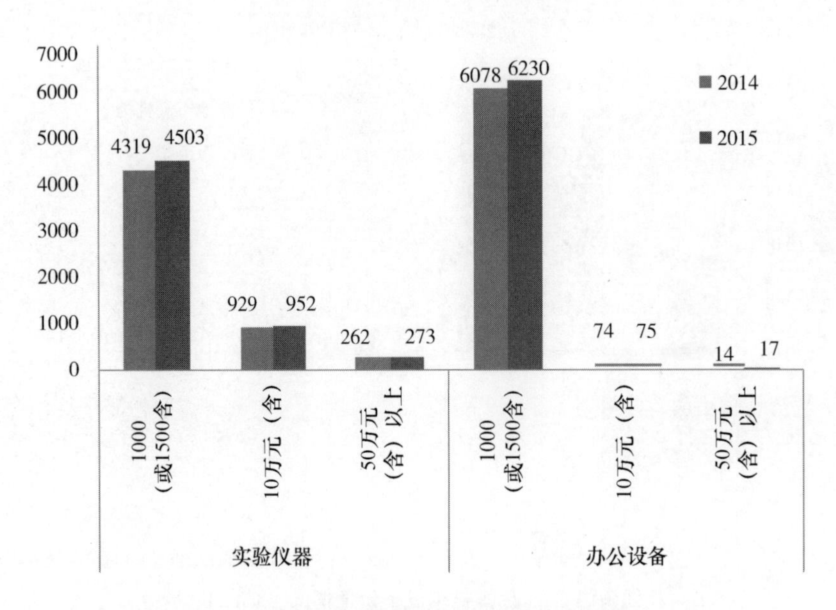

图14－54 中国食品药品检定研究院设备价值情况（万元）

信息设备情况

全国检验机构 2015 年度投入信息化建设经费 6364.51 万元，年末实有信息设备 33.95 万台套，价值 3.12 亿元，包括外购软件 30.59 万套，自行开发软件 52 套，台式电脑 2.42 万台，笔记本电脑 6049 台，服务器 822 台，存储设备 839 台，路由器 340 台，交换机 1118 台，网络安全设备 202 套。（图 14－55）

副省级以上机构 2015 年度投入信息化建设经费 3727.32 万元，年末实有信息设备 2.1 万台套，价值 1.37 亿元，包括外购软件 5670 套，自行开发软件 18 套，台式电脑 1.08 万台，笔记本电脑 3158 台，服务器 333 台，存储设备 298 台，路由器 104 台，交换机 539 台，网络安全设备 84 套。

地市级机构 2015 年度投入信息化建设经费 1915.37 万元，年末实有信息设备 31.55 台套，价值 1.13 亿元，包括实有外购软件 30.01 万套，自行开发软件 6 套，台式电脑 1.16 万台，笔记本电脑 2062 台，服务器 400 台，存储设备 514 台，路由器 231 台，交换机 469 台，网络安全设备 112 套。

中国食品药品检定研究院 2015 年度投入信息化建设经费 721.82 万元，年末实有信息设备 2921 台套，价值 6148.93 万元，包括外购软件 69 套，自行开发软件 28 套，台式电脑 1758 台，笔记本电脑 829 台，服务器 89 台，存储设备 27 台，路由器 5 台，交换机 110 台，网络安全设备 6 套。（图 14－56）

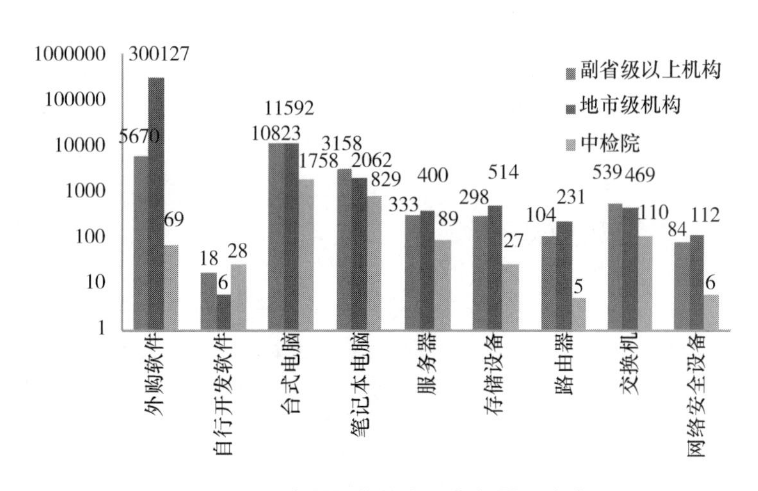

图 14－55　全国机构信息设备数量（台套）

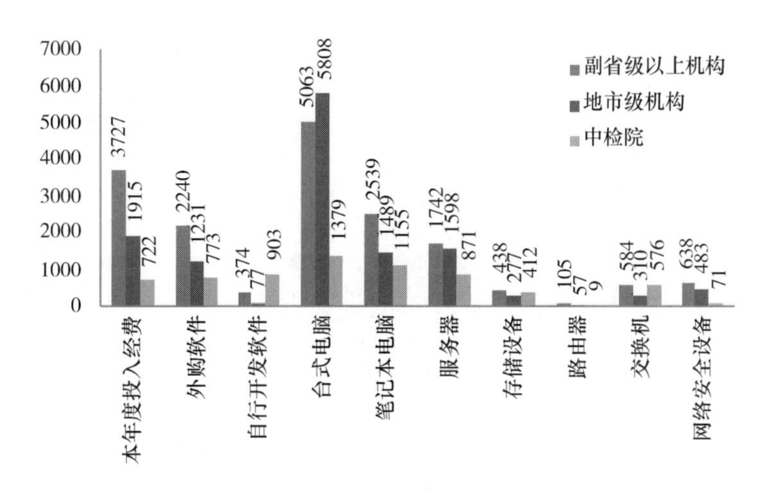

图 14－56　全国机构信息设备价值（万元）

业务情况

收发文情况

全国检验机构2015年总计收文7.6万件，包括业务类收文3.28万件，行政党务类收文4.32万件；总计发文2.2万件，包括业务类发文1.26万件，行政党务类发文9350件。（图14－57）

副省级以上机构2015年总计收文3.26万件，包括业务类收文1.51万件，行政党务类收文1.75万件；总计发文1.13万件，包括业务类发文6989件，行政党务类发文4350件。

地市级机构2015年总计收文4.1万件，包括业务类收文1.76万件，行政党务类收文2.34万件；总计发文9325件，包括业务类发文5157件，行政党务类发文4168件。

中国食品药品检定研究院2015年总计收文2322件，包括业务类收文71件，行政党务类收文2251件；总计发文1304件，包括业务类收文472件，行政党务类收文832件。

检验检测样品受理情况

1. 全国检验机构受理情况

全国检验机构2015年度受理了163.56万批（以批/检样量计）。（图14－58）

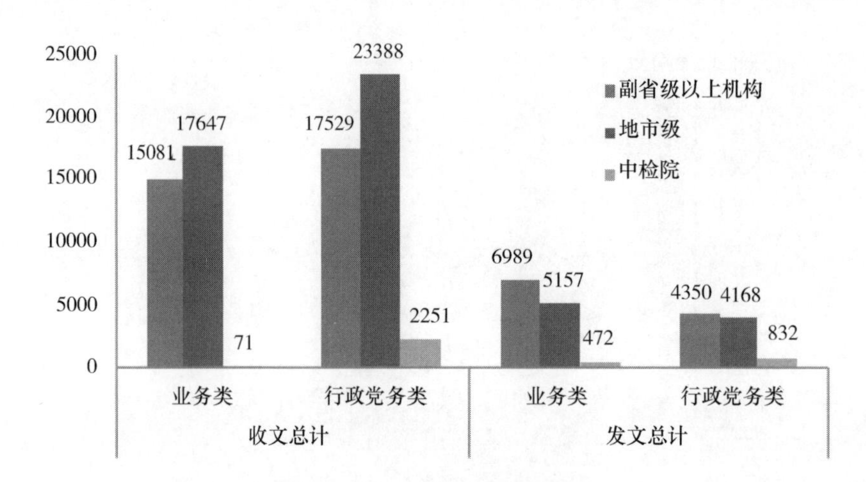

图14－57 全国机构收发文情况

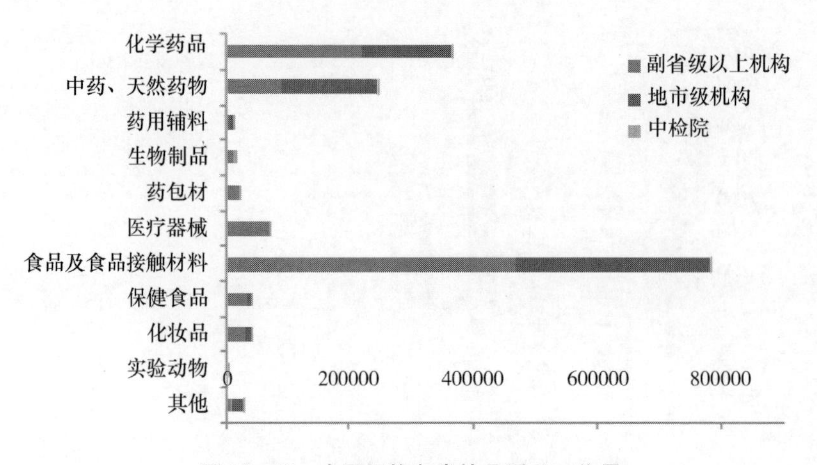

图14－58 全国机构各类检品受理工作量

（1）以检品分类计

2015年度：化学药品为36.77万批（22.5%），中药、天然药物为25.2万批（15.4%），药用辅料为1.05万批（0.6%），生物制品为1.82万批（1.1%，含省级机构的批签发协作检验4195批），药包材为2.11万批（1.3%），医疗器械为7.42万批（4.5%），食品及食品接触材料为78.2万批（47.8%），保健食品为4.06万批（2.5%），化妆品为4.1万批（2.5%），实验动物为398批（0.02%），其他2.8万批（1.7%）。（图14-59）

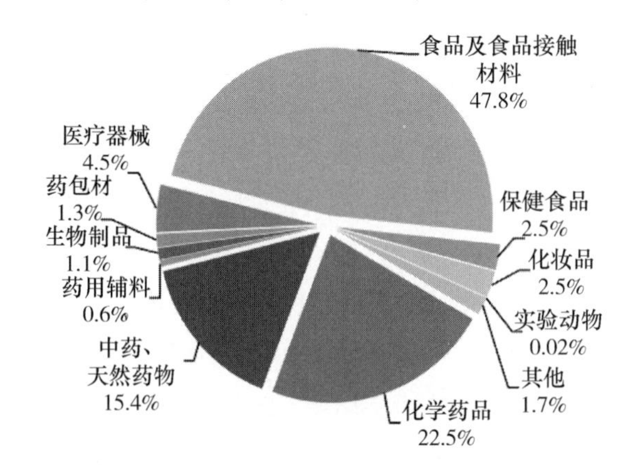

图14-59　全国机构各类检品受理分布

（2）以检验类型计

2015年度：监督检验102.23万批（62.5%），注册/许可检验为10.02万批（6.1%），进口检验为13.39万批（8.2%，含进口批签发1734批），生物制品批签发（国产制品）为1.11万批（0.7%，含省级单位协作检验4195批），委托检验为23.99万批（14.7%），合同检验为11.23万批（6.9%），复验为940批（0.1%），认证认可及能力考核检验为1.51万批（0.9%）。（图14-60、图14-61）

监督检验中，包括国家级计划抽验7.56万批，国家级监督抽验/监测13.06万批，省级计划抽验及监督抽验/监测49.09万批，地市级计划抽验及监督抽验/监测32.51万批。

2. 副省级以上检验机构受理情况

副省级以上机构2015年度受理了96.24万批（以批/检样量计）。

（1）以检品分类计

2015年度：化学药品为22.26批（23.1%），中药、天然药物为9.13万批（9.5%），药用辅料为5248批（0.5%），生物制品为9688批（1%，含批签发协作检验4195批），药包材为1.98万批（2.1%），医疗器械为6.98万批（7.3%），食品及食品接触材料为46.97万批（48.8%），保健食品为3.35万批（3.5%），化妆品为3.25万批（3.4%），实验动物为17批（0.002%），其他8180批（0.8%）。（图14-62）

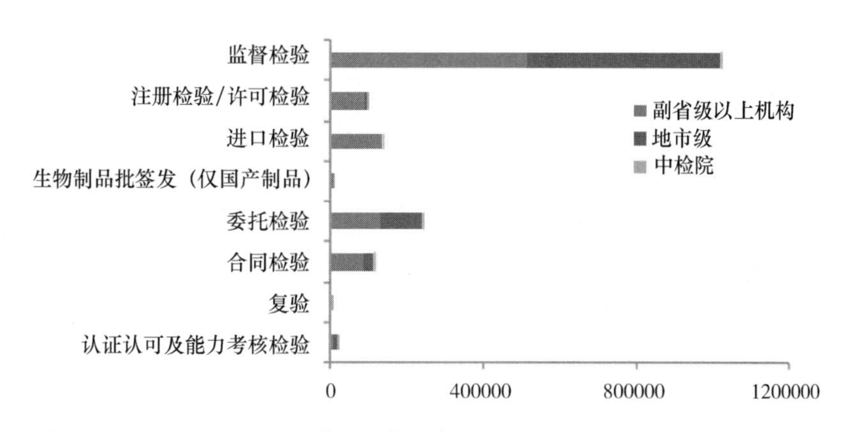

图14-60　全国机构各类业务受理工作量

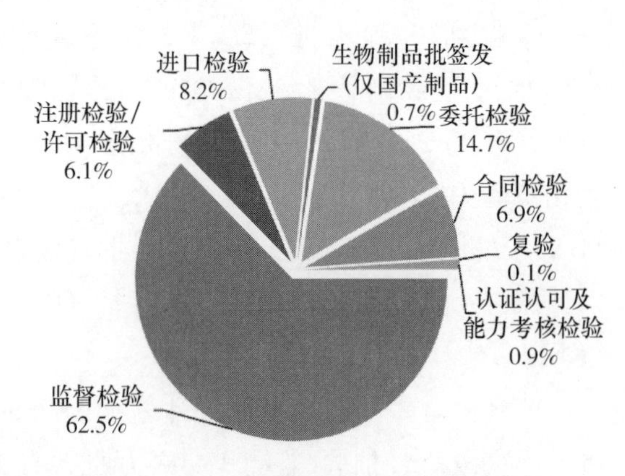

图 14-61 全国机构各类业务受理分布

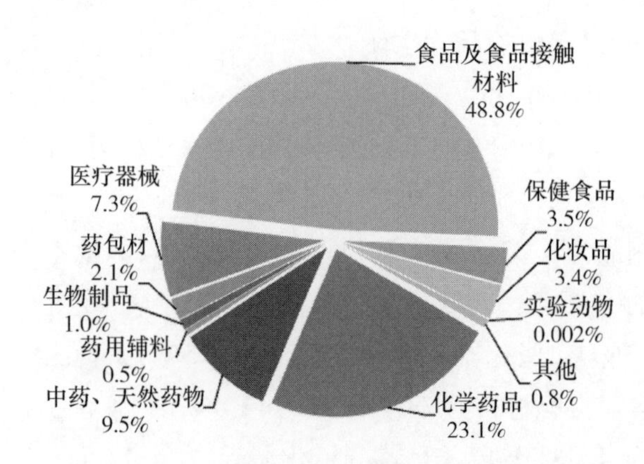

图 14-62 副省级以上机构检验受理样品分布

（2）以检验类型计

2015 年度：监督检验 51.6 万批（53.6%），注册/许可检验为 8.73 万批（9.1%），进口检验为 13.29 万批（13.8%，含进口批签发 1549 批），生物制品批签发（国产制品）为 6295 批（0.7%，含省级机构协作检验 4195 批），委托检验为 12.64 万批（13.1%），合同检验为 8.42 万批（8.8%），复验为 687 批（0.1%），认证认可及能力考核检验为 8567 批（0.9%）。（图 14-63）

监督检验中，包括国家级计划抽验 6.8 万批，国家级监督抽验/监测 11.81 万批，省级计划抽验及监督抽验/监测 20.67 万批，地市级计划抽验及监督抽验/监测 12.32 万批。

3. 地市级检验机构受理情况

地市级检验机构 2015 年度受理了 65.6 万批（以批/检样量计）。

（1）以检品分类计

2015 年度：化学药品为 14.37 万批（21.9%），中药、天然药物为 15.82 万批（24.1%），药用辅料为 5143 批（0.8%），生物制品为 248 批（0.04%），药包材为 942 批（0.1%），医疗器械为 1457 批（0.2%），食品及食品接触材料为 31.19 万批（47.6%），保健食品为 6941 批（1.1%），化妆品为 8237 批（1.3%），实验动物为 43 批（0.01%），其他 1.92 万批（2.9%）。（图 14-64）

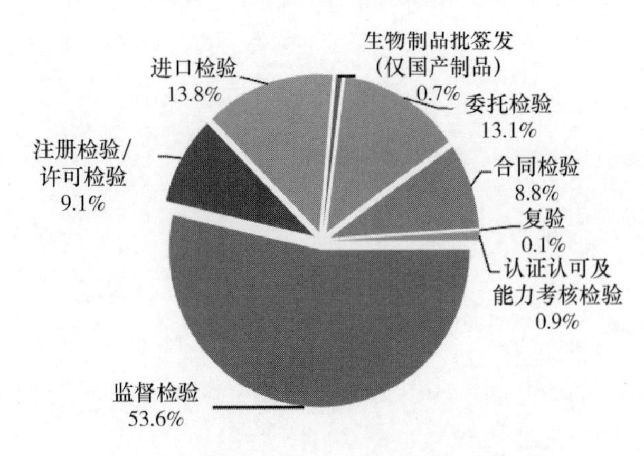

图 14-63 副省级上机构检验受理业务分布

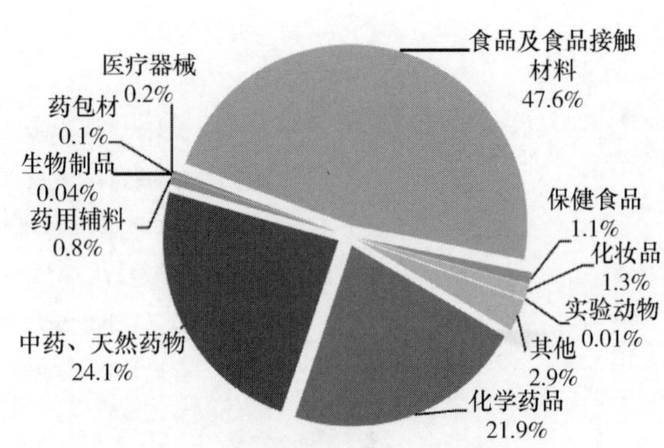

图 14-64 地市级机构检验受理样品分布

（2）以检验类型计

2015 年度：监督检验 50.31 万批（76.7%），注册/许可检验为 8339 批（1.3%），委托检验为 11.24 万批（17.1%），合同检验为 2.56 万批（3.9%），复验为 186 批，（0.03%），认证认可及能力考核检验为 6312 批（1%）。（图 14-65）

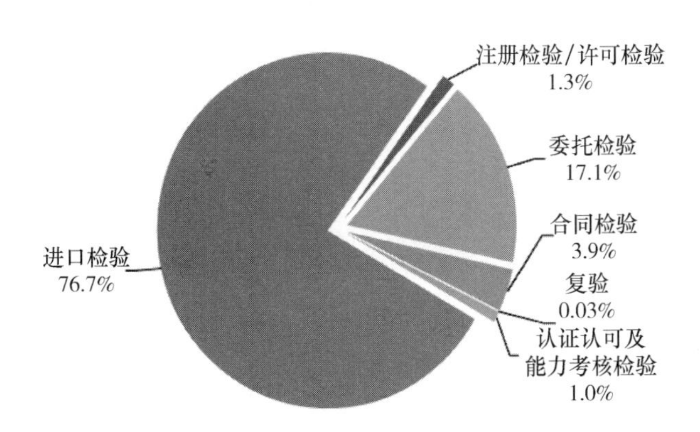

图 14－65　地市级机构检验受理业务分布

监督检验中，包括国家级计划抽验 4801 批，国家级监督抽验/监测 1.21 万批，省级计划抽验及监督抽验/监测 28.42 万批，地市级计划抽验及监督抽验/监测 20.19 万批。

4. 中国食品药品检定研究院受理情况

中国食品药品检定研究院 2015 年度受理 17199 批检验检测工作。

（1）以检品分类计

2015 年度：化学药品为 1445 批（8.4%），中药、天然药物 2480 批（14.4%），药用辅料 78 批（0.5%），生物制品为 8275 批（48.1%），药包材为 343 批（2%），医疗器械为 2919 批（17%），食品及食品接触材料为 318 批（1.8%），保健食品为 218 批（1.3%），化妆品为 199 批（1.2%），实验动物为 338 批（2%），其他类别为 586 批（3.4%）。（图 14－66）

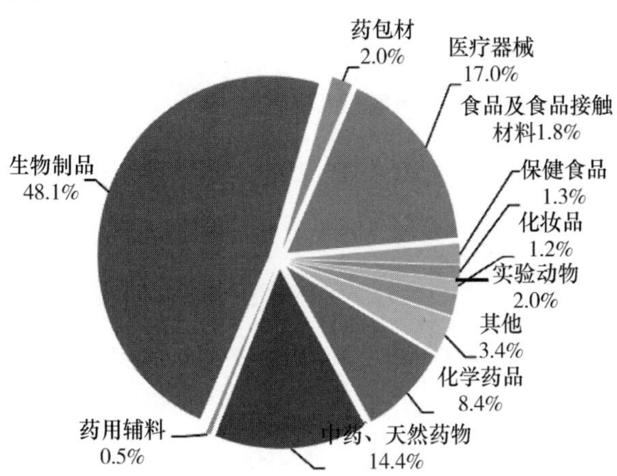

图 14－66　中国食品药品检定研究院检验受理样品分布

（2）以检验类型计

2015 年度：监督检验 3195 批（18.6%，包括国家级计划抽验 2812 批，国家级监督抽验/监测 383 批），注册/许可检验为 4545 批（26.4%），进口检验为 949 批（5.5%，其中进口批签发制品 185 批），生物制品批签发（国产制品）为 4764 批（27.7%），委托检验为 999 批（5.8%），合同检验为 2500 批（14.5%），复验为 67 批（0.4%），认证认可及能力考核检验为 180 批（1%）。（图 14－67）

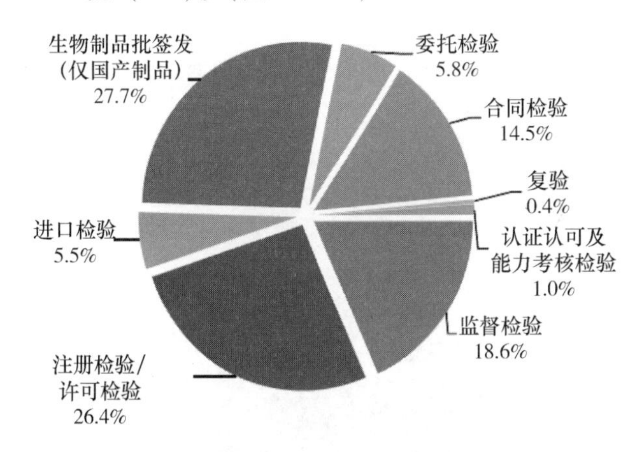

图 14－67　中国食品药品检定研究院检验受理业务分布

检验检测报告书完成情况

1. 全国检验机构报告完成情况

全国检验机构 2015 年度完成了 156.11 万份报告。

（1）以检品分类计

2015 年度：化学药品为 31.45 万份（20.1%），中药、天然药物 25.27 万份（16.2%），药用辅料 9053 份（0.6%），生物制品为 1.41 万份（0.9%），药包材为 2.03 万份（1.3%），医疗器械为 7.14 万份（4.6%），食品及食品接触材料为 76.83 万份（49.2%），保健食品为 4.16 万份（2.7%），化妆品为 4.43 万份（2.8%），实验动物为 367 份（0.02%），其他 2.46 万份（1.6%）。（图 14－68、图 14－69）

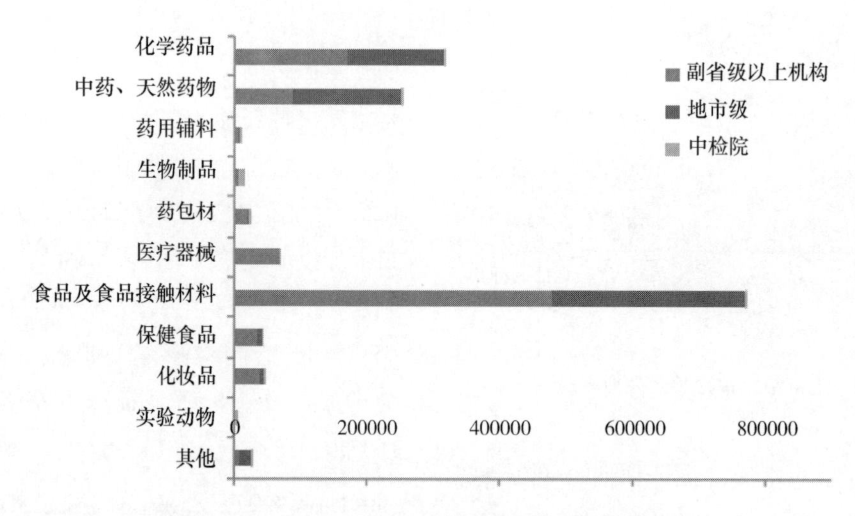

图 14－68 全国机构各类检品检验报告书签发工作量

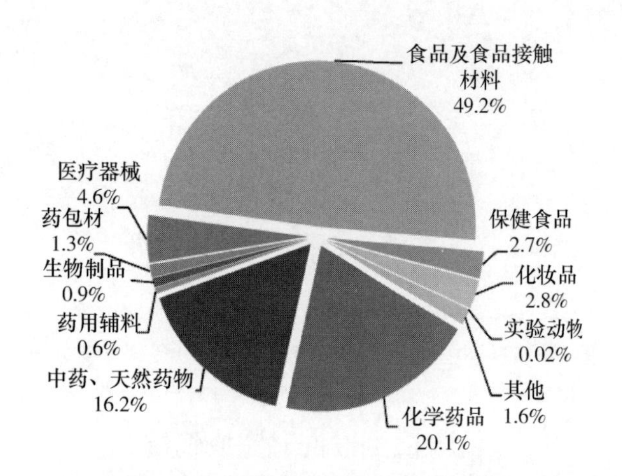

图 14－69 全国机构各类检品报告书分布

（2）以检验类型计

2015 年度：监督检验 102.14 万批（65.4%），注册/许可检验为 9.71 万份（6.2%），进口检验为 7.61 万份（4.9%，含进口批签发制品 1596 份），生物制品批签发（国产制品）为 6850 份（0.4%），委托检验为 23.28 万份（14.9%），合同检验为 11.26 万份（7.2%），复验为 925 份（0.1%），认证认可及能力考核检验为 1.33 万份（0.9%）。（图 14－70、图 14－71）

监督检验中，包括国家级计划抽验 8.16 万份，国家级监督抽验/监测 14.27 万份，省级计划抽验及监督抽验/监测 47.03 万份，地市级计划抽验及监督抽验/监测 32.68 万份。

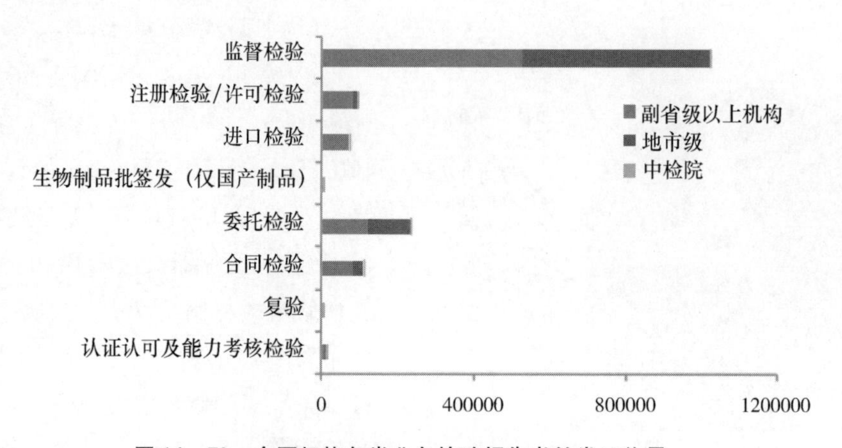

图 14－70 全国机构各类业务检验报告书签发工作量

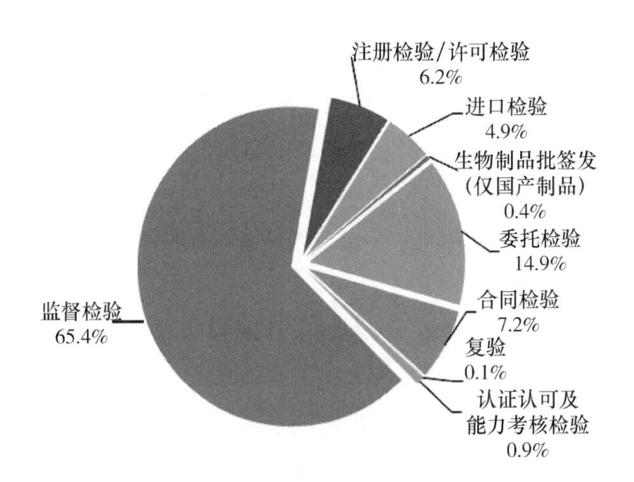

图 14－71　全国机构各类检品报告书分布

2. 副省级以上机构报告完成情况

副省级以上检验机构 2015 年度完成了 90.57 万份报告。

（1）以检品分类计

2015 年度：化学药品为 16.64 万份（18.4%），中药、天然药物 8.78 万份（9.7%），药用辅料 3667 份（0.4%），生物制品为 5612 份（0.6%），药包材为 1.91 万份（2.1%），医疗器械为 6.75 万份（7.5%），食品及食品接触材料为 47.63 万份（52.6%），保健食品为 3.39 万份（3.7%），化妆品为 3.69 万份（4.1%），实验动物为 8 份（0.001%），其他 8530 份（0.9%）。（图 14－72）

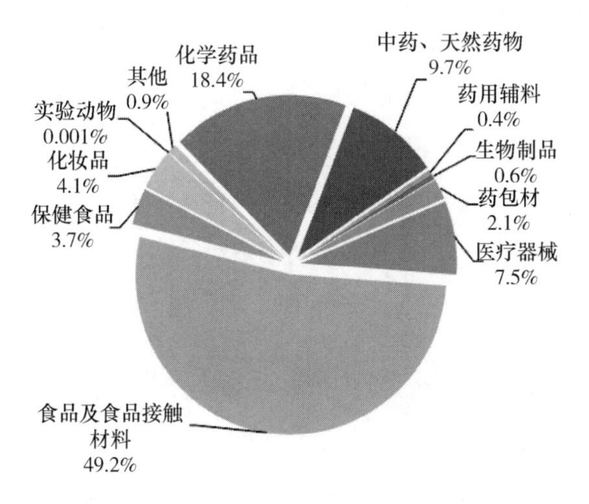

图 14－72　副省级以上机构各类检品报告书分布

（2）以检验类型计

2015 年度：监督检验 52.66 万批（58.1%），注册/许可检验为 8.48 万份（9.4%），进口检验为 7.52 万份（8.3%，含进口批签发制品 1393 份），生物制品批签发（国产制品）为 2088 份（0.2%），委托检验为 12.33 万份（13.6%），合同检验为 8.61 万份（9.5%），复验为 666 份（0.1%），认证认可及能力考核检验为 7060 份（0.8%）。

监督检验中，包括国家级计划抽验 7.48 万份，国家级监督抽验/监测 13.17 万份，省级计划抽验及监督抽验/监测 19.06 万份，地市级计划抽验及监督抽验/监测 12.94 万份。（图 14－73）

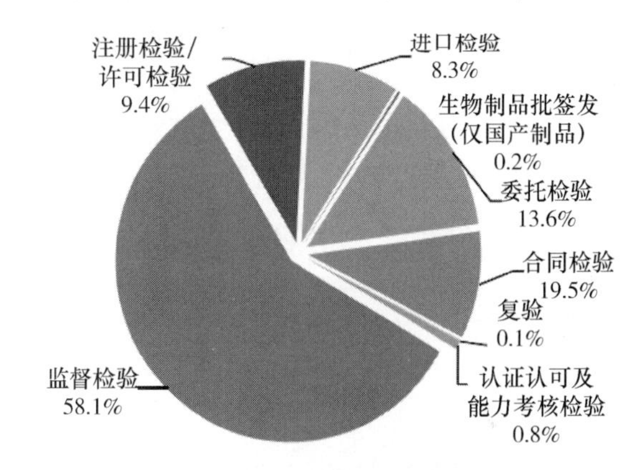

图 14－73　副省级以上机构各类业务检验报告书分布

3. 地市级机构报告完成情况

地市级机构 2015 年度完成了 63.95 万份报告。

（1）以检品分类计

2015 年度：化学药品为 14.68 万份（23%），中药、天然药物 16.25 万份（25.4%），药用辅料 5305 份（0.8%），生物制品为 172 份（0.03%），药包材为 947 份（0.1%），医疗器械为 1400 份（0.2%），食品及食品接触材料为 29.17 万份（45.6%），保健食品为 7622 份（1.2%），化妆品为 7394 份（1.2%），实验动物为 24 份（0.004%），其他 1.56 万份（2.4%）。（图 14－74）

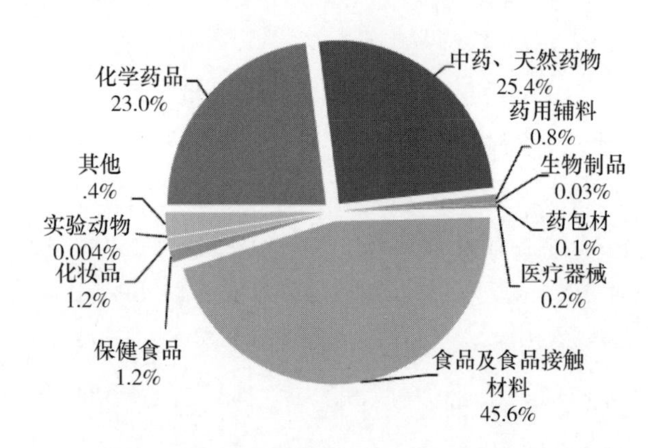

图 14－74 地市级机构各类检品报告书分布

（2）以检验类型计

2015 年度：监督检验 49.2 万批（76.9%），注册/许可检验为 7991 份（1.2%），委托检验为 10.88 万份（17%），合同检验为 2.44 万份（3.8%），复验为 183 份（0.03%），认证认可及能力考核检验为 6134 份（1%）（图 14－75）。监督检验中，包括国家级计划抽验 4250 份，国家级监督抽验/监测 1.07 万份，省级计划抽验及监督抽验/监测 27.97 万份，地市级计划抽验及监督抽验/监测 19.74 万份。

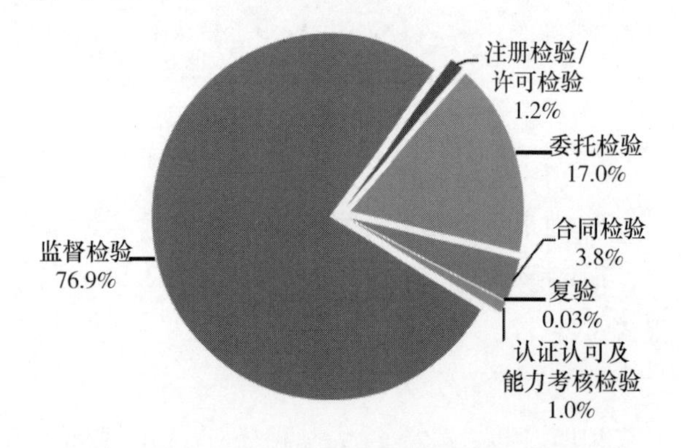

图 14－75 地市级机构各类业务检验报告书分布

4. 中国食品药品检定研究院报告完成情况

中国食品药品检定研究院 2015 年度完成了 15925 份报告。

（1）以检品分类计

2015 年度：化学药品为 1266 份（7.9%），中药、天然药物 2386 份（15%），药用辅料 81 份（0.5%），生物制品为 8324 份（52.3%），药包材为 206 份（1.3%），医疗器械为 2474 份（15.5%），食品及食品接触材料为 346 份（2.2%），保健食品为 51 份（0.3%），化妆品为 27 份（0.2%），实验动物为 335 份（2.1%），其他类别为 429 份（2.7%）。（图 14－76）

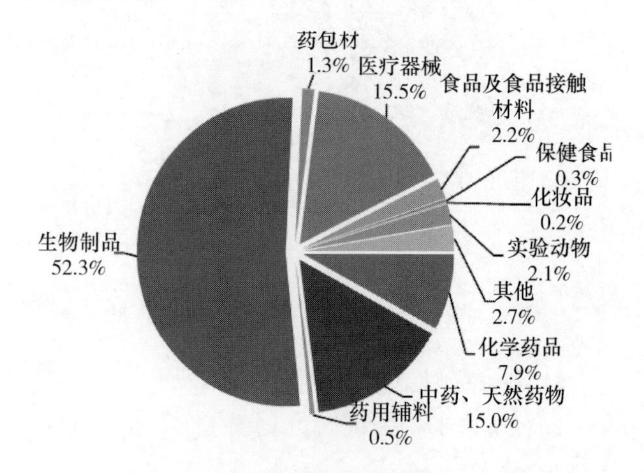

图 14－76 中国食品药品检定研究院各类检品报告书分布

（2）以检验类型计

2015 年度：监督检验为 2836 份（17.8%，包括国家级计划抽验 2498 份，国家级监督抽验/监测 338 份），注册/许可检验为 4358 份（27.4%），进口检验为 958 份（6%，含进口批签发制品 203 批），生物制品批签发（国产制品）为 4762 份（29.9%），委托检验为 748 份（4.7%），合同检验为 2086 份（13.1%），复验为 76 份（0.5%），认证认可及能力考核检验为 101 份（0.6%）。（图 14－77）

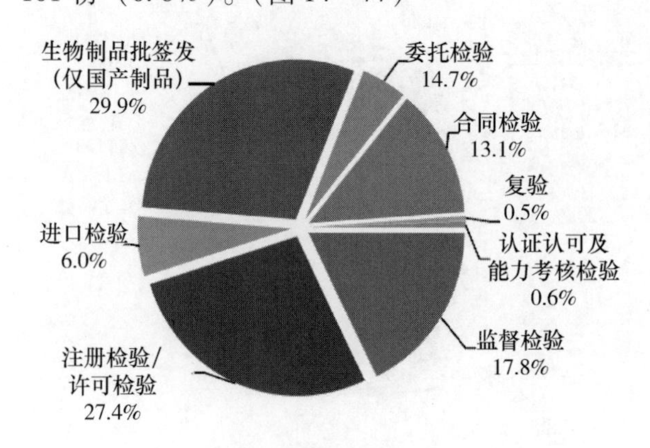

图 14－77 中国食品药品检定研究院各类业务检验报告书分布

生物制品批签发工作情况

1. 批签发受理情况

2015 年度生物制品批签发样品送检批数为 8598 批，包括疫苗 4046 批，血液制品 3772 批，诊断试剂 780 批；国内制品 6864 批，进口制品 1734 批。8 家具有生物制品检验资质的所共参与检验了 1.28 万批，包括疫苗 8119 批，血液制品 3894 批，诊断试剂 780 批；国内制品 1.12 万批，进口制品 1734 批。（图 14－78、图 14－79）

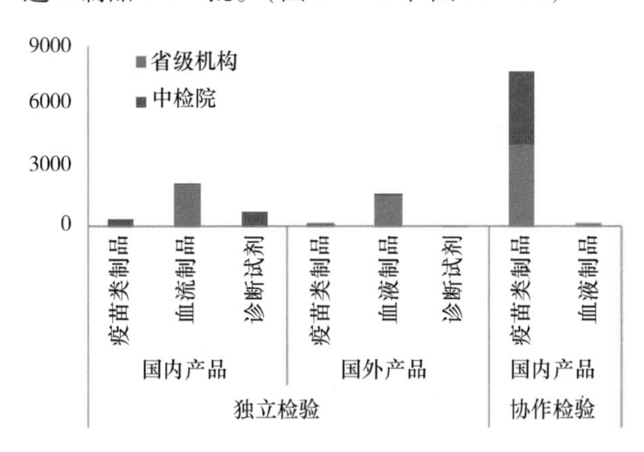

图 14－78　全国机构参与批签发检验承检情况

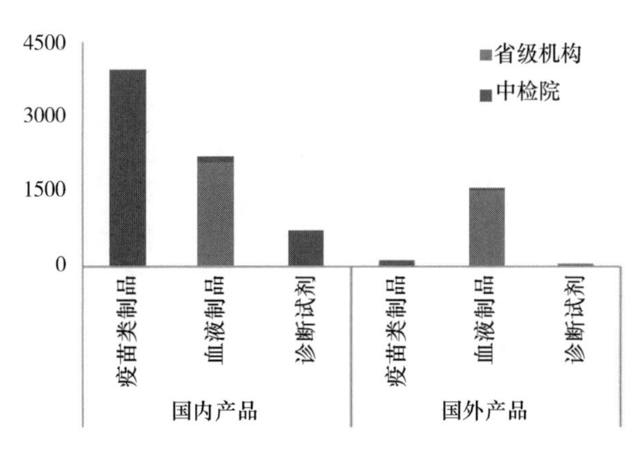

图 14－79　全国机构批签发承检情况
（按出具最终结果单位分类）

中国食品药品检定研究院 2015 年度共受理了 4949 批，包括疫苗 4021 批，血液制品 148 批，诊断试剂 780 批；国内制品 4764 批，进口制品 185 批。

2. 批签发报告书完成情况

2015 年度生物制品批签发对外签发报告 8446 批，包括疫苗 4080 批（不合格制品 1 批），血液制品 3580 批（不合格制品 5 批，其中 2 批为进口制品），诊断试剂 786 批；国内制品 6850 批（不合格制品 4 批），国外制品 1596 批（不合格制品 2 批）。（图 14－80、图 14－81）

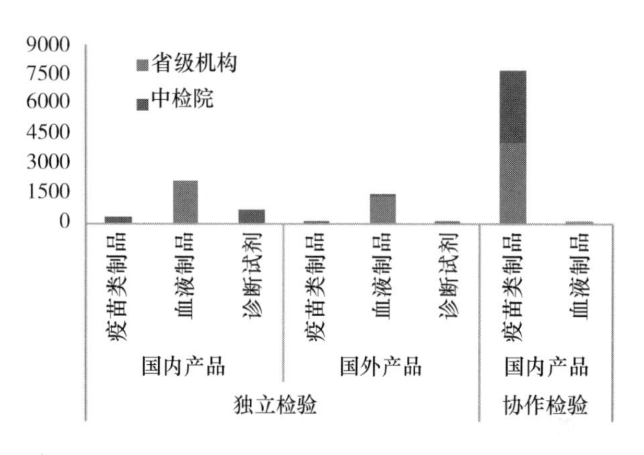

图 14－80　全国机构批签发检验完成情况

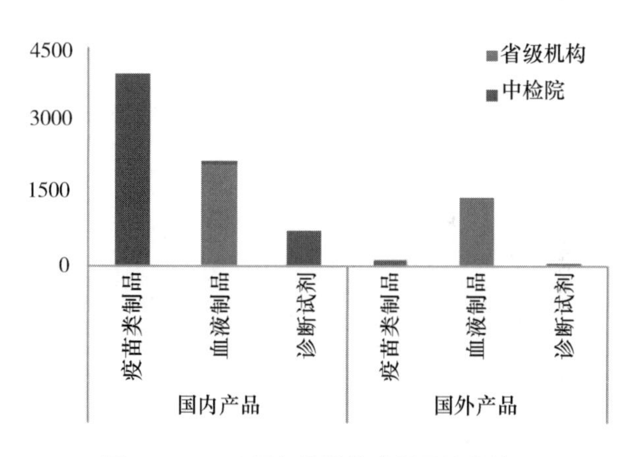

图 14－81　全国机构批签发制品签发情况
（按出具最终结果单位分类，含不合格 6 批）

8 家具有生物制品检验资质的所共参与完成检验 1.27 万批，包括疫苗 8199 批，血液制品 3702 批，诊断试剂 786 批；国内制品 1.11 万批，进口制品 1596 批。中国食品药品检定研究院 2015 年度完成了 4965 份，包括疫苗 4055 批（不合格制品 1 批），血液制品 124 批（不合格制品 2 批），诊断试剂 786 批；国内制品 4762 批（不合格制品 3 批），进口制品 203 批。

能力情况

取得各类检验资质情况

全国检验机构具有资质认定的426个，实验室认可121个，食品检验机构资质认定325个，CFDA保健品行政许可检验机构29个，CFDA器械检验机构资质认可41个，CFDA化妆品行政许可检验机构认可27个，GLP16个，其他资质32个。(图14－82)

副省级以上机构具有资质认定的98个，实验室认可76个，食品检验机构资质认定73个，CFDA保健品行政许可检验机构22个，CFDA器械检验机构资质认可37个，CFDA化妆品行政许可检验机构认可17个，GLP8个，其他资质24个。

地市级机构具有资质认定的327个，实验室认可44个，食品检验机构资质认定251个，CFDA保健品行政许可检验机构6个，CFDA器械检验机构资质认可3个，CFDA化妆品行政许可检验机构认可9个，GLP7个，其他资质7个。

中国食品药品检定研究院现已通过资质认定、实验室认可、食品检验机构资质认定、CFDA保健品行政许可检验机构资质认可、CFDA器械检验机构资质认可、CFDA化妆品行政许可检验机构认可、GLP认证，2013获得食品复检机构资质。

资质认定与实验室认可情况

全国检验机构年末共有资质认定－产品数8.04万个，资质认定－项目数39.07万项，实验室认可－产品数1.34万个，实验室认可－项目数4.39万项。(图14－83)

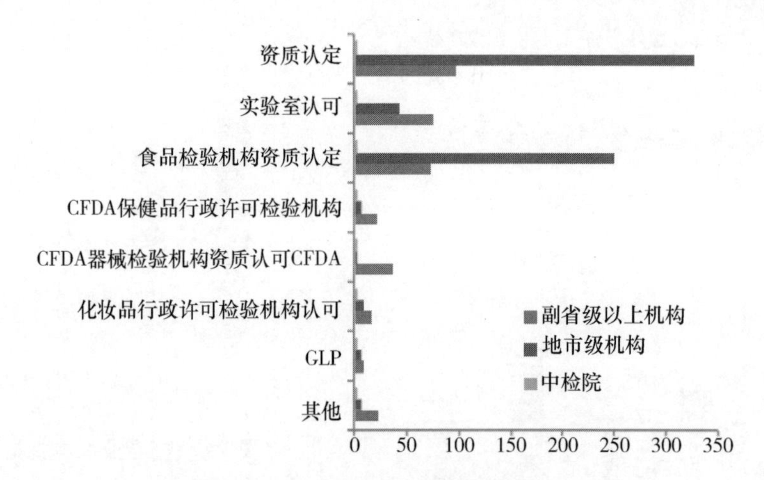

图14－82 全国机构检验资质情况

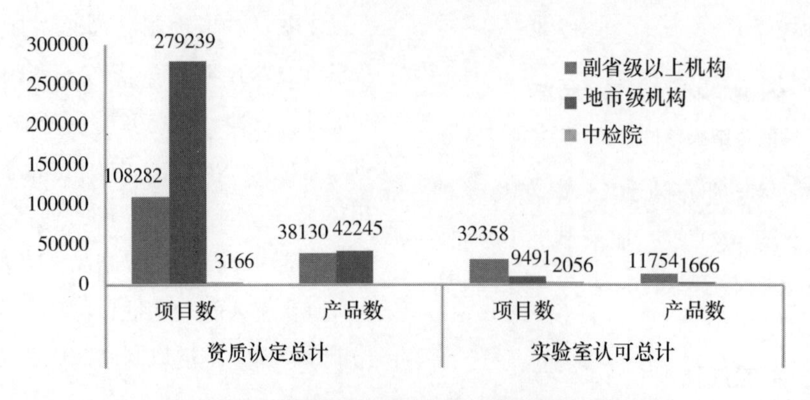

图14－83 全国机构资质认定与实验室认可情况

副省级以上机构年末共有资质认定－产品数3.81万个，资质认定－项目数10.83万项，实验室认可－产品数1.18万个，实验室认可－项目数3.24万项。

地市级机构年末共有资质认定－产品数4.22万个，资质认定－项目数27.92万项，实验室认可－产品数1666个，实验室认可－项目数9491项。

中国食品药品检定研究院共有资质认定－项目数3166项，实验室认可－项目数2056项。（图14－84）

能力验证情况

全国检验机构462家参加了1212次2253项能力验证工作，已完成并出具结果的1465项，其中满意项目数1404个，不满意项目数36个，可疑项目数25个。（图14－85）

副省级以上机构103家参加了474次933项能力验证工作，已完成并出具结果的485项，其中满意项目数472个，不满意项目数6个，可疑项目数7个。

地市级机构358家参加了727次1309项能力验证工作，已完成并出具结果的971项，其中满意项目数926个，不满意项目数29个，可疑项目数16个。

中国食品药品检定研究院机构参加了4个单位组织的11次共11项能力验证工作，满意项目6项，不满意1项，可疑2项。

组织本区域实验室比对情况

全国省级以上检验机构有能力组织本区域实验室比对的机构23家，共组织比对65次，对比项目259个，参加单位2729次，结果满意1440项，不满意181项，可疑72项。（图14－86）

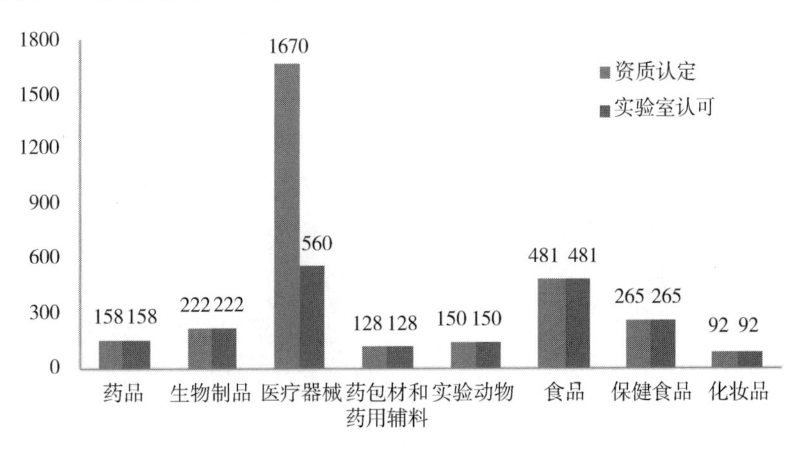

图14－84　中国食品药品检定研究院资质认定与实验室认可项目分布

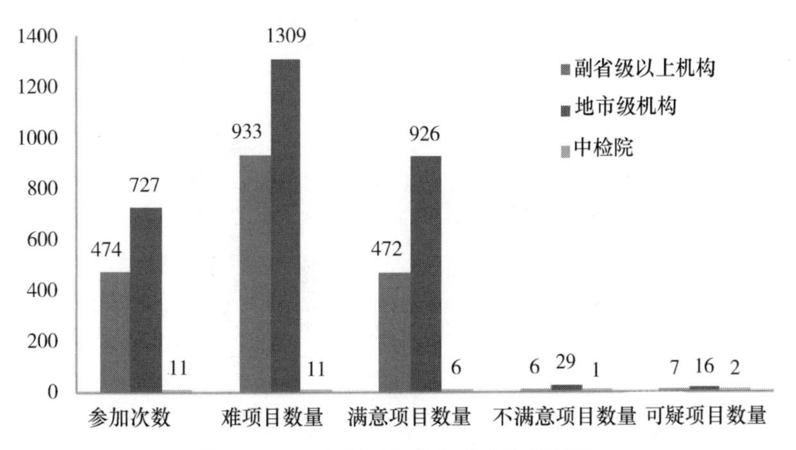

图14－85　全国机构参加能力验证情况

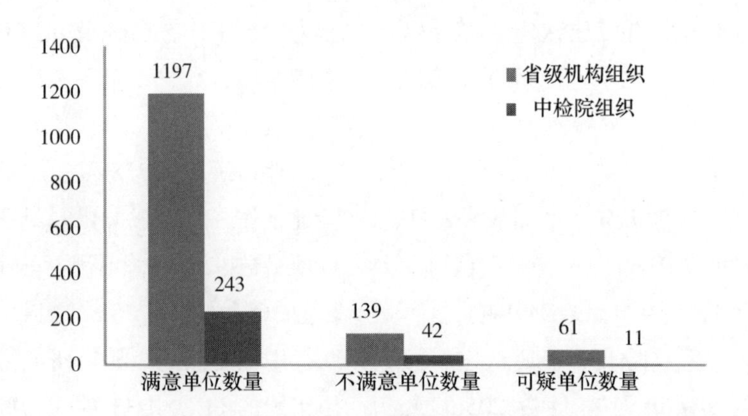

图 14－86 全国机构实验室比对结果

省级机构有能力组织本区域实验室比对的机构 22 家，共组织比对 38 次，对比项目 232 个，参加单位 1572 次，结果满意 1197 项，不满意 139 项，可疑 61 项。

中国食品药品检定研究院共组织实验室比对 27 次，对比项目 27 个，参加单位 1157 次，结果满意 243 项，不满意 42 项，可疑 11 项。

外单位检查评审（含认证认可）情况

全国检验机构接受认证认可检查 430 次，行政检查 284 次；副省级以上机构接受认证认可检查 180 次，行政检查 81 次；地市级机构接受认证认可检查 246 次，行政检查 203 次；中国食品药品检定研究院接受认证认可检查 4 次，包括国家实验室认可三合一复评审，PTP 评审，食品化妆品扩项评审，RMP 合同评审。（图 14－87）

标准制修订情况

标准提高工作情况

全国检验机构《中国药典》标准提高共起草 466 个，复核 468 个；其他标准起草 1439 个，复核 1599 个。（图 14－88）

副省级以上机构《中国药典》标准提高共起草 445 个，复核 398 个；其他标准起草 236 个，复核 239 个。

地市级机构《中国药典》标准提高共起草 9 个，复核 69 个；其他标准起草 1184 个，复核 1230 个。

中国食品药品检定研究院《中国药典》标准提高共起草 12 个，复核 1 个；其他标准起草 19 个，复核 130 个。

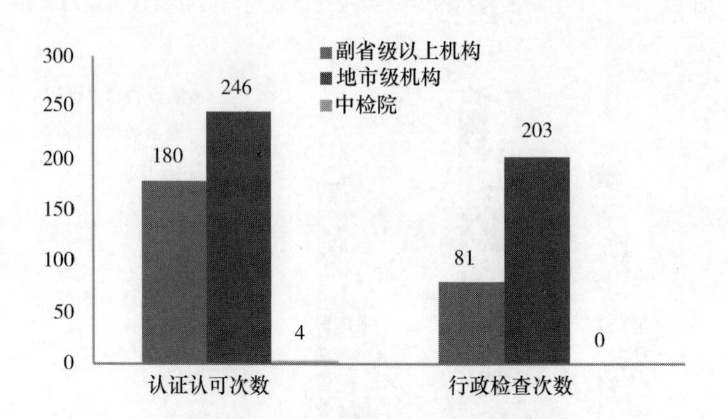

图 14－87 全国机构外单位检查评审情况

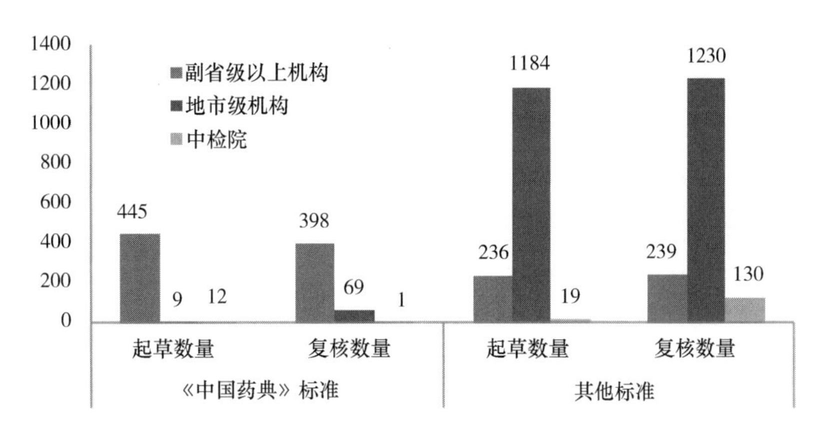

图 14-88　全国机构标准提高工作情况

医疗器械标准制修订情况

全国检验机构医疗器械标准制修订共投入经费 2848.06 万元，标准立项 146 个，标准制定 92 个，标准修订 457 个，对口国际标准 609 个，对口国际标准转化 448 个。

副省级以上机构医疗器械标准制修订共投入经费 2648.06 万元，标准立项 130 个，标准制定 78 个，标准修订 455 个，对口国际标准 609 个，对口国际标准转化 448 个。

中国食品药品检定研究院医疗器械标准制修订共投入经费 200 万元，标准立项 16 个，标准制定 14 个，标准修订 2 个。

科研情况

全国检验机构 2015 年作为牵头单位承担课题 1028 个，年内结题 220 项，年度到账科技经费 4.81 亿元。其中：国家级 74 项（7.2%）；省、市、自治区级 462 项（44.9%）；部级 84 项（8.2%）；院校、学会、协会 5 项（0.5%）；其他 403 项（39.2%）。另作为参与单位执行课题 261 项，年内结题 64 项，年度到账科技经费 1.2 亿元，包括国家级 98 项，省、市、自治区级 94 项，部级 39 项，院校、学会、协会 13 项，其他 17 项（图 14-89）。副省级以上机构 2015 年作为牵头单位共承担课题 747 个，年内结题 159 项，

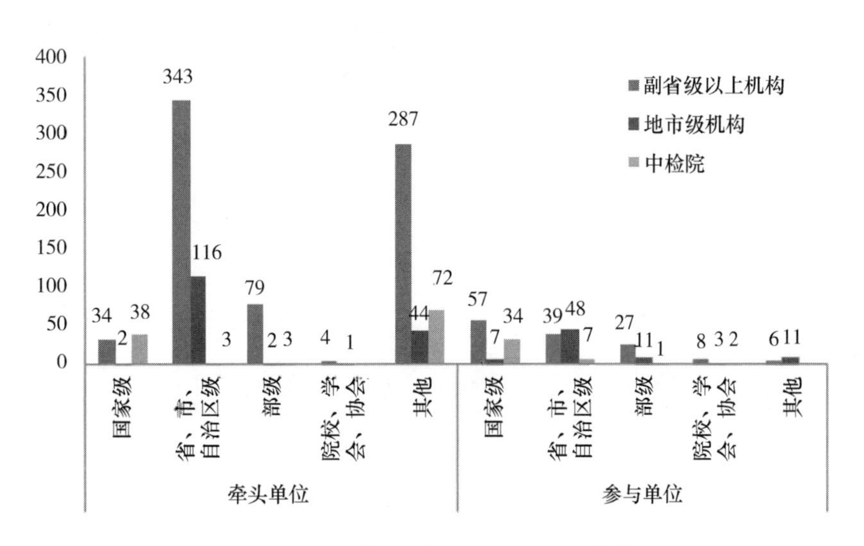

图 14-89　全国机构科研课题项目分布

年度到账科技经费 1.99 亿元。其中：国家级 34 项（4.6%）；省、市、自治区级 343 项（45.9%）；部级 79 项（10.6%）；院校、学会、协会 4 项（0.5%）；其他 287 项（38.4%）。另作为参与单位执行课题 137 项，年内结题 44 项，年度到账科技经费 4551.72 万元，包括国家级 57 项，省、市、自治区级 39 项，部级 27 项，院校、学会、协会 8 项，其他 6 项。

地市级机构 2015 年作为牵头单位共承担课题 165 个，年内结题 31 项，年度到账科技经费 3490.98 万元。其中：国家级 2 项（1.2%）；省、市、自治区级 116 项（70.3%）；部级 2 项（1.2%）；院校、学会、协会 1 项（0.6%）；其他 44 项（26.7%）。另作为参与单位执行课题 80 项，年内结题 20 项，年度到账科技经费 1185.03 万元，包括国家级 7 项，省、市、自治区级 48 项，部级 11 项，院校、学会、协会 3 项，其他 11 项。

中国食品药品检定研究院 2015 年作为牵头单位共承担课题 116 个，年内结题 30 项，年度到账科技经费 2.47 亿元。其中：国家级 38 项（32.8%）；省、市、自治区级 3 项（2.6%）；部级 3 项（2.6%）；其他 72 项（26.1%）。另作为参与单位执行课题 44 项，均为在研，年度到账科技经费 6238.38 万元，包括国家级 34 项，省、市、自治区级 7 项，部级 1 项，院校、学会、协会 2 项。

奖励情况

科技成果获奖情况

全国检验机构科技成果鉴定 60 项，成果登记 40 项。科技成果共获得奖励 103 项，包括省部级 35 项（一等奖 6 项，二等奖 12 项，三等奖 17 项），地方级 50 项，社会力量 18 项，其中软课题 2 项。（图 14－90）

副省级以上机构科技成果鉴定 34 项，成果登记 28 项。科技成果共获得奖励 50 项，包括省部级 31 项（一等奖 6 项，二等奖 11 项，三等奖 14 项），地方级 5 项，社会力量 14 项。

地市级机构科技成果鉴定 26 项，成果登记 12 项。科技成果共获得奖励 51 项，包括省部级 4 项（二等奖 1 项，三等奖 3 项），地方级 45 项，社会力量 2 项，其中软课题 2 项。

中国食品药品检定研究院获得社会力量科技奖 2 项。

人事获奖情况

全国检验机构 2015 年度共获得人事集体奖励 129 项，包括国家级 3 项，省部级 42 项，地方

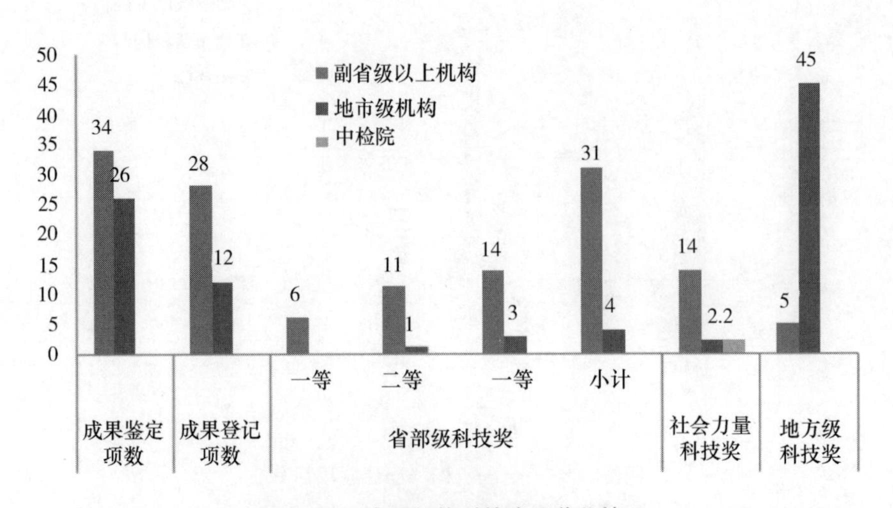

图 14－90 全国机构科技成果获奖情况

级 55 项，社会力量奖 6 项，本单位 18 项，其他 5 项；获得个人奖励共 304 项，包括国家级 4 项，省部级 64 项，地方级 89 项，社会力量奖 3 项，本单位 123 项，其他 21 项。（图 14－91）

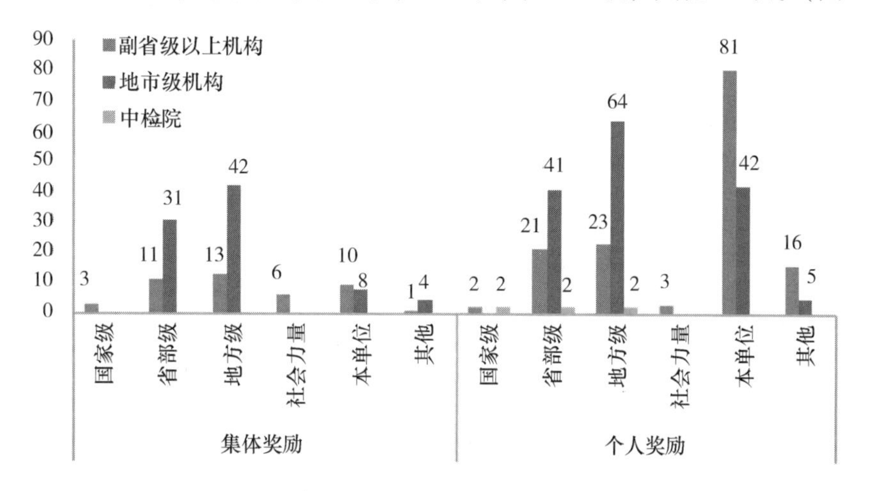

图 14－91　全国机构人事获奖项目情况

副省级以上机构 2015 年度共获得人事集体奖励 44 项，包括国家级 3 项，省部级 11 项，地方级 13 项，社会力量奖 6 项，本单位 10 项，其他 1 项；获得个人奖励共 146 项，包括国家级 2 项，省部级 21 项，地方级 23 项，社会力量奖 3 项，本单位 81 项，其他 16 项。

地市级机构 2015 年度共获得人事集体奖励 85 项，包括省部级 31 项，地方级 42 项，本单位 8 项，其他 4 项；获得个人奖励共 152 项，包括省部级 41 项，地方级 64 项，本单位 42 项，其他 5 项。

中国食品药品检定研究院 2015 年度共获得个人奖励 6 项，包括国家级 2 项，省部级 2 项，地方级 2 项。

专利与技术转让情况

专利情况

2015 年全国检验机构共获得专利 89 项，包括发明专利 51 项，实用新型专利 38 项。副省级以上机构共获得专利 57 项，包括发明专利 35 项，实用新型专利 22 项。地市级机构共获得专利 13 项，包括发明专利 3 项，实用新型专利 10 项。中国食品药品检定研究院 2015 年获得国内专利 19 项，包括发明专利 13 项，实用新型专利 6 项。（图 14－92）

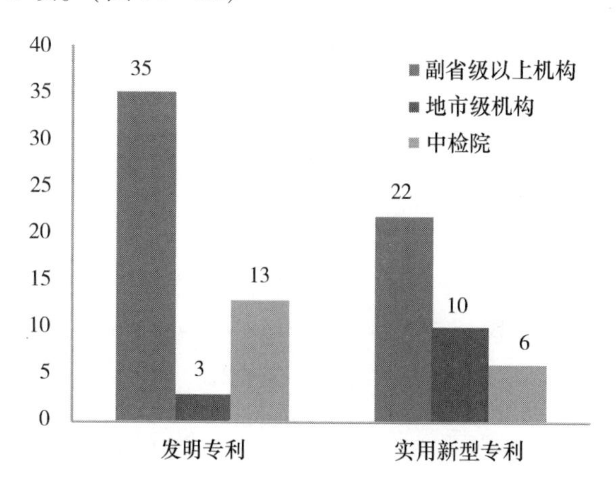

图 14－92　全国机构专利情况

技术转让情况

2015 年全国副省级以上检验机构共有 20 项技术转让，转让金额 442.72 万元。全国机构成果推广共 11 项，包括副省级以上机构成果推广 10 项，地市级机构成果推广 1 项。

论著译著出版情况

2015 年全国检验机构作为主编出版论著 42 部，译著 1 部；作为副主编出版论著 9 部；作为编委出版论著22部，译著1部（图14－93）。副省级以上机构作为主编出版论著20部；作为副主编出版论著3部；作为编委出版论著15部，译著1部。

地市级机构作为主编出版论著4部；作为副主编出版论著6部；作为编委出版论著7部。

中国食品药品检定研究院作为主编出版论著18部，译著1部。

论文发表情况

全国检验机构2015年作为第一作者发表论文2433篇，作为通讯作者128篇，具有SCI影响因子的217篇。（图14－94）

副省级以上机构2015年作为第一作者发表论文1199篇，作为通讯作者60篇，具有SCI影响因子的89篇。

地市级机构2015年作为第一作者发表论文786篇，作为通讯作者27篇，具有SCI影响因子的62篇。

中国食品药品检定研究院发表论文489篇，其中具有SCI影响因子的66篇，作为第一作者448篇，作为通讯作者41篇。

国际合作与支援西部情况

国际合作情况

全国检验机构2015年国际合作次数106次，国际合作项目31项，举办国际会议12次，出访260人次，国外来访专家235人次。（图14－95）

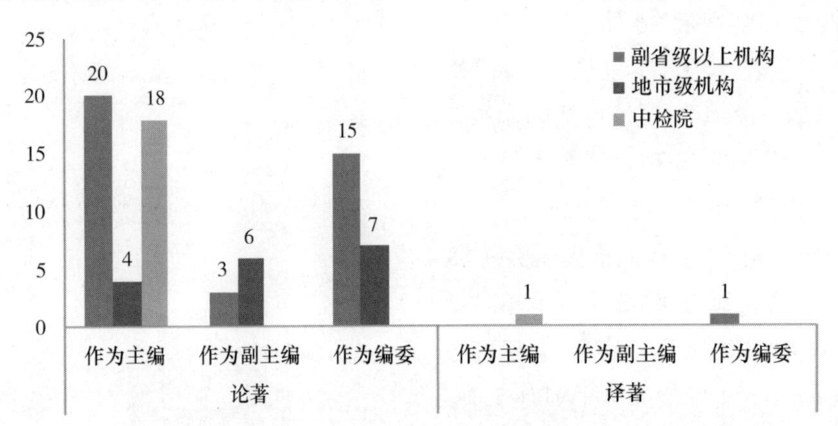

图14－93 全国机构论著译著出版情况

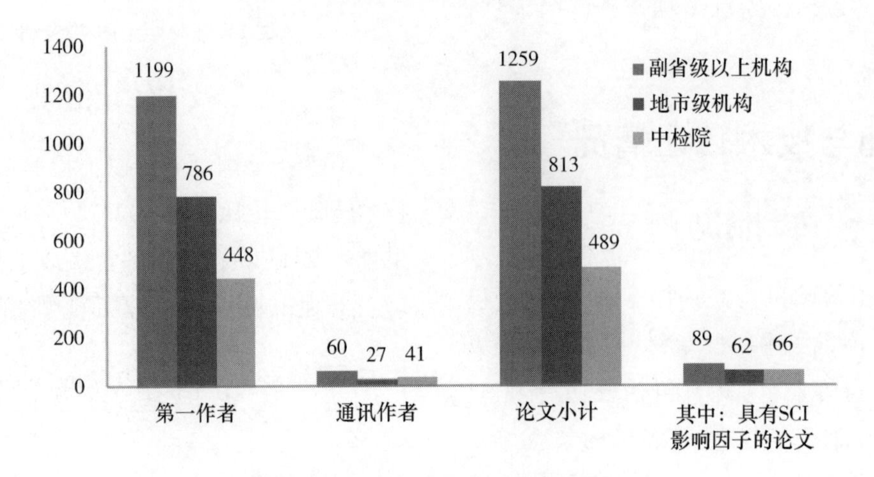

图14－94 全国机构论文发表情况

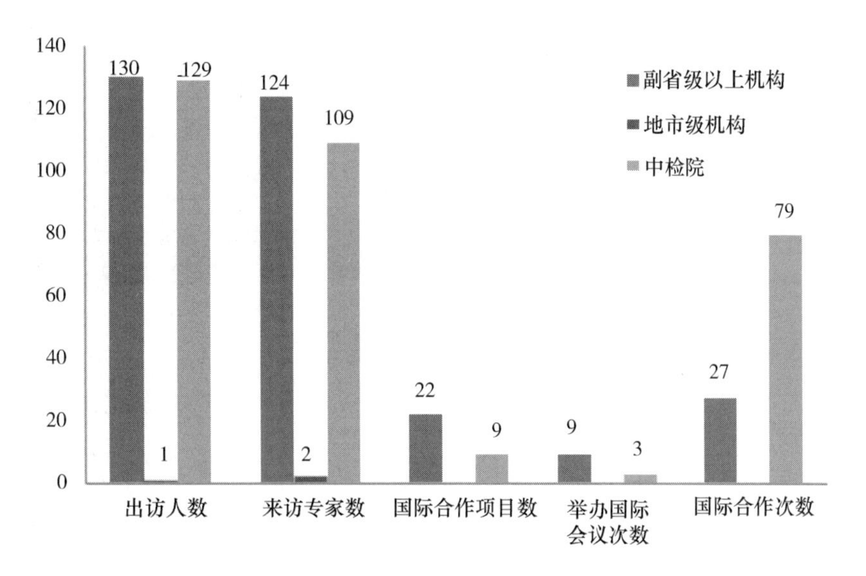

图 14－95　全国机构国际合作情况

副省级以上机构 2015 年国际合作次数 27 次，国际合作项目 22 项，举办国际会议 9 次，出访 130 人次，国外来访专家 124 人次。

地市级机构 2015 年出访 1 人次，国外来访专家 2 人次。

中国食品药品检定研究院 2015 年国际合作次数 79 次，国际合作项目 9 项，举办国际会议 3 次，出访 129 人次，国外来访专家 109 人次。

支援西部情况

全国检验机构 2015 年共有支援西部项目 28 项（次），参与支援 178 人次，业务培训 73 次，培训 327 人次。（图 14－96）

副省级以上机构 2015 年共有支援西部项目 22 项（次），参与支援 111 人次，业务培训 65 次，培训 139 人次。

地市级机构 2015 年共有支援西部项目 4 项（次），参与支援 46 人次，业务培训 4 次，培训 45 人次。

中国食品药品检定研究院 2015 年共有支援西部项目 2 项，参与支援 21 人次，业务培训 4 次，培训 143 人次。

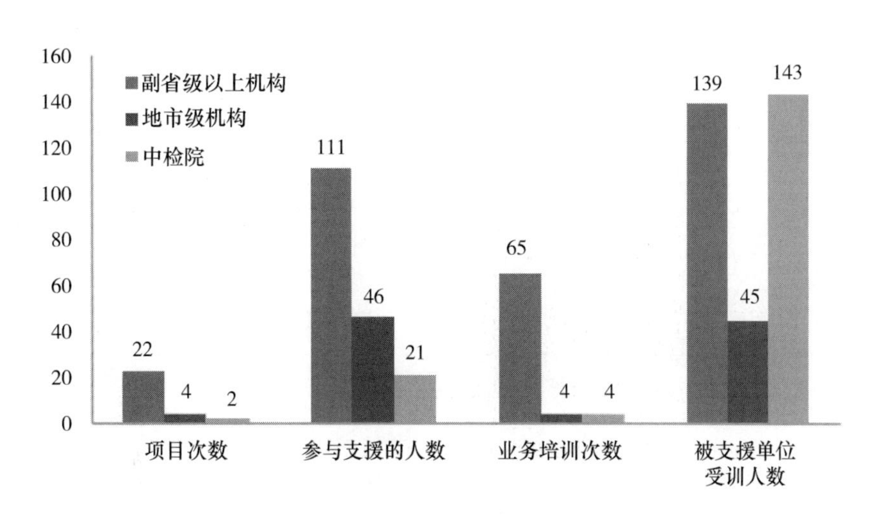

图 14－96　全国机构支援西部情况

附 表

1. 人员总体情况

（单位：人）

<table>
<tr><th colspan="4">分类</th><th>副省级以上机构</th><th>地市级机构</th><th>中国食品药品检定研究院</th><th>合计</th></tr>
<tr><td colspan="4">编制人数</td><td>8253</td><td>12707</td><td>821</td><td>21781</td></tr>
<tr><td rowspan="12">从业人员期末人数</td><td colspan="3">总计</td><td>11907</td><td>13766</td><td>1159</td><td>26832</td></tr>
<tr><td rowspan="7">在岗职工</td><td colspan="2">总计</td><td>10058</td><td>13040</td><td>796</td><td>23894</td></tr>
<tr><td rowspan="5">在编人员</td><td>总计</td><td>7574</td><td>11855</td><td>795</td><td>20224</td></tr>
<tr><td>其中：女性</td><td>4012</td><td>6090</td><td>419</td><td>10521</td></tr>
<tr><td>其中：少数民族</td><td>427</td><td>1052</td><td>47</td><td>1526</td></tr>
<tr><td>其中：中共党员</td><td>4033</td><td>5986</td><td>361</td><td>10380</td></tr>
<tr><td>其中：民主党派</td><td>243</td><td>325</td><td>31</td><td>599</td></tr>
<tr><td colspan="2">合同制人员（编外）</td><td>2484</td><td>1185</td><td>1</td><td>3670</td></tr>
<tr><td colspan="3">劳务派遣人员</td><td>1740</td><td>691</td><td>320</td><td>2751</td></tr>
<tr><td rowspan="3">其他从业人员</td><td colspan="2">返聘人员</td><td>101</td><td>35</td><td>41</td><td>177</td></tr>
<tr><td colspan="2">外籍人员</td><td>8</td><td>0</td><td>2</td><td>10</td></tr>
<tr><td colspan="2">港澳台人员</td><td>0</td><td>0</td><td>0</td><td>0</td></tr>
<tr><td colspan="4">不在岗职工期末人数</td><td>86</td><td>80</td><td>2</td><td>168</td></tr>
<tr><td colspan="4">离退休人员</td><td>3360</td><td>3800</td><td>422</td><td>7582</td></tr>
<tr><td rowspan="2">期末人数</td><td colspan="3">离休</td><td>133</td><td>175</td><td>14</td><td>322</td></tr>
<tr><td colspan="3">退休</td><td>3227</td><td>3625</td><td>408</td><td>7260</td></tr>
</table>

2. 在编人员兼职情况

（单位：人次）

分类	副省级以上机构	地市级机构	中国食品药品检定研究院	合计
美国药典会委员	2	0	0	2
国家药典委员会委员	73	0	30	103
中国兽药典委员会委员	0	0	4	4
中国国家认证认可评审员	97	13	15	125
实验室资质认定员	268	216	8	492
食品检验机构资质认定评审员	199	190	10	399
中华医学会委员	7	7	5	19
中国药学会委员	46	37	5	88
中华预防医学会委员	2	12	5	19
药品注册现场核查员	446	277	0	723
国家级 GMP、GCP、GLP、GSP 检查员	191	73	40	304
省级 GMP、GCP、GLP、GSP 检查员	583	971	0	1554

续表

分类	副省级以上机构	地市级机构	中国食品药品检定研究院	合计
国家总局药品评审专家	56	4	20	80
国家总局器械评审专家	24	2	5	31
国家总局保健食品评审专家	93	1	10	104
国家总局化妆品评审专家	107	2	4	113
国家总局食品评审专家	216	49	15	280
国家总局药包材评审专家	34	0	10	44
其他国家级学术机构委员	124	2	95	221
合计	2568	1856	281	4705

3. 人员学历情况

（单位：人）

学历		副省级以上机构	地市级机构	中国食品药品检定研究院	合计
在编人员	博士后	26	4	44	74
	博士	320	52	105	477
	硕士	2546	1482	245	4273
	本科	3630	7245	279	11154
	大专	788	2114	62	2964
	中专及以下	363	753	60	1176
编外聘用人员	博士后	2	0	1	3
	博士	31	7	4	42
	硕士	966	205	29	1200
	本科	1921	972	123	3016
	大专	599	333	54	986
	中专及以下	452	270	153	875
合　计	博士后	28	4	45	77
	博士	351	59	109	519
	硕士	3512	1687	274	5473
	本科	5551	8217	402	14170
	大专	1387	2447	116	3950
	中专及以下	815	1023	213	2051

4. 岗位设置情况

（单位：人）

岗位分类	副省级以上机构		地市级机构		中国食品药品检定研究院		合计	
	在编人员	编外聘用人员	在编人员	编外聘用人员	在编人员	编外聘用人员	在编人员	编外聘用人员
专业技术岗位	6053	2679	8992	1284	698	177	15743	4140
管理岗位	902	321	1437	76	60	9	2399	406
工勤技能岗位	390	389	243	925	178	29	811	1343

5. 在编人员专业技术岗位实际人数

（单位：人）

专业技术岗位设置		副省级以上机构	地市级机构	中国食品药品检定研究院	合计	占在编人员比例
正高级	专业技术一级岗位	3	1	1	5	0.0%
	专业技术二级岗位	25	2	4	31	0.2%
	专业技术三级岗位	153	74	20	247	1.2%
	专业技术四级岗位	417	432	57	906	4.5%
副高级	专业技术五级岗位	282	264	19	565	2.8%
	专业技术六级岗位	435	415	40	890	4.4%
	专业技术七级岗位	706	826	66	1598	7.9%
中 级	专业技术八级岗位	596	793	55	1444	7.1%
	专业技术九级岗位	676	877	81	1634	8.1%
	专业技术十级岗位	1143	1767	274	3184	15.7%
初 级	专业技术十一级岗位	612	1059	50	1721	8.5%
	专业技术十二级岗位	910	1973	31	2914	14.4%
	专业技术十三级岗位	95	509	0	604	3.0%
合计		6053	8992	698	15743	77.8%
占在编人员比例		79.9%	75.8%	87.8%	77.8%	—

6. 在编人员管理岗位实际人数

（单位：人）

管理岗位设置	副省级以上机构	地市级机构	中国食品药品检定研究院	合计	占在编人员比例
一级岗位	0	4	0	4	0.0%
二级岗位	1	1	0	2	0.0%
三级岗位	3	5	0	8	0.0%
四级岗位	5	2	2	9	0.0%
五级岗位	100	25	10	135	0.7%
六级岗位	180	99	11	290	1.4%
七级岗位	252	314	36	602	3.0%
八级岗位	170	366	1	537	2.7%
九级岗位	176	562	0	738	3.6%
十级岗位	15	59	0	74	0.4%
合计	902	1437	60	2399	11.9%
占在编人员比例	11.9%	12.1%	7.5%	11.9%	0.0%

7. 在编人员工勤技能岗位实际人数

（单位：人）

工勤技能岗位设置	副省级以上机构	地市级机构	中国食品药品检定研究院	合计	占在编人员比例
一级岗位	5	17	2	24	0.1%
二级岗位	62	148	5	215	1.1%
三级岗位	159	329	10	498	2.5%
四级岗位	83	249	6	338	1.7%
五级岗位	44	124	5	173	0.9%
普通工	36	58	1	95	0.5%
合计	389	925	29	1343	6.6%
占在编人员比例	5.1%	7.8%	3.6%	6.6%	0.0%

8. 编外人员岗位设置

（单位：人）

岗位分类	副省级以上机构	地市级机构	中国食品药品检定研究院	合计
专业技术岗位	2679	1284	177	4140
管理岗位	321	76	9	406
工勤技能岗位	390	243	178	811
合计	3390	1603	364	5357

9. 人员政治面貌

（单位：人）

政治面貌		副省级以上机构	地市级机构	中国食品药品检定研究院	合计
在编人员	中共党员	4197	6201	368	10766
	其中：女性	2153	2877	168	5198
	其中：少数民族	191	483	19	693
	民主党派	323	465	36	824
	其中：中共党员	103	164	1	268
	共青团员	746	463	24	1233
	其中：保留团籍党员	178	79	8	265
离退休人员	中共党员	1292	1748	161	3201
	其中：女性	643	779	94	1516
	其中：少数民族	49	80	6	135
	民主党派	127	96	43	266
	其中：中共党员	68	52	3	123

10. 参加培训情况

（单位：次）

参加培训次数	副省级以上机构	地市级机构	中国食品药品检定研究院	合计
国际培训	58	9	0	67
国家级培训	1429	1005	39	2473
省级培训	1671	3431	0	5102
本单位培训	1658	3878	38	5574
科室内部培训	2423	3807	260	6490
其他培训	667	1167	1100	2934
合计	7906	13297	1437	22640

11. 培训受训人数

（单位：人次）

受训人次	副省级以上机构	地市级机构	中国食品药品检定研究院	合计
国际培训	249	9	0	258
国家级培训	4128	3276	0	7404
省级培训	6981	11747	0	18728
本单位培训	32505	70325	0	102830
科室内部培训	31711	29770	0	61481
其他培训	2499	8287	0	10786
合计	78073	123414	0	201487

12. 建筑情况

（单位：万平方米）

建筑面积	副省级以上机构	地市级机构	中国食品药品检定研究院	合计
房屋总面积	111.42	96.04	5.08	212.54
自有房屋面积	90.67	81.55	4.96	177.18
租赁房屋面积	20.75	14.49	0.12	35.36
办公区面积	22.40	22.72	0.99	46.11
实验室面积	71.81	66.91	3.97	142.69
其中：生物安全实验室面积	4.00	4.17	0.25	8.42
其中：动物生产和实验设施面积	4.32	1.31	0.62	6.25

13. 资产情况

（单位：亿元）

分类		副省级以上机构	地市级机构	中国食品药品检定研究院	合计
固定资产	房屋及构筑物	25.18	12.58	1.21	38.97
	专用设备	38.09	23.30	5.89	67.28
	通用设备	23.94	14.26	1.12	39.32
	文物和陈列品	0.05	0.03	0.00	0.07
	图书/档案	0.22	0.16	0.22	0.59
	家具、用具、装具及动植物	2.97	0.84	0.30	4.11
	小计	90.45	51.16	8.74	150.34
无形资产	无形资产	0.87	0.16	0.17	1.20
	其中：软件	0.20	0.10	0.05	0.35

14. 年末实有设备数量

（单位：台套）

设备分类		副省级以上机构	地市级机构	中国食品药品检定研究院	合计
实验仪器	1000（或1500含）~10万元	53698	44218	4503	102419
	10万元（含）~50万元	9084	7579	952	17615
	50万元（含）以上	3291	1237	273	4801
	小计	66073	53034	5728	124835
办公设备	1000（或1500含）~10万元	33172	35198	6230	74600
	10万元（含）~50万元	336	308	76	720
	50万元（含）以上	2445	386	17	2848
	小计	35953	35892	6323	78168
合计		102026	88926	12051	203003

15. 年末实有设备价值

（单位：万元）

设备分类		副省级以上机构	地市级机构	中国食品药品检定研究院	合计
实验仪器	1000（或1500含）~10万元	91788.52	69628.98	10267.24	171684.74
	10万元（含）~50万元	229369.82	166178.53	24258.77	419807.12
	50万元（含）以上	280227.59	109715.41	28049.06	417992.06
	小计	601385.93	345522.92	62575.07	1009483.91
办公设备	1000（或1500含）~10万元	20735.18	18407.55	5190.78	44333.52
	10万元（含）~50万元	4357.21	1707.26	1318.55	7383.02
	50万元（含）以上	6676.59	137.04	1352.80	8166.43
	小计	31768.98	20251.85	7862.13	59882.97
合计		633154.91	365774.77	70437.20	1069366.88

16. 信息设备实有量

（2015 年 单位：台套）

设备分类	副省级以上机构	地市级机构	中国食品药品检定研究院	合计
外购软件	5670	300127	69	305866
自行开发软件	18	6	28	52
台式电脑	10823	11592	1758	24173
笔记本电脑	3158	2062	829	6049
服务器	333	400	89	822
存储设备	298	514	27	839
路由器	104	231	5	340
交换机	539	469	110	1118
网络安全设备	84	112	6	202
合计	21027	315513	2921	339461

17. 信息设备价值

（单位：万元）

设备分类	副省级以上机构	地市级机构	中国食品药品检定研究院	合计
本年度投入经费	3727. 32	1915. 37	721. 82	6364. 51
外购软件	2239. 71	1231. 38	773. 14	4244. 23
自行开发软件	374. 40	77. 48	902. 57	1354. 45
台式电脑	5062. 64	5807. 95	1379. 47	12250. 05
笔记本电脑	2538. 79	1488. 72	1155. 40	5182. 91
服务器	1742. 15	1597. 88	871. 19	4211. 23
存储设备	437. 89	277. 37	412. 00	1127. 26
路由器	104. 52	57. 30	8. 53	170. 34
交换机	583. 70	309. 92	575. 67	1469. 29
网络安全设备	637. 53	483. 48	70. 96	1191. 96
合计	13721. 33	11331. 48	6148. 93	31201. 73

18. 收发文情况

（单位：件）

分类		副省级以上机构	地市级机构	中国食品药品检定研究院	合计
收文	业务类	15081	17647	71	32799
	行政党务类	17529	23388	2251	43168
	小计	32610	41035	2322	75967
发文	业务类	6989	5157	472	12618
	行政党务类	4350	4168	832	9350
	小计	11339	9325	1304	21968

19. 检验检测业务受理情况（按检品类别分）

（单位：批）

检品类别	副省级以上机构	地市级机构	中国食品药品检定研究院	合计
化学药品	222603	143661	1445	367709
中药、天然药物	91316	158158	2480	251954
药用辅料	5248	5143	78	10469
生物制品	9688	248	8275	18211
药包材	19848	942	343	21133
医疗器械	69836	1457	2919	74212
食品及食品接触材料	469720	311914	318	781952
保健食品	33457	6941	218	40616
化妆品	32519	8237	199	40955
实验动物	17	43	338	398
其他	8180	19207	586	27973
合计	962432	655951	17199	1635582
其中：生物制品（批签发国产制品协作检验）	4195	0	0	4195

20. 检验检测业务受理情况（按业务类别分）

（单位：批）

检定业务分类		副省级以上机构	地市级	中国食品药品检定研究院	合计
监督检验		515985	503077	3195	1022257
注册检验/许可检验		87288	8339	4545	100172
进口检验		132948	0	949	133897
生物制品批签发（仅国产制品）		6295	0	4764	11059
委托检验		126435	112448	999	239882
合同检验		84227	25589	2500	112316
复验		687	186	67	940
认证认可及能力考核检验		8567	6312	180	15059
合计		962432	655951	17199	1635582
其中：监督检验	国家级计划抽验	68023	4801	2812	75636
	国家级监督抽验/监测	118093	12115	383	130591
	省级计划抽验及监督抽验/监测	206701	284242	0	490943
	地市级计划抽验及监督抽验/监测	123168	201919	0	325087
其中：进口检验	批签发制品	1549	0	185	1734
	非批签发制品	131399	0	764	132163
其中：生物制品批签发（仅国产制品）	协作检验	4195	0	0	4195

21. 检验报告书签发情况（按检品类别分）

（单位：份）

检品类别	副省级以上机构	地市级	中国食品药品检定研究院	合计
化学药品	166358	146831	1266	314455
中药、天然药物	87805	162542	2386	252733
药用辅料	3667	5305	81	9053
生物制品	5612	172	8324	14108
药包材	19132	947	206	20285
医疗器械	67484	1400	2474	71358
食品及食品接触材料	476275	291666	346	768287
保健食品	33917	7622	51	41590
化妆品	36876	7394	27	44297
实验动物	8	24	335	367
其他	8530	15599	429	24558
合计	905664	639502	15925	1561091

22. 检验报告书签发情况（按业务类别分）

（单位：份）

检定业务分类		副省级以上机构	地市级	中国食品药品检定研究院	合计
监督检验		526571	491985	2836	1021392
注册检验/许可检验		84775	7991	4358	97124
进口检验		75158	0	958	76116
生物制品批签发（仅国产制品）		2088	0	4762	6850
委托检验		123261	108790	748	232799
合同检验		86085	24419	2086	112590
复验		666	183	76	925
认证认可及能力考核检验		7060	6134	101	13295
合计		905664	639502	15925	1561091
其中：监督检验	国家级计划抽验	74842	4250	2498	81590
	国家级监督抽验/监测	131687	10661	338	142686
	省级计划抽验及监督抽验/监测	190646	279669	0	470315
	地市级计划抽验及监督抽验/监测	129396	197405	0	326801
其中：进口检验	批签发制品	1393	0	203	1596
	非批签发制品	73765	0	755	74520

23. 生物制品批签发受理与承检情况

（单位：批）

分类		省级机构	中国食品药品检定研究院	合计
国内产品	疫苗类制品	25	3903	3928
	血液制品	2075	135	2210
	诊断试剂	—	726	726
国外产品	疫苗类制品	0	118	118
	血液制品	1549	13	1562
	诊断试剂	—	54	54
省级机构协作检验（国内产品）	疫苗类制品	4073	—	4073
	血液制品	122	—	122
合计	受理批数	3649	4949	8598
	承检批数	7844	4949	12793

24. 生物制品批签发报告书完成情况

（单位：份）

分类			省级机构	中国食品药品检定研究院	合计
签发情况	国内产品	疫苗类制品	25	3924	3949
		血液制品	2063	107	2170
		诊断试剂	—	731	731
	国外产品	疫苗类制品	0	131	131
		血液制品	1393	17	1410
		诊断试剂	—	55	55
	合计		3481	4965	8446
其中：不合格	国内产品	疫苗类制品	0	1	1
		血液制品	1	2	3
	国外产品	血液制品	2	0	2
另：省级机构协作检验完成情况	国内产品	疫苗类制品	4119	—	4119
		血液制品	122	—	122

25. 资质认定情况

（单位：个）

领域分类	副省级以上机构		地市级机构		中国食品药品检定研究院		合计	
	产品数	项目数	产品数	项目数	产品数	项目数	产品数	项目数
药品	145	9559	1654	40048	0	158	1799	49765
生物制品	89	1342	0	127	0	222	89	1691
医疗器械	10620	18624	481	2338	0	1670	11101	22632

续表

领域分类	副省级以上机构		地市级机构		中国食品药品检定研究院		合计	
	产品数	项目数	产品数	项目数	产品数	项目数	产品数	项目数
药包材和药用辅料	1842	4681	591	2425	0	128	2433	7234
实验动物	863	1818	0	19	0	150	863	1987
食品	22436	53769	35872	205102	0	481	58308	259352
保健食品	26	7189	205	8723	0	265	231	16177
化妆品	493	7706	830	9793	0	92	1323	17591
洁净区（室）环境	35	911	100	1940	0	0	135	2851
水及涉水产品	75	1284	290	4742	0	0	365	6026
消毒相关	11	151	24	462	0	0	35	613
其他	1495	1248	2198	3520	0	0	3693	4768
合计	38130	108282	42245	279239	0	3166	80375	390687

26. 实验室认可情况

（单位：个）

领域分类	副省级以上机构		地市级机构		中国食品药品检定研究院		合计	
	产品数	项目数	产品数	项目数	产品数	项目数	产品数	项目数
药品	134	5074	4	3460	0	158	138	8692
生物制品	89	1310	0	0	0	222	89	1532
医疗器械	4481	5795	22	91	0	560	4503	6446
药包材和药用辅料	1030	1348	60	465	0	128	1090	1941
实验动物	0	15	0	0	0	150	0	165
食品	5464	12578	1351	3550	0	481	6815	16609
保健食品	95	2596	0	351	0	265	95	3212
化妆品	165	2196	164	648	0	92	329	2936
洁净区（室）环境	12	535	0	152	0	0	12	687
水及涉水产品	26	418	25	419	0	0	51	837
消毒相关	0	18	0	51	0	0	0	69
其他	258	475	40	304	0	0	298	779
合计	11754	32358	1666	9491	0	2056	13420	43905

27. 具备检验资质的机构数

（单位：个）

分　类	副省级以上机构	地市级机构	中国食品药品检定研究院	合计
资质认定	98	327	1	426
实验室认可	76	44	1	121
食品检验机构资质认定	73	251	1	325

续表

分类	副省级以上机构	地市级机构	中国食品药品检定研究院	合计
CFDA 保健品行政许可检验机构	22	6	1	29
CFDA 器械检验机构资质认可	37	3	1	41
CFDA 化妆品行政许可检验机构认可	17	9	1	27
GLP	8	7	1	16
其他	24	7	1	32

28. 参加能力验证情况

分类	计量单位	副省级以上机构	地市级机构	中国食品药品检定研究院	合计
参加能力验证机构数量	机构个数	103	358	1	462
参加次数	次	474	727	11	1212
验证项目数量	项	933	1309	11	2253
验证结果					
满意项目数量	项	472	926	6	1404
不满意项目数量	项	6	29	1	36
可疑项目数量	项	7	16	2	25
小计	项	485	971	9	1465

29. 省级以上机构组织本区域实验室比对情况

（2015 年）

分类	有能力组织本区域实验室比对的机构数量	组织次数	比对项目数量	参加单位数量	满意单位数量	不满意单位数量	可疑单位数量
省级机构组织	22	38	232	1572	1197	139	61
中国食品药品检定研究院组织	1	27	27	1157	243	42	11
合计	22	65	259	2729	1440	181	72

30. 外单位检查评审情况

（单位：次）

分类	副省级以上机构	地市级机构	中国食品药品检定研究院	合计
认证认可	180	246	4	430
行政检查	81	203	0	284

31. 标准提高工作完成情况

（单位：个）

标准分类		副省级以上机构		地市级机构		中国食品药品检定研究院		合计	
		起草	复核	起草	复核	起草	复核	起草	复核
《中国药典》	化学药品	204	146	0	38	11	0	215	184
	中药	178	149	9	31	0	0	187	180
	生物制品	14	8	0	0	1	1	15	9
	包材	13	32	0	0	0	0	13	32
	辅料	31	63	0	0	0	0	31	63
	附录及方法	5	0	0	0	0	0	5	0
	小计	445	398	9	69	12	1	466	468
其他标准		236	239	1184	1230	19	130	1439	1599

32. 医疗器械标准制修订完成情况

（单位：个）

分类	副省级以上机构	中国食品药品检定研究院	合计
投入经费（万元）	2648.06	200.00	2848.06
标准立项数量	130	16	146
标准制定数量	78	14	92
标准修订数量	455	2	457
对口国际标准数量	609	0	609
对口国际标准转化数量	448	0	448

33. 执行科研课题情况

（单位：项）

科研项目分类	副省级以上机构		地市级机构		中国食品药品检定研究院		合计	
	牵头单位	参与单位	牵头单位	参与单位	牵头单位	参与单位	牵头单位	参与单位
国家级	34	57	2	7	38	34	74	98
省、市、自治区级	343	39	116	48	3	7	462	94
部级	79	27	2	11	3	1	84	39
院校、学会、协会	4	8	1	3	0	2	5	13
其他	287	6	44	11	72	0	403	17
合计	747	137	165	80	116	44	1028	261
其中：卫生部	0	0	0	0	0	0	0	0
国家食品药品监督管理总局	29	20	1	5	2	0	32	25
其他部委	50	7	1	6	1	1	52	14

续表

科研项目分类	副省级以上机构		地市级机构		中国食品药品检定研究院		合计	
	牵头单位	参与单位	牵头单位	参与单位	牵头单位	参与单位	牵头单位	参与单位
院校	3	8	0	1	0	2	3	11
学会、协会	1	0	1	2	0	0	2	2
在研项目	588	92	134	51	86	44	808	187
结题项目	159	44	31	20	30	0	220	64
科研到账经费总计（万元）	19890.43	4551.72	3490.98	1185.03	24726.32	6238.38	48107.73	11975.14

34. 科技成果获奖情况

（单位：项）

分类		副省级以上机构	地市级机构	中国食品药品检定研究院	合计
成果鉴定项数		34	26	0	60
成果登记项数		28	12	0	40
省部级科技奖	一等	6	0	0	6
	二等	11	1	0	12
	三等	14	3	0	17
	小计	31	4	0	35
社会力量科技奖		14	2	2	18
地方级科技奖		5	45	0	50
获奖数量合计		50	51	2	103
其中：软课题		0	2	0	2

35. 人事获奖情况

（单位：项）

项目分类		副省级以上机构	地市级机构	中国食品药品检定研究院	合计
集体奖励	国家级	3	0	0	3
	省部级	11	31	0	42
	地方级	13	42	0	55
	社会力量	6	0	0	6
	本单位	10	8	0	18
	其他	1	4	0	5
	小计	44	85	0	129

续表

项目分类		副省级以上机构	地市级机构	中国食品药品检定研究院	合计
个人奖励	国家级	2	0	2	4
	省部级	21	41	2	64
	地方级	23	64	2	89
	社会力量	3	0	0	3
	本单位	81	42	0	123
	其他	16	5	0	21
	小计	146	152	6	304

36. 获得专利情况

（单位：项）

分类		副省级以上机构	地市级机构	中国食品药品检定研究院	合计
国内专利	发明专利	35	3	13	51
	实用新型专利	22	10	6	38
	小计	57	13	19	89

37. 技术转让情况

（单位：份）

分类	副省级以上机构	地市级机构	中国食品药品检定研究院	合计
成果转让项数	20	0	0	20
成果转让费合同金额（万元）	442.72	0	0	442.72
成果推广项数	10	1	0	11

38. 论著、译著出版情况

（单位：部）

分类		副省级以上机构	地市级机构	中国食品药品检定研究院	合计
论著	作为主编	20	4	18	42
	作为副主编	3	6	0	9
	作为编委	15	7	0	22
	小计	38	17	18	73
译著	作为主编	0	0	1	1
	作为副主编	0	0	0	0
	作为编委	1	0	0	1
	小计	1	0	1	2

39. 论文发表情况

（单位：篇）

分类	副省级以上机构	地市级机构	中国食品药品检定研究院	合计
作为第一作者	1199	786	448	2433
作为通讯作者	60	27	41	128
篇数小计	1259	813	489	2561
其中：具有SCI影响因子的论文	89	62	66	217
SCI影响因子值	96.091	53.786	254.102	403.979

40. 国际合作情况

分类	副省级以上机构	地市级机构	中国食品药品检定研究院	合计
出访人数	130	1	129	260
来访专家数	124	2	109	235
国际合作项目数	22	0	9	31
举办国际会议次数	9	0	3	12
国际合作次数	27	0	79	106

41. 支援西部情况

分类	副省级以上机构	地市级机构	中国食品药品检定研究院	合计
项目次数	22	4	2	28
参与支援的人数	111	46	21	178
业务培训次数	65	4	4	73
被支援单位受训人数	139	45	143	327

附　录

获奖与表彰

2015 年集体获奖情况

1. 表彰中药所、生检所、化药所、包材所、器械所、党委办公室、质量管理处、纪委监察室为院先进集体。

2. 表彰食化所生物检测室、中药所天然药物室、化药所抗生素室、化学药品室、生检所肝炎病毒疫苗室、呼吸道病毒疫苗室、重组药物室、器械所生物材料和组织工程室、包材所药用辅料检测室、动物所实验动物质量检测室、标化所标准物质供应室、安评所一般毒理室、综合办公室、监督所综合办公室、械标所标准体系研究室、信息中心药物分析杂志编辑部、服务中心综合办公室为院级优秀科室。

3. 表彰服务中心基建办公室为特别贡献奖。

2015 年个人获奖情况

1. 党中央、国务院授予李长贵“全国先进工作者”荣誉称号。

2. 全国妇联授予南楠“全国三八红旗手”荣誉称号。

3. 人力资源社会保障部、卫生计生委、中宣部、外交部、商务部、解放军总政治部、解放军总后勤部授予张春涛“埃博拉出血热疫情防控先进个人”荣誉称号。

4. 人力资源社会保障部授予马双成“有突出贡献中青年专家”荣誉称号。

5. 徐颖华获得 2015 年度中国药学发展奖食品药品质量检测技术奖（杰出青年学者奖）和 2015 年中国药学会－赛诺菲青年生物药物奖。

6. 民建北京市东城区委授予于继江“2013～2014 年度民建东城区优秀会员”荣誉称号。

7. 北京市互联网违法和不良信息举报中心、首都互联网协会授予李健“2014 年度网络社会监督工作者先进个人”荣誉称号。

8. 2015 年度管理创新奖获奖名单详见下表。

获奖等次	部门	题目	报告人
一等奖	质量管理处	构建信息化服务平台，创新能力验证工作模式	刘雅丹
二等奖	化学药品检定所	化药所评价性抽验的综合管理模式	高志峰
	计划财务处	基于内部控制的中国食品药品检定研究院财务信息化建设	张　旭
三等奖	仪器设备管理处	编制国家级建设标准，规范全系统硬件建设	季士委
	食品药品技术监督所	完善国家药品抽验数据库系统，提升药品质量风险防控能力	王　翀
	标准物质与标准化研究所	标准物质 RMP 体系建设与完善	陈亚飞

9. 2015 年度应急检验表现突出个人表彰名单详见下表。

序号	姓名	应急检验任务	所在部门
1	董　喆	加多宝凉茶检验	食化所理化室
2	李梦怡	加多宝凉茶检验	食化所理化室
3	金红宇	银杏叶药品专项治理	中药所天然药物室
4	刘丽娜	银杏叶药品专项治理	中药所天然药物室
5	左甜甜	银杏叶药品专项治理	中药所天然药物室
6	李耀磊	银杏叶药品专项治理	中药所天然药物室
7	胡晓茹	银杏叶药品专项治理	中药所中成药室
8	何　轶	银杏叶药品专项治理	中药所中成药室
9	郑笑为	银杏叶药品专项治理	中药所中成药室

续表

序号	姓名	应急检验任务	所在部门
10	汪　祺	银杏叶药品专项治理	中药所中成药室
11	程显隆	银杏叶药品专项治理	中药所中药材室
12	刘　燕	银杏叶药品专项治理	中药所综合办
13	张聿梅	银杏叶药品专项治理	中药所综合办
14	王　赵	银杏叶药品专项治理	中药所天然药物室
15	王明娟	银杏叶药品专项治理	中药所中成药室
16	乔　菲	银杏叶药品专项治理	中药所天然药物室
17	王　莹	银杏叶药品专项治理	中药所天然药物室
18	戴　忠	银杏叶药品专项治理	中药所中成药室
19	李　静	银杏叶药品专项治理	中药所综合办
20	王　杉	银杏叶药品专项治理	综合业务处
21	王　岩	小牛血类药品应急检验	化药所综合办
22	范慧红	小牛血类药品应急检验	化药所生化药品室
23	廖海明	小牛血类药品应急检验	化药所生化药品室
24	任丽萍	小牛血类药品应急检验	化药所生化药品室
25	邓利娟	小牛血类药品应急检验	化药所生化药品室
26	杨洪淼	小牛血类药品应急检验	化药所生化药品室
27	王　吉	小牛血类药品应急检验	实验动物所质量检测室
28	李晓波	小牛血类药品应急检验	实验动物所质量检测室
29	王淑菁	小牛血类药品应急检验	实验动物所质量检测室
30	王莎莎	小牛血类药品应急检验	实验动物所质量检测室
31	付　瑞	小牛血类药品应急检验	实验动物所质量检测室
32	岳秉飞	小牛血类药品应急检验	实验动物所质量检测室
33	郝　杰	小牛血类药品应急检验	生检所血液室
34	王　兰	埃博拉疫情防控	生检所单抗室
35	王文波	埃博拉疫情防控	生检所单抗室
36	张　峰	埃博拉疫情防控	生检所单抗室
37	李玉华	埃博拉疫情防控	生检所虫媒病毒疫苗室
38	刘晶晶	埃博拉疫情防控	生检所虫媒病毒疫苗室
39	王　玲	埃博拉疫情防控	生检所虫媒病毒疫苗室
40	曹守春	埃博拉疫情防控	生检所虫媒病毒疫苗室
41	王云鹏	埃博拉疫情防控	生检所虫媒病毒疫苗室
42	张　影	埃博拉疫情防控	生检所寄生虫疫苗室
43	李永红	埃博拉疫情防控	生检所重组药物室
44	沈　琦	埃博拉疫情防控	生检所
45	张　洁	埃博拉疫情防控	生检所综合办
46	冯晓明	眼用全氟丙烷气体检验	器械所生物材料与组织工程室

续表

序号	姓名	应急检验任务	所在部门
47	柯林楠	眼用全氟丙烷气体检验	器械所生物材料与组织工程室
48	黄元礼	眼用全氟丙烷气体检验	器械所生物材料与组织工程室
49	付海洋	眼用全氟丙烷气体检验	器械所生物材料与组织工程室
50	彭新杰	眼用全氟丙烷气体检验	器械所生物材料与组织工程室
51	卢大伟	眼用全氟丙烷气体检验	器械所综合办
52	杨　锐	眼用全氟丙烷气体检验	包材所包装材料检测室

论文论著

2015 年出版书籍目录

序号	书名	书号（ISBN）	主编	副主编	编者/编委	出版社	出版时间
1	实用化学药品检验检测技术指南	978-7-117-20505-4	林瑞超，鲁静，马双成，刘玉珍	郑健，金红宇	过立农，严华，郑健，魏锋，徐纪民	人民卫生出版社	2015.4
2	化学药品对照品图谱集-总谱	978-7-5067-7261-7	胡昌勤，马双成	杨化新，何兰，宁保明，林兰，许鸣镝，肖新月	马玲云，刘阳，刘毅，刘朝霞，张娜，张才煜，张启明，南楠，袁松，耿颖，黄海伟，熊婧	中国医药科技出版社	2015.4
3	化学药品对照品图谱集-质谱	978-7-5067-6906-8	马双成，张才煜	黄海伟，李婕，马玲云，宁保明	刘阳	中国医药科技出版社	2014.12
4	实用药品微生物检验检测技术指南	978-7-122-24537-3	胡昌勤，杜平华*，许华玉*	郑璐*，王之光*	杨美琴	人民卫生出版社	2015.4
5	药物杂质谱分析	978-7-122-24537-3	胡昌勤			化学工业出版社	2015.11
6	食品药品检验基本理论与实践	978-7-03-043768-6	李云龙；执行主编：白东亭，许明哲	王佑春	于欣，马玲云，王健，王冠杰，牛剑钊，左宁，田学波，成双红，李晶，李秀记，李保文，杨化新，杨青云，肖镜，吴建敏，余振喜，张继，张斗胜，金少鸿，陈华，黄宝斌，黄海伟，曹进，崔生辉，蔡彤，戴翚	北京：科学出版社	2015.5
7	化学药品对照品图谱集-核磁共振	978-7-5067-7091-0	何兰，卢忠林*	程奇蕾，刘阳，袁松，王彩芳*，宁保明	刘毅，张才煜，周颖，庾莉菊，魏宁漪	中国医药科技出版社	2014.12
8	国家药包材标准	978-7-5067-7810-7	孙会敏，张伟*，邹健		李波，邹健，李云龙，王云鹤，孙会敏，杨会英，赵霞，贺瑞玲，王峰，张丽颖，杨化新，张启明，许鸣镝，刘艳林，谢兰桂，李樾，汤龙	中国医药科技出版社	2015.10

续表

序号	书名	书号 ISBN	主编	副主编	编者/编委	出版社	出版时间
9	实验动物疫病学	978-7-5304-7200-2	田克恭*，贺争鸣，刘群*，顾小雪*	遇秀玲*，翟新验*，孙明*，范薇*，巩薇，付瑞，代解杰*，蔡建平*，肖璐*，吴佳俊*，范运峰*，曲萍*，王立林*，薛青红*，邢进	范文平，冯育芳，付瑞，高正琴，巩薇，贺争鸣，李保文，李晓波，梁春南，王吉，邢进	中国农业出版社	2015.1
10	药物毒理学	978-7-117-21019-5	李波，袁伯俊*，廖明阳*	马璟*，陆国才*，任进*，王莉*，范玉明	王雪，王三龙，吕建军，耿兴超，霍艳，李伟，林志，刘丽，苗玉发，潘东升，王欣，周晓冰，郭隽，贺争鸣，李保文，李姗姗	人民卫生出版社	2015.8
11	基因转移载体生物分布研究质量控制及实例	978-3-639-73840-7	苗玉发，李波	无	无	金琅学术出版社	2015.5
12	药品检验与药品不良反应理论与实践	978-7-5023-9481-3	王翀			科学技术文献出版社	2014.9
13	大道为民——铸就使命与担当	978-7-5067-7294-5	李云龙，鲁艺*，高泽诚，李冠民	王军志，张永华，王云鹤，王佑春，李波，邹健，姚雪良	马双成，王藏徐，田利，白东亭，成双红，孙会敏，李玲，李静莉，杨化新，杨正宁，杨昭鹏，肖新月，汪巨峰，沈琦，张庆生，张河战，陈月，陈为，柳全明，贺争鸣，柴玉生，郭亚新，陶维玲，黄志禄，曹洪杰，蓝煜	中国医药科技出版社	2015.6
14	知行求是——检验探究无止境	978-7-5067-7342-3	李云龙，邵建强*，徐志理*，高泽诚，李冠民	王军志，张永华，王云鹤，王佑春，李波，邹健，姚雪良	马双成，王藏徐，田利，白东亭，成双红，孙会敏，李玲，李静莉，杨化新，杨正宁，杨昭鹏，肖新月，汪巨峰，沈琦，张庆生，张河战，陈月，陈为，柳全明，贺争鸣，柴玉生，郭亚新，陶维玲，黄志禄，曹洪杰，蓝煜	中国医药科技出版社	2015.6

续表

序号	书名	书号 ISBN	主编	副主编	编者/编委	出版社	出版时间
15	严谨相依——永远的职业坚守	978-7-5067-7339-3	李云龙，黄富强*，高泽诚，李冠民	王军志，张永华，王云鹤，王佑春，李波，邹健，姚雪良	马双成，王藏徐，田利，白东亭，成双红，孙会敏，李玲，李静莉，杨化新，杨正宁，杨昭鹏，肖新月，汪巨峰，沈琦，张庆生，张河战，陈月，陈为，柳全明，贺争鸣，柴玉生，郭亚新，陶维玲，黄志禄，曹洪杰，蓝煜	中国医药科技出版社	2015.6
16	创新圆梦——检验创新恒久远	978-7-5067-7344-7	李云龙，郑彦云*，高泽诚，李冠民	王军志，张永华，王云鹤，王佑春，李波，邹健，姚雪良	马双成，王藏徐，田利，白东亭，成双红，孙会敏，李玲，李静莉，杨化新，杨正宁，杨昭鹏，肖新月，汪巨峰，沈琦，张庆生，张河战，陈月，陈为，柳全明，贺争鸣，柴玉生，郭亚新，陶维玲，黄志禄，曹洪杰，蓝煜	中国医药科技出版社	2015.6
17	食品药品医疗器械检验仪器设备核查规程	978-7-5067-8003-2	邹健；执行主编：王冠杰，季士委	田利	王冠杰，季士委，马仕洪，尹利辉，田子新，付志浩，刘博，孙会敏，李晶，杨化新，杨昭鹏，杨靖清，邹文博，张倜，张河战，陈玉琴，林飞，项新华，梁丽，彭迈，韩春梅，程显隆，谢晶鑫，肖镜	中国医科技药出版社	2016.1
18	食品药品医疗器械检验仪器设备维护保养规程	978-7-5067-8002-5	邹健	田利	彭迈，王洪，王冠杰，王建宇，常志永，冯克然，冯玉飞，田霖，付瑞，卢锦标，刘强，邢进，季士伟，张琪，张朝阳，张聿梅，余振喜，杨蕾，李加，李江姣，李懿，杜加亮，邵铭，邵安良，金红宇，姜华，唐静，梁丽，梁昊宇，黄海伟，黄元礼，曹进，崔生辉，程显隆，戴晖	中国医药科技出版社	2016.1

注：本表统计时间截至2016年1月。

2015 年发表论文目录

序号	题目	作者	期刊名称	期、卷号，起止页码	SCI 影响因子
1	神经酰胺通过 JNK－c－Jun 信号通路诱导胶质瘤细胞自噬性死亡	张露勇，罗飞亚，胡培丽，单纯，李锐*#	中国康复理论与实践	2015 年 8 月 8 期：905－912	
2	神经酰胺通过 JNK/c－Jun 信号通路诱导胶质瘤细胞自噬性死亡/87－MG 和 U251	张露勇，罗飞亚，胡培丽，单 纯，张 淼*#	首都医科大学学报	2015 年 4 月 2 期：276－281	
3	MGMT 与脑胶质瘤相关性的实验研究	张露勇，罗飞亚，胡培丽，单纯，李锐*#	中国医院用药评价与分析	2015 年第 4 期：466－475	
4	防晒化妆品的抗 UVA/UVB 能力评价及其时间变化因素研究	张露勇，刘婷，丁艺，曹进，张庆生#	中国日用化学品科学	2015 年第 11 期：15－21	
5	螺旋涂布法评价联合诱导制备大鼠肝 S9 的活性大小	单纯，张凤兰，崔生辉#	中国比较医学杂志	2015 年第 3 期：48－52	
6	两品系小鼠局部淋巴结试验结果比较	胡培丽，张露勇，李波，邢书霞	中国比较医学杂志	2015，25（5）：54－57	
7	LLNA：BrdU－ELISA 改良法在化学物/化妆品的皮肤刺激性和致敏性评价中的应用	胡培丽，张露勇，单纯，李波，邢书霞	毒理学杂志	2015，29（4）：282－285.	
8	酶底物法快检技术检测化妆品中铜绿假单胞菌的研究	高飞，张庆生，丁宏，王刚力，崔生辉，孙宗科*，左甜甜，陈西平#	环境与健康	SSN：1001 － 5914 （2014）12－154－156	
9	酶联免疫吸附法和 DNA 检测法在肉类鉴别中的应用	任秀，骆海朋，崔生辉	中国食品卫生杂志	2015，27（1），93－97	
10	婴儿肉毒中毒	骆海朋，任秀，崔生辉#		2015；8（29）：806－813	
11	保健食品中西布曲明含量检测的能力验证研究	董喆，张会亮，黄湘鹭，冯克然，宋钰，张庆生，曹进#，项新华#	中国药事	2014，28（12）：1331－1334	
12	电感耦合等离子体质谱法测定化妆品中的 37 种元素	董喆，李梦怡，潘伟娟*，宋钰，曹进，王钢力	日用化妆品科学	2015，38（6）：20－25	
13	高相液相色谱法测定化妆品中的二羟基丙酮	李莉，曹进，张庆生	日用化学品工业	2015，45（6）：354－356	
14	Magnetic solid phase extraction of glyphosate and aminomethylphosphonic acid in river water using Ti^{4+}－immobilized Fe_3O_4 nanoparticles by capillary electrophoresis	Ya－lei Dong，Dong－qiang Guo*，Hong Cui*，Xiang－jun Li*#，Yu－jian He*	Analytical Methods	2015，7（14）：5862－5868	1.821
15	高效液相色谱法测定乳制品中香兰素的含量	宁霄，金绍明，曹进，张庆生	中国药师	2015，Vol18. No. 2、19－22	
16	保健食品中非法添加药物的检测现状及筛查策略研究	宁霄，张伟清，王钢力，曹进，张庆生	食品安全质量检测学报	2015，Vol6. No. 5、1876－1882	

续表

序号	题目	作者	期刊名称	期、卷号，起止页码	SCI 影响因子
17	Immobilization of FLAG – Tagged Recombinant Adeno – Associated Virus 2 onto Tissue Engineering Scaffolds for the Improvement of Transgene Delivery in Cell Transplants	Hua Li*, Feng – Lan Zhang（共同第一作者），Wen – Jie Shi*, Xue – Jia Bai*, Shu – Qin Jia*, Chen – Guang Zhang*#, Wei Ding*#	Plos One	e0129013, 1 – 15	3.234
18	磺酰罗丹明 B 法和噻唑蓝法检测皮肤来源细胞活力比较	吕冰峰，裴新荣，崔生辉，罗飞亚，张庆生，邢书霞	卫生研究	2015，44（3），494 – 497	
19	食品中维生素检测技术研究进展	吴景，邢书霞，曹进	食品安全质量检测学报	2015，6（8）：2881 – 2889	
20	化妆品中非法添加禁用物质检测技术研究进展	吴景，邢书霞，王钢力	日用化学品科学	2015，38（10）：5 – 9	
21	欧盟化妆品法规最新修订内容及其启示	邢书霞，苏哲，左甜甜，王钢力#	中国卫生检验杂志	2015，25（18）：3214 – 3216	
22	QuEChERS – 液相色谱 – 串联质谱法测定植物性食品中 30 种氨基甲酸酯类农药残留	达晶，王钢力#，曹进#，张庆生	色谱 chinese journal of chromatograph	2015，33（8）：830 – 837	
23	中药材及饮片中三种亚硫酸盐残留量测定法的比较研究	许玮仪，李耀磊，高芳，林瑞超，金红宇，马双成	中国药师	2015，05：782 – 783 + 786	
24	人工剪蔓对白条党参药材产量、质量及种子产量的影响	陈玉武，魏赫，金红宇*	中国实验方剂学杂志	2015，21（6）：83 – 85	
25	同位素内标 – 气相色谱串联质谱法测定中药材中多环芳烃残留量	金红宇，范可青，许玮仪，王赵	中国药学杂志	2015，50（2）：115 – 119	
26	重楼药材多指标含量分析及化学计量学综合质量评价	谢俊大*，孙磊#	药物分析杂志	2015，35（9）：1585 – 1590	
27	四极杆飞行时间串联质谱辅助薄层色谱鉴别重楼中多种重楼皂苷	于新兰*，范可青*，孙磊#，李革*，马双成	药物分析杂志	2015，35（8）：1495 – 1499	
28	等效色谱柱选择在大黄和补骨脂多成分高效液相色谱分析中的应用	叶六平*，孙磊（共同第一作者），王明娟，金红宇，汪暲东*，马双成#	药物分析杂志	2015，35（6）：945 – 953	

续表

序号	题目	作者	期刊名称	期、卷号，起止页码	SCI 影响因子
29	中药标准物质替代测定法技术指导原则	孙磊，金红宇，马双成#，戴忠，程翼宇*，钱忠直*	中国药学杂志	2015，50（4）：284－286	
30	色谱指纹图谱结合化学计量学用于3种乳香的鉴别和质量评价	孙磊，张超*，田润涛*，刘丽娜，陈安珍*，金红宇，马双成#	中国药学杂志	2015，50（2）：140－146	
31	Combination of quantitative analysis and chemometric analysis for the quality evaluation of three different frankincenses by ultra high performance liquid chromatography and quadrupole time of flight mass spectrometry	Chao Zhang*，Lei Sun（共同第一作者），Run－tao Tian*，Hong－yu Jin，Shuang－cheng Ma#，Bing－ren Gu*	Journal of Separation Science	2015，38（19）：3324－3330	2.737
32	中药材及部分制剂中黄曲霉毒素残留筛查报告及初步风险评估	刘丽娜，金红宇，孙磊，马双成	中国药学杂志	2015，50（17）：1541－1546	
33	双标线性校正结合PDA辅助色谱峰定性用于印度獐牙菜指纹图谱分析	刘丽娜，孙磊，田润涛，金红宇*，安蓉，马双成	中国药学杂志	2015，4（50）：278－292	
34	Application of immunoaffinity purification technology as the pretreatment technology fortraditional Chinese medicine：Its application to analysis of hesperidin and narirutin intraditional Chinese medicine preparations containing Citri reticulatae Pericarpium	Liu LN，Wang Y，Jin HY，Ma SC，Liu JP	J Chromatogr B Analyt Technol Biomed Life Sci	http：//dx.doi.org/10.1016/j.jchromb.2015.10.005	2.729
35	欧盟化妆品法规跟踪	左甜甜，邢书霞，张庆生，王钢力	中国卫生检验杂志	2015，25（12）：2057－2061	
36	Detection of Gelatin Adulteration in Traditional Chinese Medicine：Analysis of Deer－Horn Glue by Rapid－Resolution Liquid Chromatography－Triple Quadrupole Mass Spectrometry	Jia Chen，Xian－Long Cheng#，Feng Wei#，Qian－Qian Zhang，Ming－Hua Li，and Shuang－Cheng Ma	Journal of Analytical Methods in Chemistry	http：//dx.doi.org/10.1155/2015/259757	0.792
37	柱前衍生化HPLC法测定不同基原珍珠粉及贝壳粉中7种氨基酸的含量	陈佳，魏锋#，程显隆，刘薇，马双成	中药材	2015，38（4）：693－696	
38	超高效液相色谱－三重四极杆质谱法检测复方阿胶浆中阿胶	陈佳，程显隆#，魏锋#，张倩倩，马双成	药物分析杂志	2015，35（2）：328－332	

续表

序号	题目	作者	期刊名称	期、卷号，起止页码	SCI 影响因子
39	差示扫描量热法用于珍珠粉与贝壳粉真伪鉴别的研究	陈佳，李明华，余坤子，董亚娟，张南平，胡晓茹，魏锋#，马双成#	中国中药杂志	2015，40（8）：1459－1462	
40	中药川贝母质量控制方法研究	刘薇，张文娟，程显隆，魏锋，马双成#	亚太传统医药	2015，11（2）：41－46	
41	气相色谱质谱两用技术用于西黄丸中人工麝香的鉴别方法	刘薇，邹秦文*，程显隆，张萍，石岩，魏锋#，章菽#*，伦立军*，于德泉*	中国医学科学院学报	2014，36（6）：591－598	
42	人工麝香中五种重金属的含量测定	刘薇，邹秦文*，程显隆，李明华，陈佳，肖宣*，魏锋#，章菽#*，马双成	中国医学科学院学报	2014，36（6）：610－613	
43	基于特征离子的血竭和龙血竭 UPLC－QTOF/MS 定性鉴别方法的建立	刘薇，李明华，陆以云，程显隆#，魏锋#，马双成	药物分析杂志	2015，35（10）：1777－1781	
44	中药酸枣仁的真伪鉴别方法研究	刘薇，李明华，余坤子，程显隆#，魏锋#，马双成	药物分析杂志	2015，35（9）：1629－1634	
45	我国川贝母的质量分析	刘薇，张文娟，林丽君*，魏锋#，马双成	中国药学杂志	2015，50（4）：305－309	
46	南柴胡与常见混伪品的鉴别方法研究	严华，董亚娟*，程显隆，魏锋#，马双成#	中国药学杂志	2015，50（2）：109－114	
47	铁皮石斛的 ITS2 条形码分子鉴定及 5 种重金属及有害元素的测定	严华，石任兵*#，姚辉*，张文娟，李明华，程显隆，余坤子，魏锋#，马双成#	药物分析杂志	2015，35（6）：1044－1053	
48	5 种发酵虫草菌丝类制剂的特征图谱及其模式识别研究	张萍，郑天娇，张文娟，焦坤，魏锋，刘斌	中国药学杂志	2015，50（4）：293－298	
49	人工麝香高效液相色谱特征图谱分析	张萍，肖宣，张南平，肖新月，章菽，魏锋，于德泉	中国医学科学院学报	2014，36（6）：579－580	
50	ITS1 作为 DNA 条形码用于冬虫夏草与其近缘种的鉴别	张文娟，魏锋#，马双成#	药物分析杂志	2015，35（10）：1716－1720	
51	基于 ITS 序列分析鉴别冬虫夏草与古尼虫草	张文娟，康帅，魏锋#，马双成#	药物分析杂志	2015，35（9）：1551－1555	
52	冬虫夏草与 5 种人工发酵菌丝体的 DNA 分子鉴别方法	张文娟，王晓，张萍，魏锋#，马双成#	药物分析杂志	2015，35（8）：1354－1357	
53	聚合酶链式反应－限制性片段长度多态性方法对太白贝母鉴别检验的适用性探讨	张文娟，尚柯*，魏锋#，马双成#	中国现代中药	2015，17（9）：905－910	

续表

序号	题目	作者	期刊名称	期、卷号，起止页码	SCI 影响因子
54	CMTM8 is Frequently Downregulated in Multiple Solid Tumors	张文娟，綦辉*，莫晓宁*，孙倩影*，李婷*，宋泉声*，许克新*，胡浩*，马大龙*，王应#	Appl Immunohis tochem Mol Morphol	2015 Nov 16. doi：10. 1097	2. 012
55	牛黄类药材各类成分定量检测方法研究概况	邹秦文*，石岩#，刘薇，熊婧，魏锋，林瑞超*，马双成	药物分析杂志	2015，35（1）：8 – 15	
56	Simultaneous quantification of the major bile acids in Artificial Calculus bovis by high – performance liquid chromatography with precolumn derivatization and its application in quality control	Yan Shi（石岩），Jing Xiong（熊婧），Dongmei Sun*（孙冬梅），Wei Liu（刘薇），Feng Wei（魏锋），Shuangcheng Ma（马双成），Ruichao Lin*（林瑞超）	Journal of separation science	2015，38：2753 – 2762	2. 737
57	广防风基原与鉴别	刘文啟，严华，魏锋等	药物分析杂志	2015，35（2）：370 – 376	
58	不同叶形曼陀罗叶结构比较及鉴别方法研究	刘文啟，陆以云，康帅，魏锋等	药物分析杂志	2015，35（6）：1092 – 1098	
59	市售药材降香基原与鉴别研究	刘文啟，陆以云，麻思宇，魏锋等	中国中药杂志	2015，40（16）：3183 – 3186	
60	槐耳菌与槐耳菌质鉴别及质量标准探讨	刘文啟，陆以云，魏锋等	中国药品标准杂志	2015（5）：341 – 343	
61	Lipidomics applications for disease biomarker discovery in mammal models	Ying – Yong Zhao*，Xian – Long Cheng（共同第一），Rui – Chao Lin，Feng Wei#	Biomarkers in Medicine	2015，9（2）：153 – 168	2. 646
62	我国中药材及饮片的质量情况及有关问题分析	魏锋，刘薇，严华，石岩，张文娟，张萍，程显隆，马双成#	中国药学杂志	2015，50（8）：277 – 283	
63	甘遂中大戟二烯醇 HPLC 定量方法的测量不确定度评定	王磊*，姚令文，程显隆，魏锋#，李峰，鲁静，林瑞超，马双成	中国药事	2015，29（2）：147 – 1852	
64	3 种利尿中药化学成分的体内外分析方法研究进展	唐丹丹*，陈丹倩，程显隆，魏锋#，赵英永	药物分析杂志	2015，35（3）：377 – 382	
65	HPLC 法测定芪胶升白胶囊中朝藿定 C 和淫羊藿苷的含量	龙国友*，李开斌，刘兴鹏，程显隆，魏锋#，马双成，熊慧林，茅向军	药物分析杂志	2015，35（4）：719 – 722	
66	特征肽段检测技术用于胶类药材专属性鉴别方法研究	程显隆，陈佳，李明华，张倩倩，刘薇，魏锋，马双成，	中国药学杂志	2015，50（02）：104 – 108	
67	Characterization and comparison of polysaccharides from Lyciumbarbarum in China using saccharide mapping based on PACE andHPTLC	Ding – Tao Wu，Kit – Leong Cheong，Yong Deng，Peng – Cheng Lin，Feng Wei，Xiao – Jie Lv，Ze – Rong Long，Jing Zhao，Shuang – Cheng Ma#，Shao – Ping Lia	Carbohydrate Polymers	2015，134：12 – 19	4. 074

续表

序号	题目	作者	期刊名称	期、卷号，起止页码	SCI 影响因子
68	西红花苷对照提取物的研究及其在西红花饮片质量控制中的应用	何风艳，戴忠#，何轶，张聿梅，鲁静	中国中药杂志	2015，40（12）：2378－2382	
69	牛黄清心丸（局方）中辅料蜂蜜的质量评价方法研究	何风艳，戴忠，聂黎行，王瑞忠，鲁静	药物分析杂志	2015，35（10）：1833－1837	
70	关于中药国家评价性抽验的思考	戴忠，鲁静，朱炯，成双红，马双成#	中国药学杂志	2015，50（2）：93－98	
71	白附子的研究进展	黄金钰，戴忠#，马双成	中草药	2015，46（18）：2816－2822	
72	2 种中药化学对照品的多晶型现象初探	聂黎行，张烨*，戴忠，张毅*，马双成	中国中药杂志	2015，40（16）：3245－3248	
73	WHO 国际植物药监管合作组织（IRCH）第七届年会介绍	聂黎行，马双成，裴小静*，丁建华*	中国药事	2015，29（5）：559－562	
74	活血止痛制剂质量评价与研究	聂黎行，刘燕，鲁静，戴忠，陈佳，刘丽娜，金红宇，马双成	中国药学杂志	2015，30（2）：131－139	
75	指纹图谱技术在中药注射剂标准提高中的应用	聂黎行，石上梅*，翟为民*，戴忠，马双成	中成药	2015，37（3）：607－610	
76	硫代葡萄糖苷提取、纯化、分离方法概述	林丽君*，聂黎行#，李耀磊，戴 忠，马双成	中国药事	2015，29（10）：75－78	
77	基于二相代谢酶介导胆红素代谢考察不同体系 UGT1A1 酶动力学参数	汪祺，戴忠，张玉杰，马双成	中国药学杂志	2015，50（19）：56－61	
78	微粒体体系中胆红素及其代谢产物测定方法的建立	汪祺，张玉杰，戴忠，马双成	药物分析杂志	2015，35（9）：37－44	
79	基于化学计量学分析方法黄芪药材质量评价体系的建立	汪祺，郑笑为，刘燕，姚令文，戴忠，马双成	中草药	2015，46（12）：1825－1829	
80	异荭草苷对照品的建立	王明娟，胡晓茹，何轶，刘静，张琪，戴忠，马双成	药物分析杂志	2015，35（6）：1072－1077	
81	金丝桃苷对照品的定值研究	刘静，胡晓茹，王明娟，聂黎行，汪祺，郑笑为，何风艳，戴忠#，马双成#	药物分析杂志	2015，35（3）：524－527	
82	注射用丹参（冻干）中糖类成分的两种色谱测定方法比较	刘静，韩春霞*，姜岩*，王钢力，林瑞超*#，戴忠，马双成	北京中医药大学学报	2015，38（8）：556－560	
83	HPLC 法同时测定红花注射液中 3 种活性成分	刘静，赵剑锋*，马双成，戴忠#	中成药	2015，37（11）：2426－2429	
84	三七伤药片质量评价与研究	胡晓茹，杨美丽，王明娟，刘静，戴忠，马双成	中国药学杂志	2015，50（4）：299－304	
85	牛黄清心丸中黄曲霉毒素的检测	王菲菲，张聿梅，郑秋丽，戴忠，马双成	药物分析杂志	2015，35（1）：75	

续表

序号	题目	作者	期刊名称	期、卷号，起止页码	SCI 影响因子
86	高效液相色谱－质谱联用技术对缬草三酯稳定性的研究	王菲菲，王明娟，张聿梅，马双成，戴忠等	中国药学（英文版）	2014，23（12）：850	
87	冠脉宁片中化工染料检查及血竭素高氯酸盐含量测定研究	何铁，丁宁，王瑞忠，鲁静*，王栋，张玉荣，张聿梅，戴忠	中国药学杂志	50（2）：120－124	
88	冠脉宁片中樟脑的限量检查及冰片的含量测定研究	丁宁，王栋，何铁*，张玉荣，王瑞忠，张聿梅，鲁静，戴忠	中国药学杂志	50（4）：310－313	
89	淫羊藿与其伪品———栓皮栎叶的鉴别研究	康帅，周超*，何铁，张继，魏爱华，鲁静，马双成#	中国中药杂志	40（9）：1676－1680	
90	刍议青黛的产地加工方法	康帅，陈立亚，陈鼎雄*，肖新月#	世界科学技术－中医药现代化	17（9）：1934－1937	
91	化学药品标准分析模型研究	高志峰，王岩，杨化新#	中国药师	2014，17（12）：2124－2126	
92	铬超标胶囊应急检验管理研究	高志峰，杨锐	中国药物警戒	2014，11（11）：669－671	
93	药品应急检验管理的探索性研究	高志峰，杨化新#	中国药学杂志	2015，50（14）：1255－1258	
94	药品复验审核的要点研究	高志峰，林兰#	中国新药杂志	2015，24（14）：1568－1571	
95	微球制剂质量控制研究进展	郭子宁，辛中帅，杨化新#	中国新药杂志	2015，24（18）：2115－2121	
96	对《中国药典》2010 年版第二增补本收载的阿法骨化醇软胶囊含量均匀度检测项目和方法的商榷	陈唯真，牛剑钊，张启明#	中国药事	2015，29（8）：831－833	
97	低分子肝素质量标准研究	李京，王悦，李颖颖，范慧红#	中国药学杂志	2014，49（24）：2210－2211	
98	高效阴离子交换－脉冲安培法测定糖肽类药物中游离糖含量	李京，宋玉娟，韩春霞*，王悦，尼珍*，范慧红#	中国药学杂志	2015，50（17）1547－1552	
99	凝乳酶效价测定方法研究	李京，王悦，刘莉莎，任雪，范慧红#	中国生化药物杂志	2015，35（10）：118－121	
100	肝素钠相对分子质量对照品国际协作标定Ⅱ	宋玉娟，范慧红	中国药学杂志	2014，49（23）：2124－2127	
101	离子色谱法测定羟乙基淀粉中乙二醇残留	宋玉娟，韩春霞，范慧红	中国新药杂志	2015，5（24）：581－583	
102	首批脱氧核糖核酸国家对照品的研制	刘莉莎，任雪，邓利娟，范慧红#	中国药事	2015，29（9）：917－920	
103	生色底物法测定细胞色素 C 活力初探	刘莉莎，王悦，李京，李菲菲*，范慧红#	中国生化药物杂志	2015，35（7）：138－140	

续表

序号	题目	作者	期刊名称	期、卷号，起止页码	SCI 影响因子
104	细胞色素 C 注射剂质量评价及研究	刘莉莎，邓利娟，郝苏丽，王鑫钰，廖海明，王悦，高志峰，范慧红#	中国药学杂志	2015，50（11）：987－992	
105	液质联用分析鲑降钙素注射液中的降解杂质	任雪，田文静，杨化新，廖海明，杨洪淼，范慧红#	中国药学杂志	2015，50（2）：174－177	
106	腺苷钴胺有关物质分析方法的改进及杂质研究	杨洪淼，廖海明，任雪，范慧红#	中国生化药物杂志	2015，35（6）：157－160	
107	反相离子对色谱法对寡核苷酸药物分析的进展	杨洪淼，范慧红#	中国生化药物杂	2015，35（7）：161－16	
108	利巴韦林胶囊溶出曲线测定方法的建立及国产利巴韦林胶囊溶出行为的考察	杨洪淼，蔺娟、闵祺、廖海明，范慧红#	中国生化药物杂志	2015，35（9）：206－208	
109	多烯酸乙酯软胶囊抗氧化剂研究	任丽萍，蔺娟，闵祺，廖海明，杨洪淼，范慧红#	中国生化药物杂志	2015，35（5）：174－176	
110	多组分生化药注射剂 HPLC 特征图谱研究思路探讨	任丽萍，范慧红#	中国生化药物杂志	2015，35（6）：161－164	
111	多烯酸乙酯软胶囊近红外光谱法一致性评价模型研究	闵祺*，蔺娟*，张学博，任丽萍#，范慧红	药物分析杂志	2015，35（9）：1683－1689	
112	高效液相色谱－荧光检测法同时测定多烯酸乙酯软胶囊中 4 种生育酚的含量	蔺娟*，闵祺*，任丽萍#，范慧红#	药物分析杂志	2015，35（10）：1866－1871	
113	红花的微生物污染状况分析	刘鹏，战宏利*，杨美琴，戴翚，肖璜，马仕洪#	药物分析杂志	2015，35（7）：：1257－1262	
114	自含式压力蒸汽灭菌生物指示剂孢子计数方法的考察	肖璜，郭志龙*，夏梦菲，刘鹏，马仕洪，胡昌勤#	中国药师	2015，18（7）：1110－1112	
115	WHO PQ 认证细菌内毒素检测实验室专家提问解析	高华，裴宇盛，蔡彤，陈晨	中国药事	2014，28（12）：1344－1347	
116	关于第十三批磷酸组织胺国家对照品的协作标定	刘倩，吴彦霖，张媛，贺庆，高华#	中国药事	2014，28（12）：1335－1338	
117	盐酸莫西沙星注射液细菌内毒素检查方法学研究	张横，蔡彤，高华#	中国药事	2014，28（12）：1298－1302	
118	药品质量控制过程中 OOS 分析存在的问题之我见	游赣花*，谭德讲#	中国药事	2015，29（10）：58－63	
119	生物活性测定方法的适用性评价指标探讨	王萍萍，张媛，谭德讲#	药物分析杂志	2015，35（6）：1038－1043	
120	ACYW135 群脑膜炎球菌多糖疫苗人新鲜全血体外热原检测方法适用性考察	张媛，蔡彤，吴彦霖，游赣花，刘倩，陈晨，高华#	中国药学杂志	2015，50（11）：983－986	
121	热原检查法结果判断新模式的验证	杜颖，谭德讲#	中国药学杂志	2015，50（14）：1243－1250	
122	建设符合世界卫生组织“药品质量控制实验室良好操作规范”要求的细菌内毒素检验实验室要素分析	蔡彤，裴宇盛，高华#	中国药学杂志	2015，50（14）：1251－1254	

续表

序号	题目	作者	期刊名称	期、卷号，起止页码	SCI 影响因子
123	杜仲不同炮制品降压活性的比较研究	贺庆，张萍，张横，高华#	药物分析杂志	2015，35（9）：68－71	
124	流感假病毒技术应用的研究进展	罗剑，高华#	细胞与分子免疫学杂志	2015，31（6）：860－863	
125	第5批人黄体生成素国际标准品的协作标定	吴彦霖，张媛，刘倩，陈晨，贺庆，高华#	药物分析杂志	2015，35（10）：1736－1740	
126	Anti－Gastrins Antiserum Combined with Lowered Dosage Cytotoxic Drugs to Inhibit the Growth of Human Gastric Cancer SGC7901 Cells in Nude Mice	Qing He，Hua Gao，Meng Gao*，Shengmei Qi*，Yingqi Zhang*，Junzhi Wang#	Journal of Cancer	2015，6：448－456.	3.271
127	重组胰高血糖素样肽－1受体激动剂（rExendin－4）原液质量研究	丁晓丽，张慧，梁成罡	中国新药杂志	2015，24（12）：1358－1363	
128	RP－HPLC 法测定重组人胰岛素中胰岛素前体的含量	丁晓丽，张慧，梁成罡	中国新药杂志	2015，24（15）：1707－1710	
129	主成分自身对照法测定重组人胰岛素中杂质 B_{30} 脱苏氨酸胰岛素的含量	丁晓丽，李晶，张慧，梁成罡	药物分析杂志	2015，35（9）：1635－1639	
130	胰岛素注射液质量现状及相关标准研究	丁晓丽，李湛军，张慧，梁成罡	中国药房	2015，26（27）：3849－3852	
131	重组人生长激素两种剂型对去垂体大鼠有效性对比研究	李湛军，苑方圆，梁成罡#	药物分析杂志	2015，35（7）：1140－1144	
132	重组人促卵泡激素体内生物活性和对幼龄大鼠超排卵作用	程速远，梁成罡#，李湛军#	中国新药杂志	2015，24（17）：1963－1967	
133	Identification of a new isomer from a reversible isomerization of ceftriaxone in aqeous solution	田冶，芦莉，常艳，张斗胜，李进，冯艳春，胡昌勤#	Journal of Pharmaceutical and Biomedical Analysis	2015，102：326－330	2.979
134	Isolation，identification and characterization of related substance in furbenicillin	田冶，常艳，冯艳春，张斗胜，胡昌勤#	Journal of Antibiotics	2015，68：133－136	2.041
135	酮康唑相关杂质国家对照品的研制	张永权*，冯艳春#，李进，田冶，陈启立，崇小萌，胡昌勤	药物分析杂志	2015，35（3）：165－176	
136	Factors Influencing the HPLC Determination for Related Substances of Azithromycin	常艳，王立新，李娅萍，胡昌勤#	Journal of Chromatographic Science	2015 Aug 30. pii：bmv127.［Epub ahead of print］	1.363

续表

序号	题目	作者	期刊名称	期、卷号，起止页码	SCI 影响因子
137	Determination of spectinomycin and related substances by HPLC coupled with evaporative light scattering detection	Yan Wang	Acta Chromatographica	2015，27（1）：93－109	0.577
138	发酵类抗生素中残留蛋白量通用性测定方法的探讨	王琰	中国新药杂志	2015，24（10）：1178－1186	
139	HPLC－ELSD 法测定盐酸多柔比星脂质体注射液中 MPEG－DSPE 与 HSPC 的含量	王琰	中国药学杂志	2015，50（15）：1341－1346	
140	头孢地尼有关物质定量结构－色谱保留模型的建立	王晨，李进，冯艳春，刘颖，胡昌勤#	药学学报	2015，50（9）：1161－1166	
141	Differentiation of Cefaclor and its delta－3 isomer by electrospray mass spectrometry，infrared multiple spectroscopy and theoretical calculationsphoton	Jian－Qin Qian*，Thiago C. Correrac*，Jin Li，Philippe Maître*，Dan－Qing Song*，Chang－Qin Hu#	J. Mass Spectrom	2015，50：265－269	2.379
142	Antibiotic Toxicity and Absorption in Zebrafish Using Liquid Chromatography－Tandem Mass Spectrometry	Fan Zhang*，Wei Qin*，Jing－Pu Zhang*，Chang－Qin Hu#	PLOS ONE	DOI：10.1371/journal. pone. 0124805，May 4，2015	3.234
143	药品微生物控制现状与展望	胡昌勤	中国药学杂志	2015，50（20）：102－106	
144	化学药品杂质谱控制的现状与展望	胡昌勤	中国新药杂志	2015，24（15）：52－59	
145	Review of the characteristics and prospects of near infrared spectroscopy for rapid drug screening systems in China	Hu Changqin，Feng Yanchun，Yin Lihui	Journal of Near Infrared Spectroscopy	2015，5（23），271－283	1.250
146	Discrete Stacking of Aromatic Oligoamide Macrocycles	Xiangxiang Wu*，Rui Liu*，Lan He#等	J. Am. Chem. Soc.	2015，137（18）：5879	12.113
147	A naphthalimide based［12］aneN3 compound as an effective and realtime fluorescentracking nonvirus gene vector	Yong Guang Gao，* You，* Di Shi，* Ying Zhang，** Lan He#	Chem Comm	2015，51（93）：16695－16698	6.834
148	A Highly Sensitive and Selective Spectrofluorimetric Method for the Determination of Nitrite in Food Products	Qiuhua Wang，HaiWei Huang，Baoming Ning，Minfeng Li*，Lan He#	Food Anal. Methods	2015，DOI 10.1007/s12161－015－0306－4	1.956
149	Monitoringbindingaffinity betweendrugandα 1－acid glycoprotein in realtime by Venturieasy ambient sonic－spray ionization mass spectrometry	Ning Liu，* Xin Lu，* Yuhan Yang，* Chenxi Yao，Baoming Ning，Dacheng He*，* Lan He，#，Jin Ouyang*	Talanta	2015，143：240－144	3.545
150	十二烷基硫酸钠纯度对坎地沙坦酯溶出的影响	吴建敏，刘旻虹*，刘阳，陈唯真，丁建*#	药物分析杂志	2015，35（4）：742－746	
151	克罗米通含量测定方法的研究	张才煜，黄海伟，吴建敏，姚静，胡昌勤	中国药学杂志	2015，50（19），1721－1726	

续表

序号	题目	作者	期刊名称	期、卷号，起止页码	SCI 影响因子
152	缬沙坦胶囊有关物质的检测分析	刘朝霞，程奇蕾，何兰#	中国药学杂志	2015，50（8）：1624－1629	
153	维生素 B_2 的晶型表征及其水分吸附特性研究	熊婧，宁保明，吴建敏，何兰#，丁丽霞	中国药学杂志	2015，50（16）：1436－1440	
154	格列喹酮片含量测定方法研究	熊婧，何积芬，吴建敏，宁保明#	中国药师	2015，18（6）：890－893	
155	人工牛黄甲硝唑胶囊中主要胆汁酸类成分的 HPLC－ELSD 法测定研究	熊婧，郑天骄，石岩#，魏锋#，林瑞超，何兰，马双成	药物分析杂志	2015，35（6）：1067－1071	
156	基于动态水分吸附分析技术的化学对照品水分吸附特性研究	熊婧，杨化新，吴建敏，何兰#	中国药学杂志	2015，50（6）：532－535	
157	UPLC－MS/MS 法研究丁苯酞原料药的杂质谱	李婕，王英，黄海伟等	药品评价研究	2015，38（5）：516－519	
158	熔点对照品标化研究	刘毅，吴建敏，严菁，吴渭滨，林兰#	中国新药杂志	24（3）：264－265，270	
159	双氰胺熔点对照品熔点差异分析	刘毅，吴建敏，黄海伟，宁保明#	药物分析杂志	35（1）：151－153	
160	Chemical analysis of the Hedysarum multijugum root by HPLC fingerprinting	Yi Liu，Wei Wang*，Yuying Zhao*，Hubiao Chen*，Hong Liang*，Qingying Zhang*#	Journal of Chinese Pharmaceutical Sciences	24（10）：654－659	
161	Characterization of Multi－Sourced Diclofenac Sodium Extended－Release Tablet Dissolution Profiles：A New Approach to Establish an In vitro－In vivo Correlation Based on Multiple Integral Response Surface	Baoming Ning，Xi Liu，Hansen Luan，Jiasheng Tu，Huiyi Li，Guiliang Chen，Hao Wang，Chunmeng Sun	J Pharm Innov	2015，DOI10.1007/s12247－015－9227－4	1.0
162	New Innovations in Testing Sustained－Release Tablets Using an Automated Dissolution System with Online Dilution	Huang Hai－wei，Yuan Song，Yu Li－ju，He Lan，Zhang Qi－ming，Ning Bao－ming，Keith Wilkinson，Wei Shi，and Shi Li－fang	Dissolution Technologies	2015，22（1）：13－16	0.528
163	氢核磁共振定量法测定恩替卡韦	黄海伟，何兰，岳昊坤，王彤，陶巧凤，刘阳	药物评价研究	2015，38（5）：520－522	
164	运用近红外光谱法对缬沙坦胶囊进行一致性评价的研究	耿颖，程奇蕾，何兰	药物分析杂志	2015，35（1）：161－167	
165	近红外光谱法对非洛地平缓释片一致性检验研究	耿颖，庾莉菊，何积分，何兰	中国药师	2015，18（5）：753－755	
166	《中国药典》2010 年版布洛芬原料及制剂有关物质标准提高的探讨	耿颖，程奇蕾，刘朝霞，何兰	中国药品标准杂志	2015，（5）：334－335	
167	净分析信号算法用于近红外模型优化的研究	耿颖，相秉仁，何兰	光谱学与光谱分析	2015，35（8）：2730－2733	

续表

序号	题目	作者	期刊名称	期、卷号，起止页码	SCI 影响因子
168	Application ofquantitive NMR for purity determination of standard ACE inhibitors	Shi Shen, Xing Yang, Yaqin Shi *	Journal of Pharmaceutical and Biomedical Analysis	Volume 114, 10 October 2015, Pages 190 – 199	2. 979
169	1H NMR 定量测 D3 – 吗啡对照品的含量	周晓力，陈华，南楠	药物分析杂志	35（5）：906 – 909	
170	2H3 – 吗啡的合成及同位素丰度研究	周晓力，南楠，陈华	化学试剂	37（7）：654 – 656	
171	19F qNMR 定量法测定五氟利多的含量	周晓力，陈华，南楠	药物分析杂志	35（11）：1930 – 1933	
172	盐酸麻黄碱有关物质伪麻黄碱检查方法的改进	刘旺培，马迅，刘小华，赵文，陈华，南楠	药物分析杂志	35（7）：1299 – 1304	
173	Chinese vaccine products go global: Vaccine development and quality control.	Miao Xu, Zhenglun Liang, Yinghua Xu, Junzhi Wang#	Expert Review of Vaccines	May 2015, Vol. 14, No. 5, Pages 763 – 773.	4. 21
174	FDA 在审批上市新抗体药物及生物类似药方面的进展	陈玉琴，沈琦#	中国新药杂志	2015 年第 16 期 1604 ~ 1609	
175	关于进口单克隆抗体生物治疗产品注册检验资料规范型思考	陈玉琴，刘春雨，郭伟，王兰#，高凯	中国新药杂志	2015 年第 14 期 1838 ~ 1842	
176	Evaluation of an antigen – capture EIA for the diagnosis of hepatitis E virus infection	C. Zhao, Y. Geng*, T. J. Harrison*, W. Huang, A. Song, Y. Wang#	Journal of Viral Hepatitis	22: 957 – 963 | doi: 10. 1111/jvh. 12397	3. 909
177	Bioluminescent imaging of vaccinia virus infection in immunocompetent and immunodeficient rats as a model for human smallpox	Qiang Liu, Changfa Fan, Shuya Zhou, Yanan Guo*, Qin Zuo, Jian Ma, Susu Liu, Xi Wu, Zexu Peng, Tao Fan, Chaoshe Guo*, Yuelei Shen*, Weijin Huang, Baowen Li, Zhengming He, Youchun Wang#	Scientific Reports	5: 11397 | DOI: 10. 1038/srep11397	5. 578
178	HIV – 1 vaccines based on replication – competent Tiantan vaccinia protected Chinese rhesus macaques from simian HIV infection	Qiang Liu, Yue Li*, Zhenwu Luo*, Guibo Yang*, Yong Liu*, Ying Liu*, Maosheng Sun*, Jiejie Dai*, Qihan Li*, Chuan Qin* and Yiming Shao#	AIDS	2015, 29: 649 – 658	5. 554
179	Detection and assessment of infectivity of hepatitis E virus in urine	Yansheng Geng*, Chenyan Zhao（共同第一作者）, Weijin Huang, Tim J Harrison*, Hongxin Zhang*, Kunjing Geng*, Youchun Wang#	Journal of Hepatology	S0168 – 8278（15）00615 – 7 | DOI: http://doi. org/10. 1016/j. jhep. 2015. 08. 034	11. 336
180	Hepatitis E virus produced from cell culture has a lipid envelope	Ying Qi*, Feng Zhang, Li Zhang, Tim J Harrison*, Weijin Huang, Chenyan Zhao, Wei Kong*, Chunlai Jiang*, Youchun Wang#	Plos One	2015 Jul 10; 10 (7): e0132503 DOI: 10. 1371/journal. pone. 0132503	3. 53

续表

序号	题目	作者	期刊名称	期、卷号，起止页码	SCI 影响因子
181	活化诱导的胞嘧啶脱氨酶（AID）抗病毒作用研究进展	陈晴晴，聂建辉，黄维金，王佑春#	中华微生物学和免疫学杂志	2015，35（9）：707－711	
182	戊型肝炎病毒引起的肝外疾病	耿彦生*，李军*，王佑春#	中华微生物和免疫学杂志	2015，35（6）：469－472	
183	基于假病毒的高通量人类免疫缺陷病毒表型耐药性检测方法的建立和优化	聂建辉，许四宏，宋爱京，赵娟*，陈晴晴，马建*，黄维金，王佑春#	中华微生物学和免疫学杂志	2014，34（12）：941－949	
184	我国丁型肝炎病毒全基因克隆及序列分析	马建*，辜文洁*，贾雪荣，黄维金#，梁争论，王佑春	微生物与感染	2015，10（6）：345－350	
185	国内外破伤风相关疫苗的质量参数比较	董国霞，田霖，谭亚军，侯启明，马霄	中国药学杂志	2015，50（8）：714－717	
186	白喉相关疫苗关键质量参数的比较	董国霞，田霖，谭亚军，侯启明，马霄	中国生物制品学杂志	2015，28（4）：438－440	
187	A 型肉毒毒素 ELISA 鉴别试验方法的建立	萧在澜，王媛，顾磊，杨雨生，赵建荣，徐永浩，张华捷（通讯作者）	微生物学免疫学进展	2015，43（4）：31－33	
188	吸附无细胞百白破联合疫苗成品内毒素含量检测	卫辰，裴宇盛，晁哲，骆鹏，谭亚军，王丽婵，马霄，侯启明	中国生物制品学杂志	2015，28（4）：385－389	
189	肺炎链球菌表面蛋白 A 的制备与鉴定	王丽婵，谭亚军，卫辰，骆鹏，张庶民，侯启明，马霄	中国医药生物技术	2015，10（4）：335－339	
190	白喉类毒素残余毒性检测新方法的建立	马霄，谭亚军，董国霞，田霖，侯启明	中国生物制品学杂志	2015，28（3）：314－316	
191	吸附无细胞百白破联合疫苗中白喉类毒素的质量分析	曲芙莲，晁哲，吴杰，朱小农，袁良玉，马霄，潘海龙，谭亚军（通讯作者）	中国新药杂志	2015，24（20）：80－82	
192	血浆中丙型肝炎病毒核酸在不同保存条件下的稳定性	刘悦越，高加梅，范行良，杜加亮，刘艳，国泰#	检验医学与临床	2015，12（3）：289－294	
193	Efficacy, safety, and immunogenicity of an oral recombinant Helicobacter pylori vaccine in children in China: a randomised, double－blind, placebo－controlled, phase 3 trial	Ming Zeng（曾明），Xu－Hu Mao，Jing－Xin Li，Wen－De Tong，Bin Wang，Yi－Ju Zhang，Gang Guo，Zhi－Jing Zhao，Liang Li，De－Lin Wu，Dong－Shui Lu，Zhong－Ming Tan，Hao－Yu Liang，Chao Wu，Da－Han Li，Ping Luo，Hao Zeng，Wei－Jun Zhang，Jin－Yu Zhang，Bo－Tao Guo，Feng－Cai Zhu，Quan－Ming Zou	Lancet	2015，386（10002）：1457－1464	45.217

续表

序号	题目	作者	期刊名称	期、卷号，起止页码	SCI 影响因子
194	Genomic Diversity and Evolution of Bacillus subtilis	YU Gang（喻钢），WANG Xuncheng，TIAN Wanhong，SHI Jichun，Wang Bin，YE Qiang，DONG Siguo，ZENG Ming#，WANG Junzhi#	Biomedical and Environmental Sciences	2015，28（8）：620－625	1.653
195	蜡样芽孢杆菌蔗糖代谢差异分析	王玉莲，田万红，喻钢，魏华*，曾明#	中华微生物学和免疫学杂志	2015，35（6）：429－430	
196	对称分裂过程中的枯草芽孢杆菌超微结构观察	喻钢，田万红，王斌，董思国，曾明#	中国抗生素杂志	2015，40（9）：708－710	
197	8－（N，N－二甲基－胺甲基）－黄芩苷的结构修饰与抑菌作用研究	欧阳俊杰*，喻钢#，傅颖媛*	药物分析杂志	2015，35（5）：938－944	
198	IbpA 的结构和功能研究进展	赵志晶，曾明#	生物技术通讯	2015，26（2）：283－285	
199	叙利亚地鼠作为狂犬病暴露后免疫动物模型的研究	汤重发，俞永新，李玉华，曹守春，石磊泰，李加，吴小红，王云鹏	国际生物制品学杂志	2015，38（6）：267－272	
200	狂犬病病毒 CTN－181 减毒株在豚鼠颌下腺的繁殖动态及其低毒力克隆株的筛选研究	石磊泰，邹剑，俞永新，王玲，曹守春，董关木，李玉华	中国病毒病杂志	2015，5（3）：217－222	
201	乙型脑炎减毒活疫苗毒力稳定性分析	杨邦玲，王洪强，王凯	中国生物制品学杂志	2014，27（12）：1512－1516	
202	抗体类生物治疗药物活性测定方法	王兰，徐刚领，高凯，王军志	中国生物工程杂志	2015，35（6）：101－108	
203	Acute pulmonary embolism caused by highly aggregated intravenous immunoglobulin.	于传飞，侯继峰，沈连忠*，高凯，饶春明，杨鹏云，付志浩，王箐舟，李玉华，王兰，刘芳，张琳，曲哲，李波，黎旭光*，王军志#	Vox Sanguinis	2015 Jul 21. doi：10.1111/ vox.12307.	2.799
204	一种基于半胱氨酸偶联的抗体偶联药物的药物抗体偶联比测定	于传飞，王文波，张峰，刘春雨，李萌，陈伟，郭莎，王兰#，高凯，王军志	中国新药杂志	2015，24（20）：2336－2340	
205	抗 CD20 人鼠嵌合单抗 N 糖的毛细管电泳分析	王文波，王兰，王馨，于传飞，张峰，刘春雨，陈伟，李萌，高凯#	中国新药杂志	2015，24（20）：2312－2316	
206	N463 Glycosylation Site on V5 Loop of a Mutant gp120 Regulates the Sensitivity of HIV－1 to Neutralizing Monoclonal Antibodies VRC01/03	王文波，Brett Zirkle*，聂建辉，马健*，高凯，Xiaojiang S. Chen*，黄维金，孔维*，王佑春#	J Acquir Immune Defic Syndr	2015，69（3）：270－277	4.556
207	抗白介素－1β 单克隆抗体生物学活性检测方法的建立	刘春雨，徐刚领，于传飞，张峰，王文波，李萌，陈伟，王兰#，高凯	中国新药杂志	2015，24（17）：1959－1962	

续表

序号	题目	作者	期刊名称	期、卷号，起止页码	SCI 影响因子
208	PCSK9 单抗生物学活性测定方法的建立	刘春雨，朱磊，张峰，于传飞，王文波，李萌，陈伟，王兰#，高凯	中国新药杂志	2015，24（15）：1715－1719	
209	抗表皮生长因子受体 2 单克隆抗体质量控制中的趋势分析	刘春雨，王兰，于传飞，张峰，王文波，李萌，陈伟，高凯#	中国药学杂志	2015，50（16）：1430－1435	
210	基于报告基因的抗 CD20 单克隆抗体 ADCC 生物学活性测定方法的建立	刘春雨，王兰，郭玮，于传飞，张峰，王文波，李萌，高凯#	药学学报	2015，50（1）：94－98	
211	抗 CD20 单克隆抗体质量控制中生物学活性的趋势分析	刘春雨，王兰，郭玮，高凯#	中国生物制品学杂志	2015，28（1）：58－62	
212	重组抗肿瘤抗病毒蛋白的三维结构预测及其与受体的相互作用分析	李萌，刘明，徐刚领，高凯，饶春明，岳俊杰，王军志#	药物分析杂志	2014，3（12）：2124－2127	
213	重组单抗药物质控中物理检查的有关问题探讨	李萌，于传飞，王兰#，刘春雨，张峰，王文波，陈伟，郭玮，高凯，王军志	药物分析杂志	2015，35（11）：169－173	
214	人脐静脉内皮细胞增殖抑制法检测贝伐珠单抗活性的优化和应用	张峰，徐刚领，于传飞，王文波，陈伟，刘春雨，王兰，高凯	中国新药杂志	24（20）：2317－2323	
215	Type I interferon related genes are common genes on the early stage after vaccination by meta－analysis of microarray data	Zhang J，Shao J，Wu X，Mao Q，Wang Y，Gao F，Kong W*，Liang Z#.	Hum Vaccin Immunother	2015，11（3）：739－745	2.366
216	Strategy vaccination against Hepatitis B in China	Liao X，Liang Z#	Hum Vaccin Immunother	2015，11（6）：1534－1539	2.366
217	The compatibility of inactivated－Enterovirus 71 vaccination with Coxsackievirus A16 and Poliovirus immunizations in humans and animals	Mao Q，Wang Y，Shao J，Ying Z，Gao F，Yao X，Li C，Ye Q，Xu M，Li R*，Zhu F*，Liang Z#.	Hum Vaccin Immunother	2015;，11（11）：2723－2733	2.366
218	Immunity and clinical efficacy of an inactivated enterovirus 71 vaccine in healthy Chinese children：a report of further observations	Liu L*，Mo Z*，Liang Z，Zhang Y*，Li R*，Ong KC*，Wong KT*，Yang E*，Che Y*，Wang J*，Dong C*，Feng M*，Pu J*，Wang* L，Liao Y*，Jiang L*，Tan SH*，David P*，Huang T*，Zhou Z*，Wang X*，Xia J*，Guo L*，Wang L*，Xie Z*，Cui W*，Mao Q，Liang Y*，Zhao H*，Na R*，Cui P*，Shi H*，Wang J#，Li Q*#	BMC Med	2015，13：226	7.249

续表

序号	题目	作者	期刊名称	期、卷号，起止页码	SCI 影响因子
219	Immunogenicity and protective efficacy of an EV71 virus – like particle vaccine against lethal challenge in newborn mice	Sun S*, Gao F, Mao Q, Shao J, Jiang L*, Liu D*, Wang Y, Yao X, Wu X, Sun B*, Zhao D*, Ma Y*, Lu J*, Kong W*, Jiang C*#, Liang Z#.	Hum Vaccin Immunother	2015，11（10）：2406 – 13	2. 366
220	Comparing the Primary and Recall Immune Response Induced by a New EV71 Vaccine Using Systems Biology Approaches	Shao J, Zhang J, Wu X, Mao Q, Chen P, Zhu F*, Xu M, Kong W*#, Liang Z#, Wang J#	PLoS One	2015，10（10）：e0140515.	3. 234
221	Enterovirus Spectrum from the Active Surveillance of hand foot and mouth disease patients under the clinical trial of inactivated Enterovirus A71 vaccine in Jiangsu, China, 2012 – 2013	Yao X, Bian LL, Lu WW*, Li JX*, Mao QY, Wang YP, Gao F, Wu X, Ye Q, Xu M, Li XL*#, Zhu FC*#, Liang ZL#	J Med Virol	2015，87（12）：2009 – 2017	2. 347
222	Echovirus 7 associated with hand, foot, and mouth disease in mainland China has undergone a recombination event	Yao X, Bian LL, Mao QY, Zhu FC*, Ye Q, Liang ZL#	Arch Virol	2015，160（5）：1291 – 1295	2. 39
223	Complete Genome Sequence Analysis of Echovirus 24 Associated with Hand – Foot – and – Mouth Disease in China in 2012	Bian LL, Yao X, Mao QY, Gao F, Wang YP, Ye Q, Zhu FC*, Liang ZL#	Genome Announc	2015，3（1）. pii：e01456 – 14	
224	Coxsackievirus A6 – a new emerging pathogen causing hand, foot and mouth disease outbreaks worldwide	Bian L, Wang Y, Yao X, Mao Q, Xu M, Liang Z#	Expert Rev Anti Infect Ther	2015，13（9）：1061 – 1071	3. 461
225	Advances in aluminumhydroxide – based adjuvant research and its mechanism	He P, Zou Y*, Hu Z#	Hum Vaccin Immunother	2015，11（2）：477 – 488	2. 366
226	Structures of Coxsackievirus A16 Capsids with Native Antigenicity Implications for Particle Expansion, Receptor Binding, and Immunogenicity	Ren J*, Wang X*, Zhu L*, Hu Z, Gao Q*, Yang P*, Li X*, Wang J, Shen X*, Fry EE*, Rao Z*#, Stuart DI*#	J Virol	2015，89（20）：10500 – 10511	4. 439
227	丙型肝炎病毒抗体诊断试剂盒专项抽验情况分析及建议	于洋，谷金莲，梁争论#	中国药事	2015，26（7）：687 – 693	
228	肠道病毒 71 型全病毒灭活疫苗临床研究进展	林惠娟，王一平，毛群颖，周旭*，梁争论#	国际生物制品学杂志	2015，38（1）：22 – 26	

续表

序号	题目	作者	期刊名称	期、卷号，起止页码	SCI 影响因子
229	国产丙型肝炎病毒抗体酶联免疫诊断试剂检测质量分析	谷金莲，于洋，梁争论[#]	中国病毒病杂志	2015，5（2）：139－143	
230	江苏省 2012－2013 年柯萨奇病毒 A 组 6 型分子流行特征分析	卞莲莲，姚昕，毛群颖，叶强，朱凤才[*]，梁争论[#]	中国病毒病杂志	2015，7（4）：402－408	
231	柯萨奇病毒 B 组 5 型研究进展	姚昕，卞莲莲，毛群颖，梁争论[#]	国际生物制品学杂志	2015，38（5）：234－238	
232	酶联免疫双抗原夹心法检测丙型肝炎病毒抗体试剂的质量评价	谷金莲，于洋，梁争论[#]	中国生物制品学杂志	2015，28（8）：814－822	
233	氢氧化铝佐剂对重组乙型肝炎疫苗诱导的免疫相关细胞因子的影响	邱少辉，方鑫，张然[*]，何鹏，梁争论，郑直[*]，胡忠玉[#]	中国生物制品学杂志	2015，28（9）：889－893	
234	人用疫苗佐剂作用机制的研究进展	方鑫，梁争论[#]	中国生物制品学杂志	2015，28（8）：866－870	
235	我国乙型肝炎疫苗质量现况与免疫策略	何鹏，胡忠玉[#]，赵铠	中华微生物学和免疫学杂志	2015，35（8）：616－623	
236	新型肠道病毒 71 型全病毒灭活疫苗质量控制研究	高帆，姚昕，毛群颖，梁争论[#]	中国病毒病杂志	2015，5（2）：85－89	
237	自媒体时代中国乙肝疫苗事件的教训与反思	邱少辉，方鑫，何鹏，胡忠玉，沈琦，梁争论[#]	中国药事	2015，29（9）：904－907	
238	肠道病毒 71 型疫苗质量控制研究进展	王一平，姚昕，毛群颖，梁争论[#]	微生物学免疫学进展	2015，43（5）：69－72	
239	丙型肝炎病毒不同标志物检测结果的相关性分析	谷金莲，于洋，梁争论[#]	微生物学免疫学进展	2015，43（6）：26－29	
240	乙型肝炎病毒疫苗逃逸株及其研究策略的初步探讨	陈盼，吴星，梁争论[#]	中国生物制品学杂志	2015，28（7）：755－759	
241	戊型肝炎病毒疫苗的研发和评价	陈盼，郝晓甜，吴星，梁争论[#]	微生物学免疫学进展	2015，43（5）：55－59	
242	肠道病毒 71 型疫苗交叉保护能力的研究进展	张军楠[*]，时念民[*]，罗凤基[*]，梁争论[#]	中国生物制品学杂志	2015，28（6）：648－653	
243	我国手足口病病原谱以及疫苗研究新动态	毛群颖，卞莲莲，王一平，梁争论[#]	中国生物制品学杂志	2015，28（9）：979－984	
244	戊型肝炎病毒血清学诊断研究进展	蓝海云，周诚[#]	微生物学免疫学进展	2015，43（5）：60－63	
245	野生及变异的 HBsAg 在毕赤酵母中的重组表达	蓝海云，姚昕，梁争论，周诚[#]	微生物学免疫学进展	2015，43（6）：6－9	
246	《中国药典》三部（2010 版）实施前后麻腮风联合减毒活疫苗的质量分析	崔晓雨，李薇，陈震，刘长暖，权娅茹，袁力勇，李长贵[#]	中国生物制品学杂志	2015，9：989－994	
247	甲型 H1N1 流感疫苗神经氨酸酶含量测定参考品的建立	徐康维，陶磊，邵铭，刘书珍，李长贵[#]	微生物学免疫学进展	2015，43（2）：1－3	

续表

序号	题目	作者	期刊名称	期、卷号，起止页码	SCI 影响因子
248	人甲型 H7N9 流感全病毒灭活疫苗和裂解疫苗在小鼠中的免疫原性研究	徐康维，于丹，邵铭，刘书珍，邹勇，李长贵#	国际生物制品学杂志	2015，38（3）：105 – 107	
249	季节性流感病毒裂解疫苗在小鼠体内的免疫原性分析	刘书珍，邵铭，于丹，李长贵#	中国生物制品学杂志	2015，9：894 – 896，901	
250	2011 ~ 2014 年部分减毒活疫苗中抗生素残留量的分析	权娅茹，刘长暖，袁力勇，易敏，崔晓雨，李红，陈震，邱平，李长贵#	中国生物制品学杂志	2015，9：995 – 997	
251	甲型流感病毒 NP 含量 ELISA 检测方法的建立	权娅茹，崔晓雨，邵铭，刘书珍，易敏，李长贵，王军志，袁力勇#	药物分析杂志	2015，35（9）：1556 – 1561	
252	流感病毒裂解疫苗中鸡胚来源物质残留量分析	权娅茹，崔晓雨，邵铭，刘书珍，李长贵，袁力勇#	中国生物制品学杂志	2015，28（8）：883 – 885	
253	联合酶联免疫的微量病毒中和法检测大流行流感疫苗中和抗体的可行性研究	赵慧，李娟，刘书珍，邵铭，江征，徐康维，李长贵#	药物分析杂志	2015，35（2）：284 – 288	
254	流感病毒血凝素蛋白裂解机制的研究进展	江征，李长贵#	微生物学免疫学进展	2014，42（6）：75 – 78	
255	Immunogenicity and safety of an E. coli – produced bivalent human papillomavirus（type16 and 18）vaccine: A randomized comtrolled phase 2 clinical trial	Ting Wu*，Yue – Mei Hu*，Juan Li，Kai Chu*，Shou – Jie Huang*，Hui Zhao，Zhong – Ze Wang* et. al	vaccine	2015，33（7）：3940 – 3946	3. 6
256	电感耦合等离子原子发射光谱法测定 13 价肺炎球菌结合疫苗中的铝含量	陈琼，王瑾，石继春等	药物分析杂志	2015，35（11）：1995 – 1998	
257	速率比浊法测定 13 价肺炎球菌结合疫苗中的结合多糖抗原含量	陈琼，李茂光，李红等	中国生物制品学杂志	2015，28（7）：718 – 722	
258	多重调理吞噬试验方法的重复性和再现性研究	李江姣，杜慧竟，石继春，陈翠萍，徐苗，叶强	中国医药导报	2015，12（28）：14 – 17	
259	螨变应原点刺制品生物活性测定方法	王春娥，石继春，王珊珊，陈翠萍，叶强	中国生物制品学杂志	2015，28（5）：514 – 517	
260	淋病奈瑟球菌国家参考品菌株的分子生物学特征分析	王春娥，刘茹凤，石继春，李康，陈琼，陈翠萍，叶强	军事医学	2015，39（7）：569 – 571	
261	HPLC 法测定肺炎球菌多糖疫苗中的苯酚含量	王春娥，李茂光，石继春，陈琼，毛琦琦，张丽莉，陈翠萍，叶强	中国生物制品学杂志	2015，28（8）：823 – 826，831	

续表

序号	题目	作者	期刊名称	期、卷号，起止页码	SCI 影响因子
262	我国 ACYW135 群脑膜炎球菌多糖疫苗趋势分析及质量评价	唐静，李亚南，赵丹等	中国生物制品学杂志	2015，28（6）：657－661	
263	14、18C、19F 及 23F 型肺炎链球菌血清抗性定量检测方法验证	李红，陈琼，唐静，王春娥，石继春，叶强	实用预防医学	2015，22（3）：269－273	
264	A 群流行性脑膜炎球菌多糖含量检测免疫速率比浊方法的建立及验证	王珊珊，杨越，王婷婷，梁丽，唐静，赵丹，李亚南	中国生物制品学杂志	2015，28（9）：970－972	
265	我国钩端螺旋体疫苗的发展现状与挑战	徐颖华，辛晓芳	中国药事	2015，29（7）：730－733	
266	中国钩端螺旋体疫苗生产用菌种罗株分子遗传特性分析	张金龙，徐颖华，王国柱，张瑾，张影，杨英超，薄淑英，李晓玲，辛晓芳	药物分析杂志	2015，（2）：1692－1696	
267	PfCP2. 9/PfCSP－2 疟疾联合疫苗免疫效果血清学评价研究	杨英超，王国柱，李喆，张金龙，辛晓芳	国际医学寄生虫病杂志	2015，42（5）：261－264	
268	SYBR Green 实时荧光定量 PCR 宽范围检测人 GAPDH 基因	李喆，张影，徐颖华，辛晓芳	国际检验医学杂志	2015，36（22）：3229－3231	
269	Genetic diversity and population dynamics of Bordetella pertussis in China between 1950－2007	Xu Y，Zhang L，Tan Y，Wang L，Zhang S，Wang J#	Vaccine.	2015，33（46）：6327－6331	3. 616
270	Whole－genome sequencing reveals the effect of vaccination on the evolution of Bordetella pertussis	Xu Y，Liu B，Gröndahl－Yli－Hannuksila K，Tan Y，Feng L，Kallonen T，Wang L，Peng D，He Q，Wang L，Zhang S	Sci Rep.	2015，5：12888	5. 578
271	Characterization of co－purified acellular pertussis vaccines	Xu Y，Tan Y，Asokanathan C，Zhang S，Xing D，Wang J#	Hum Vaccin Immunother.	2015，11（2）：421－427	3. 643
272	Genetic stability of vaccine strains by multilocus sequence typing and pulsed－field gel electrophoresis analysis：Implications for quality control of the leptospiral vaccine	Xu Y，Zhang J，Cui S，Li M，Zhang Y，Xue H，Xin X，Wang J#	Hum Vaccin Immunother.	2015，11（5）：1272－1276	3. 643
273	关于 BCG－PPD 与 TB－PPD 在结核分枝杆菌感染、结核病筛查结果差异的相关意见	卢锦标，王国治，赵爱华	中国防痨杂志	2015，37（2）：212－213	
274	结核菌素类产品不同生产用菌种与剂量差异对迟发型超敏反应强度影响探讨——兼对孟炜丽医生《几点说明》一文回复	卢锦标，王国治，赵爱华	中国防痨杂志	2015，37（2）：214－215	

续表

序号	题目	作者	期刊名称	期、卷号，起止页码	SCI 影响因子
275	对《2008－2014 年中国石油大学（北京）新生 PPD 试验结果与结核发病情况分析》一文的商榷意见	卢锦标，徐苗，赵爱华	中国防痨杂志	2015，37（8）：818	
276	对王永红医生《对〈2008－2014 年中国石油大学（北京）新生 PPD 试验结果与结核发病情况分析〉一文的商榷意见的答复》的回复	卢锦标，徐苗，赵爱华	中国防痨杂志	2015，37（9）：1001－1002	
277	重组结核分枝杆菌 11kDa 蛋白皮肤试验与体外干扰素 γ 检测方法的比较	都伟欣，崔颖杰，卢锦标，杨晰朦，杨蕾，丁敏，沈小兵，苏城，王国治	中国生物制品学杂志	2015，28（11）：1183－1186	
278	结核病药效评价用结核分枝杆菌参考菌株的筛选	邓海清，陈保文，杨蕾，张婷，卢锦标，吴小翠，万康林，黄长江，王国治	中国生物制品学杂志	2015，28（2）：160－166	
279	皮内注射用布氏菌活疫苗的免疫学评价	陈成，魏东，李恪梅，付丽丽，黄长江，王国治#	中国生物制品学杂志	2015，28（3）：228－232	
280	The effect of bacille Calmette－Guérin vaccination at birth on immune response in China	Yu Panga*，Wanli Kanga*，Aihua Zhao，Guan Liua*，Weixin Duc，Miao Xu，Guozhi Wang#	Vaccine	2015（33）：209－213	3.624
281	对卡介苗接种无卡痕儿童是否应该补种的讨论	赵爱华#，徐苗，寇丽杰，王国治	中国防痨杂志	2015（37）：1074－1075	
282	鼠疫、布氏菌、炭疽活疫苗浓度测定通用参考品的研制	魏东，尤明强，裴明玉，庄新海，翟雷，魏然，王国治，李恪梅	中国医药生物技术	2015，10（5）：392－396	
283	3 种布氏杆菌变异检查方法的比较	魏东，陈成，王国治，李恪梅	国际生物制品学杂志	2015，34（5）：257－258	
284	2013 年重组人干扰素 a2b 注射剂评价性抽验质量分析	丁有学，裴德宁，李永红，郭莹，韩春梅，李响，饶春明#	现代生物医学进展杂志	2014，14（36）：7147－7152	
285	重组人血管内皮生长因子抑制剂中异天门冬氨酸含量检测	毕华，韩春梅，丁有学，李永红，史新昌，刘兰，饶春明#	《药物分析杂志》	2015，35（5）：879－883	
286	应用串联质谱技术分析几种重组蛋白药物的翻译后修饰	陶磊，丁有学，刘兰，李永红，范文红，饶春明#，王军志#	中国药学杂志	2015，50（19）：78－82	
287	液质联用法分析重组假丝酵母尿酸氧化酶的二硫键	陶磊，裴德宁，饶春明#，王军志#	中国生物制品学杂志	2015，28（7）：746－748	
288	重组白介素 22－Fc 融合蛋白质控方法与质量标准研究	陶磊，韩春梅，陈伟，杨靖清，丁有学，毕华，饶春明#，王军志#	药物分析杂志	2015，35（4）：591－594	

续表

序号	题目	作者	期刊名称	期、卷号，起止页码	SCI 影响因子
289	液质联用进行干扰素理化对照品的一级结构鉴定及比对研究	陶磊，裴德宁，韩春梅，陈伟，饶春明#，王军志#	药学学报	2015，50（1）：75－80	
290	鼠神经生长因子国家标准品的研制	韩春梅，史新昌，徐莉*，丁有学，郭莹，范文红，饶春明#	中国生物制品学杂志	2015，28（7）：698－700	
291	2015 年版《中国药典》生物技术药质量控制相关内容介绍	饶春明，王军志#	中国药学杂志	2015，50（20）：1776－1781	
292	Engineering and characterization of a symbiotic selection – marker – free vector – host system for therapeatic plasmid production	史新昌，王军志#	Molecular medicine reports	2015，12（3）：4669－4677	1.554
293	重组人干扰素 α2a 注射剂评价性抽验结果与质量分析	裴德宁，郭莹，李永红，韩春梅，丁有学，李响，饶春明	中国药师	2015（1）：52－55	
294	国产重组人干扰素 α2b 注射剂渗透压摩尔浓度测定结果分析	裴德宁，李响，郭莹，韩春梅，饶春明	中国药师	2015（11）：1997－2000	
295	实时荧光定量 PCR 法用于重组 SIV – hPEDF 注射液病毒颗粒数的检测	秦玺，李永红，杨琦*，杨靖清，于雷*，杨玉帅*，徐莉*，饶春明#	现代生物医学进展	2015，15（8）：1401－1405	
296	Nuclear – translocated endostatin downregulates hypoxia inducible factor – 1α activation through interfering with Zn（II）homeostasis	郭立方*，饶春明，王军志#	Mol Med Rep	2015，11（5）：3473－3480	1.5
297	Establishing a Quality Control System for Stem Cell – Based Medicinal Products in China	袁宝珠#	Tissue Engineering	2015. Jan. 1－8	4.45
298	The Notch Signaling Regulates CD105 Expression，Osteogenic Differentiation and Immunomodulation of Human UmbilicalCord Mesenchymal Stem Cells	纳涛，刘静，张可华，丁敏*，袁宝珠#	Plos One	2015. Feb（18）；DOI：10.1371/0118168：1－19	3.23
299	干细胞研究产业发展及监管科学现状	袁宝珠#	中国药事	2014. 28（12）：1380－1384	
300	STR 图谱法从疫苗成品中鉴别生产用人源细胞株的研究	吴雪伶，赵龙*，樊金萍，曹守春，孟淑芳#	药物分析杂志	2015，35（10）：32－39	

续表

序号	题目	作者	期刊名称	期、卷号，起止页码	SCI 影响因子
301	生物制品中猪细环病毒污染检测方法的建立和初步应用	吴雪伶，赵龙*，冯建平，樊金平，赵翔，孟淑芳#	中华微生物学和免疫学杂志	2015，35（4）：299－304	
302	生产用细胞基质中猪细小病毒污染检测方法的建立及应用	吴雪伶，樊金平，冯建平，赵翔，孟淑芳#	中华微生物学和免疫学杂志	2015，35（2）：127－132	
303	中国生产用细胞基质污染支原体类型分析及猪鼻支原体特异性检测方法的初步建立	赵翔，寿成超*，袁宝珠#	中国生物制品学杂志	2015，28（8）：832－840	
304	供血浆者人巨细胞病毒中和抗体的流行病学调查	侯继锋，管利东#，李曼，王威，宋修庆*，孙思才*	临床输血与检验	2015，17（2）：97－100	
305	In vivo study of novelly formulated porcine－derived fibrinogen as an efficient sealant	Zhang Liu*，Lidong Guan（共同第一），Kang Sun*，Xujun Wu*，Ling Su*，Jifeng Hou，Miao Ye*，Weihong Huang*，Hongbing He*#	Journal of Materials Science：Materials in Medicine	2015，26（3）：146－152	2.587
306	首批肠道病毒 71 型人免疫球蛋白国家标准品的研制	王敏力，赵卉，王威，祝双利*，许文波*，秦婷婷*，刘瑞熙*，丁勇*，张笑*，管利东，孙思才*，史新昌，侯继锋#	中国药学杂志	2015，50（5）：431－434	
307	我国体外诊断试剂国家标准物质现状及对策分析	杨振，黄杰，于婷，李海宁	中国生物制品学杂志	2015，7（7）：765－771	
308	国家医疗器械质量监督抽验分析及思考	李海宁，郝擎，李静莉，任海萍，杨昭鹏#	中国医疗器械杂志	2015，39（2）：132－135	
309	我国医疗器械检验机构的现状及发展战略研究	李海宁，陈鸿波#，杨昭鹏	中国药事	2015，29（7）：698－701	
310	医疗器械抽验项目支出定额标准信息化平台的设计与开发	李海宁，陈鸿波，杨昭鹏#	中国医疗设备	2015，30（11）：136－138	
311	美国医疗器械临床评价详解与思考	苑富强，袁鹏*，邓刚*	中国医疗器械杂志	2015，39（5）：372－375，387	
312	我国医疗器械临床评价工作的问题与思考	苑富强，袁鹏*	医疗卫生装备	2015，36（5）：121－123	
313	医疗器械注册临床评价研究	苑富强，李非*	中国医学装备	2015，12（2）：34－36	
314	人类表皮生长因子受体 2 基因检测试剂盒行业标准的建立和验证	李丽莉，黄颖，杨昭鹏#	中国生物制品学杂志	2015，28（6）：610－613	

续表

序号	题目	作者	期刊名称	期、卷号，起止页码	SCI 影响因子
315	自体培养组织工程表皮的制备和组织学观察	陈丹丹#，李彦红，梁怿、李明萱*，徐金华*	生物骨科材料与临床研究	2014，11（6）：68－70	
316	A new method for concentration analysis of bacterial endotoxins in perflurocarbon	Dan－Dan CHEN，Xiaoming FENG，Wang Chun－Ren WANG#，Qing－Quan HUANG，Zhao－Peng YANG#，Qing－Yuan MENG*	Frontiers of Materials Science	2014，8（4）：399－402	1
317	囊胚培养液对小鼠胚胎毒性：体外生殖辅助医疗器械安全性评价	韩倩倩#，尹艳云*，王涵，冯晓明，王春仁，杨昭鹏	中国组织工程研究	2015，19（16）：2598－2602	
318	干细胞与脊髓损伤的治疗	韩倩倩，许琰*，王宏#*，黄经春#*	组织工程与重建外科研究	2015，11（4）：269－273	
319	欧盟医疗器械法规体系中对于独立软件的鉴定及分类	韩倩倩，杨昭鹏#	医疗卫生装备	2015，36（11）：111－114	
320	组织工程支架在神经修复中的应用	韩倩倩，王鹏瑞*，王春仁#，杨昭鹏，王宏*	中国组织工程研究	2015，19（43）：7035－7040	
321	PVC 一次性输液器中 DEHP 和 TOTM 增塑剂溶出量对比	黄元礼，王安琪，柯林楠，冯晓明，马辰#*	北京生物医学工程	2015，34（2）：161－165	
322	含有有机锡聚氯乙烯膜作为细胞毒性试验阳性对照材料的研究	付步芳，林红赛*，王春仁，冯晓明	癌变．畸变．突变	2015，27（6）：480－483	
323	眼科手术用硅油中五种小分子物质残留量的测试	王昆*，付步芳，汪暐东#*，张韵*，马红婷*	中国药事	2015，29（8）：870－873	
324	应用大鼠皮下植入模型评价人工生物心脏瓣膜钙化	张丹丹*，付海洋，刘丽萍*，张妮娜*，薛燕*，王溢，王春仁，王召旭#	中华临床医师杂志（电子版）	2015，9（21）：69－74	
325	人工生物心脏瓣膜的抗钙化：动物模型的构建与评价	金灿*，王召旭#	中华胸心血管外科杂志	2015，31（1）：55－57	
326	全降解冠脉雷帕霉素洗脱支架系统有机溶剂残留分析	王丽*，付步芳，魏嫣*，史国华#*，杨光*，王春仁	北京生物医学工程	2015，34（4）：398－402	
327	混合重组人胰岛素注射液在模拟临床使用过程中的稳定性研究	孙雪#，黄元礼，冯晓明，卢大伟	中国新药杂志	2014，23（23）：2803－2805，2816	

续表

序号	题目	作者	期刊名称	期、卷号，起止页码	SCI 影响因子
328	疏水性丙烯酸酯折叠式人工晶体的生物安全性能	段晓杰，姜宝光#*，王召旭	中国组织工程研究	2015，19（34）：5485－5489	
329	纳米银对金黄色葡萄球菌的抗菌作用及其机制研究	段晓杰，杜晓丹，张蓓蓓#*	生物医学工程与临床	2015，19（3）：237－240	
330	医用电气设备听觉报警信号特征检测方法研究	王权，李澍，苏宗文，任海萍	中国医疗设备	2015，（7）：22－24	
331	电源在医用电气设备电磁兼容性测试中的影响分析	王权，李澍#，苏宗文，任海萍	中国医疗设备	2015，（8）：127－129	
332	医疗卫生系统中 RFID 设备的电磁辐射相关问题	王权，李澍，苏宗文，任海萍	中国医疗器械信息	2015，（8）：37－40	
333	激光功率计电磁兼容抗扰度研究	王权，李澍，苏宗文，任海萍	中国医疗设备	2015，（9）：31－33	
334	大型医用电气设备的电磁兼容现场测试	王权，苏宗文，李澍#，任海萍	中国医疗设备	2015，（9）：70－71	
335	牙科激光医疗器械及其质控探讨	张艳丽，李佳戈，戎善奎#	首都医药	2015，389：4－5	
336	生物显微镜质量控制研究	邵玉波，孟祥峰，刘艳珍，张 超，苑富强#	中国医学装备	2015，1：13－16	
337	美国食品药品监督管理局关键路径计划及其对我国医疗器械市场准入制度的启示	邵玉波，李非*	中国医学装备	2015，11：117－119	
338	数字脑电图机检测技术讨论	侯晓旭，李佳戈，任海萍	中国医疗设备	2015，30（11）：32－34	
339	BRAF 基因 V600E 突变检测的荧光 PCR 方法的建立	曲守方，于婷，郭李平*，李杰*，高尚先，黄杰#.	药物分析杂志	2015，35（8）：1358－1362	
340	EML4－ALK 融合基因变体 V1 和 V3 质控品的建立	曲守方，于婷，郭李平*，赵金银*，高尚先，黄杰#	药物分析杂志	2015，35（3）：500－505	
341	高危型人乳头瘤病毒 E6/E7 质控品的建立	黄杰，于婷，赵金银*，郭李平*，高尚先，曲守方#	药物分析杂志	2015，35（4）：595－599	
342	CYP2C19 基因多态性检测方法的建立	黄杰，于婷，张喆*，蔡从利*，高尚先，曲守方#	药物分析杂志	2015，35（9）：1562－1567	
343	人乳头瘤病毒核酸检测试剂盒评价	曲守方，于婷，孙楠，高尚先，黄杰#	国际检验医学杂志	2015，36（2）：181－182	
344	2014 年度风疹病毒 IgM 抗体检测试剂盒国家监督抽验质量分析	于婷，曲守方，张小燕*，孙楠，高尚先，李海宁，黄杰#	中国医疗器械杂志	2015，39（4）：282－284	
345	医疗器械体外细胞毒性试验相关标准的比较及有关内容的商榷	于婷，曲守方，黄杰，孙楠，黄清泉#	国际检验医学杂志	2015，36（6）：858－860	

续表

序号	题目	作者	期刊名称	期、卷号，起止页码	SCI 影响因子
346	Detection of low－level DNA mutation by ARMS－blocker－Tm PCR	Shoufang Qu, Licheng Liu*, Shuzhen Gan*, Huahua Feng*, Jingyin Zhao*, Jing Zhao*, Qi Liu*, Shangxiang Gao, Weijun Chen*, Mengzhao Wang*, Yongqiang Jiang*, Jie Huang#	Clin Biochem	2015, Jul 11. pii: S0009－9120（15）00273－8. doi: 10.1016/j. clinbiochem. 2015. 07. 012.	2.229
347	基于半导体测序的人乳头瘤病毒核酸分型检测技术性能评估	万敏*，李必生*，邹婧*，欧日晶*，侯强*，曲守方，黄杰#	中国计划生育学杂志	2015，23（9）：615－619	
348	Evaluation of Commercial Diagnostic Assays for the Specific Detection of Avian Influenza A（H7N9）Virus RNA Using a Quality－Control Panel and Clinical Specimens in China	石大伟，沈舒，范兴良，陈苏红*，王大雁*，李长贵，吴星，李丽莉，白东亭，张春涛#，王军志#	PLoS One	2015 Sep 11；10（9）：e0137862	3.234
349	甲/乙型流感病毒核酸检测试剂参考品的建立	周海卫，沈舒，石大伟，刘艳，田亚宾，张春涛#	中国生物制品学杂志	2015，28（7）：701－706	
350	EB 病毒衣壳抗原 IgA 抗体检测试剂参考品的建立	周海卫，石大伟，沈舒，曹丽梅#，张春涛#	中国病毒病杂志	2015，5（4）：277－280	
351	不同样本储运方式应用于 HIV 基因型耐药检测的研究进展	周海卫，张春涛#	中华实验和临床病毒学杂志	2015，29（4）：381－382	
352	乙脑病毒的空间播散及迁徙事件研究	高晓艳*，周海卫，刘红*，付士红*，王环宇*，郭振洋*，李晓龙*，梁国栋*#	病毒学报	2015，31（3）：264－267	
353	Silver Nanoparticles Induce Tight Junction Disruption and Astrocyte Neurotoxicity in A Rat Blood－Brain Barrier Primary Triple Co－culture Model.	Liming Xu#, Mo Dan*, Anliang Shao, et al.*	International Journal of Nanomedicine	2015，10：6105－6119	4.383
354	含银敷料的表征和银的体外释放实验方法研究及其应用	程祥，赵玉云*，邵安良，王健，白茹*，蒋兴宇*，屈树新*，徐丽明#	药物分析杂志	2015，35（3）：118－126	
355	ELISA 抑制法检测动物组织中 α1，3－Gal 抗原	陆艳，单永强，邵安良，曾碧新*，徐丽明#	药物分析杂志	2015，35（10）：40－46	
356	纳米银诱导的以免疫毒性为主的早期全身毒性研究	邵安良，王志杰*，陈亮，徐丽明#	免疫学研究	2014，2：33－47	
357	纳米材料医疗器械的产业及监管现状和标准化工作进展	邵安良，徐丽明#	中国医疗器械杂志	2015，39（1）：51－55	
358	人类辅助生殖技术用医疗器械的监管和标准现状	章娜，徐丽明#，黄国宁*，杨昭鹏	生殖医学杂志	2015，24（7）：591－596	

续表

序号	题目	作者	期刊名称	期、卷号，起止页码	SCI 影响因子
359	2015 年版《中国药典》提升药用辅料科学标准体系强化我国药品质量	孙会敏#，杨锐，张朝阳，闫中天，宋晓松	中国药学杂志	2015，15：1353－1358	
360	HPLC 法测定 L－抗坏血酸中的有关物质及探讨	关皓月，杨锐，孙会敏#	中国药事	2015，11：1184－1188	
361	1，1，1，2－四氟乙烷国内外质量比对研究	关皓月，闫中天，孙会敏#	中国新药杂志	2015，18：2153－2156	
362	近红外和红外光谱法联合识别聚乙烯再生塑料	侯玉磊*，谢兰桂，赵霞，孙会敏#	中国医药工业杂志	2015，06：614－619	
363	转基因动物应用的福利问题欧盟的相关对策	栗景蕊*，贺争鸣#	实验动物科学	2015，31（6）：56－61	
364	鼠诺如病毒特性、免疫学及检测方法研究进展	高洁，贺争鸣#	实验动物与比较医学	2015，35（5）：414－420	
365	卵巢组织玻璃化冷冻的研究进展	王劲松，左琴，范涛，李保文#	中国比较医学杂志	2015，24（12）：71－74	
366	获能培养液等因素对遗传工程小鼠冻融精子体外受精率的影响	左琴，范涛，王劲松，范长发，刘佐民，贺争鸣，李保文#	中国比较医学杂志	2015，25（1）：45－49	
367	HZ－100 型臭氧灭菌机对实验动物屏障设施熏蒸灭菌效果观察	范涛，邢进，李保文#	中国药事	2015，29（3）：298－302	
368	脉动真空灭菌器的工作原理、影响灭菌效果的因素分析及常规监测	王劲松，左琴，刘左民，李保文#	医疗装备	2015，23（4）：243－248	
369	C57－ras 转基因小鼠模型杂交 1 代 CB6F1 的生长发育特性	刘甦苏，吴曦，周舒雅，王辰飞，彭泽旭，左琴，李保文，贺争鸣，范昌发	中国比较医学杂志	2015，25（4）：18－22	
370	3 种小鼠品系的四氧嘧啶糖尿病模型建立及初步评价	刘甦苏，吴曦，周舒雅，吕建军，王辰飞，杨艳伟，彭泽旭，刘佐明，李保文，贺争鸣，范昌发	药物分析杂志	2015，35（11）：1958－1964	
371	提高利用 C57BL/6 胚胎干细胞系制作基因打靶小鼠效率的研究	周舒雅，左琴，刘甦苏，王辰飞，李保文，贺争鸣，范昌发	中国细胞生物学报	2015，37（6）：780－786	
372	不同小鼠品系囊胚受体对 C57BL/6 胚胎干细胞种系嵌合效率的影响	周舒雅，左琴，刘甦苏，王辰飞，李保文，贺争鸣，范昌发	中国实验动物学报	2015，23（4）：243－248	
373	利用荧光定量 PCR 分析 c－Ha－ras 基因在 C57－ras 转基因小鼠中的拷贝数	周舒雅，刘甦苏，左琴，王辰飞，李保文，贺争鸣，范昌发	生物技术通讯	2015，26（2）：227－231	
374	蓝氏贾第鞭毛虫诊断	高正琴，贺争鸣#，岳秉飞	中国比较医学杂志	2015，25（1）：76－79	
375	四翼无刺线虫形态和分子鉴定	高正琴，岳秉飞#	中国人兽共患病学报	2015，31（7）：635－639	

续表

序号	题目	作者	期刊名称	期、卷号，起止页码	SCI 影响因子
376	实验动物质检机构碱性磷酸酶－1 测定能力验证评价	王洪，魏杰，李芳芳，岳秉飞#	中国药事	2015，28（12），1339－1341	
377	上海 KM 小鼠种子群体遗传状况分析	王洪，杜小燕*，徐平*，迟晓丽*，李根平*，岳秉飞#，陈振文*#	中国比较医学杂志	2015，25（5）：33－36	
378	猫疱疹病毒 I 型实时荧光定量 PCR 方法的建立及初步应用	王吉，卫礼，付瑞，李晓波，王淑菁，巩薇，岳秉飞，贺争鸣	中国比较医学杂志	2015，24（12）：50－57	
379	猫细小病毒 PCR 检测方法的建立及初步应用	王吉，付瑞，卫礼，李晓波，王淑菁，巩薇，岳秉飞，贺争鸣	实验动物科学	2015，32（1）：1－6	
380	小鼠脑脊髓炎病毒 RT－PCR 方法的建立及初步应用	李晓波，付瑞，王吉，卫礼，王淑菁，岳秉飞，贺争鸣#	中国比较医学杂志	2015，25（10）：17－20	
381	大鼠细小病毒 H－1 株和 KRV 株双重 PCR 检测方法的建立及应用	李晓波，付瑞，王吉，卫礼，王淑菁，岳秉飞，贺争鸣#	中国比较医学杂志	2015，25（6）：46－52	
382	鸡胚致死孤儿病毒和鸡减蛋综合症病毒多重 PCR 检测方法的建立及初步应用	王淑菁，付瑞，李晓波，王吉，卫礼，巩薇，岳秉飞，贺争鸣#	中国比较医学杂志	2015，25（1）：66－70	
383	念珠状链杆菌 TaqMan MGB 荧光定量 PCR 检测方法的建立与初步应用	邢进，冯育芳，岳秉飞，贺争鸣，戴方伟，萨晓婴，代解杰	中国比较医学杂志	2015，25（8）：62－67	
384	实验室能力验证用酯酶－3 标准样品均匀性和稳定性研究	魏杰，王洪，李芳芳，岳秉飞	中国药事	2015，29（3）：277－280	
385	不同周龄 C57－ras 转基因小鼠模型杂交 1 代 CB6F1 小鼠的脏器及血液参数测定	魏杰，王洪，刘甦苏，陈航，李芳芳，范昌发，岳秉飞	中国比较医学杂志	2015，25（8）：6－11	
386	两个封闭群 NIH 小鼠群体的遗传监测结果比较分析	魏杰，王洪，李芳芳，岳秉飞	中国比较医学杂志	2015，25（5）：33－36	
387	我国生物检测用国家标准物质现状与思考	曹丽梅，王一平，陈国庆，肖新月，辛晓芳	中国生物制品学杂志	2015，28（8）：886－888	
388	国家药品标准物质的项目化管理工作模式研究	谢晶鑫，刘明理，李澄，肖丽华，肖新月#，李波	中国药师	2015 年第 18 卷第 8 期 1370	
389	番茄红素的研究概况	王昆，马玲云，吴先富，肖新月	中国药事	2015，29（3）：266－272	
390	褪黑素首批化学对照品的研制	王昆，马玲云，吴先富，肖新月	中国药学	2015，50（13）：1142－1145	
391	邻苯二甲酸酯类首批化学对照品的标定及其色谱检测方法的建立	吴先富，屈蓉，马玲云，肖新月	药物分析杂志	20155，35（1）：146－150	

续表

序号	题目	作者	期刊名称	期、卷号，起止页码	SCI 影响因子
392	药物中有关物质检测的研究进展	韦日伟，王昆，吴先富，马玲云#	中国药师	2015（5）：851 - 855	
393	A novel single - period inventory problem with uncertain random demand and its application	王丹，秦中峰*，S. Kar*	Applied Mathematics and Computation	2015，269：133 - 145	1.551
394	NMR Method for Accurate Quantification of Polysorbate 80 Copolymer Composition	Qi Zhang，Aifa Wang，Yang Meng*，Tingting Ning，Huaxin Yang，Lixia Ding*，Xinyue Xiao#，and Xiaodong Li#	Analytical Chemistry	2015，87（19）：9810 - 9816	5.636
395	低分子量肝素核磁共振鉴别方法的研究	张琪，王爱法，朱红波*，李慧义*，范慧红，杨化新，肖新月，李晓东	中国药品标准	2015，16（2）：123	
396	邻苯二甲酸酯类标准物质核磁共振定量方法的建立	张琪，朱红波*，吴先富，杨化新，马玲云，李晓东，肖新月	药物分析杂志	2015，35（7）：107	
397	支原体检查试验培养条件考察	赵宏大，谢文，范文平#，肖新月，孟淑芳	中国药师	2015，18（4）：679 - 681	
398	药品检验中微生物数据偏差的实验室调查	范文平，赵宏大，谢文，肖新月#	中国药师	2015，18（11）：1974 - 1977	
399	国家医疗器械标准物质技术要求的介绍	曹丽梅，肖丽华，冯晓明，马玲云，肖新月	中国药事	2015，29（2）：197 - 197	
400	手术建立 beagle 犬遥测动物模型的经验体会	齐卫红；李欣；张琳；王三龙；	实验动物科学	2014，31（6）：43 - 46	
401	GLP 法规符合性实验动物饲养管理机构规范化管理	张琳、李保文、汪巨峰	中国药事	2015，29（5）：476 - 478	
402	A Conjugate Vaccine Attenuates Morphine - and Heroin - Induced Behavior in Rats	Qian - Qian Li；Cheng - Yu Sun；Yi - Xiao Luo；Yan - Xue Xue；Shi - Qiu Meng；Ling - Zhi Xu；Na Chen；Jia - Hui DengMSc；Hai - Feng Zhai；Thomas R. Kosten；Jie Shi；Lin Lu；Hong - Qiang Sun.	International Journal of Neuropsychopharmacology	2015，Vol.00，No.00，1 - 11	4.009
403	雷公藤甲素诱导正常人肝细胞 L02 的毒性及甘草酸二铵的保护作用	淡墨，闻镍，刘丽#，李佐刚#	药物分析杂志	2015，35（9）：1568 - 1573	
404	不同物理化学性质纳米颗粒的血脑屏障通透机制及毒性影响研究进展	淡墨，刘丽#，李佐刚#	药物分析杂志	2015，35（8）：1323 - 1328	
405	甘草酸二铵对雷公藤甲素诱导肠通透增强及染色体损伤的保护作用	淡墨，文海若，闻镍，刘丽#，李佐刚#	中国新药杂志	2015，7（24）：750 - 754	
406	MDCK/L02 共培养模型评价小肠吸收对雷公藤甲素诱导肝细胞 ROS 的影响	淡墨，于敏，刘丽，李佐刚#	中国药学杂志	2015，8（50）：700 - 704	

续表

序号	题目	作者	期刊名称	期、卷号，起止页码	SCI 影响因子
407	甘草酸二铵通过上调 CYP3A4 拮抗雷公藤甲素诱导肝细胞毒性	淡墨，闻镍，刘丽#，李佐刚#	中国新药杂志	2015，24（12）：1349－1357	
408	LC－MS/MS 法研究中药莲必治注射液在大鼠体内的药动学	于敏，张双庆*，孙旭，闻镍，李佐刚#	中国药事	2014，28（12）：1352－1356	
409	黄酮类化合物生物利用度影响因素研究进展	孙旭#	中华中医药杂志	2015，30（9）：3231－3233	
410	肿瘤坏死因子 α 拮抗剂的临床应用现状	孙旭，熊玉卿*#	中国临床药理学杂志	2015，30（11）：1060－1070	
411	UPLC－MS /MS 法测定抗菌活性成分 DP413 在大鼠血浆中的浓度及药代动力学研究	孙旭，于敏，闻镍，李佐刚#	药物分析杂志	2015，35（9）：1534－1538	
412	当归芍药散对药物性肝损伤小鼠的保护作用及其机制研究	孙旭，唐宁*#	江苏科技信息	2015，（9）：70－72	
413	高效液相色谱法测定比格犬血浆中阿魏酸浓度及其药代动力学研究	孙旭，黄莉莉*，王欣*#	中国药事	2015，29（10）：1055－1061	
414	Caco－2 细胞单层模型的建立及其评估	孙旭#，罗余萍*	药品评价	2015，12（14）：33－36	
415	载脂蛋白 E 基因多态性对氟伐他汀抑制 L－02 细胞中 3－羟基－3－甲基戊二酰辅酶 A 还原酶活性的影响	孙旭，罗余萍*，熊玉卿*#	中国临床药理学杂志	2015，31（17）：1742－1744	
416	两种制备大鼠原代肝细胞方法的比较	孙旭#，罗余萍*	药品评价	2015，12（20）：22－25	
417	重组抗肿瘤坏死因子－α 全人源单克隆抗体在食蟹猴体内的药代动力学研究	孙旭，李佐刚#，闻镍，熊玉卿*	中国临床药理学杂志	2015，31（7）：532－535	
418	IBI305 和安维汀临床前安全性相似性评价	李伟，李佳*，孙立，苗玉发，屈哲，淡墨，汪巨峰，王春明*，李波	中国新药杂志	2015，24（20）：2330－2335	
419	麻疹－流行性腮腺炎－流行性乙型脑炎联合减毒活疫苗安全性评价	李萍萍，李伟#，刘胜，屈哲，齐卫红，贾丽丽（虫媒病毒疫苗室），易玲，王月	中国疫苗和免疫	2014，20（6）：514－519	
420	麻疹－流行性腮腺炎－流行性乙型脑炎联合减毒活疫苗猴体神经毒力研究	李萍萍，李伟#，刘胜，屈哲，齐卫红，贾丽丽（虫媒病毒疫苗室），易玲，王月	中国疫苗和免疫	2015，21（1）：68－71	
421	麻疹－流行性乙型脑炎联合减毒活疫苗安全性评价	李萍萍，李伟#，刘胜，屈哲，齐卫红，贾丽丽（虫媒病毒疫苗室），易玲，王月	中国疫苗和免疫	2015，21（1）：62－67	

续表

序号	题目	作者	期刊名称	期、卷号，起止页码	SCI 影响因子
422	神经毒性体外评价系统研究进展	屈哲，吕建军，林志，霍桂桃，杨艳伟，张迪，李珊珊#，王雪，汪巨峰，李波	中国新药杂志	2015，24（15）：1702－1706	
423	原代肝细胞分离、培养及其作为致癌物预测体外模型应用的进展	李耀庭*，吕建军，周舒雅，范昌发，李保文，汪巨峰，黄芝瑛#，李波#	药物分析杂志	2015，35（7）：1134－1139	
424	免疫毒性生物标志物研究进展	耿兴超，蒲江，李波，王军志	中国新药杂志	2015，24（20）：2357－2362	
425	免疫佐剂作用机制研究新进展	刘轶博，耿兴超#，汪巨峰，李波#	中国新药杂志	2015，24（20）：2324－2329	
426	体外模型在药物性肝损伤的应用进展	吴宇，耿兴超#，汪巨峰，李波#	中国新药杂志	2015，24（22）：2548－2554	
427	大气 PM2.5 毒性及致癌性作用机制的研究进展	文海若，周文珊*#	公共卫生与预防医学	2014，25（6）：70－73	
428	多细胞系胞质分裂阻滞微核细胞组学试验法的建立与应用	文海若，淡墨，齐乃松，耿兴超，王雪#	癌变、畸变、突变	2015，27（4）：304－308	
429	GLP 体系下体外替代技术的质量保证要点	郭隽，刘晓萌，耿兴超，谢寅，孙建宁*#	药物评价研究	2015，38（2）：202－207	
430	药物生殖发育毒性安全性评价中形态学研究存在的问题及其对策	郭隽，耿兴超，刘晓萌，王伟凡，杨莹	中国新药杂志	2015，24（1）：1204～1206	
431	药物发育毒性体外替代方法研究进展及组合策略	郭隽，耿兴超，汪巨峰#	药物评价研究	2015，38（4）：345－349	
432	对二甲基亚砜在小鼠淋巴瘤细胞试验中适宜浓度的探索	胡燕平，文海若，宋捷，左泽平*，许雷鸣*	中国新药杂志	2015，24（2）：208－211	
433	Bhas42 细胞转化试验高通量检测方法的建立及应用	王颖，蒲江，齐乃松，文海若，王欣，胡燕平，宋捷，张海洲*，王雪#	癌变·畸变·突变	2015，27（4）：288－293	
434	肠道病毒 71 疫苗临床前过敏性评价	周晓冰，孙立，姜云水，霍艳，汪巨峰，周康凤*，李波#	中国生物制品学杂志	2015，28（8）：777－779	
435	Preclinical safety evaluation of recombinant adeno－associated virus 2 vector encoding human tumor necrosis factor receptor－immunoglobulin Fc fusion gene.	Xiaobing Zhou，Lianzhong Shen，Li Liu，Chao Wang，Weihong Qi，Aizhi Zhao*，Xiaobing Wu*#，Bo Li*#	Hum Vaccin Immunother	2015，9：1－8	2.366
436	Pharmacokinetics of PEGylated recombinant human endostatin（M2ES）in rats	Zuo－gang LI，Lin JIA*，Li－fang GUO*，Min YU，Xu SUN，Wen NIE，Yan FU*，Chun－ming RAO，Jun－zhi WANG*#，Yong－zhang LUO*#	Acta Pharmacologica Sinica	2015，36：847－854	2.912
437	我国保健食品违规广告发布情况分析	张弛	中国食品卫生杂志	2015，27（3）：282－285	

续表

序号	题目	作者	期刊名称	期、卷号，起止页码	SCI 影响因子
438	我国药品评价抽验工作的研究和展望	朱嘉亮	中国新药杂志	2015，24（16）：1810－1815	
439	大数据视角下的国家药品抽验数据共享平台建设的应用及展望	朱嘉亮	中国药业	2015，24（18）：1－4	
440	国家药品抽验数据共享平台建设 SWOT 分析	朱嘉亮	中国医药导刊	2015，17（10）：1075－1080	
441	药监系统公务员的工作倦怠三维度发展模式	朱嘉亮	中国心理学卫生杂志	2015，29（12）：945－951	
442	对提高药品安全突发事件应急检验能力的思考	郭志鑫	中国药事	2014（12）：1294－1297	
443	关于新版 IEC 60601 并列/专用标准转化的若干建议	郑佳，戎善奎，余新华#	标准科学	2014（12）：82－84	
444	在用医疗器械科学监管的形式分析与建议	李静莉#，郑佳，余新华	中国医疗设备	2015，30（1）：68－70	
445	医疗器械软件标准体系建设探讨	彭亮，郑佳，余新华#	中国医疗设备	2015，30（3）：59－61	
446	光谱辐射治疗设备波长范围界定方法	戎善奎，李佳戈，郑佳，张艳丽	中国药事	2015，29（5）：533－536	
447	我国医疗器械出口监管政策研究	郭世富	中国医药导刊	17（11）：1183－1184	
448	Arsenic exposure is associated with DNA hypermethylation of the tumor suppressor gene p16	许慧雯	Journal of Occupational Medicine and Toxicology	DOI 10.1186/s12995－014－0042－5	1.621
449	负压引流装置产品分类初探	汤京龙，徐红，王越，李静莉	中国医疗器械杂志	2015，39（4）：292－294	
450	医疗器械通用标准体系研究	肖忆梅，李军	中国医疗器械杂志	2015，39（2）：128－131	
451	新型医学成像设备标准体系建设的初步研究	肖忆梅	中国医疗器械信息	2015，21（8）：41－44，47	
452	美国医疗器械唯一标识（UDI）实施进展及对我国编码工作的启示	杨婉娟，李军，李静莉	中国药师	2015，18（1）：142－145	
453	全球医疗器械术语系统（GMDN）应用情况浅析	杨婉娟，李军，李静莉	中国医疗器械杂志	2015，39（4）：275－278	
454	全球医疗器械术语系统（GMDN）适用性研究初探	杨婉娟，郑建，李军，黄颖，张春青，李静莉#	中国医疗器械杂志	2015，39（5）：349－352	
455	我国医疗器械命名体系建设思路初探	杨婉娟，李军，李静莉	中国医疗器械杂志	2015，39（6）：442－444	
456	假劣药品的风险来源与监管措施研究	韩若斯，杨悦#	中国药事	2015，29（7）：682－686	

续表

序号	题目	作者	期刊名称	期、卷号，起止页码	SCI 影响因子
457	加强事业单位税收筹划之我见	徐建文	财经界	2015，11：321－322，324	
458	营改增对药品检验机构财务的影响及规范策略	徐建文，曹洪杰#	中国药事	2015，06：605－607	
459	基于文献计量的中国药学学术研究主体分析	李宁，王名扬*，贺惠新*，韩倩倩	中国药事	2015，11：1197－1203	
460	加强事业单位管理会计体系建设的应用研究	李宁	会计之友	2015，16：14－16	
461	分析方法验证、转移和确认概念解析	许明哲，黄宝斌，杨青云，田学波，白东亭，王佑春#	药物分析杂志	2015，35（1）：169－175	
462	分析方法转移内容介绍	许明哲，黄宝斌，杨青云，田学波，白东亭，王佑春#	药物分析杂志	2015，35（1）：176－182	
463	分析方法确认内容介绍	许明哲，黄宝斌，杨青云，田学波，白东亭，王佑春#	药物分析杂志	2015，35（1）：183－189	
464	我国口服固体制剂生产企业执行 WHO GMP 的评估工具验证	黄宝斌，孙新生*，许明哲，白东亭，武志昂*，吴春福*#	中国新药杂志	2015，24（3）：320－324	
465	我国原料药生产企业执行 WHO GMP 的评估工具验证	黄宝斌，孙新生*，许明哲，白东亭，武志昂*，吴春福*#	中国新药杂志	2015，24（6）：11－15	
466	我国化学仿制药生产企业申请达到 WHO 药品预认证标准的激励因素和技术差距研究	黄宝斌，Christina Forger－Wimmer*，孙新生*，许明哲，白东亭，武志昂*，吴春福*#	中国新药杂志	2015，24（7）：1－5	
467	我国仿制药生产企业 WHO 药品预认证成熟度评估工具的建立及实证研究	黄宝斌，武志昂*，许明哲，白东亭，吴春福*#	中国新药杂志	2015，24（19）：2167－2174	
468	WHO Prequalification of Medicine Porgram：technical assistance effect	Huang Baobin，Christina Forger－Wimmer*，Smid Milan*，Wu Zhiwang*，WU Chunfu*#	Asian Journal of Social Pharmacy	2015，10（4）：18－25	
469	2011～2014 年药品检测实验室测量审核分析	毛歆，于欣，肖镜，项新华，张河战#	中国药师	2015，18（8）：1423－1425	
470	2013 年食品药品系统实验室能力验证结果分析	毛歆，项新华，肖镜，张河战#	中国药事	2015，11（29）：1145－1150	
471	对食品监测中理化检验质量控制管理的思考	王青，张河战，曹进#，张庆生，李晓瑜*	中国药师	2015，18（7）：1196－1198	
472	药品检验机构实验室开展变更控制的研究	肖镜、项新华、王青、陈旻*、廖斌*、张河战#	中国卫生质量管理	2015，22（6）：78－81	
473	重组 2 型腺相关病毒肿瘤坏死因子相关凋亡诱导配体基因治疗制剂的质量分析	付志浩，高凯#，李永红，李响，陶磊，王兰，丁有学，郭莹，饶春明#	中国生物制品学杂志	2015，28（5）：501－509	

续表

序号	题目	作者	期刊名称	期、卷号，起止页码	SCI 影响因子
474	食品药品检验机构仪器设备采购绩效管理体系的构建	马颖，岳千里*	中国医学装备	2015，12（3）：22－27	
475	供应商选择与评估工作探讨	马颖，岳千里*	中国医疗设备	2015，30（5）：150－151，163	
476	气相色谱仪性能验证方法的建立及应用	王冠杰，黄海伟，项新华，张河战，肖镜，田利	化学分析计量	2015，24（5）：85－87	
477	食品药品检验机构有效开展仪器设备管理工作的探讨	王建宇，田利，邹健	中国医药科学	2015，19（5）：198－200	
478	实验室建设设备层高的选择	倪训松，于承志，王治国	科技与企业	2015，5：165－166	
479	建设单位工程师的职责与作用	倪训松，关凯，陈欣	科技与企业	2015，6：34－35	
480	改进的猴群算法在云计算资源分配中的研究	陈海涛	计算机系统应用	2015，8，191－196	
481	云计算中的基于粒子群算法和差分遗传算法的资源调度	陈海涛	计算机系统应用	2015，10：136－141	
482	改进的蛙跳算法在云计算资源中的研究	陈海涛，沈强*	计算机与数字工程	2015，43（8）：1382－1386	
483	基于 SVM－ACO 算法在云计算数据库中的访问研究	陈海涛，沈强*	计算机与数字工程	2015，43（10）：1845－1850	
484	新形势下药品检验机构信息安全体系的构建	李健，陈为，曹洪英	中国药事	2015，29（3）：247－253	
485	全国食品药品行业检验标准共享平台建设研究	李健，陈为，孙海峰	首都食品与医药	2015，22（5）：11－14	
486	工作流技术在搭建自动化药品快速检测系统中的应用研究	胡康，张学博，邹传新，尹利辉，陈为	中国药学杂志	2015，5：463－468	
487	对《中国药典》2010 年版第二增补本收载的阿法骨化醇软胶囊含量均匀度检测项目和方法的商榷	陈唯真，牛剑钊，张启明#	中国药事	2015，8：831－833	
488	色谱联用技术在药物分析中的应用特点和新趋势	金力超，范玉明，侯晓蓉，单伟光，粟晓黎#	药物分析杂志（综述）	2015，9：1520－1526	

注：本表统计本单位职工以第一作者或通讯作者发表的论文。外单位作者名后标“*”，通讯作者名后标“#”。